U0863730

仁者乐山

森林文化价值研究论文集

樊宝敏　李智勇　主编

山东科学技术出版社
·济南·

图书在版编目（CIP）数据

仁者乐山：森林文化价值研究论文集 / 樊宝敏，李智勇主编 . —济南：山东科学技术出版社，2022.11
ISBN 978-7-5723-1156-7

Ⅰ . ①仁… Ⅱ . ①樊… ②李… Ⅲ . ①森林 - 文化 - 价值 - 中国 - 文集 Ⅳ . ① S7-05

中国版本图书馆 CIP 数据核字（2022）第 220622 号

仁者乐山——森林文化价值研究论文集
RENZHE YAOSHAN——SENLIN WENHUA JIAZHI YANJIU LUNWEN JI

责任编辑：杨　磊
装帧设计：孙小杰

主管单位：山东出版传媒股份有限公司
出 版 者：山东科学技术出版社
地址：济南市市中区舜耕路 517 号
邮编：250003　电话：（0531）82098088
网址：www.lkj.com.cn
电子邮件：sdkj@sdcbcm.com
发 行 者：山东科学技术出版社
地址：济南市市中区舜耕路 517 号
邮编：250003　电话：（0531）82098067
印 刷 者：山东新华印务有限公司
地址：济南市高新区世纪大道 2366 号
邮编：250104　电话：（0534）2671218

规格：16 开（184 mm × 260 mm）
印张：23.25　**字数**：393 千　**印数**：1 ~ 500
版次：2022 年 11 月第 1 版　**印次**：2022 年 11 月第 1 次印刷
定价：98.00 元

谨以此书献给尊敬的

李智勇老师！

主　编　樊宝敏　李智勇

编　者　（按姓氏笔画排序）

马国洲　王　娇　王　鹏　王登举

刘　畅　朱　霖　宋　超　宋军卫

张　衎　张大红　张德成　李　楠

李大强　杜　娟　杨文娟　汪　绚

陈凤洁　俞　飞　党东雨　夏恩龙

谢和生　蔡登谷　魏玲玲

前言

森林是陆地生态系统的主体，是人类文明诞生的摇篮，具有生态、经济、社会、文化等多种服务价值。自20世纪90年代以来，如何通过科学评估和提升森林价值，让森林造福人类，成为林学家、生态学家研究和关注的热点问题。

森林的文化价值是森林价值的重要组成部分，其对人类健康和精神生活所带来的影响和满足程度，直接影响人们的健康状况、生活质量和幸福指数。中国是一个崇尚松竹梅、森林文化积淀深厚的国度，早在2500多年前，儒家创始人孔子就提出“智者乐水，仁者乐山”“天降时雨，山川出云”“岁寒，然后知松柏之后凋也”等森林文化价值命题，对后世产生了深远影响。

2005年，联合国千年生态系统评估委员会公布《生态系统与人类福祉》（综合报告）。2011年，英国发布《英国国家生态系统评估》（技术报告）。上述研究也都关注了森林和生态系统的多重价值，文化价值也包含在内。从2014年底开始，国家在新一轮森林资源及其价值核算研究项目中，将“森林的文化价值评估”作为重要的一项研究内容。近年来，我国在森林生态系统服务功能、森林资源核算等研究领域也都取得一批新的重要成果。

随着研究的深入，对森林经济和生态服务功能价值的量化评估方法已相对成熟，但对森林文化价值的量化评估方法国内外学界仍在探索中，并未找到公认的科学方法。中国森林资源核算研究项目组（2015）在开展相关研究时指出：“此次研究仅开展了林地林木资源和森林生态服务两个方面的核算，还不是一个完整的森林资源核算。今后，还需要进一步开展森林社会文化价值……核算等。”尤其是在当前人们对于生态环境和生态文化的需求持续高涨的情况下，研究森林文化价值的基本理论、评估方法、培育措施、各地经验等，对于充分认识和培育森林价值，满足人民群众日益增长的绿色生活需求，具有重要的学术意义和应用价值。

本书收录项目组成员近年来在森林文化价值研究领域的阶段性成果。按照收录内容和学术观点分为四部分，涉及森林文化价值的定性分析、森林文化价值评估方法、森林文化价值培育理论、森林文化价值专题研究等。另外增加“附录”以介绍国外相关研究进展。

本书得到国家林业软科学研究项目“中国森林资源核算及绿色经济评价”（2017-R11）和“中国森林资源核算及绿色经济评价（续）”（2018-R28）的资助出版。

森林的文化价值研究是一项极富挑战性的课题，本书的部分观点还是浅显的，无论是对森林文化价值的评估理论和方法的探讨，还是对森林文化价值培育路径和措施的认知等，都将随着相关研究和实践的深化而得到进一步完善。受编者水平所限，书中难免存在疏漏和不足之处，恳请广大读者朋友批评指正。

编　者

于中国林业科学研究院

2020年7月3日

目录

第一部分　森林文化价值定性分析

森林的文化功能初探…………………………………………………… 2

以生态文化驱动绿色发展……………………………………………10

森林历史文化的现代价值……………………………………………20

孔子“天降时雨，山川出云”思想评析 ……………………………26

曲阜孔庙孔府孔林古树名木文化价值………………………………30

五台山森林及对佛教发展的价值分析………………………………37

第二部分　森林文化价值评估方法

基于人林共生实践的森林文化价值评估………………………………45

森林文化币：概念、内涵及应用前景 ………………………………58

国外森林文化价值评价指标综述……………………………………68

北京妙峰山森林文化条件价值评估…………………………………76

辽宁省森林生态系统服务功能价值研究……………………………88

南京市道路绿化美景度评价………………………………………… 103

天目山森林文化价值的游客感知分析……………………………… 113

北京市人口与森林和谐度分析……………………………………… 125

第三部分　森林文化价值培育理论

我国森林文化价值的培育利用……………………………………… 133

森林文化价值提升路径……………………………………………… 137

积极促进林业文化遗产认定与管理………………………………… 142

再论森林中国建设…… 148
黄河流域加快森林建设的思考…… 150
绿道的发展及在中国的实践研究…… 155
森林文化价值发展动力机制分析…… 166
面向生态系统服务的城市森林分类体系研究…… 173
我国城市森林的生态系统服务探析…… 181
文化圈视域下的中国森林城市群及其体系建设研究…… 189
森林动态补偿机制设计与实证…… 201

第四部分　森林文化价值专题研究

北京和谐宜居之都建设中的森林文化服务提升…… 213
北京香山公园森林文化的价值分析…… 224
天目山自然保护区景观尺度美学质量时空变化特征探析…… 229
天目山林区景观格局时空变化及驱动因素分析…… 241
福建省林业遗产认定管理建议…… 253
山东省森林文化价值评估与提升路径…… 260
加快建设森林山东的设想…… 269
以生态文化引领美丽乡村景观规划研究…… 272
沂山祭祀文化研究…… 284
蒙古族森林文化初探…… 294
陕西省森林文化建设的思考…… 301
银杏文化历史变迁述评…… 312
银杏古树更新复壮技术探索…… 322
日本绿道建设的概况及启示…… 328
社区参与森林可持续经营与管理研究…… 339

附录一　生态系统的文化服务…… 346
附录二　苏格兰森林的文化和景观价值…… 349
附录三　欧洲森林社会和文化价值长效指标…… 356
跋…… 360

第一部分

森林文化价值定性分析

森林的文化功能初探

宋军卫　樊宝敏

森林作为陆地生态系统的主体，具有生态、经济、社会、文化等多种服务功能。近年来，人们开始关注森林的多种功能，其中森林的文化功能也愈加受到重视。那么，究竟什么是森林的文化功能呢？森林的文化功能又大致有哪些呢？这正是本文所探讨的主题。德国近自然林业理论认为，森林的文化功能是“森林通过丰富人们的精神生活、发展认知、大脑思考、生态教育、消遣娱乐、美学欣赏，以及景观美化等方式，而使人类从生态系统中获得的非物质的服务效益”[①]。笔者认为，森林的文化功能是指在人与森林相互联系的过程中，森林以自身的客观品质或者人类所赋予的品质对人所产生的身体和精神方面的影响，进而使人类获得生理和心理上的满足。当前，我国学者认为森林文化服务功能包括美学与文学艺术、游憩与保健疗养、科普与教育、宗教与民俗等方面。森林的文化功能是随着人类的产生而产生，并随着人与森林的相互作用和社会的发展而不断丰富的。森林是人类的诞生之所，影响着人类生存发展的各个方面，而且人在不断认识和改造森林的过程中，不断调整着相互间的关系。这使得森林具有了人类的文化特征，也使得人类生活烙上了森林的印记。这是一种森林人格化和人格森林化的过程，也是森林文化功能形成和发展的过程。具体而言，森林之所以具有文化功能，主要有两方面的原因：一方面，森林自身具有的客观品质能够满足人们精神层面的需要，这是森林文化功能存在的客观前提。例如，森林本身具有的美为欣赏和旅游提供了客体，森林丰富的资源为科学研究和教育提供了必要的课题和场所，森林中的新鲜空气和负氧离子能够缓解压力、治疗疾病，某些树种的生物特性符合人类所向往的品质等。另一方面，人自身有从森林中获得精神满足的主观需求，并在获得过程中使森林人格化，使其具备了文化特性。例如，人类早期的图腾崇拜便是神化自然，以满足精

①陆元昌. 近自然森林经营的理论与实践[M]. 北京：科学出版社，2006.

神需要的过程。人们送别的时候喜欢折柳相送，便赋予柳树送别的文化含义；人们喜欢正直的品质，松树以其相似的特征而成为这一品格的文化符号。总之，森林以其丰富而独特的品性满足了人们多样的文化需求，人们在寻求这种满足的同时又赋予森林更多新的品质或品格，最终形成森林多方面的文化功能。

一、增添美景、激发情感的功能

森林美是自然美的重要组成部分，主要包括蕴含形体美、色彩美、山峦美、音韵美、芳香美、泉瀑美、意境美等多种森林景观。森林之所以给人以美的感受，一方面在于其美的客观存在，这是森林美景存在的客观依据。很难想象如果香山没有红叶，那么香山是否还可以名闻天下；如果黄山没有黄山松，那么黄山是否还可以秀美盖五岳。另一方面是因为人的审美体验，这种体验源于人们极易得到一种感观上的满足，即奇特的形态、鲜艳的色彩、芬芳的气味等对人感官的刺激所产生的愉悦①。森林以其丰富多变的景观、多姿多彩的生态构成、欣欣向荣的生命气息，让人能够不断地从森林中获得各种感官刺激。同时森林不仅是自然美，还是社会美或艺术美。因为人有主观能动性，人不仅欣赏森林之美，还在创造森林美。正如德国林学家柯塔所说："森林经营的一半是技术，一半是艺术。"其弟子冯·萨里希在《森林美学》一书中对森林经营就是创造美这一观点进行了系统论述，从此确立了森林美学在林学中的地位②。传统的园林艺术，以及当前方兴未艾的城市林业、多功能林业，便是将艺术和森林相结合，让森林的美为普通大众所欣赏，使祖国的河山无山不绿，有水皆清，山川秀丽，风光无限。

森林不仅可以让人赏心悦目，还可以激发人类情感。人皆有爱美的天性，而森林具体可感知的美及其组成部分——各种花草树木，以其灵动和特有的生命力，使人可以感受其中的蕴意，让人触景生情。人们常将这种情感诉诸笔端形成了无数诗文名篇，如《诗经·伐木》"伐木丁丁，鸟鸣嘤嘤，出自幽谷，迁于乔木"；屈原在《离骚》里有"余既滋兰之九畹兮，又树蕙之百亩"；杜甫《春望》"国破山河在，城春草木深。感时花溅泪，恨别鸟惊心"；崔护《题都城南庄》"去年今日此门中，人面桃花相映红。人面不知何处去，桃花依旧笑春风"；马致远的《天净沙》中有"枯藤老树昏鸦，小桥流水人家，古道西风瘦马"等。这些诗文无不蕴含着作者或喜或悲、或沮丧或激昂等的情感。另外，人们也在长期实践中形成了特定的习俗，赋

①苏祖荣. 森林美学概论[M]. 上海：学林出版社，2001.

②郑小贤. 森林文化、森林美学与森林经营管理[J]. 北京林业大学学报，2001，23(2)：93-95.

予花草树木以情感寓意，在日常活动中也会因看到这些花草树木而诱发个人感情。例如，红豆代表相思，人们看到红豆也会自然萌发对恋人的思念之情。此外，萱草忘忧、花开富贵、竹报平安等都是寓意于植物中，进而又反过来激发人们的情感。由此可见，森林和树木既可因其自身形态展现美，也可通过各种景象触发人类的情感，引起精神的共鸣。

二、拓展认知、启迪智慧的功能

森林是三大生态系统之一，有着丰富的生物资源和奇特的生态环境。在古代，森林和树木曾对汉字的发明和博物学知识的积累，产生重要影响。到现代围绕着森林已经形成了林学、生物学、生态学、园艺学等众多学科，森林也成了这些学科研究的对象和实验的基地，特别是生物学、环境科学、林学、生态学和药物学等学科的实习实验基地。对森林的深入研究，不仅推动着相关科学的发展和进步，也让人们在不断探索森林的过程中，认识到生命的本质和人类自身的发展历程。森林不仅对专业人员具有研究意义，而且对普通人也有着重要的教育意义。人们通过森林，可以认识生物的多样性，了解生物与人类、森林与城市环境的关系，从中获取知识，吸取自然科学的营养，增强环境保护的意识，获得生态文化知识。当走进森林，沉浸在森林的美丽和神奇的感受中时，人们能够更加充分地认识到森林的属性和价值，产生对森林的热爱之情，更牢固地确立人与自然和谐相处的生态文化观。这种实地接触的教育效果往往比课堂教育的效果要明显好很多。通过这种知性和感性相结合的森林之旅，人们能够获得对自然之美和生命和谐的感悟，培养充实而美丽的内心世界，从而诱发对人生更深层次的思考。近年来，欧洲国家十分重视对青少年开展户外教育，且收效颇丰。总而言之，森林是人们接受科学教育的最佳课堂，也是实施生态文明教育的理想场所。

森林不仅是拓展知识领域、探究自然奥秘的科学园地，也是激发人类灵感、启迪人类智慧的生境。中国儒家"天人合一""仁民爱物"等思想便和森林有着重要联系。《礼记·祭义》记载："曾子曰：'树木以时伐焉，禽兽以时杀焉。'夫子曰：'断一树，杀一兽，不以其时，非孝也。'"这体现了古人对森林伦理道德的思考。[①]据传佛祖更是在菩提树下参悟得道的，佛家认为万物皆有佛性，无论是一草一木，还是一砾一尘。牛头宗禅语曰："青青翠竹，尽显法身；郁郁黄花，无非般若。"所

①蔡登谷. 森林文化与生态文明[M]. 北京：中国林业出版社，2011.

以禅宗常以树木花草作为禅境的方便之门，由自然之物来触发顿悟，使自己的心境一体，完全融入一山一水、一草一木之中。[①]道家的“道法自然”等主张更可见其是自然智慧的践行者。在德国，伟大人物常被形容为朴实无奇的大树。1946年获得诺贝尔文学奖的德国作家赫尔曼·黑瑟曾写道：“树木是棵棵独立体，不同于那些这样或那样要避开自身弱点的隐居者，它们是个个孤寂的伟人，它们是贝多芬，是尼采。”总之，森林对人类的哲学和宗教智慧的启迪功能是毋庸置疑的，这些智慧的发挥又会进一步加强森林的文化功能。

三、承载历史、彰显地理的功能

森林是人类文明的发源地，人类的发展史一直与森林息息相关。一棵古树便是一部历史。首先，树木在悠久的岁月里，记录了生长过程中所经历的气候、水文、土壤及环境变化等信息。其次，因为树木与特定年代的人类活动息息相关，因而形成了特定的文化价值，具有特殊的历史意义。例如，山西洪洞大槐树、泰山的五大夫松、新疆的左公柳等都和一定的历史人物和事件相联系。此外，特定的森林和某些历史事件相关，成为具有历史功能的纪念林。例如，威海刘公岛森林公园，因为甲午海战而成为中国重要的历史坐标和爱国主义教育基地。即便是某一单一树种也可能是一部历史，例如，中国从夏商时就开始种植柳树，延续至今积沉形成了丰厚而别致的柳文化，像折柳惜别的民俗、对柳树的崇拜、关于柳的诗文等。其他如松柏、银杏、竹、槐等也无不形成了自己特有的历史文化。

森林不仅有历史传承价值，而且还具有彰显地理的功能。首先，树木由于生长习性不同，其分布带就会不同，从而形成了以主要树种命名的区域，甚至可以通过该区域的主要树种分布来确定其地理位置，如热带雨林、亚热带常绿阔叶林、温带落叶阔叶林、沿海的红树林、东北的红松林等。其次，很多地方以某种树木而命名。例如，庾信《枯树赋》称：“东海有白木之庙，西河有枯桑之社，北陆以杨叶为关，南陵以梅根作冶。小山则丛桂留人，扶风则长松系马。岂独城临细柳之上，塞落桃林之下。”赋中提到了白木庙、枯桑社、杨叶关、梅根冶、细柳营、桃林塞。还有不少以树木命名的宫殿、苑囿，如五柞宫、长杨宫、葡萄宫，以及上林苑。北京有很多胡同也是以胡同中种的树命名的，如柳树胡同、枣林胡同、椿树胡同等。再者，因为某些树木与当地文化紧密相关，一提起某种树木就很容易让人联想到这个

① 石峻，楼宇烈，方立天. 中国佛教思想资料选编：第2卷[M]. 北京：中华书局，1992.

地方，从而树木也起到地理标识的作用。例如，新疆的胡杨林、香山的红叶、洛阳的牡丹、海南的椰子树。因而很多具有代表性的树木便成了当地的市树，起到一定的地理指示功能。此外，森林还可以发挥道路标识、田地分界等地理指示功能。

四、颐养精神、保健身体的功能

森林与人类的产生、发展有着千丝万缕的联系，它不仅是人类文明的物质载体之一，更是构成人类精神世界的基础元素。当人身处森林，不仅会感到身体的舒适，而且会自然地放松精神，压力得到缓解。这是因为在森林中，人们通过触觉、视觉、听觉、嗅觉、味觉等全方位、立体化地感知自然，获得身心的愉悦。人们可以在森林里感受森林生机，看到森林美景，听着鸟叫虫鸣，嗅着花木芳香，品尝野果清泉，感觉充盈的空气负离子。这些丰富的感官享受，让人沉浸在美好的境界中并留下深刻记忆，形成生理的快感，同时也成为刺激心理形成幸福快乐感的源泉，这又反过来加强了人在森林里的美好感受。[①]作为人类精神世界的重要组成部分——宗教，更是用自己的教义来诠释了森林重要的精神作用，几乎所有的宗教都有自己的圣树，如佛教的菩提树、基督教的圣诞树、中国道教的松树。[②]宗教教义中也有着众多关于森林的记载，例如道教“十善”要求：“放生养物，种诸果林；道边舍井，种树立桥；为人兴利除害。”苗传统宗教认为祖宗的灵魂存在于和他们有一山之隔的森林里，随时都在保护着他们。正是因为如此，身为子孙，重要的任务之一就是划定公地，植树造林，为祖先创造栖身之所。[③]可见森林已经成为宗教信仰中不可缺失的一部分，也是人类精神世界不可分割的一部分。

森林里充足的负氧离子，优美的环境对人的身体具有重要的保健作用。而在中国对森林养生作用的认识更是源远流长，西汉辞赋家枚乘在《七发》中写道，楚太子有病，吴客为他治病时说：“游涉乎云林，周驰乎兰泽，弭节乎江浔。掩青苹，游清风。陶阳气，荡春心。”[④]明代医学家龚运贤在《寿世保元》中说：“山林逸兴，可以延年。”[⑤]清代浸士辑的《水边林木养生》为森林与健康方面的专著，对森林养生有着全面的论述。现代研究表明，一般城市工业区中负氧离子的含量为300~700个/m³，而在森林中却高达2 000~3 000个/m³。负氧离子具有杀菌、降尘

①蔡登谷. 森林文化与生态文明[M]. 北京：中国林业出版社，2011.

②梅原猛. 森林思想：日本文化的原点[M]. 卞立强，李力，译. 北京：中国国际广播出版社，1993.

③杨安华. 苗族传统宗教对生态维护的作用[J]. 古今农业，2004(4)：99-102.

④樊宝敏，李智勇. 中国森林生态史引论[M]. 北京：科学出版社，2007.

⑤龚延贤. 寿世保元[M]. 谷建军，杨健，王晓玮，校注. 北京：中国医药科技出版社，2011.

等功效，在治疗气管炎、冠心病、脑血管疾病等方面有重要疗效①。森林中很多植物的分泌物也有重要疗养作用，例如薰衣草的香气可以镇静安神，薄荷的气味可以使人思维敏捷。人体吸入这些气味后可以提高细胞的活性和身体的免疫力。因此，从1982年日本提出“森林浴”以来，世界很多国家纷纷建立起利用植物香味来治病的森林医院、森林疗养院或森林浴场等②。例如，北京奥林匹克森林公园已经成为周边市民最喜欢去的休息和健身场所。

五、寓意品格、塑造性格的功能

森林中的各种花草树木因为其本性特征经常会引起人们对某种德行的感悟，人们也因此经常将某些德行品格赋予一些花草树木，使它们成为这种品格的载体③，如“岁寒三友”松竹梅、“四君子”梅兰竹菊等。它们之所以受人赞赏，是因为它们有着和现实生活中那些德行高尚者相似的精神品质特点。例如，松柏本性挺拔独立，不畏恶劣环境，观之使人感到一股浩然正气。故陶渊明在《饮酒·其四》中曾言“因值孤生松，敛翮遥来归。劲风无荣木，此荫独不衰”。以竹比喻气节情操，刚正不阿，观之使人感到志士节操，如郑板桥在《竹石》中有“淡烟古墨纵横，写出此君半面。不须日报平安，高节清风曾见”。梅的本性凌霜傲雪、洁白幽香而又坚韧不拔，观之使人感觉其冰清玉洁、性格坚毅，陆游的《落梅花》中有“雪虐风饕愈凛然，花中气节最高坚。过时自会飘零去，耻向东君更乞怜”。此外，胡杨的宁死不屈，凤凰木的热烈奔放，榕树的独木成林等，集中体现了森林的独立、坚韧、包容、固守、协作等精神内涵④。人类从森林的品格中获得诸多人生感悟。

森林是人类生存和发展的基础之一，所以人的性格形成也深受森林的影响。人类在产生之初，森林、自然为人类的生存提供了最基本的条件。同时，自然精神的伟大和自然法则的严肃、客观引发人们对自然的敬畏和幻想，从而形成特有的图腾文化。图腾深深地铭刻于各民族的心理构造中，历经长久的发展，在各民族的文化中得以传承，并转化为不同的宗教理念或哲学思辨⑤，从而深刻地影响一个民族

①彭镇华，等. 中国城市森林[M]. 北京：中国林业出版社，2003.

②胡德平. 森林与人类[M]. 北京：科学普及出版社，2007.

③蔡登谷. 森林文化与生态文明[M]. 北京：中国林业出版社，2011.

④杨青芝. 森林文化的基本特征[J]. 中国林业，2009(5)：44-45.

⑤郑芳芳，刘佳峰，武利玉. 论森林文化和森林思想对民族性格的影响[J]. 中国农学通报，2006(5)：143-148.

的性格和文化。例如，中国传统文化里有天人合一、道法自然的学说，要求人们与自然、与森林和谐相处。《尚书大传》中有孔子与子张的一番对话，其文曰："夫山者，恺然高……草木生焉，鸟兽蕃焉，财用殖焉；生财用而无私为，四方皆伐焉，无私予焉；出云雨以通天地之间，阴阳和合，雨露之泽，万物以成，百姓以飨：此仁者之所以乐于山也。"[①] 人们之所以喜欢山林，是因为山林的性格稳重敦厚如仁者，胸怀万物而不吝施于人，而这些也促进了中国人形成爱好和平、追求和谐、乐于助人、胸怀天下的品性。

六、提升游憩、和谐人居的功能

随着近现代社会的不断发展，城市的工作节奏越来越快，环境污染也不断加重，森林游憩休闲对人们的吸引力不断增强。因为森林可以缓解人的精神压力，人们从喧嚣的城市来到安静的森林，身心得以释放，心情舒畅。中国自古便有森林休闲的传统，《道德经》曰："驰骋畋猎，令人心发狂。"虽说纵情山林狩猎可使人心情狂乱，但由此也可看出森林休闲由来已久。《礼记》里也提到："故君子之学也藏焉，修焉，息焉，遊焉。"息焉、遊焉便是指游憩。森林是人们最好的游憩场所之一，故古人非常热衷于森林游憩。尤其是士人阶层特别注重森林游憩并留下了众多关于森林游憩的文字，如欧阳修《醉翁亭记》、王安石《游褒禅山记》、《徐霞客游记》等。现代社会，森林游憩也得到人们的青睐。在北京，天坛公园、植物园和奥林匹克森林公园等，那里壮观的古树群、优美的植物景观、浓郁的文化内涵，吸引着无数的北京市民和游客前往观光游览。随着人们生活水平的不断提高和自由支配时间的增多，走进森林、回归自然的户外游憩正逐步成为人们精神文化消费的热点。根据国家旅游局预测，到2020年，我国国内居民的出游率将达到311%，国内旅游人数将达到45亿人次，旅游业总收入将超过3.3万亿元人民币[②]，其中又有一半以上的游客到森林中旅游。可见，森林旅游休闲在我国且有广阔发展前景。

森林对人居环境有着积极的影响，在城市增加森林能起到改善小气候、提供美景、增加空气湿度、提高负氧离子含量、减少噪声、净化空气等作用，可以直接改善人类居住环境。另外，森林也为居住在其附近的人们提供了游憩、交流的场所，从而有利于促进人际关系的融洽，及人与自然的和谐相处。在中国，堪舆学和"天人合一，师法自然"的原则常被充分运用于人居。例如，《阳宅会心集》记载：

①樊宝敏，李智勇. 中国森林生态史引论[M]. 北京：科学出版社，2007.

②胡德平. 森林与人类[M]. 北京：科学普及出版社，2007.

“村乡之有树木，犹人之有衣服，稀薄则怯寒，过厚则苦热，此中道理，阴阳务要冲和。”所以很多地方都有自己的风水林，屋前房后都有相关树种的栽培和与植物有关的禁忌。近现代以来，森林城市已经成为城市建设的主旋律，各国已经把建设森林城市作为改善城市人居环境、提高人民生活质量和推动城市可持续发展的重要目标。澳大利亚的堪培拉有着“森林之都”的美誉，整个城市和森林实现了完美结合；巴西首都巴西利亚的人均绿地面积达到120 m^2，绿化率达到60%，被联合国教科文组织列为世界人类文化遗产。[①] 中国的城市森林建设已经被纳入国家现代林业发展战略，城市园林绿化也备受重视。可见，森林和园林建设已经成为和谐人居、改善民生的重要举措。

［原文载《北京林业大学学报》（社会科学版），2012年第2期］

①董瑞龙. 北京园林绿化发展战略[M]. 北京：中国林业出版社，2011.

以生态文化驱动绿色发展

樊宝敏　韩　慧

近年来，随着国家生态文明建设战略的提出，繁荣发展生态文化逐渐成为一项崭新的课题。2008年，中央领导同志在致信祝贺中国生态文化协会成立时说，生态文化是人与自然和谐相处、协同发展的文化，是伴随着经济社会发展的历史进程形成的新的文化形态。发展生态文化，有利于贯彻落实以人为本、全面协调可持续发展的科学发展观，推动经济社会又好又快发展；有利于建设生态文明，推动形成节约能源资源和保护生态环境的产业结构、增长方式、消费模式；有利于增强文化发展活力，推动社会主义文化大发展大繁荣。在总结发展经验的基础上，面向"十二五"和更长时期国家经济社会发展需求，研究和发展生态文化具有重要意义。

一、生态文化产生的时代背景

生态文化的产生是时代发展的需要，必将具有强大的生命力。文化是人类创造的产物，不同历史时期有不同起主导作用的文化。用历史发展的眼光看，人类社会经历了原始文明、农业文明、工业文明三个阶段，与之相对应的主导文化分别是原始文化、农业文化和工业文化。目前，人类正处于从工业文明向生态文明过渡的时期，正是在此背景下生态文化应运而生并蓬勃发展。生态文化伴随"人类中心主义"的工业文化导致的生态危机而产生，并随着人们对人与自然关系认识的深化而进一步发展。

（一）破解生态危机——生态文化产生的根本原因

西方文艺复兴以来，资本主义兴起，人类从农业文明进入工业文明时代。到20世纪中叶，人类对自然界进行了近乎是"竭泽而渔"式的掠夺性开发和超负荷的索取，由此造成人类从自然界索取资源的能力大大超过自然界的再生能力；人类排入环境的废物大大超过了环境的承受能力，结果导致了全球性的生态危机。环境污染加剧，气候发生异常，自然资源枯竭，稀有动物濒临灭绝，热带雨林缩小，土地沙化加剧，地球臭氧层遭到破坏等全球性问题日益严重，直接威胁着人类的生存和发展。面对严重的全球性生态危机与困境，人类不得不重新认识人与自然的关系，重新评价人类对自然的掠夺行为，重新思考人类未来的命运。走出全球性生态危机的困境，寻找新型的人与自然关系，成了当今时代的最强音。生态文化正是在全球生态问题日益严重、人类对生态危机日益觉醒的背景下产生的。

（二）经济高度发展——生态文化产生的物质基础

当今世界是经济全球化的时代，物质产品相对丰富，物质生活极大便利，经济发达的标志是城市化、电气化、信息化、工业化、市场化、国际化。经济发展满足了人类衣、食、住、行的需求，但同时也为人类提出和解决日益增长的更高层次的物质与文化生活的需要奠定了基础条件。良好生态环境、生态消费、生态审美、持续的经济增长等需求的满足不仅有利于人类生活质量的提升，同时也有利于经济可持续发展。经济发展为人类开展生态建设、生态消费、生态文化创作提供了时间、空间、物质手段等各方面物质保障。

（三）科技空前进步——生态文化产生的科技准备

科技进步不仅创造了辉煌的工业文化，同时也为生态文化的产生做好了准备。一方面，近代科学技术取得了前所未有的认识自然和改造自然的伟大胜利。以蒸汽机作为动力机被广泛使用为标志的第一次技术革命，和以电力的广泛运用为主要标志的第二次技术革命，使人类的社会生产力水平大步提高。正是由于科学技术的巨大作用，造成工业文明时代“人类中心主义”占主导地位的文化。另一方面，随着以生态科学、信息技术、生命科学等为主的科学技术的进一步发展，人类对人与自然关系的认识水平与实践能力已大大提高。人类正更全面、更客观地认识到工业文化的利与弊，并以此来调整人的思想和行为，进而实现人类文化的根本变革。由此，以生态科学为基础的生态文化正蓬勃发展。

（四）建设生态文明——生态文化产生的历史使命

人类文明在经历了原始文明、农业文明、工业文明之后，正朝着生态文明的方向迈进。生态文化是生态文明的先导，人类文明即将步入生态文明的门槛。面对工业化或后工业化高速发展给自然资源和生态环境带来的严重问题和巨大压力，国内外的生态、经济、人文、哲学等领域的专家学者十分关注生态文化，企图寻找新的发展路径，做出新的战略选择。最有代表性的是1962年，美国女作家卡逊的

《寂静的春天》(*Silent Spring*)一书如春雷般惊醒了沉睡的人们，第一次向世人敲响了生态破坏带来严重后果的警钟，揭开了“生物学时代的序幕”。1972年，罗马俱乐部(The Club of Rome)发表《增长的极限》著名报告，指出人口数量、粮食生产、工业发展、资源消耗、环境污染等急剧变化将使地球的支撑力达到极限。在1992年里约热内卢联合国环境与发展会议上，可持续发展成为全球共识。此后，《联合国千年发展目标》(MDGs)将环境问题列为八项到2015年的发展目标和指标之一。《京都议定书》(Kyoto Protocol)关于应对气候变暖与温室气体减排问题等更加引起世人瞩目。2007年，党的十七大正式提出建设生态文明。2012年，联合国可持续发展大会的主题是发展绿色经济。2012年，党的十八大对生态文明建设作了更高和更全面的部署。这一系列发展过程说明一个突出的问题——生态文化正在影响和改变人类的生产生活方式，并最终实现生态文明。

二、生态文化的基本内涵

(一)生态文化的概念

文化是民族的血脉，是人民的精神家园。在我国五千多年文明发展历程中，各族人民共同创造出博大精深的中华文化，为中华民族发展壮大提供了强大精神力量，为人类文明进步作出不可磨灭的重大贡献。

生态文化是人类历史实践中创造的关于人与自然关系的物质财富和精神财富的总和，是旨在促进人与自然和谐发展、人类经济社会可持续发展的文化。生态文化作为一种新的文化形态，是在传承和弘扬中华传统文化关于人与自然和谐相处生态伦理智慧的基础上发展而来。生态文化是一种社会现象，是人们长期创造形成的产物；它又是一种历史现象，是经济社会发展到一定历史阶段、适应经济社会发展需求的产物。

(二)生态文化的核心内涵

生态文化是一个系统整体，它由诸多要素构成，各要素之间是互相影响、互相制约的关系。生态文化的主要内容在纵向结构上可分精神、行为、制度、物质四个层次①，即生态意识、生态行为、生态制度、生态文化载体。这四个层次中，精神层次的生态文化居于核心地位，然后依次是行为层次、制度层次，最外围是物质层次。

①张岱年，方克立．中国文化概论[M]．北京：北京师范大学出版社，1994.

1.生态精神文化

生态精神文化是人类对生态的认识、情感的总和，是生态文化的精神内核。它大体包括生态哲学、生态自然科学和生态社会科学三方面内容，其中生态哲学是核心。生态精神文化具有能动性，它对于其他层次的文化具有指导作用，同时受其他生态文化的影响和制约。生态文化的核心内涵体现为一种价值观，从根本上说就是倡导生态科学，提倡生态伦理，推崇生态美学。

生态科学是从客观的角度，从自然科学和自然辩证法的“真”的角度对生态系统进行科学认知和价值整合。生态文化要使人们懂得，自然生态系统是一个活的完整的有机体，人来自于自然界，人是生态系统的组成部分，人的活动离不开自然界，并依赖于自然界。人与自然界不能割裂开来，更不应对立起来。人要遵循自然规律办事，否则就会受到自然界的惩罚和报复。当然，人也不是自然界的奴隶，人会在认识自然规律的基础上，逐步实现从必然王国向自由王国的跨越。

生态伦理是从人的需求的角度，从经济学和社会学的“善”的角度对生态系统进行伦理建构和价值整合。我国古代所倡导的“民胞物与”“爱有差等”伦理思想，以及佛家认为万物是佛性的统一、众生平等、万物皆有生存的权利的说法，都可作为我们构建新时期生态伦理学理论的重要思想资料。生态文化要使人们树立尊重自然的新伦理观。一方面，自然生态系统是人工经济－社会生态系统的基础。自然生态系统具有价值，不仅体现在对人有用，也体现在对它自身的发展有用。另一方面，纯粹的第一自然的生态系统并不能完全满足人的需要，人必须在尊重自然规律和经济规律的基础上建设第二自然，以满足自身的需要，同时又不对自然界构成危害。生态伦理学并不否认人的需要的合理性，但是也不赞成把人作为唯一的价值尺度，而是将人的价值与自然生态系统的价值统筹兼顾，确立新的价值观，即树立全面协调可持续的发展观，树立生态文明观。

生态美学是从人与自然和谐发展的角度，从哲学或神学的“美”的角度对生态系统进行整体观照和价值整合。我国古典园林美学主张“虽有人作，宛自天开”（明·计成《园冶》）。也正如当代生态哲学家余谋昌所言，“审美和赏美，创造美和利用美是人的本性。”“值得注意的是，我们需要自然美，鉴赏美，创造美和利用美，但是有时又在破坏美创造丑。”“地学社会学研究应有助于对这些丑恶行为的调节，有助我们在利用地球之美的同时，保护和发展地球之美。”[①]生态文化要使人们树

①余谋昌. 生态文明论[M]. 北京：中央编译出版社. 2010：352-353.

立新的美学标准。美是真和善的统一。纯自然的事物是美，是一种本真的美、质朴的美。但是，对于那些对人类利益有害的自然事物而言，却是灾害，谈不上美。同样，人创造的事物，如果仅仅对人有利，而对自然有害，也不是美。只有那些既符合自然规律又符合人类需求的事物，实现了自然的人化与人的自然化高度统一起来的事物才是真的美，或者是臻于完美。这就是人类追求的人与自然和谐、天人合一的境界。

2. 生态行为文化

生态行为文化是人类影响生态的行为方式、实践活动的总和。它是主观与客观相统一的、连接人与生态系统的媒介，同时又是人类以各种工具为中介对生态系统（或生态物质文化）施加影响（生产或消费）的过程。

生态行为文化受自然、经济社会等条件的约束，由生态精神文化和制度文化支配，其结果在客观方面便是生态物质文化，在主观方面便是生态精神文化。这类文化，具体包括植树造林活动、生态经营、产业发展、生态贸易、生态旅游、生态产品消费等。生态行为文化是联系生态物质文化与生态精神（制度）文化的中介，是沟通两者关系的桥梁。评价生态行为文化的性质优劣或水平高低，通常有两个标准：一是客观标准，即看其对生态物质文化的影响，若是正面的，则是有价值的；二是主观标准，即看其对生态精神文化的影响，若是正面的，则也是有价值的。

3. 生态制度文化

生态制度文化是与生态有关的法律、法规、政策、制度和组织机构的总和。生态文明建设，不仅需要依靠科学技术的进步，而且需要政策和制度的不断创新。生态建设固然与科学技术、社会经济发展水平等有关，但生态建设的政策、法律和制度也在很大程度上决定或制约着生态文明建设的进程。

生态制度文化是生态文化的重要组成部分，是制度层面上的文化。它是生态精神文化的集中体现，是生态行为文化的制度规范，对于保障生态物质文化成果起着十分重要的作用。同时，它是生态精神文化由内向外转化，即物质化的一个重要环节，没有这样一个环节，生态精神文化的价值便很难得到实现，实现了也很难巩固。因此，成熟和完善的生态制度文化，是生态文化繁荣发达的重要标志，也是生态文明建设的重要目标。

4. 生态物质文化

生态物质文化是人类活动影响生态系统的物质成果，是生态文化的物质表现。

包括受到人类保护或改造的自然生态系统及人工经济系统，如森林（天然林、人工林）、自然保护区、森林公园、城市生态系统、绿色产业体系、生态物质产品，以及各种生态文化载体。

丰富生态物质文化的品类、提高生态物质文化的品质，即建设完备的自然生态系统和发达的生态经济系统，是生态文明建设的根本目标，也是生态精神文化建设的一个归根结底的目标。相对于精神文化而言，物质文化更具有基础性和前提性。对于一个国家、一个地区而言，生态物质文化的水平高低、发展快慢，是反映这个国家和地区生态精神文化水平高低的重要尺度。要评价某个地区的生态文化，只需到现场考察一下这个地区的生态系统质量状况就可以了。当然，在考察的过程中，还需要结合该地区的自然地理、经济社会状况等进行综合判断，以便做出较为科学的评价。

（三）生态文化的主要特征

1.绿色性

绿色代表生命，绿色传承文明。中国传统的天人合一哲学观认为："日新之谓盛德，生生之谓易。""天地之大德曰生。"生态文化在本质上是一种绿色文化。生态文化的内容和使命都是旨在将整个国家乃至全球建成山清水秀、森林丰富、生态优美、生机盎然、欣欣向荣的绿色家园。

2.和谐性

"和"是中国文化的精髓所在。"天人合一"是中国传统生态文化的核心观点。所谓"和实生物""和而不同""和为贵"，都是强调和谐的重要性。科学发展观强调人与自然和谐发展，强调建设社会主义和谐社会，把"和谐"置于十分重要的位置。生态文化是人与自然、自然与自然、人与人、人与社会、人与自身和谐的真善美文化。

3.广泛性

生态文化是一种广泛包容的文化，关注对象涉及人与自然及其相互关系，涉及生态、经济、社会、精神的各个方面，以及历史、现代、未来发展的各个环节。它强调从整体性和系统性上观察世界和历史发展进程。它既不同于传统的人文文化（社会科学），也不同于传统的自然文化（自然科学），而是一种运用系统思维融合社会科学与自然科学于一体的视野更开阔的新文化。

4. 持续性

生态文化是人类追求可持续发展的文化。可持续发展理论是人类在20世纪90年代所提出的带有革命性的全新发展理念，是对与工业文明时代所对应的传统发展理论的扬弃，也最能够体现生态文化的本质特征。持续性的核心是强调一种既能满足当代人的需求，又不对满足后代人需求的能力构成危害的发展模式，这种发展模式符合人类的根本利益和长远利益。生态文化的宗旨是促进经济社会与资源环境的相互协调，破解环境与发展的难题，实现人类社会的可持续发展。

5. 高效性

讲究高效益是现代社会的核心价值追求之一。生态文化注重高效性，意味着崇尚用尽可能少的人力、物力和财力的投入，尽可能少的负面影响，获得相对多的产出和价值。建设生态文化必将极大地保护自然生产力，提高社会生产力，实现人的全面发展，显著提高自然和社会系统的生态、经济、社会和文化效益，实现社会综合发展的高效性。

6. 时代性

生态文化是继工业文明之后、与生态文明时代相适应的文化，具有鲜明的时代性。尽管在传统文化中包含生态文化的元素，但生态文化在整体上作为一种对历史发展起主导作用的文化，只有在新时期和长远未来才有现实可能。生态文化无不烙上全球化、信息化、城市化、后工业化的印记。

三、生态文化对绿色发展的重要驱动作用

生态文化是二十一世纪的新文化①，并有望成为未来文化的主流。正如1988年世界75位诺贝尔得主在巴黎国际会议上所建议的那样："人类要在二十一世纪生存下去，必须回到二千五百年前中国的孔子那里去寻找智慧。"这是第一次诺贝尔奖得主国际会议在对"面向二十一世纪"这个主题进行探讨后得出的一个结论。这一方面可见中国对世界生态智慧的贡献，另一方面也可推测人类未来文化的发展走向。与中国传统生态智慧相一致的、正发展壮大的新型生态文化，将成为引领时代进步的真正意义上的显学。

我国在全面建设小康社会的新形势下，加强生态文化建设必将有利于国家社会主义文化的繁荣发展，有利于促进生态文明建设，有利于推动现代林业发展，有

①余谋昌. 生态文明论[M]. 北京：中央编译出版社，2010：352-353.

利于提高人民生活品质。生态文化建设在经济社会全面协调可持续发展中发挥着重要驱动作用。

（一）有利于提升国家文化软实力

2011年10月中共中央召开十七届六中全会，作出深化文化体制改革，推动社会主义文化大发展大繁荣若干重大问题的决定，提出要建设社会主义文化强国的宏伟目标。生态文化是社会主义文化的重要组成部分，代表先进文化的发展方向。生态文化是中华传统文化精髓的集中体现，具有广泛的社会基础。建设社会主义文化强国离不开民族文化的传承。生态文化是人与自然和谐相处、共存共荣的文化，与中国传统文化的精神内涵基本一致。儒家主张“天人合一”，肯定天地万物的内在价值，主张以仁爱之心对待自然，体现了以人为本的价值取向和人文精神。道家奉行“道法自然”，强调人以崇尚自然、效法天地作为行为的基本皈依的同时，还强调人必须顺应自然，达到“天地与我并生，而万物与我为一”（《庄子·齐物论》）的境界。几千年来，这些文化传统影响了一代又一代的中国人，深深植根于广大人民群众之中，成为中华民族宝贵的精神财富，成为中华文化永恒的价值追求。在推进生态文明建设的进程中，我们必须从中华传统文化中汲取智慧和营养，发扬光大其精髓，以使其成为我们超越工业文明、建设生态文明的文化基础。

二十一世纪的全球竞争将取决于文化的竞争，文化影响力是一个国家软实力的重要体现。社会经济及科技发展的内在逻辑，根本上是人的理念、思想和意识力量的体现，这构成了一个国家和民族的软实力。生态文化以其对生态建设、林业发展和社会意识的巨大作用，正受到各国的重视。当前，美国林务局在其工作计划中有一项重要工作，就是让儿童走进森林的项目，目的是培养儿童的生态意识，同时促进儿童健康。而且户外教育在发达国家正处于快速发展阶段。我国在文化建设中也应充分认识生态文化的重大作用，以便在文化竞争中处于优势地位。

（二）有利于促进生态文明建设

生态文化是生态文明建设的理论指导和精神驱动力。党的十七大提出建设生态文明的重要目标，生态文明作为一种先进的文明形态，必须有先进的文化做支撑，离不开科学的理论指导、正确的价值导向、广泛的社会参与和有力的制度保障。党的十八大提出，加强生态文明宣传教育，增强全民节约意识、环保意识、生态意识，形成合理消费的社会风尚，营造爱护生态环境的良好风气。在人类对地球环境的生态适应过程中，人类创造了文化来适应自己的生存环境，发展文化以促进生存环境改善。随着人口、资源、环境问题的尖锐化，为了使环境的变化朝着生态文明进化的方向发展，人类必须调整自己的文化来修复由于旧文化的不适应而造成的问题。世界著名生态和社会学家唐纳德·沃斯特指出，我们今天所面临的全球性生态危机，起因不在于生态系统本身，而在于我们的文化系统。要度过这一危机，必须尽可能清楚地理解我们的文化对自然的影响。罗马俱乐部创始人贝切利指出，如果我们想自救的话，只有进行文化价值观念的革命。说明只有从更深的思想文化层面解决问题，才能从根本上消除生态危机，才能建设好生态文明。

（三）有利于推动现代林业发展

生态文化的核心是促进人与自然和谐发展，而要实现人与自然和谐，林业是关键。林业既是一项公益事业，又是一项基础产业，在经济社会发展中发挥着不可替代的作用。党中央赋予林业以重大历史使命，确立了林业在在贯彻可持续发展战略中具有重要地位，在生态建设中具有首要地位，在西部大开发中具有基础地位，在应对气候变化中具有特殊地位。2007年，国家林业局提出现代林业建设的目标是建设完善的生态体系、发达的产业体系、繁荣的生态文化体系。由此生态文化成为我国现代林业发展的重要目标。当前，我国林业生态环境形势仍很严峻。随着人口增长和人民生活水平的提高，社会经济发展与资源环境的矛盾还会更加突出。如果不能有效地保护生态环境，不仅无法实现经济社会可持续发展，而且可能引发严重的社会问题。生态文化是解决林业发展中经济与生态矛盾的需要、林区和谐社会建设的需要、林业服务社会和社会服务林业的需要。生态文化可以缓解社会压力，弘扬主流文化，为林业发展提供内在动力，是强化全社会生态文明观念的主要途径，是影响政府决策和人民行动的深层次因素，也是推动林业发展的核心要素。

（四）有利于提高人民生活水平

繁荣发展生态文化，符合人民的根本利益，能够有效改善城乡人民物质和精神生活水平，提升人民生活品质，增进身心健康。首先，生态文化是满足人民群众日益增长的文化需求的必然选择。因为有对人与自然和谐价值观的精神需求，有对亲近自然、回归自然的生活消费需求，所以人民都热切期盼繁荣发展生态文化。以森林公园生态旅游为例。到2010年底，我国共建立森林公园2 583处，总面积近1 700万hm^2。2010年，全国森林公园游客人数已达到近4亿人次，全年全国森林公园旅游收入达到2 800亿元。因此，创作更多“贴近实际、贴近生活、贴近群众”的优秀生态文艺作品，打造更多文化载体，普及生态知识，丰富人们的精神世界，提高社会公众的文明素质，有利于人的全面发展，并把以人为本的理念落到实处。其次，发展生态文化有利于提高人们的生活质量。作为生态文化建设主体的林业，不仅与广大林农、林区职工利益关系最密切，而且森林的多种效益也能使全社会受益。随着新农村建设、林业重点工程建设、集体林权制度改革和城市林业的深入推进，林业在社会发展中的贡献越来越大。各类木质和非木质林产品的开发，森林空间的多功能利用，既开辟了农民增收就业的新渠道，也改善了广大山区、林区的生态环境和城乡人居环境，使人们享受到越来越丰富和优质的林产品供给和服务，人们的生活质量和幸福指数显著提高了。

（原文载《林业经济》，2012年第12期）

森林历史文化的现代价值

樊宝敏

召开生态文明建设研讨会，非常及时，尤其是集中交流森林文化的主题，从提高思想意识切入，从“头”抓起，是极富远见的。发展林业是生态文明建设的首要任务。弘扬森林文化传统，是现代林业发展的重要内容和有力支撑。

一、森林历史文化的基本内涵

文化是人类创造的物质财富和精神财富的总和，特指社会意识形态。森林文化是反映人类与森林之间相互关系的精神财富和物质财富的总和。森林历史文化是不同历史文化时期形成的森林文化，包括古代、近代、现代森林文化。在结构上，森林文化涉及精神、行为、制度、物质四个层面。

（一）森林精神文化

它是人类对森林及人与森林关系的认识、情感的总和，在森林文化中处于核心地位，主要包括森林哲学、森林自然科学、森林社会科学、森林文学艺术、森林教育等内容。森林哲学（含哲学、伦理学、美学）是森林精神文化的灵魂，具有能动性，对于其他方面的文化具有指导作用。

（二）森林行为文化

它是人类影响森林的行为方式、实践活动的总和，例如植树、经营、采伐、采摘、游憩等。它是主观与客观相统一的、连接人与森林的媒介，同时又是人类以各种工具为中介对森林（或森林物质文化）施加影响（生产或消费）的过程。森林行为文化是联系森林物质文化与森林精神（制度）文化的中介，是沟通两者关系的桥梁。

（三）森林制度文化

它是与森林有关的法律、法规、政策、制度和林业机构的总和，例如林业部门、森林法等。森林制度文化是森林文化的重要组成部分，是制度层面上的文化。它是森林精神文化的集中体现，是森林行为文化的制度规范，对于保障森林物质文化成果起着十分重要的作用。成熟和完善的森林制度文化，是森林文化繁荣发达的重要标志，也是生态文明建设的重要目标。

（四）森林物质文化

它是人类活动影响森林生态系统的物质成果，是森林文化的物质表现。广义上，它包括受到人类保护或改造的森林生态系统。狭义上，是指各种森林文化载体，例如，森林、古树名木、园林、森林博览馆、林业生产工具等。丰富森林物质文化的品类、提高森林物质文化的品质，是生态文明建设的根本目标，也是森林精神文化建设的重要目标。相对于精神文化而言，物质文化更具有基础性和前提性的特点。

森林文化四个层次之间是由内而外、由外而内、内外互动，相互联系、相互渗透、相互影响、相互制约的关系。森林文化的基本结构是一种由不同历史时期形成的不同层次、多种类型的文化元素相互交织而构成的网状结构，并随着时代的发展逐渐更新积淀，对人类的森林意识、价值观和行为活动产生影响，表现出多元的文化功能。

二、森林历史文化的科学价值

（一）史料价值弥足珍贵

历史研究离不开史料。森林历史文化是研究天人关系史的宝贵资料。例如，考古发掘的动植物器官和古人的生活用具、竹简等文物，古籍文献中关于人与森林关系的记载，至今仍然生长着的人文古树，以及其他关于人与森林关系的自然和人文遗产。保护森林文化遗产，是进一步研究的宝贵资源和全面利用的基本条件。

（二）正确认识森林变迁

研究森林历史文化，有助于我们认识不同时期森林生态系统的基本状况。根据古代文献、考古发掘、古树年轮，我们认识到，二千多年前西安森林资源及生态环境状况相比今天要好。西安半坡村考古发现有竹鼠骨骼遗迹，说明五千六百年前有竹子生长。《荀子·强国篇》载曰：“（秦国）山木川谷美，天材之利多，是形胜也。”司马相如《上林赋》载曰：“荡荡兮，八川分流。”史念海先生在《河山集》中，对黄土高原森林变迁进行了深入研究和精辟论述。周秦汉唐皆在此建国都充分表明当时西安一带有着更高的生态承载力。

（三）深化认识气候变化

竺可桢先生1973年在《中国科学》期刊上发表了《中国近五千年来气候变迁的初步研究》。他认为，在我国近五千年中的最初两千年（即从原始氏族时的仰韶文化时代到奴隶社会的安阳殷墟时代），大部分时间的年平均温度高于现在2℃左右，其中1月温度比现在高3~5℃。他还认为，利用古史书所载物候材料来做古气候研究是一个有效的方法。据现在的研究，我们还知道，许多历史时期不仅温度高，而且年平均降水量也是多的。

（四）系统理解林业历史

原始社会，人类依赖森林，过着采集、狩猎的生活。农业社会，人类毁林开荒发展农业，满足衣食住行需求。工业社会，人类采伐森林发展工业，并发展人工林，然而工业污染（主要指酸雨）对森林造成危害，森林生态系统受到破坏。生态文明社会，人类将会更加热爱森林，保护和建设森林，享受森林。

（五）科学把握文明规律

一是认识人类与森林和气候的关系规律。古代，我国东南半壁森林多，西北地区则气候湿润。现代，东南部地区森林少，西北部地区则气候干旱（黄河断流、土地沙化、干旱少雨）。其规律大致是，我国东南部地区森林采伐过度会导致西北部出现气候干旱少雨状况等。经过笔者的研究测算，在全国范围内，1 mm森林厚度的变化，能够影响37 mm降水变化。其内在机理是，人口增长→毁林开荒→森林减少→云少（东南季风）→西北气候干旱化→土地沙化→西部地区文明衰退。森林能够起到“云根”作用，在水分循环中发挥着重要作用。根据这种认识，我们应在东南半壁育林，促进西北半壁多降水，进而治理沙化、恢复植被、增加黄河水量。

二是认识人类与森林和洪灾的关系规律。古代，江河中上游森林多，中下游洪水危害轻。近代，江河中上游森林少，江河中下游洪水危害重。规律是，我国西部江河中上游森林采伐，将导致东部江河中下游洪水危害。根据这种规律性的认识，我们应该在江河中上游实施退耕还林，以防止中下游出现洪水危害。

三是科学把握人与自然关系规律。森林文化是人与自然关系的文化。汉代司马迁在《报任安书》认为，究天人之际，通古今之变。马克思也认为，自然史和人类史彼此相互制约。恩格斯认为，我们不要过分陶醉于我们对自然界的胜利。党的十七届六中全会提出，弘扬中华文化，努力建设社会主义文化强国。党的十八大报告提到，建设生态文明，是关系人民福祉、关乎民族未来的长远大计。这些都表明，人类对文明发展规律的认识在逐步深化。

三、森林历史文化的实用价值

（一）为生态建设提供理论指导

优良的森林精神文化是长期实践经验的总结和理论升华，对今天协调人类与森林关系具有指导作用。“天人合一”“道法自然”“以时禁发”“虽由人作，宛自天开”等理念，对林业经营、园林建设有借鉴价值。运用森林美学、森林文化的理念指导开展森林经营，可以把森林建设得富有艺术性和亲合力。德国林学家哥塔认为，森林经营不仅是门技术，也是门艺术。清代赵仁基认为，水溢由于沙积，沙积由于山垦。这些历史上的森林制度对今天的制度建设仍有启示作用。

（二）为林业生产提供物质材料

古树名木不仅有文物价值，还可为林业生产提供树种、良种，育种、观赏的物质材料，促进林业生产、旅游业发展。历史上种植的林木和保存完整的森林有的仍然在发挥生产、生态和社会效益。正所谓“前人栽树，后人乘凉”，自然文化遗产是区域绿色产业发展的特色优势资源。

（三）为绿色发展提供科技和文化支撑

森林历史文化研究有助于提高林业科技发展，进而促进林业发展。例如，通过研究森林变迁，我们认识到东南森林与西北气候的关系规律，我们可以加强东南地区的森林经营，增加西北地区的降水量，促进沙化土地的治理。森林历史文化研究有助于推动生态文化繁荣进步，促进林业发展。例如，繁荣柿树文化、银杏文化推动柿树产业、银杏产业发展。江苏省邳州市传承林业文化，发展银杏和杨树产业，已成为全国林业产业第一县级市。该市林业产值达175.56亿元，对财政收入贡献率达32%，对农民收入贡献率达25%以上。

（四）促进区域经济持续发展

森林历史文化有助于改善经济发展投资环境。良好的生态环境和人居环境，能够有效地吸引国内外企业家前来投资建设。创建森林城市、园林城市、生态文明城市等已成为各地竞相争取的靓丽名片。森林历史文化有助于激发区域经济发展活力。良好的生态环境和人居环境有利于社会和谐，增强经济可持续发展能力。

优美的生活环境能够激发人们的工作热情和创造智慧，提升工作效率。北京奥林匹克森林公园、纽约中央公园都是城市森林文化发展的典范。森林历史文化有助于提高区域经济市场竞争力。浙江安吉县自古有“籍竹为业”传统，2010年全县林业行业总产值达140亿元，其中竹业产值突破135亿元。森林文化的经济功能，由此可见一斑。

四、森林历史文化的人文价值

（一）积累人类进步的历史智慧

森林历史文化保留人类的历史足迹，展示人类的发明创造。保护、传承和弘扬中华民族悠久而博大的森林历史文化，有助于保存别致的文化形态，收藏久远的朴实情感，彰显中华文化的博大精深，便利子孙后代传承借鉴。

（二）弘扬“天人合一”的民族精神

人与自然和谐发展是森林文化的核心价值观。“天人合一”思想便是中华民族人与自然和谐发展的伟大精神思想之一。它体现了一种自然万物的生成观。在我国文化传统中，人与自然和谐发展的理念并不鲜见。《道德经》曰：“道生一，一生二，二生三，三生万物。”五行学说对木的认识，木主生，代表东方、春季，居五行之首。《周易》曰：“天行健，君子以自强不息。”孔子认为，仁者乐山，知（智）者乐水。山的品格如仁者，包容万物，生生不息。由此可见，研究森林历史文化有助于促进人与自然和谐发展理念的传承与弘扬。

（三）传承“民胞物与”的道德情怀

我国自古有保护自然的传统。《礼记·月令》中就涉及一系列保护生态的制度性规定。《周易·系辞》曰：“天地之大德曰生”，“生生之谓易”。孔子曰：“仁者，爱人，爱有差等。”又曰：“断一树，杀一兽，不以其时，非孝也。”宋代张载《西铭》载曰：“民，吾同胞；物，吾与也。”意即人民是我同胞，自然是我朋友。当代，生态伦理学已发展为一门学科。党的十八大则提出，必须树立尊重自然、顺应自然、保护自然的生态文明理念。

（四）提升“道法自然”的审美境界

森林文化产品具有很高的审美价值和艺术价值。《论语·阳货》中记载孔子说：“天何言哉？四时行焉，百物生焉，天何言哉？”从古到今人们关于森林山川的诗词歌赋、山水画卷、园林艺术等绵绵不绝，取得了很高的艺术成就，它们集中表达了人们对山川的热爱，对美好生活的向往之情。欣赏这些艺术作品能够陶冶人的情操，提高审美鉴赏水平。森林美学是森林文化的核心，道法自然是我国传统美学的真谛。

（五）促进森林文化的传承创新

森林文化是个持续发展的历史过程。当代森林文化是历史发展的一个环节，需要借鉴历史经验，同时从当代发展的实践中吸取营养。例如，墓地植树传统，黄帝陵、孔林、帝王陵寝的植树。再如，清明节植树传统，现在已发展成为全民义务植树，将来还将不断改变形式、丰富内涵，创新发展下去。我国保护森林的传统由来已久。例如，《逸周书》载曰："禹之禁，春三月，山林不登斧，以成草木之长。"以法治林传统由来已久。《管子·立政》载曰："修火宪，敬山泽、林薮、积草。夫财之所出，以时禁发焉。"修火宪，即为保护森林等自然资源而制订防火之法令。古树名木保护传统也由来已久。例如，《诗·周南·甘棠》载曰："蔽芾甘棠，勿翦勿伐，召伯所茇。蔽芾甘棠，勿翦勿败，召伯所憩。蔽芾甘棠，勿翦勿拜，召伯所说。"治理山河是中华民族的美好夙愿。例如，《左传·襄公八年》载曰："《周诗》有之曰：'俟河之清，人寿几何？'"这些都给予我们以启迪和力量。

（六）丰富绚丽多彩的文化生活

中国丰富多彩的树文化、竹文化、花文化、茶文化、动物文化等为现代生活增添无穷的韵味，使我们的生活不再单调，让未来充满希望。例如，银杏文化，唐代王维的辋川别业有文杏馆，楼观台有老子手植银杏。再比如，竹文化、熊猫文化更是我国所独有的，并融入民族品格之中。我国森林文化需求日益高涨，弘扬森林文化能够彰显独具特色的地域魅力，能够使自然景观与人文景观相得益彰，历史文化与现代文明交相辉映。祖国各地丰富多彩的森林文化在为神州大地增添神韵的同时，也不断满足人民群众日益丰富绚丽多彩文化生活的需求。

（2012年11月26日在西安"生态文明建设研讨会"
上所做的学术报告，有删改）

孔子“天降时雨，山川出云”思想评析

樊宝敏

生态文明关乎百姓福祉和民族未来，而林和水是生态系统健康运行的两大关键要素和环节。只有在全国范围建设绿水青山的生态环境，才能形成风调雨顺的适宜气候，创造人民安居乐业的美好生活。笔者就孔子提出的“天降时雨，山川出云”生态命题，谈几点认知和想法。

一、孔子称得上是一位伟大的生态学家

生活于两千五百多年前的儒家创始人孔子，不仅是一位思想家、教育家，而且是一位生态学家。我们之所以这样评价孔子，是因为孔子提出了不少著名的生态命题。例如，教育学生“多识于鸟兽草木之名”（《论语·阳货》）；“岁寒，然后知松柏之后凋也”（《论语·子罕》）；“知者乐水，仁者乐山”（《论语·雍也》）；“（夫子曰）断一树，杀一兽，不以其时，非孝也”（《礼记·祭义》），等等。孔子的这些命题，内涵丰富，影响深远。

孔子在与子夏讨论王者之德的问题时，提出了“天降时雨，山川出云”的重要生态命题。他认为，“天有四时，春夏秋冬，风雨霜露，无非教也。地载神气，神气风霆，风霆流形，庶物露生，无非教也。清明在躬，气志如神，嗜欲将至，有开必先。天降时雨，山川出云”（《礼记·孔子闲居》）。还有一次，当子张问仁者为何乐山时，孔子也提到类似的思想。他说：“夫山，草木生焉，鸟兽蕃焉，财用殖焉……出云雨以通乎天地之间，阴阳和合，雨露之泽，万物以成，百姓以飨，此仁者之乐于山者也。”（《尚书大传》）根据子夏、子张年龄分别比孔子小44岁、48岁，孔子提出这一思想的时候很可能已经60多岁了。孔子用“天降时雨，山川出云”八个字，从天地一体、上下往复的系统角度，简洁而准确地表达了山川作为森林、湿地为主体的生态系统对成云、降水等气候现象的影响。显然，孔子提出该思想不是即兴而发的，应是经过长期的观察和思考的。

孔子的这一思想，为后人所继承，或者被后人提及或阐述。例如，唐代诗人李白《望庐山瀑布》中“日照香炉生紫烟，遥看瀑布挂前川”的诗句，写出了他观察到的香炉峰在阳光的照射下的云烟（水汽）、因降水形成的瀑布，进而想象出瀑布飞流直下的壮观景象。杜甫《春夜喜雨》诗中“好雨知时节，当春乃发生。随风潜入夜，润物细无声”则描绘了春天万物复苏、大地回暖之时，白天蒸发渐旺而产生的夜雨滋润万物的喜人情形。两位大诗人的诗不仅形式优美、意境深远，而且也反映了自然生态系统的情形变化规律。他们的诗与孔子的命题相契合，同样具有长久的生命力，广为世人传诵。

二、中国降水中约五成源自“山川出云”

孔子“天降时雨，山川出云”思想，也为现代生态科学所证实。据相关研究，中国现代年均降水大约648 mm，这其中约一半源自海洋蒸发，一半源自大地山川蒸发。我国每年陆上的水蒸散量约364 mm，其中森林贡献121 mm，约占1/3。“山川”也就是森林植被和湿地，在水循环中发挥着关键性的作用。森林因其庞大的根系和树冠具有强大的水分涵养和蒸腾作用，故而森林多则出云多，森林少则出云少。通常不同植被类型的蒸散量从高到低依次为森林、灌木林、草地农田、荒地。我国东部森林蒸散量从北到南渐次增高，东北长白山阔叶红松林为480 mm，北方温带针阔叶混交林为440 mm，亚热带常绿阔叶林为780 mm，华南森林为1 000 mm。湖泊、湿地也具有较强的蒸散作用。广东省水面蒸发量高达1 190 mm。所以，孔子称“山川出云”是基于他对自然现象的认真观察的，是符合客观实际的。当然这里孔子所谓的“山川”，皆是有森林的山，有水流的川。“山川出云”的关键因素是山上有林，川中有水。否则，荒山旱川是很难出云的。

“天降时雨”与“山川出云”互为因果，形成水分循环。首先，降雨是因，出云是果。只有天降时雨，地上才有水，形成径流，河川里才有水，山上的树才会生长旺盛，也才会使水分通过根系吸入体内，经树干、树枝再到树叶，经蒸腾作用散入大气之中，形成云雾。反之，天旱无雨，山燥川涸，就难以成云。其次，出云是因，降雨是果。如果地上、山上森林茂盛、河水丰盈，那么在太阳的照耀下就会水汽升腾，形成云雾，如庐山、黄山的云海奇观。云雾聚集到一定程度，在一定的气象条件下便形成降水，即成雨露霜雪。反之，荒山荒漠，干旱缺水，难以出云，也就无水可降。

实际情况也是如此。生态环境史研究表明，中国古代山林川泽比现代丰富得多，水循环也旺盛得多。四千年前，中国森林覆盖率高达60%以上，平均蒸散量510 mm，其中森林蒸散占408 mm，分别比现代多出146 mm和287 mm。同样，古代降水也多，四千年前达850 mm，比现代高出约200 mm。据考古发现和史料记载，商代中原地区分布有大象、熊猫、虎、野牛、麋鹿等野生动物，竹类植物在黄河流域也曾广泛分布。我国各地观测研究显示，许多地区森林的增加显著改善了降水状况。例如，河北省塞罕坝林场1960年到2010年造林超过7万hm^2，降水量从417 mm增加到558 mm。陕西省吴起县林草植被由1997年的19.2%提高到2007年的62.9%，降水量也由478.3 mm增加到582 mm。内蒙古自治区敖汉旗1957年至1999年完成造林30多万hm^2，降水量由373 mm增加到487.7 mm。这些都从一个侧面表明了森林的增雨效应。森林的增雨效应不仅影响当地，受地形、季风等因素作用，甚至还会影响到附近的其他区域。研究表明，中国东南半壁森林对西北半壁降水就有重要影响。

所以，孔子"天降时雨，山川出云"命题，道出了水分天地之间循环的规律，并反复为科学研究和生产实践所验证。当然，孔子的表述或许没有太多考虑海洋的因素，如果"川"主要指河流的话。但是，在影响降水的因素中，与海洋相比，山川是易于为人类所改变的，因此也是更重要的。

三、建设绿水青山，促进天降时雨，造福百姓

习总书记提出的"绿水青山就是金山银山"的绿色发展理念，与中华传统生态思想既一脉相承又与时俱进，为新时代生态文明建设提供了重要遵循。中国古人基于对自然界水汽循环的认识，主张用祭祀山川的方法保护名山大川，即所谓"山川有能润于百里者，天子秩而祭之"（《公羊传》僖公三十一年），从而形成了今天的五岳神山、五大镇山，以及江河湖海等山川祭祀体系和世界自然与文化遗产。保护传承这些文化遗产，弘扬其中人与自然和谐共生的文明要义，是我们当代人的责任。

新中国成立以来经过长期的兴修水利和造林绿化，我国生态文明建设取得举世瞩目的成就，但是距离党的十九大提出的建设美丽中国的宏伟目标还有很远的路要走。首先，从理论上，我们必须坚持绿色发展理念，确立"天地一体，云雨一脉，山川共治，林水并举"的思想，把山水林田湖草作为生命共同体，高度重视和统筹森林、水利和湿地等的生态建设。以往，我们对孔子"天降时雨，山川出云"思想发掘和重视度不够，习惯于从封建糟粕角度加以否定，而没有从生态学角度去

正确对待和科学辨析。同时，对于森林影响降水的功能科学研究不足，一度让持否定意见的认识占据主流，一定程度阻碍了生态科学和林业实践的发展。

其次，在实践方面，为了促进天降时雨、应对全球气候变化、增加百姓生态福祉，我们必须动员全社会力量，发扬塞罕坝精神以持之以恒、愚公移山、久久为功的态度，扎实推进生态文明建设。加快造林绿化步伐，让荒山荒地长满林草。科学开展森林经营，让森林质量和多种功能进一步提高。加快推进湿地生态恢复，科学调配水源，让河流不再枯竭。尽可能压缩城市硬化空间，减少农田覆膜空间，努力建设森林城市和美丽乡村，促进大地与大气之间的水汽贯通，以保证气候正常、风调雨顺，润泽万物茁壮成长。尤其是要采取科学有力举措，实施跨区域调水，以丰补缺，增加我国新疆、甘肃、内蒙古等西北地区森林、草原和湿地面积，缓解那里的气候干旱状况，重构生态系统良性循环机制，促进东、中、西部生态环境平衡和充分发展。

总之，孔子“天降时雨，山川出云”的观点，带给我们很多有益的启示，让我们深刻认识了保护好山林川泽等生态环境的重要性。

（原文载《中国绿色时报》，2018年4月2日）

曲阜孔庙孔府孔林古树名木文化价值

樊宝敏　李智勇　张德成　丰　伟　谢和生

山东曲阜是伟大的思想家、教育家、儒家创始人孔子的故乡。孔庙、孔府和孔林（以下简称“三孔”），是历代国人纪念孔子、推崇儒学的圣地，“三孔”又因其丰厚的文化积淀、悠久历史、宏大规模、文物珍藏和科学艺术价值而著称。1994年，“三孔”被列入世界文化遗产名录。其中，为数众多的古树名木，作为活的文物，为儒学圣地增添了生命光彩和独特魅力。

一、“三孔”的古树名木资源

曲阜“三孔”景区的古树名木资源丰富。据曲阜市林业局2013年调查，“三孔”共有百年以上古树名木11 347株，其中一级719株（含千年以上236株），二级1 802株，三级8 826株，以侧柏、圆柏、黄连木、银杏、国槐等为主。目前，这些古树名木有专人养护，生存环境较好。

曲阜孔庙占地近10 hm^2，是我国规模最大、历史最悠久的孔庙。据记载，孔庙始建于公元前478年，利用孔子的旧居改作庙堂，至今已近两千五百年，后历代多有增修扩建。孔庙在东汉桓帝时（153）第一次由皇帝敕建，后又经过历朝历代60多次的改建和扩建，发展成拥有殿堂廊庑600余间的庞大建筑群。历史上对孔庙中的树木多有记载，北魏郦道元《水经注·泗水》载：“汉魏以来，庙列七碑，二碑无字，栝柏犹茂。”清乾隆《曲阜县志》卷四十九载：“庙中古槐七，世谓之唐槐，一在诗礼堂前，高四丈余，围丈余，根柯盘结，老而益茂，与古银杏对植。银杏高六丈余，围丈有五尺，世谓之宋杏。其六株槐皆在弘道门外，本各大数围。惟汉柏二十四株，大数十围，为宋（按：宋）文帝时江夏王义恭伐去。先宋、后宋皆伐夫子树，而后宋尤横矣。今庙中树木蓊蔚，多数百年与百数十年物，固难以数计也。”据学者调查，现在孔庙共有树木1 800余株，分十科十种。其中，柏树较多，约有桧柏597株、侧柏606株，两种柏树共占树木总数的66.8%。① 又据近期调查，孔庙有百年以上树龄的古树名木1 050株，主要为侧柏、桧柏、桑树、国槐、银杏、楸树、板栗。庙内生长的古柏，大多寿命很长，枝干遒劲有力，外形古朴。

孔府是孔子世袭“衍圣公”嫡袭子孙居住地，是我国仅次于明清皇宫的最大府第。它占地约16.4 hm^2，建筑463间，并有后花园“铁山园”。孔府里的古树相对较少，百年以上树龄的共有71株，主要为侧柏、桧柏、紫藤、酸枣、木香花、石榴、紫丁香、腊梅、国槐、刺槐。

孔林又称“至圣林”，是孔子及其后裔的墓园，位于曲阜城北。史载“（孔子）葬鲁城北泗上”，当时为“墓而不坟”，占地不过1 hm^2。后随着孔子地位的日益显著，历代帝王不断赐给祭田、墓田，孔林面积逐渐扩大。东汉时修孔子墓，造神门，建斋宿，南北朝时植树六万株，宋时为孔子墓造石仪，元时始建林墙、林门，明代孔林扩至120 hm^2，至清代已达200 hm^2。现有面积基本保持了清代的规模，树木十万余株②。孔林内百年以上树龄的古树约有10 226株，主要为桧柏、侧柏、黄连木。孔林内古木森森，林下墓冢累累，碑碣林立，石仪成队。有研究表明，整个孔林延用时间长达两千五百年之久，是世界上延续年代最久远、保存最完整、规模最大的家族墓地③。

二、古树的历史传承和纪念标识价值

古树是前人用心种下并受历代保护而生长至今的生命体，无疑是珍贵的历史遗存，具有重要的文物价值。孔庙内高大年长的古树名木，形态各异，历经风霜，见证了孔氏家族乃至儒家的历史，承载并传递着先人的情感。

孔庙内一株相传为孔子亲手所植桧，位于孔庙大成门内的东侧，高约15 m，胸径0.72 m，树形高耸挺拔，浓荫冠盖。树旁碑刻“先师手植桧”为关西杨光训于明万历年间所书。据称，这棵古桧曾几度毁于火灾，现存的桧树为雍正年间于老树桩下复生的新枝叶长成的，而这株老树被后世之人视作孔子思想与其氏族兴衰的象征④，并被认为“此桧日茂则孔氏日兴”，因此它备受敬仰。

诗礼堂前植有唐槐和宋银杏。“诗礼堂，初名寿堂，藏夫子衣冠、车服、礼器，诸儒讲礼饮射于中……明弘治间，改为诗礼堂，堂前有太初石，高丈余，唐槐在其

①彭蓉. 论中国孔庙的植物配置[J]. 山东林业科技，2010（3）：122-124.

②罗哲文. 中国古园林[M]. 北京：中国建筑工业出版社，1999.

③李敏. 华夏园林意匠[M]. 北京：中国建筑工业出版社，2008.

④孙成. 曲阜孔庙景观研究[D]. 西安：西安建筑科技大学[硕士学位论文]，2010.

旁，又银杏一株，亦千余年物也”（清雍正《山东通志》卷十一）。乾隆皇帝御制《诗礼堂六韵》曰：“书堂殿左陲，进讲忆于兹。以立应惟礼，为言必在诗。义因陈亢发，名自伯鱼垂。益切重来慕，还教欲去迟。唐槐宋银杏，今日昔斯时。望道吾何见，徒存景仰思。”（《钦定四库全书·御制诗二集卷六十二》）。

杏坛周边的杏树则始植于宋代。杏坛，相传是孔子讲学传道之处。《庄子·渔父》载：“孔子游乎缁帏之林，休坐乎杏坛之上。弟子读书，孔子弦歌鼓琴。”而在宋朝以前，杏坛只有其名而无其实。宋真宗天禧五年（1021），孔道辅再修孔庙。《东家杂记》卷下载：“先圣殿前有坛一所，即先圣教授堂之遗址也……后世因以为殿。本朝乾兴间，传大父中宪监修祖庙，因增广殿庭，移大殿于后。讲堂旧基不欲毁拆，即以瓴甓为坛，环植以杏，鲁人因名曰杏坛。”杏坛周边遍植杏树，每到春和景明，杏花盛开，灿然如火。明时，孔子后裔第六十代衍圣公《题杏坛》诗云：“鲁城遗迹已成空，点瑟回琴想象中。独有杏坛春意早，年年花发旧时红。”①乾隆皇帝赋诗《杏坛》赞道：“重来又值灿开时，几树东风簇绛枝。岂是人间凡卉比，文明终古共春熙。”

墓地植树是一种传统墓葬习俗，墓地古树有着后人对先人表达敬意、寄托思念的祭祀价值。孔子墓地孔林的植树由来久远，据《水经注·泗水》载：“谯周云：‘孔子死后，鲁人就冢次而居者百余家，命曰孔里。’……《皇览》曰：‘弟子各以四方奇木来植，故多诸异树。’……孔子冢茔中，树以百数，皆异种，世世无能名其树者，其树皆弟子持其方树来种之，有柞、枌、雒离、女贞、五味、樣檀之属。”墓园门内北侧有“子贡手植楷”，此树于清光绪八年（1882）曾遭雷火，现仅存一段树桩。树边有清初著名诗人施闰章《子贡手植楷诗》及清康熙五十一年（1712）立的“楷图”碑刻。这些古树历经沧桑，至今仍枝繁叶茂，四时不凋②。它们一方面曾寄托了孔子弟子们对老师孔子的怀念；另一方面，后人保护并瞻仰古树，也表达了对儒家及其思想的景仰。孔林作为一处氏族墓地，自出现以来，葬埋之事从未间断，年代之久，规模之大，保存之完整，实为世界罕见。

孔林中的一棵棵饱经沧桑的古树见证了儒家文化的悠久历史，同时又将孔子、儒家弟子及其崇拜者与我们连接起来。“先师手植桧”“子贡手植楷”等可称得上我国人文历史发展中颇具生命力的纪念塔和地理座标，激励着中华民族自强不息、奋勇前行。

①李翠，孔勇. 孔庙之杏坛亭[J]. 走向世界，2014(1)：89.

②罗哲文. 中国古园林[M]. 北京：中国建筑工业出版社，1999.

三、古树的旅游休闲和科研教育价值

作为世界闻名的儒学圣地，“三孔”每年吸引着来自海内外的大批游客。儒家文化的魅力意义重大。“三孔”景区的建筑可以复制再建，然而活的古树一旦毁坏则无法重现。游客亲睹一棵棵古树，大多会为儒家的悠久历史而惊叹叫绝。近年来，为鼓励更多的游客亲临曲阜、感知儒家文化，曲阜市还向游客推出“背《论语》免费游‘三孔’活动”。承载历史和文化价值的古树名木正以其独特的方式向广大游客传播中华传统儒家思想文化。

“三孔”景区也是曲阜本地居民工作之余休闲娱乐、健身游憩的好去处。由古树为主体构成的植被群落和生态环境，在助力广大居民的身心健康和打造宜居生活方面发挥了重要的作用。曲阜籍居民可凭个人身份证件办理免费游“三孔”手续，每人每年可免费游6次。因此，“三孔”景区也成为曲阜百姓携亲朋好友游玩处，显著提高了当地群众的生活品质和幸福指数。

保护完整、历史久远的儒家古树及其群落还具有重要的科学研究价值。在“三孔”景区，只有那些适合本地自然条件的乡土树种、长寿树种才得以保存下来，如侧柏、桧柏、国槐、板栗、黄连木、银杏等。这些树木形成了相对稳定的伴生植物，从而成为了许多鸟类的栖息地，反映着种群之间的关系。古树名木及其伴生植物的枯落物又对土壤的发育产生影响。因此，这里成为古树学、林学、生态学、土壤学、历史学、儒学等多学科研究的典型样地。毛主席参观孔林时曾感慨地认为，孔林古墓群独一无二，不仅是中国独此一家，大概全世界也找不到；甚至认为研究中国的墓葬文化，不用到别的地方，仅这一处就够了[①]。据“中国知网”的粗略统计，近十年间（2005—2014），研究内容涉及“三孔”古树的学术论文发表50余篇。

对广大公众尤其是中小学生开展科普教育也是古树文化价值的重要方面。据了解，当地中小学校和幼儿园经常组织广大学生免费游“三孔”活动，接受儒学的熏陶，取得了良好效果。古树作为自然界的长寿生物，可以激发人们对生物学的兴趣，进而拓展生物学知识，如有助于识别桧与柏、槐与楷等树木。同时，古树作为历史事件的载体和特定的人文符号，可使人联想到相关人文内容，从而获得启示、受到教育。孔庙是传播儒学的场所，通过其内部的树木对学子进行生物学知识和道德品质的影响和熏陶，符合孔子倡导学生“多识于鸟兽草木之名”的思想。庙中常常选择特色植物让植物美与社会文化的意蕴相统一。人们来到孔庙便可触景生

①李魁彩. 跟毛泽东行读天下 [M]. 北京：当代中国出版社，2012.

情，自我鞭策。

孔庙中的杏树和银杏树都包含对人的道德教育意味。杏有“幸福”的文化寓意，孔庙杏坛四周种植杏树主要和孔子讲学的杏坛有关，杏花因此成为具有文运象征意义的吉祥物。银杏树体现的绿色、健康、奉献等品格，与儒家文化的道德观相互融合，银杏树也被看作儒家的象征。相传孔子教子孔鲤学诗礼曰：“不学诗无以言，不学礼无以立也。”后嗣将此传为美谈，孔府也被称为“诗礼世家”。诗礼堂前生长着宋代栽植的雌雄银杏各一株，被称为“宋杏”。每逢金秋便硕果累累。孔府宴上更有一道用白果做的菜品，美称“诗礼银杏”。

古树还可启发人们对相关事物的思考。最有趣的是，对庄子所谓“杏坛”之杏所指何树，自古以来就有争议。宋代吕浦撰《竹溪稿》卷下有《杏坛问答》曰：“竹溪叟坐矶上，有童子笑而问曰：‘杏坛之杏红乎？白乎？’叟曰：‘昔尼父坐杏坛之上……尔知夫杏坛之名义乎？杏之为木也。盖花中之春色，乃桃李之与邻……且尔所谓白者，岂非鸭脚其叶，而银壳其实者乎？’”吕浦认为杏坛的杏不是银杏，这也仅是一家之言。后世人们往往把孔庙杏坛与银杏联系在一起，如北京孔庙中就有元代栽植的银杏。

四、古树的景观审美和精神启迪价值

一般来讲，古树及其森林群落是人与自然长期共同作用下形成的艺术珍品，具有很高的景观审美价值。孔庙、孔林内古树林立，年岁古老，种类不一，形态各异。有的古柏擎天捧日，有的古柏龙干虬枝，它们表现出奇特的沧桑之美。在孔庙同文门前和孔林神道两侧，古柏成行，宛若仪仗，不禁让拜谒者感到环境的肃穆庄严，并体现出孔子“礼制”思想和秩序之美。松树在孔庙中的种植则见于大成殿的主体空间，如《长物志》所谓“松植堂前广庭，或广台之上”，在这种场景下体现的是松树的独立之美。银杏树则通常对称栽植，呈现一种和谐之美。

孔庙、孔林作为祭祀空间，在树种配置上经常选择松柏等常绿树种，整体景观显得稳重、华贵，而且色彩凝重而肃穆。其中的松柏等树干挺拔而壮观，老枝苍虬而富古拙的外貌①。孔庙、孔林虽然在整体风格上营造景观色彩的稳定性，但是又有局部空间和不同季节的多样性与灵活性。位于孔庙中心位置的杏坛和诗礼堂的周围就是采用了这种局部空间的设置。在不同的季节，古树美又各具韵味。春季，杏坛之杏，花开灿烂。夏日，树木繁茂，绿荫满园。秋天，诗礼银杏，金叶硕果。

①彭蓉．论中国孔庙的植物配置[J]．山东林业科技，2010，(3)：122-124.

冬季，松柏苍翠，挺霜傲雪。正如东魏时期孔庙碑文所记，当时庙庭竹木森森，环境和谐幽雅，“鸿随秋下，则月秀霜枝；鹅逐春来，亦风开翠叶”[①]。

孔庙的景观色彩稳重华贵，高大苍劲、如龙如虬的松柏常绿树木为空间主体，以墨绿色为主色调，并与红垣金顶的高大殿堂建筑相搭配，视觉效果非常协调统一，进而为孔庙营造出一种肃穆庄严、安静平和的气氛，烘托出孔庙历史的悠久、孔子思想的深奥。

古树之美还表现在一个“奇”字上。在孔府花园的中心位置有一株奇树——树龄近400年的五柏抱槐，也被称为“五君子柏”。说是五柏，实则一树，由于年代久远，或雷劈或电打，一树分成五瓣。这还不算奇，奇的是于柏树五瓣之中又长出一槐。有人说是因为一柏五瓣之后有一只鸟飞过，在五柏的中心位置撒下一粒槐树种子，于是又长出一槐[②]。孔庆镕曾赋诗赞曰：“五干同枝叶，凌凌可耐冬。声疑喧虎豹，形欲化虬龙。曲径阴遮暑，高槐翠减浓。天然君子质，合傲岱岩松。”五柏抱槐盘根错节、枝叶交柯，互相依偎，如此神奇的景象不时触发游人的思绪。

古树的神奇魅力经常激发文人雅士的创作灵感。这种情况在“三孔”古树上表现突出，例如北魏郦道元《水经注》中的相关记述、明代孔子第六十代衍圣公《题杏坛》诗、清代乾隆皇帝《诗礼堂六韵》诗、施闰章《子贡手植楷》诗、孔庆镕赋“五柏抱槐”诗等。至于古往今来与“三孔”古树相关的碑刻、游记、绘画、摄影等艺术作品更是难于统计。

“三孔”古树已成为孔子和儒家文化的象征，成为世人尊崇孔子的一种载体。同时它更像一种语言符号表达和彰显着儒家的哲学道德精神，给人以生存智慧的启迪。

彰显天人合一精神。儒家继承《周易》中“天行健，君子以自强不息；地势坤，君子以厚德载物”思想，认为人“可以赞天地之化育，则可以与天地参矣”（《礼记·中庸》）。树木、人都是天地化育的万物，有着共同的品德，人也应该向自然和树木学习。所以，孔子有“岁寒，然后知松柏之后凋也”（《论语·子罕》）的著名格言。荀子则把松柏与君子类比，“岁不寒无以知松柏，事不难无以见君子”（《荀子·大略》）。孔庙、孔林中的柏树就如同对社会富有责任感和进取心的孔子和他的继承者。

彰显崇仁尚礼精神。孔子思想的核心为“仁”。正如宋代儒学家程颐所解释的

①曲英杰. 曲阜孔庙建制考述[J]. 中华文化论坛, 1995, (1): 61-67.

②杨晓璐. 孔府五柏抱槐[J]. 走向世界, 2011, (1): 82.

“仁者，生也”，杏仁放到地上新芽就生出来了。难怪在孔庙中心位置的杏坛周围种植了杏树、诗礼堂前栽种了银杏树，都与这个“杏仁”有关。也许孔子当年是受银杏大树的种仁（即白果）的启发而创立了他的“仁学”。孔子思想中另一个重要范畴是“礼”。礼即讲君臣父子、上下尊卑的等级秩序。《礼记·礼器》载曰：“其在人也，如竹箭之有筠也，如松柏之有心也。”所以孔庙中种植松柏树。儒家提倡的仁义道德，不限于人伦，还包含爱护生物，即“民胞物与”，同时符合“爱有差等”“顺时节用”的伦理原则。正如《礼记·祭义》所述：“曾子曰：‘树木以时伐焉，禽兽以时杀焉。’夫子曰：‘断一树，杀一兽，不以其时非孝也。’”

彰显中和为美精神。中和之美是处于优美与壮美两极之间刚柔相济的综合美，其意蕴刚柔兼备，是杂多或对立的审美因素的和谐统一，具有含蓄、典雅、静穆等特性。“三孔”树木种类繁多、树龄不一、姿态万千，同时又相互融洽、协调统一。这些充分体现了儒家一贯倡导的“和实生物，同则不继”等的人与自然相和谐的审美追求。正是山林水流的博大和灵动之美，使得孔子发出“仁者乐山，智者乐水”的感慨。也正是孔庙、孔林古树的正大气象和多彩神韵，以及其蕴涵的丰富情感，吸引着游者留连忘返。清乾隆《曲阜县志》卷三十七载：“木以松为长……惟孔子手植桧，子贡手植楷，与各庙古柏及槐、银杏，县署之槐，皆数千年物，令人低徊其下不能去。”可见，古树之美常常把人导入物我两忘、遐思顿悟之境。

在约2.3 km^2的“三孔”区域内共有1万余株古树，是目前我国面积最大、古树最多、文化价值最高的古树群之一。随着时间的推移，在保护良好的情况下，“三孔”古树数量还会增加。它们已成为儒家文化的精神载体，是“三孔”世界文化遗产的重要组成部分，具有重要的历史、科学和精神等文化价值，值得我们深入研究，认真保护，世代传承。

“三孔”文化林的发展模式是我国古树名木和文化森林保护、建设和利用的典型代表，在坚持长期完整保护传承、各时代不断补充栽植新树木、景观配置蕴涵文化突出特色、发挥旅游教育诸多文化功能等方面都积累了宝贵经验，值得全国其他风景名胜林、氏族风水林、名人纪念林借鉴和推广。

在建设生态文明和美丽中国的大背景下，我们更应该传承和弘扬儒家文化中关于天人合一、热爱自然、尊重生命、保护生态、奉献社会的思想精髓，内化于心、外化于行。

（原文载《生态文明世界》，2015年第4期）

五台山森林及对佛教发展的价值分析

张德成

五台山位于山西省忻州市五台县境内，位于山西北部，属太行山脉。五台山环基长约250 km，面积约2 837 km^2，其中五台山风景名胜区面积625.09 km^2。

五台山属典型的土石山区和石质山区，海拔高差大。五台山地貌可分为剥蚀构造山地和山间黄土盆地。五台山区成土母质以变质岩、石英岩、白云岩等为主，土壤类型从山麓到山顶依次为褐土、山地褐土、棕色森林土、亚高山草甸土。

五台山境域内主要河流为滹沱河、清水河，属海河水系。五台山地区属暖温带半湿润季风气候，其植被由高到低形成明显的垂直群落分布，可分为6个自然带，即亚高山草甸带、山地草原草甸带、森林灌丛带、灌丛草本带、旱生草本带、隐域草菅带，以及田间杂草和湿生草甸复合群落为饲草带。五台山是佛教胜地、避暑胜地，也是著名国家级风景名胜区。

一、五台山佛教概况

五台山①与浙江普陀山、安徽九华山、四川峨眉山，共称中国佛教四大名山。

据明代高僧镇澄撰《清凉山志》记载，五台山佛寺之始，以大孚灵鹫寺（今显通寺）为最早，初建于公元68年（东汉永平十一年），是为汉明帝刘庄邀请印度高僧摄摩腾、竺法兰东来传法时诏令兴建，成为“释源宗祖”之一②。五台山现存有唐代以来7个朝代的寺庙68座，其中有全国重点文物保护单位9处，省级文物保护单位6处。主要有唐代建筑南禅寺、佛光寺，宋代建筑洪福寺，金代建筑延庆寺、岩山寺，元代建筑广济寺、三圣寺，明代建筑殊像寺、显通寺、塔院寺、圆照寺、碧山寺等，清代建筑菩萨顶、镇海寺，以及民国建筑南山寺、普化寺、龙泉寺、金阁寺、尊胜寺等。其中佛光寺、显通寺、塔院寺、菩萨顶、殊像寺、碧山寺、金阁寺、

① 黄伟. 中国四大佛教名山之首：五台台[J]. 中国地名，2007,(6)：6-15.

② （明）释镇澄. 清凉山志[M]. 扬州：广陵古籍刻印社. 1997.

南山寺、龙泉寺、普济寺10个景点作为文化景观列入《世界遗产名录》。①这些规模宏大的古建筑群反映了自唐代以来我国各个时期的佛教建筑文化的情况，是研究中国古代佛教建筑艺术的活标本。

二、五台山的森林资源

五台山动植物资源极为丰富，五台山地区有高等植物100科、386属、661种。木本植物有42种、71属、160种、，有陆生脊椎动物63科、149属、205种。森林多分布在海拔2 000 m左右的山坡上，林木覆盖率22%。森林面积2.3万hm^2，覆盖率8.66%，其中天然林占63%，人工林占37%。②

五台山地带性植被为落叶阔叶林。乔木树种有华北落叶松、河北杨、元宝槭、油松、青杆、青杨、中华柳等。由于人为因素的干扰，落叶阔叶林仅在局部地段呈岛屿状分布，主要建群种有山杨、白桦。针叶林以华北落叶松林占优势，主要分布于阴坡、半阴坡，其中天然林以五台山北坡较为集中，人工林以鸿门岩、中台南坡等较为常见。青杆林和白杆林以阴坡较为常见，在五台山北坡常混生有喜湿耐寒的臭冷杉。灌丛主要有沙棘灌丛、黄刺玫灌丛、虎榛子灌丛、蚂蚱腿子灌丛、银露梅灌丛、箭叶锦鸡儿灌丛等。灌草丛有荆条、酸枣、白羊草灌草丛、虎榛子针茅、蒿类灌草丛等。草丛有白羊草草丛、蒿类草丛等。亚高山草甸有嵩草草甸、苔草草甸、杂类草草甸。③

三、五台山森林对佛教发展的价值分析

（一）伐木造材，营建寺庙

寺庙多为砖木结构，建造之时定需要大量木料。据《代州志》载，代州有天然大森林，树木“大者合极干霄，小者密比如栉”，因而史有“伐木于代”的说法。

汉明帝时，五台山“五百里内，林木茂密，虎豹纵横，五峰无路，人迹罕通”。当时，印度高僧摄摩腾、竺法兰东来传法，见五台山山形地貌与释迦牟尼佛的修行地灵鹫山别无二致，认定五台山与佛祖有着不解之缘，返回洛阳后就奏请汉明帝在

①张云. 五台山[M]. 北京：宗教文化出版社. 2011. 常峥嵘. 五台山佛教史论[M]. 太原：山西人民出版社，2016.

②朱世忠. 五台山生物多样性的研究[J]. 山西林业科技，2010（6）：44-45.

③茹文明，张峰. 山西五台山种子植物区系分析[J]. 植物研究，2000, 1.

五台山修建寺院。[①]于是，汉明帝颁旨，在五台山修建大孚灵鹫寺（今显通寺）[②]，孝文帝（471—499）笃信佛教，到五台山避暑，“猎于西台”，并在鹫峰建十二座寺院。佛教在五台山始兴，不久寺院增至数十处，之后寺庙逐渐兴起，而后周武灭佛，曾盛极一时的佛教，于此衰落。但周宣帝继位后又提倡佛教，大批重建寺庙。如此一拆一建，皆从当地砍伐不少林木，必定对原始森林稍有破坏[③]。

唐朝期间，从唐太宗至唐德宗间的各代帝王，“莫不倾仰灵山，留神圣境……不断岁时”。五台山寺宇达到极盛，传说“大庙三百六，小庙无其数”，该山住持成为掌管全国佛教的最高僧官。

元代毁林之风更为盛行，皇帝十几次发布“驰山禁”的诏许。元初的成宗、武宗于五台山大规模地“伐木造寺”，历时20年之久，采伐了不少森林。

从东汉至元末的一千多年中，五台山森林虽时遭破坏，但也偶有恢复，系曲线地减少着。至元末时，五台山区森林还未到彻底摧毁的程度，五峰内外深山区的森林还大体保持成片（表1）。

表1　　五台山伐木造寺的重点时期及其规模

朝代	时　期	规　模
北魏	孝文帝	鹫峰建十二座寺院
北齐	周宣帝	大批重建寺宇
隋朝	隋文帝	诏“五顶各置寺一所”，是五峰顶建寺之始
唐朝	太宗至德宗	大寺院多达360所，“小庙无其数”
元朝	成宗、武宗	一万多军卒工匠，历时20年，在台山大建寺宇
明朝	明太祖至神宗	台内就有大庙64所
清朝	康熙、雍正、乾隆、嘉庆四帝	台山大寺院达到122所，并在沿途大建行宫和皇城

明朝诸帝不断地在五台山地区兴佛建寺，对森林的乱砍滥伐，至明中叶时达到了极其严重地步。《清凉山志》卷六《明高胡二公禁砍伐传》中描述五台山周围的“诸州傍山之民，率以伐木自活，日往月来，渐砍渐尽。川木既穷，又入谷中，千百成群，蔽山罗野，斧斤如雨，喊声震山。寒岩隐者，皆为驱逐，夺其居，食其食，莫敢与之争。当是时，清凉胜境，几为牛马场矣”[④]。明神宗曾在派人重修塔院寺舍

①常峥嵘. 五台山佛教史论[M]. 太原：山西人民出版社. 2016.

②（明）释镇澄. 清凉山志[M]. 扬州：广陵古籍刻印社. 1997.

③翟旺，米文精. 五台山区森林与生态史[M]. 北京：中国林业出版社. 2008.

④（明）释镇澄. 清凉山志[M]. 扬州：广陵古籍刻印社，1997.

利塔和狮子窝洪福万寿藏楼阁赐《大藏经》、锡杖、衣钵等。其母李太后只因为子登基许愿，也舍钱命人建寺。由于得到皇室扶持，全山佛寺剧增，僧人如流，佛事如波。万历年间，乱砍滥伐之风达到最高潮，五台山到处是“伐木丁丁”之声；山林被“砍伐殆尽，所存百之一耳”，成了“万阜童童”景象。

明朝后期，当地奉旨封禁山林多年，清初时残林和榛莽又略有恢复，但已演替成次生杂木林了。康熙、雍正、乾隆、嘉庆四帝，接连亲幸台山①。借此，寺庙大加修葺或兴建，台山大寺院达到122所，并在沿途大建行宫和皇城。

新中国成立后，当地保存并逐渐营造多种森林，依托林业生态工程营造森林，至今天森林覆盖率达到20%以上。五台山森林资源得以完善保护。

（二）退林他用，养育僧民

五台山香火既盛，则僧人香客众多。吃喝薪材定是从周围山区中采伐获取的，且定居居民增多，民间建筑也有兴起，五台深山之林也开始遭到人为采伐。但从另一个角度来看，森林也为垦田提供了发展空间，对当地的百姓生活改善起到了重要作用，并间接地保障了僧众的生计。

北魏统一北方后，重视农耕，五台山区平川盆地又复耕垦，人迹渐繁起来。五台山深山森林虽遭到人为破坏，但那时森林广布，破坏程度并不大，影响不明显。唐朝扩拓疆域，人口增加，五台山区相当安定，农耕进一步发展。唐朝廷实行府兵制，在五台县设有柳院、东冶（因冶铜业发达）二府，于是有更多山林被开垦为农田。

宋朝又因五台山区林地肥沃而垦拓农田，砍伐森林。北宋神宗时石仆射张商英意识到毁林垦拓的作法必然会贻害长久。他认为，把宋辽边界的林地都垦拓为农田会造成溪流涸枯，山坡塌陷。他还把森林与朝廷安全联系到一起，森林是农耕社会的天然屏障，将森林拓为平坦的农田，北方民族的铁蹄必然长驱南下。因此，他上书建议，勿再砍伐森林，但并未被朝廷采纳②。

明代，瓦剌部、俺答部族不断入侵，平川人民大量逃入山区，毁林开荒，拓坡种粮。例如明初洪武时，五台县仅1 480人，到万历时，五台无籍流民还要多一些。《清凉山志》就有“投之火一炬，而垦沃土一片”之说。当地大兴“屯田”和鼓励商民在边地拓坡种粮的“开中”政策。例如，繁峙县明嘉靖时有民田2 846顷，屯田达2 218顷之多，加上皇族的“更名田”“庄田”和“坡田”，以及匿报的“黑田”等

①周如璧，曹利军.山·河·关[M].太原：三晋出版社，2014.

②武冠芳.五台山寺庙发展与自然环境变迁的关系[J].沧桑，2008(6)：37-38.

则更多①。

万历八年，巡抚高文荐奏请“禁伐”，奉帝命“严加禁革”。当时五台山的众僧也帮忙查缉盗伐运木之罪帮。在朝廷支持和众僧协助下，很快“砍伐乃寝”，五台、繁峙县一带深山的残林得到保存和抚育。此后，直到明末当地再未出现过大肆滥伐现象，残林榛莽又略有恢复，但再难恢复到明初“茂林耸森，飞鸟不度”的景象了。

清朝时期，五台山地区人口剧增，但未提倡精耕细作，而是一味地“劝民垦荒”，扩大坡耕地，广种薄收（表2）。清朝皇帝频繁在五台山设立佛会，开办佛学，更加推动了佛教再度振兴的势头。这一时期，寺庙建筑和宫廷建筑齐举，佛事和农商并存，五台山寺庙香火愈旺盛，周围森林植被则愈加退化②。

表2　　五台山历史上退林垦田的主要时期及其情况

朝代	时　期	记　载
北魏	初期	人迹渐繁，初步垦田
唐朝	整个时期	扩拓疆域，人口增加，垦田
明朝	前期、中期	平川人民大量逃入山区垦田
清朝	整个时期	“劝民垦荒”，扩大坡耕地，广种薄收

除上述之外，开矿冶炼也是五台山植被破坏不容忽视的重要因素。早在五代十国时，北汉于柏谷（繁峙南山）“置银冶，募民凿山开矿取银”③，对台山北坡森林略有破坏。元朝，台山的冶炼业进一步发展，仅台怀就有六七十家冶炼作坊。明朝采矿、冶炼、陶瓷等大发展，从嘉靖年间起，浅中山之林已砍伐殆尽。

（三）森林环境，修行道场

佛教的寺庙环境已经包括了周围的自然环境，是佛寺建筑、佛教景物、人工山水与天然山水的综合体。五台山森林资源丰富，为五台山寺庙提供了良好的生态环境服务。同时，森林自然生态的文化内涵与佛教文化也具有相通的特点，有利于僧众修行，促进佛教发展。

1. 美感森林利于修行

佛教作为一种独特的宗教、哲学和文化派别，其自然观极为独特。在佛经的

①翟旺．恒山森林变迁史略[J]．山西林业科技，1988（3）：43-47．

②武冠芳．五台山寺庙发展与自然环境变迁的关系[J]．沧桑，2008（6）：37-38．

③《中国财政史》编写组．中国财政史[M]．北京：中国财政经济出版社，1987．

描述中，佛国净土自然环境极为优美、洁净、舒适。佛教对修行环境的要求相当苛刻，寺庙选址一般更趋近于自然生态。《五灯会元》卷十六有云：“瘦竹长松滴翠香，流风疏月度炎凉。不知谁住原西寺，每日钟声送夕阳。”[①]唐代释重显禅师《送僧（其一）》曰：“红芍药边方舞蝶，碧梧桐里正啼莺。离亭不折依依柳，况有青山送又迎。”可见，寺庙环境是植物与自然山水的美妙结合。

五台山具有幽静的森林环境，该山是“静谷幽林”“叠翠迴岚”“嘉木芳林，千峦弥布”“它山莫比”的优美景观。在佛教徒眼里，佛教僧徒日常生活离不开自然环境，连说法、修行也都离不开自然景物。僧徒与自然所建立的这种融洽关系，森林景观所产生的美感，往往表现出视觉上的舒适。僧徒处于具有美感的森林景观包围之下，可达到愉悦身心的效果，自内而发的喜感有利于人生观价值观的正确选择和情绪稳定。对于抱定成佛目的的僧人，美丽的景观在其修行的路上是重要的辅佐。因此，五台山的森林环境有利于修行。

2.冷凉资源利于栖息

五台山难得的冷凉资源对于佛教的兴盛具有重要作用。该地区地处黄土高原东缘，属暖温带大陆性气候，夏短而凉爽，冬长而严寒。五台山年无霜期达72天左右，年降雨量近960 mm，平均气温15~20℃。五台山五峰耸立，山峦叠嶂，夏季多雨湿润，被誉为清凉胜境。由于气候寒冷，五台山又被称作“清凉山”。特别是夏天舒适的环境，更利于静心凝神，气定诵经，达到修行所需要的境界。森林对于当地形成冷凉气候具有一定的影响。森林可以增加区域蒸发量和降水量，对于夏季降温能起到重要作用。温庭筠《清凉寺》诗曰：

黄花红树谢芳蹊，宫殿参差黛巘西。
诗阁晓窗藏雪岭，画堂秋水接蓝溪。
松飘晚吹摐金铎，竹荫寒苔上石梯。
妙迹奇名竟何在，下方烟暝草萋萋。[②]

诗中雪岭、寒苔等便是描写了五台山的清凉的景观。

3.生态文化内涵契合

中国佛教自然观的独特性在于强调人与自然的和谐。佛教文化中也蕴含着丰富的生态思想，具有独特的生态观。寺庙园林正是这种抽象生态观的外在表现。

①普济.五灯会元[M].北京：中华书局，1984.

②董乡哲."温庭筠"诗集译意[M].西安：三秦出版社，2010.

禅宗认为“郁郁黄花无非般若，青青翠竹皆是法身”。大自然的一草一木都是佛性的体现，都有存在的价值。众生都有成佛的灵性，大地、河流、草木等都“无情有性”。“自古名山佛占多”，佛教以其“无情有性”的自然观，众生平等、不杀生的生命观，追求净土的理想观[①]，与森林所传达的自然和谐、生生不息的文化内涵相契合。人与自然万物可以互相融合，和谐相处。在佛教教义中，佛国世界都是园林化的极乐世界，有丰富的树木鲜花，“诸池周围有妙宝树，间饰行列，香气芬馥。是诸池中，常有种种杂色莲花”[②]。长期以来，佛教秉持自己的生态观与周边森林自然环境得以和谐共生，而森林更加深化了佛教对自然的认识，同时佛教场所的建立也部分地起到保护林地的作用。

（四）森林食品，福利信众

五台山森林资源丰富，出产大量的林菌、林药、林禽、林果，可以为市场提供大量的森林食品、药品，主要包括台蘑、金莲花、台党参等。这些食品药品产自五台山及其周边地区的森林，在促进地方经济发展的同时，对丰富广大信众生活，保证健康，提高旅游感受、吸引游客等方面起到了重要作用，从客观上对于以佛教为主题的旅游活动起到了积极影响。在五台山佛教兴盛发展过程中，森林食品、药品也起到一定的作用。

譬如台蘑，又称“天花菜”，一种营养价值极高的食用菌类作物。五台山的独特气候条件和生态环境，是台蘑品质优良的主要原因。台蘑肉质细嫩，色泽乳白，菌体肥大，油性大，香味浓，可烹制成多种荤素名肴，是席上珍馐。唐宋时，台蘑就被选做宫廷菜。元代吴瑞在《日用本草》中曾说，天花菜出自山西五台山，“形如松花而大，香气如蕈，白色，食之甚美”。

五台山台党参补中益气，生津止渴，与人参相近而偏补中气，用于治疗贫血、衰弱症，并可镇咳祛痰、健胃利尿。

此外，还有繁峙黄芪、同川梨、河曲红果、保德油枣等五台山特色森林食物惠泽百姓。

①魏德东. 佛教的生态观[J]. 中国社会科学，1999(05)：105-117，206.

②汤因比，池田大作. 展望二十一世纪：汤因比与池田大作对话录[M]. 荀春生，等译. 北京：国际文化出版公司，1984.

第二部分

森林文化价值评估方法

基于人林共生实践的森林文化价值评估

樊宝敏　李智勇　张德成　魏玲玲　谢和生

森林是陆地生态系统的主体，是人类文明诞生的摇篮，具有生态、经济、社会、文化等多种服务价值。如何通过科学评估和提升森林价值以便让森林造福人类，自20世纪90年代以来，成为林学家、生态学家们研究和关注的热点问题。1993年，北京林业大学徐化成教授发表《森林的价值观》一文，讨论了森林价值观的相关问题，提出了“充分协调森林各种价值的多重价值观”，并认为“它决定了今后林业发展的方向”[①]。1997年，R.Costanza等学者[②]对全球生态系统服务和自然资本的价值进行了评估，在全球引起广泛关注。2005年，联合国千年生态系统评估委员会公布《生态系统与人类福祉》（综合报告）[③]。2011年，英国发布《英国国家生态系统评估：技术报告》[④]。上述研究都关注了森林和生态系统的多重价值，其中文化价值也包含在内。

随着研究的不断深入，对森林经济和生态服务功能价值的量化评估方法已相对成熟，然而对于森林文化价值的量化评估方法仍处在探索中，并未找到学界公认的科学方法。李文华院士在2008年出版的《生态系统服务功能价值评估的理论、方法与应用》中写道：“由于生态系统的复杂性和科学认识的局限性，目前对于生态系统的一些服务功能还无法进行定量化描述和评价，如一些文化服务功能、对

①徐化成. 森林的价值观[J]. 世界林业研究，1993，6(4)：14-20.

②Costanza R，d'Arge R，de Groot R，Farber S，Grasso M，Hannon B，Limburg K，Naeem S，O'Neill R V，Paruelo J，Raskin R G，Sutton P，van den Belt M. The value of the world's ecosystem services and natural capital. Nature，1997，387：253-260.

③MA（Millennium Ecosystem Assessment）. Ecosystems and Human Well-Being：Synthesis. Washington D C：Island Press，2005：B40.

④NEA. The technical report of UK national ecosystem assessment. 2011 UK national ecosystem assessment. [2017-11-02]. http://uknea.unep-wcmc.org/Resources/tabid/82/Default.aspx

生命价值的估计等。”[①]近期，尽管在中国（不含港澳台，下同）森林生态系统服务功能研究[②]、中国森林资源核算研究[③]领域都取得一些新的成果，但是这些研究主要还是侧重森林的生态和经济价值。中国森林资源核算研究项目组（2015年）在研究、展望时指出：“此次研究仅开展了林地林木资源和森林生态服务两个方面的核算，还不是一个完整的森林资源核算。今后，还需要进一步开展森林社会文化价值……核算等。”[③]近年来，国外学界Edwards D.[④] Tabbush P.[⑤] Edwards D.[⑥]等学者通常采用指标体系法[⑦]，或者概念分析法[⑧]对森林文化价值进行评估。宋军卫[⑨]朱霖[⑩]潘静[⑪]王碧云[⑫]等国内学者尝试采用条件价值法（CVM）、AHP-模糊综合评价法评估公园或区域的森林文化价值。因此，在当前国民对生态环境和生态文化的需求不断增长的情况下，研究森林文化价值评估的理论与方法，对于充分认识和培育森林价值，满足人民群众日益增长的绿色生活需求，具有重要的学术意义和应用价值。

一、森林文化价值的含义

（一）内涵与外延

森林的文化价值是森林价值的重要组成部分，是森林对人类的健康和精神生活所带来的积极影响和满足程度，直接影响着人民的健康状况、生活质量和幸福指

①李文华. 生态系统服务功能价值评估的理论、方法与应用[M]. 北京：中国人民大学出版社，2008.

②张永利，等. 中国森林生态系统服务功能研究[M]. 北京：科学出版社，2010.

③中国森林资源核算及纳入绿色GDP研究项目组. 绿色国民经济框架下的中国森林核算研究[M]. 北京：中国林业出版社，2010.

④Edwards D, Elliott A, Hislop M, et al. A Valuation of the Economic and Social Contribution of Forestry for People in Scotland[R]. Edinburgh, Scotland: Forestry Commission Scotland, 2009: 50-213.

⑤Tabbush P. Cultural Values of Trees, Woods and Forests. Farnham: Forest Research, 2010: 32-58.

⑥Edwards D. Social and Cultural Values Associated with European Forests in Relation to Key Indicators of Sustainability. Finland: European Forest Institute, 2011: 26-54.

⑦朱霖，等. 国外森林文化价值评价指标研究现状及分析[J]. 世界林业研究，2015, 28（5）：92-96.

⑧NEA. The technical report of UK national ecosystem assessment. 2011UK national ecosystem assessment. [2017-11-02]. http://uknea.unep-wcmc.org/Resources/tabid/82/Default.aspx

⑨宋军卫. 森林的文化功能及其评价研究[D]. 北京：中国林业科学研究院[硕士论文]，2012.

⑩朱霖，等. 北京妙峰山森林文化条件价值评估[J]. 林业科学，2015, 51（6）：9-16.

⑪潘静，张颖，李秀山. 森林文化价值保护支付意愿及其评估研究：以甘肃省迭部县为例[J]. 干旱区资源与环境，2017, 31（9）：32-37.

⑫王碧云，修新田，兰思仁. 基于AHP-模糊综合评价法的森林公园文化价值评价[J]. 林业经济，2017, 39（11）：35-39.

数。关于森林的价值（或效益），在《中国大百科全书·农业卷》（1990年第一版）中的“森林效益”词条认为其包括经济效益、生态效益和社会效益3个方面。其中，社会效益表现为森林对人类生存、生育、居住、活动，以及在人的心理、情绪、感觉、教育等方面所产生的作用[①]。国外通常是将森林文化价值作为森林生态系统服务的主要内容之一，称之为“森林的文化服务”。在全球层面，联合国《千年生态系统评估报告》将生态系统服务划分为对人类具有直接影响的供给服务、调节服务、文化服务，以及维持这些服务所必需的支持服务。其中，文化服务是指通过精神满足、发展认知、思考、消遣和体验美感而使人类从生态系统获得的非物质惠益。同时，报告明确指出，文化服务中的精神和宗教价值以及美学价值正在退化[②]。总之，森林文化价值内涵丰富，包括森林教育、审美、健康、艺术创作等许多方面。

（二）价值构成

森林有益人体健康。森林常成为人类疗养的理想场所之一，森林还可为人们提供游憩的场所和陶冶性情的环境条件。同时，森林还可为多种科学研究，如遗传、进化、生态和水文研究等提供科研材料或基地[③]。美国环境伦理学家罗尔斯顿（Holmes Rolston）《环境伦理学》（2000年）中，提出了自然生态系统的14种价值：生命支撑价值、经济价值、消遣价值、科学价值、审美价值、使基因多样化的价值、历史价值、文化象征的价值、塑造性格的价值、多样性与统一性的价值、稳定性和自发性的价值、辨证的价值、生命的价值、宗教价值[④]。《千年生态系统评估报告》将生态系统的文化服务概括为文化多元性、精神与宗教价值、知识体系、教育价值、灵感、美学价值、社会关系、地方感、文化遗产价值、消遣与生态旅游10个方面[⑤]。森林文化价值体系对森林体验者的影响通常是作为整体而起作用的，同时其价值实现又随森林和体验者的具体情况而千差万别。

①熊文愈，周重光[M]//森林效益//中国大百科全书农业编委会. 中国大百科全书：农业卷. 北京：中国大百科全书出版社，1990：973-974.

②MA（Millennium Ecosystem Assessment）. Ecosystems and Human Well-Being：Synthesis. Washington DC：Island Press，2005：B40.

③熊文愈，周重光. 森林效益[M]//中国大百科全书农业编委会. 中国大百科全书：农业卷. 北京：中国大百科全书出版社，1990：973-974.

④霍尔姆斯·罗尔斯顿. 环境伦理学[M]. 杨通进，译. 北京：中国社会科学出版社，2000.

⑤MA（Millennium Ecosystem Assessment）. Ecosystems and Human Well-Being：Synthesis. Washington DC：Island Press，2005：B40.

二、森林文化价值的评估方法

（一）价值评估相关理论

森林的文化价值评估所评价的是森林与人交际中所产生的文化现象，是从价值的角度评估森林对人的服务能力或者满足人的需求的能力。这涉及以下相关理论。①时间价值理论。森林的文化价值与人在森林中逗留、互动共生的时间成正比。时间越长，表明森林的文化价值越高。②劳动价值理论。森林凝结有人的劳动，人的劳动也是森林文化价值形成的重要因素。③自然价值理论。森林的文化价值是自然价值的重要体现，价值的高低与自然力的作用、自然要素的组合都有密切的关系。④协同理论。森林文化价值作为一个价值系统，由诸多子系统构成，它的价值并不是各子系统价值的简单相加，而是整体协同的结果。如Mourato等人[①]所做的绿地对房价影响的分析，作为环境背景总体的舒适价值。⑤梯度理论。在不同区域的森林中，森林的文化价值存在梯度差异。这些理论为评价和发展森林文化价值提供了理论基础。

基于上述理论，我们通过深入的研究和分析进而认识到，森林的文化价值实质上反映着森林对人的吸引力和服务能力，是森林的人气指数和服务水准，可用“人与森林共生时间”（简称人林共生时间）的长短来衡量。它有两种表达形式：一是从森林角度，森林文化价值可用一年之中人们在该片森林中生存的时间总和来体现；二是从人的角度，用一年当中人们平均在（标准化）森林中生活的时间来反映。

（二）公园尺度的评估方法

在森林公园尺度，森林的文化价值用游人在森林公园中逗留的时间来反映。对于免费的森林公园而言，其森林文化价值的计算公式为：

$$V_{FC}=\frac{\sum_{1}^{n}T_i}{8\ 760}=\frac{n\overline{T}}{8\ 760} \tag{1}$$

式中，V_{FC}为免费公园的森林文化价值，n为参与到森林公园中的人数，T_i为第i位游人的逗留时间，$\overline{T}$为人均停留时间，8 760是1年的小时数。将森林文化价值的计量单位命名为“文年”（Cultural Year，简写c.y.），其具体含义见表1。

①Mourato S, Atkinson G, Collins M, Gibbons S, MacKerron G, Resende G. Economic Assessment of Ecosystem Related UK Cultural Services (The Economics Team of the UK National Ecosystem Assessment). London: London School of Economics, 2010.

表 1 森林的文化价值计量单位“文年”的含义

Tab1 The meaning of “Cultural Year” of cultural value of forest

计量单位 measurement unit	含义 meaning
1 文年 cultural year（Abbreviation：c.y.）	相当于 1 人在森林中停留 1 a（或 8 760 hr）

对于收取门票的森林公园而言，其森林文化价值还需要将门票收入折算成时间累加进去。因为门票收入的真正涵义是社会必要劳动时间的付出，而且这种付出表明了社会对森林公园文化价值除了直接时间付出之外的又一种认可。所以其计算公式为：

$$V_{FC}=\frac{\sum_1^n T_i}{8\ 760}+\frac{I}{\mathrm{GDP}/p}=\frac{n\overline{T}}{8\ 760}+\frac{I}{\mathrm{GDP}/p} \qquad (2)$$

式中，V_{FC} 为收费公园的森林文化价值，I 为门票收入，GDP/p 为年度人均 GDP。

根据森林公园的面积（或者森林所占公园比重），可求得单位森林公园面积上森林的文化价值。即：

$$\overline{V}_{FC/FP}=V_{FC}/S_{FP} \qquad (3)$$

式中，$\overline{V}_{FC/FP}$ 为单位森林公园面积上森林的文化价值，S_{FP} 为森林公园面积。

（三）区域尺度的评估方法

研究认为，区域范围内森林的文化价值主要由两部分组成，一是基本价值，即区域常住人口与森林共生的基本生活时间所反映的价值。因为森林的文化服务具有溢出效应，即使人不进入森林，森林也会对附近的人产生一定的文化服务，如医疗保健价值[①]。而且服务水平与森林资源的丰富度及质量有密切关系。二是专项价值，森林文化活动（以森林旅游为主）过程中人林共生时间所反映的价值。计算公式为：

$$V_{FC}=P\overline{T}_F+N\overline{T}_t \qquad (4)$$

式中，V_{FC} 为区域森林文化价值，P 为区域人口数量，$\overline{T}_F$ 为人均基本森林共生时间，N 为森林文化活动人次数，$\overline{T}_t$ 为平均每次活动的时间，按 3 hr，即 0.000 342 47 a 计。其中，

$$\overline{T}_F=\frac{V_{LT}}{S_L}\times 0.06=FT\times 0.06 \qquad (5)$$

式中，V_{LT} 为区域活立木总蓄积量，S_L 为区域土地面积，0.06 为单位森林厚度条件下

①李卿. 森林医学 [M]. 王小平，等译. 北京：科学出版社，2013.

的标准化的人林共生时间(a)，FT为森林厚度指标（单位：mm）①。可见，区域的人均基本森林共生时间与区域活立木总蓄积量成正比。活立木蓄积量的高低，在很大程度上不仅是森林质量、森林文化服务能力的重要标志，而且它是森林在时空中长期积累的结果，是森林凝结的时间长度，在本质上也是人与森林共生的时间长度。作为蓄积量转化为时间的参数0.06，是基于一个理论预设，即在中国森林资源最丰富的台湾地区，其森林厚度10 mm、森林覆盖率60%条件下，人均森林共生时间设定为0.6 a，以此为标准值。

依据区域森林文化价值计算结果，可以相应地计算出3个平均指标数据：

$$\overline{V}_{FC/L}=V_{FC}/S_L \tag{6}$$

式中，$\overline{V}_{FC/L}$为区域单位土地平均森林文化价值，S_L为区域土地面积。

$$\overline{V}_{FC/p}=V_{FC}/P \tag{7}$$

式中，$\overline{V}_{FC/p}$为区域人均森林文化价值，P为区域人口数量。

$$\overline{V}_{FC/F}=V_{FC}/S_F \tag{8}$$

式中，$\overline{V}_{FC/F}$为区域单位森林平均森林文化价值，S_F为区域森林面积。

上述3个平均指标表达不同的含义。地均森林文化价值指标表达单位面积土地上，每平方公里的人与森林共生时间的高低，反映土地利用效率，对土地的森林文化价值开发的程度。人均森林文化价值指标表达每个公民享受的森林文化福利的高低。林均森林文化价值表达单位面积林地上的人与森林共生时间的多少，反映林业（或园林绿化）部门对森林文化价值开发利用的效率。

三、森林文化价值的评估结果

（一）与公园尺度相关的两个公园案例及全国森林公园的评估结果

山东曲阜的孔庙、孔府和孔林（简称“三孔”）是国人纪念孔子、推崇儒学的圣地。这里生长着1万多株古树名木，是我国面积最大、古树最多、文化价值最高的古树群之一。它们早已成为儒家文化的精神象征，具有重要的历史、科学和精神等文化价值。根据实地调查，征询曲阜市林业局、旅游局等部门获取相关指标的年度统计数据，研究人员通过测算得到了“三孔”森林的文化价值的评估结果。①森林文化总价值。2013年，“三孔”接待国内外游客4×10^6人次，三处景点平均每人次大约游览6 hr，则共计2.4×10^7 hr，因为一年为8 760 hr，故折合2 739.7 c.

①樊宝敏，李智勇. 衡量现代林业发展水平的新标尺：森林厚度[J]. 林业资源管理，2009，(2)：1-5.

y.。另外，门票收入1.5 × 10^8 CNY，2013年，人均GDP为33 530 CNY，故门票收入换算成价值为4 473.6 c.y.。二者相加，得"三孔"文化物理量为7 213.3 c.y.。若按森林占总面积的70%，则"三孔"森林文化价值为5 049.3 c.y.。②单位面积森林文化价值。据"三孔"森林面积161 hm^2，可计算出单位森林面积的文化价值为31.36 c.y./hm^2。

同样方法，通过到北京植物园的调查，以及咨询北京市园林研究所科研人员，研究人员收集并核实游览人数、平均游览时间、门票收入等相关数据，得到北京植物园2011年、中国全部森林公园2015年的森林文化价值[①]（表2）。

表2　　森林文化价值评估实例

Tab2　　Examples of forest cultural value evaluation

评估对象 Evaluation object	V_{FC}/c.y.	$\overline{V}_{FC/FP}$/c.y./hm^2	备注 Comment
曲阜"三孔"森林 "Sankong" Forest in Qufu	5 049.3	31.36	2013年。面积161 hm^2。游客400万人次，平均每次6 hr。门票收入1.5亿元
北京植物园 Beijing Botanical Garden	1 489.6	7.45	2011年。面积200 hm^2。游客326万人，平均每次3 hr。门票收入3 000万元
中国森林公园 China Forest Park	1 158 014	0.06	2015年。面积1 801.71万hm^2。游客7.95亿人次，按平均每次4 hr，门票收入按397.5亿元计

从表2中可发现，曲阜"三孔"的森林文化价值最高，北京植物园次之，中国森林公园整体水平最差，且与前两差距巨大。我国各地森林旅游发展极不平衡。接待游客量前30位的国家森林公园接待了超过20%的全国森林公园的游客量，却只占全国森林公园总数的1%不到。很多森林公园建设和服务水平与民众旺盛的森林旅游需求很不相称，这也充分表明我国森林文化价值提升存在巨大的发展空间。

（二）对全国及各省森林的评估结果

基于全国第八次森林资源清查（2009—2013）中活立木蓄积量数据，以及国家统计局、国家林业局官方网站公布的2015年全国绝大部分省（区、市）的常住人

①国家林业局场圃总站. 2015年森林公园建设经营情况.（2016-04-14）[2017-10-05]. http://zgslgy.forestry.gov.cn/portal/slgy/s/2452/content-862765.html

口、森林面积、森林旅游人次等数据，通过运用区域尺度森林文化价值评估方法开展模型计算，得到我国部分省（区、市）2015年森林的文化价值（表3）。

表3　2015年我国部分省（区、市）森林的文化价值

区域 area	人口 population /10^4	森林面积 forest area /10^4 hm^2	森林旅游 number of forest tourism/10^4	V_{FC} /10^4 c.y.	$\overline{V}_{FCIL}$ /c.y./km^2	$\overline{V}_{FCIP}$ /c.y.	$\overline{V}_{FCIF}$ /c.y./hm^2
四川	8 204	1 703.74	28 091.8	1 848.28	38.11	0.225	1.08
广东	10 849	906.13	24 316.7	1 508.57	84.80	0.139	1.66
云南	4 742	1 914.19	3 745.0	1 404.53	36.71	0.296	0.73
福建	3 839	801.27	3 596.5	1 312.75	108.04	0.342	1.64
黑龙江	3 812	1 962.13	1 840.3	988.44	21.74	0.259	0.50
吉林	2 753	763.87	2 049.0	902.09	47.76	0.328	1.18
浙江	5 539	601.36	26 622.6	867.42	85.21	0.157	1.44
江西	4 566	1 001.81	7 674.7	824.9	49.48	0.181	0.82
河南	9 480	359.07	9 550.0	812.63	48.66	0.086	2.26
湖南	6 783	1 011.94	11 319.2	765.03	36.12	0.113	0.76
广西	4 796	1 342.70	7 711.9	697.96	29.38	0.146	0.52
湖北	5 852	713.86	7 482.2	625.37	33.64	0.107	0.88
安徽	6 144	380.42	10 222.4	611.19	44.22	0.099	1.61
山东	9 847	254.60	11 677.9	547.37	35.96	0.056	2.15
辽宁	4 382	557.31	5 319.0	513.33	35.23	0.117	0.92
陕西	3 793	853.24	4 991.9	477.00	23.16	0.126	0.56
江苏	7 976	162.10	12 220.5	475.58	46.35	0.060	2.93
贵州	3 530	653.35	12 188.3	418.67	23.72	0.119	0.64
重庆	3 017	316.44	6 298.6	387.57	47.09	0.128	1.22
河北	7 425	439.33	3 839.4	334.16	17.98	0.045	0.76
上海	2 415	6.81	618.5	196.99	328.32	0.082	28.93

（续表）

区域 area	人口 population /10^4	森林面积 forest area /10^4 hm^2	森林旅游 number of forest tourism/10^4	V_{FC} /10^4 c.y.	$\overline{V}_{FC/L}$ /c.y./km^2	$\overline{V}_{FC/P}$ /c.y.	$\overline{V}_{FC/F}$ /c.y./hm^2
内蒙古	2 511	2 487.90	927.3	181.95	1.57	0.072	0.07
海南	911	187.77	1 336.3	172.80	50.68	0.190	0.92
山西	3 664	282.41	1 249.3	160.51	10.25	0.044	0.57
北京	2 171	58.81	22 686.5	143.84	80.81	0.066	2.45
甘肃	2 600	507.45	1 058.4	86.21	1.92	0.033	0.17
天津	1 547	11.16	284.3	43.10	37.47	0.028	3.86
西藏	324	1 471.56	29.7	37.83	0.31	0.117	0.03
新疆	2 360	698.25	1103.5	33.92	0.21	0.014	0.05
宁夏	668	61.80	909.1	5.79	0.87	0.009	0.09
青海	588	406.39	99.4	2.57	0.04	0.004	0.01
合计 Total	137 462	22 879.17	231 060.2	14 760.07	15.37	0.107	0.71

通过分析表3数据可知：①全国各省（区、市，不含香港、澳门和台湾地区）的森林文化价值总量存在很大差异。例如，青海仅为2.57 ×10^4 c.y.，而四川为1 848.28 ×10^4 c.y.。森林文化价值总量排在前五名的是四川、广东、云南、福建、黑龙江，排在后五名的是青海、宁夏、新疆、西藏、天津。

②地均森林文化价值排在前五名的是上海、福建、浙江、广东、北京。这反映出在这些区域土地的森林文化价值开发是充分的。排在后五名的是青海、新疆、西藏、宁夏、内蒙古。这些区域受自然条件等的限制，森林文化不发达，在总体上属于草原和沙漠绿洲文化区。

③人均森林文化价值（图1）排在前五名的是福建、吉林、云南、黑龙江、四川，排在后五名的是青海、宁夏、新疆、天津、甘肃。数值高的地方反映当地人的森林文化福利优厚。人均森林文化价值的高低在很大程度上与森林资源的丰富程度如何有关。天津（全国平均值26%）、上海（全国平均值77%）排名靠后主要因其森林资源匮乏；北京（全国平均值62%）排名落后则因其森林质量差。河北（全国

平均值42%）、山东（全国平均值52%）、江苏（全国平均值56%）、河南（全国平均值80%）等省水平不高，则与这些地方因发展农业而导致的森林覆盖率过低有关。

④林均森林文化价值，排在前五名的是上海、天津、江苏、北京、河南，排在后五名的是青海、新疆、内蒙古、宁夏、甘肃。数值高的地方反映当地对森林文化价值的需求旺盛，且多属于人口稠密的省（区、市），因而在这些地区需要加大森林文化建设。

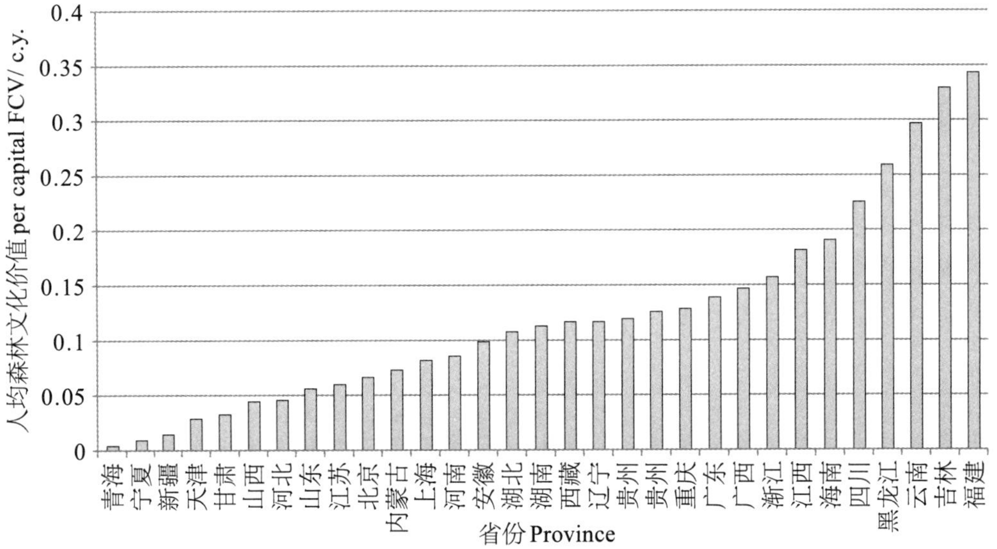

图1　2015年全国部分省（市、自治区）人均森林文化价值

Fig.1　Per capital forest cultural value of China and every province in 2015

（全国数据中未包含港澳台数据）

四、结论

（一）文年评估法是森林的文化价值评估的可选方法

森林的文化价值得到学界和社会的广泛认同，但同时其价值高低也存在着难以量化评估的问题。这成为一项世界性科学难题。《千年生态系统评估报告（MA）》和《英国国家生态系统评估报告（UKNEA）》的文化服务评估部分试图找到一种合理的量化方法，但没有成功①②。森林的文化价值评估的难点在于其不确定性，由此致使以往的研究都没有找到一个合适的评估方法。要么采取繁琐的多指标的模

①MA（Millennium Ecosystem Assessment）. Ecosystems and Human Well-Being: Synthesis. Washington DC: Island Press, 2005: B40.

②NEA. The technical report of UK national ecosystem assessment. 2011UK national ecosystem assessment. [2017-11-02]. http://uknea.unep-wcmc.org/Resources/tabid/82/Default.aspx

糊打分综合指数评估方法①②，要么采取偏重主观的问卷统计的条件价值评估方法③④。不同的人运用这些方法，会得到不同的结果。课题组认识到以往评估方法存在的弊端，研究消除森林文化价值不确定性的方法，经过反复讨论，提出用“人林共生时间”的长短来衡量森林的文化价值的观点，提出“文年”的概念，终于找到了一种准确、客观，同时包含人和森林双方因素的评估方法。应该说，该方法找到了森林文化价值评估的正确途径，是一项重要的科研创新成果。

笔者同时认为，用“文年”作为森林文化价值的计量单位，比用“货币”或许更为科学。这不仅是因为时间的客观性和可比性都优于货币，而且是由森林文化价值本身的特殊性所决定的。国外学者们也大多主张，生态系统的文化服务和价值主要体现在人类对自然环境的伦理关切和美学判断，而这方面是不能从金钱方面来进行有意义的表达的⑤。

研究表明，森林文化价值的评估适合采取整体价值评估的方法。本研究提出的“文年评估法”，没有按照以往评估方法的思路，即先划分各项指标进行单项价值评估、再加总求算整体价值的传统方法，主要是考虑到各指标之间会产生协同效应，先分后总的评估结果与总体评估结果会有很大差异。与以往评估方法相比，文年评估法的优点在于计量客观、简便易行；还在于它不是静止的，而是动态的；它既可评估总价值，又可评估单位面积森林的价值，便于不同森林之间的比较。因此，该方法可供选择，值得推广应用。

需要说明的是，本方法所评估的森林的文化价值是整体价值、一年当中实际产生的价值，所以本方法适用于森林文化价值的年度的实际产生的总价值评估。至于其价值是如何构成的，各占何比重，本方法没有涉及，需要在以后的研究中予以分析解决。本方法不能取代以往的评估方法，如指标评估法、条件价值评估法等，而且它们也有一定的优点和特定应用范围。在评估实践中，本方法可与其他方法结合应用，在整体评估的基础上，运用Delphi、层次分析法等确定不同文化价值的

①宋军卫. 森林的文化功能及其评价研究[D]. 北京：中国林业科学研究院[硕士论文], 2012.

②王碧云，修新田，兰思仁. 基于AHP-模糊综合评价法的森林公园文化价值评价[J]. 林业经济，2017, 39(11)：35-39.

③朱霖，李智勇，樊宝敏，张德成，苏立娟. 北京妙峰山森林文化条件价值评估[J]. 林业科学，2015, 51(6)：9-16.

④潘静，张颖，李秀山. 森林文化价值保护支付意愿及其评估研究：以甘肃省迭部县为例[J]. 干旱区资源与环境，2017, 31(9)：32-37.

⑤NEA. The technical report of UK national ecosystem assessment. 2011UK national ecosystem assessment. [2017-11-02]. http://uknea.unep-wcmc.org/Resources/tabid/82/Default.aspx

比重，进而分解评价。

本文讨论的是“森林的文化价值”，而非“森林文化的价值”。虽然两者有密切的关联，但属于两个完全不同的概念。两者的关联在于，在通常情况下前者是过程、原因，后者是产出、结果，后者由前者演生而来；但后者对于前者又有放大和促进作用，很多情况是人们先通过一定文化传播途径知道了某片森林，而后才进入了那里。两者的区别在于，前者是森林对人的文化价值，必须是人涉足了这片森林或者森林所在区域才会产生的；后者则是森林文化产品（如与森林有关的诗词、画作、影像等艺术作品）对人的文化价值。当然，“森林”本身不一定是天然林，也可以是蕴含森林元素的许多人类创造的带有艺术性的产品。关于“森林文化的价值”评估方法，在学术界也有讨论[①②]。

（二）建议在公园和区域两种尺度开展全国森林的文化价值评估

森林文化价值的及时监测与准确评估，是价值提升的认知前提。通过对公园和区域尺度上每块森林的科学评估，明确其文化价值所处等级，判断其优势和存在问题，提出未来改进的方向和途径。

在公园尺度上，建议包括国有林场、森林公园、自然保护区、森林文化教育基地、森林康养基地等，在观测统计游客或参与人数的同时，增设人员停留时间指标的观测数据。这方面今后可应用智能化大数据等科技手段，进行精准统计、实时更新。根据参与人数、停留时间、门票收入等指标，计算森林的文化价值。本文提出的公园尺度评估方法，主要考虑了时间、人数、门票因素，没有考虑森林质量、景观等内在机制影响因素，这是需要在实际建设中注意的问题。

在区域尺度上，包括全国、各省、市、县域等不同范围，参照本文提出的方法，统计森林文化活动相关指标，开展森林的文化价值评估。同时，结合开展森林的经济价值、生态价值评估，对森林生态系统的服务价值及其服务能力做出整体评估。

（三）建议着力提升我国森林的文化价值

森林价值有高低之分，研究建设包含文化服务的高价值森林意义重大。高价值森林是一种多功能森林，其生态、经济、社会、文化多种功能协同发挥作用。虽然单一功能不很高，但综合功能一定很强。森林的多种功能和价值不能相互割裂，

①程红，樊喜斌，樊宝敏，张德成，宋军卫，刘宏明. 构建评价指标体系推进生态文化繁荣[M]//赵树丛. 生态建设与改革发展：林业重大问题调查研究报告（2011）. 北京：中国林业出版社，2012：18-34.

②张颖. 森林文态评价指标体系构建及其实证研究[J]. 林业经济，2014，（11）：97-101.

而是互相影响，必须统筹考虑、系统协同。

增进人民的生态福祉，重在提升森林的文化价值。其核心是运用人与自然和谐共生的理念，通过培育优质森林、建设人居森林，让人们走进森林、生活在森林，扩展人林共生时间。从监测评估、森林建设、设施完善、生态教育、运营服务等方面采取综合有效措施，建设“高文化价值森林”，推动我国森林价值由低到高的不断跃迁。尤其是在北京、上海、天津、江苏、河南、山东、河北等人口稠密、经济社会发达的省（区、市），对森林文化价值需求强烈，应着力增加森林资源数量，提高森林质量，努力提升森林对社会的文化服务水平。对于人口相对稀少的地区，则应通过科学调配水资源，改善交通和宜居条件等，逐步增加森林和人口，从而提升森林的文化价值。

（原文载《生态学报》，2019 年第 2 期）

森林文化币：概念、内涵及应用前景

宋军卫　李智勇　樊宝敏　张德成

森林是陆地生态系统的主体，是人类文明诞生的摇篮，具有生态、经济、社会、文化等多种服务价值。随着社会发展，人们对森林价值的需求不再局限于物质层次的经济需求，更多关注森林的生态价值及满足人类精神需求的文化价值。尤其是近年来森林的文化价值越来越被重视，在2017年4月，联合国大会审议通过的《联合国森林战略规划（2017—2030年）》的愿景中提到通过对森林及森林以外树木的可持续管理，实现为当代和子孙后代提供经济、社会、环境与文化效益的目标。目前，国内外学者对森林文化价值的评估大多采用定性研究的方法，而在定量评估研究中则多与货币化核算相关。但由于文化价值的非物质化属性，价格确定存在很大难度，以条件评估等市场替代的方法并不能在完全意义上实现对森林文化价值的评估，或者说以货币形式对精神领域的评估本身就不全面。正如戴维[1]所言，如果文化价值可以度量的话，那么度量也只能按照无法以货币尺度衡量的或者无法转换为货币尺度的方式进行，评价文化价值的尺度和方法应当取自于文化领域。所以我们提出了森林文化币的概念，以非经济货币的形式对文化价值进行评估。

一、森林文化币的概念和内涵

联合国《千年生态系统评估报告》[2]将森林的文化服务效益定义为森林通过丰富人们的精神生活、发展认知、大脑思考、生态教育、消遣娱乐、美学欣赏及景观美化等方式，而使人类从生态系统中获得的非物质的服务效益。樊宝敏[3]提出森林

①戴维·思罗斯比. 经济学与文化[M]. 王志标，等译. 北京：中国人民大学出版社，2011：24-28，49-56，125-126.

②吴昌华，崔丹丹. 千年生态系统评估[J]. 世界环境，2005，(03)：56-65.

③樊宝敏. 森林文化价值提升路径[J]. 中国国情国力，2017，(07)：27-29.

文化价值是指森林对人类的身体健康、生活质量和精神发展所产生的积极影响，实质上反映森林对人的吸引力和服务能力，是森林的人气指数和服务水准，可用“人与森林共生时间”的长短来衡量。无论是那种定义，我们都可以看出森林的文化价值是森林以特有的性质为人提供非物质化的服务，在这个服务过程中人通过生理和心理上的复杂变化结合以往的认知和经验能够获得精神上的满足。森林文化币的提出就是对这种非物质化服务效益的评价，可以将其定义为在人与森林的长期互动中达成的对森林文化价值的共识，是充当森林文化价值标准和记账单位的工具。它的产生是人在森林客观文化价值基础上产生的对森林文化价值的主观估值。这种估值有别于经济估值是文化尺度内的，是衡量森林给人带来的精神效用。其中，客观文化价值是指客观存在于森林当中由人主观物化而形成的森林人格化的部分，它包括森林美学价值、历史文化价值、康养价值等这些不以人类意志为转移的价值。主观估值是人对这些客观价值的直接感受。森林文化价值是由历史价值不断积累而成的，它是人们在与森林长期共生过程中，群体内逐渐形成对森林文化价值的共同认知。所以，森林文化价值量是由人们当前的感受和客观文化价值中已固化的价值量共同决定的，它体现了当前和以往人们在森林中获得的精神总效用，而森林文化币正是对应这种效用的价值尺度和计量单位。

二、森林文化币的单位量

森林文化价值的评估难点在于它所展现的价值来自于人的主观感受和体验。而人的主观感受和体验是一个复杂的心理过程，从信息输入到输出是一个“黑箱”过程，缺乏有效测量的工具和手段。但是这种价值输出有一个表象化结果，那就是人们乐于将时间消费在能够给自己带来更高精神效用的地方。正如在传统经济学里消费者往往根据自己的偏好，购买对自己效用最大的商品。森林文化价值也有类似的选择，人们通过用脚投票的方式，选择能够给人带来最大精神效用的森林。如果人们在某个森林里停留的时间越长则说明该森林文化价值越大。所以森林文化币的单位应当与时间相关联，但森林的面积各有不同，如果仅仅以时间作为衡量标准，那么面积大小就会成为一个重要影响因素。例如，一个文化价值量大但是面积小的森林的游览时间可能和文化价值量较低但是面积很大的森林的游览时间相同。所以，我们在这里将森林文化币的单位量规定为人们在森林中消费的时间和游览面积的比值，单位为小时/平米。

三、森林文化币的核算内容

为了更好地理解森林文化币的核算内容，我们引入一个森林文化资本的概念。在文化经济学中为了将经济价值和文化价值进行区分，提出了文化资本的概念，并将其定义为一种资产，除了可能拥有全部经济价值以外，还体现、储存并提供文化价值。同理，森林的文化资本是指能够产生、体现和存储文化价值的文化资源。①这一概念的提出可以将森林有形（森林、森林中遗址等）和无形（森林文艺作品、传说等）的文化资源解释为价值的永续存储手段，并为个人和社会持续提供服务。正如其他资本一样，森林文化资本分为存量和流量，森林文化资本的存量是指在给定的时间节点上存在的文化资本数量，它是一个时间段内的价值汇总量，包括有形资本和无形资本。有形化资本包括森林中生物存量、文化遗址数量等以实物存在的资本；无形资本包括人们在森林产生的想法、形成的文艺作品及与森林相关的传统、信念等，如宗教教义、故事传说。随着时间的推移，森林文化资本会产生服务流量，即人们会到森林里欣赏美景、游憩等来满足精神需求。所以，森林文化币对森林文化价值的评估可以转换为对森林的文化资本的价值估算，其核算内容包括文化资本存量及引发的流量两部分价值，以此为基础可以推出森林文化币的核算模型。

四、森林文化币核算模型

（一）模型假设

森林文化币量不是由独立个体决定的而是由社会共识达成的。这种共识可以通过人们乐意耗费的平均时间来体现，即人们在森林中获得效用越高，那么他就更乐于将时间花费在森林里。

与传统经济学理性人假设不同，这里采用幸福经济学的基本假设，即认为人既是自私利己同时也是无私利他的，人类理性也是有限的，市场也是不完美和非均衡的，市场参与者主观上的最大化理性并不一定存在，其理性来自参与市场的交互过程，表现为一种满意化倾向而非最大化原则。

人在感受森林文化价值时，无论教育背景、社会地位、收入水平是否存在差异，都会从森林中获得愉悦，但获得的愉悦程度和需求强度存在差别。

①戴维·思罗斯比. 经济学与文化[M]. 王志标，等译. 北京：中国人民大学出版社，2011：24–28，49–56，125–126.

由于人们对森林文化价值感知能力的提升，人们对森林文化价值的需求在一定时间内会不断增强，即森林文化价值越大，人们越向往森林而不会因为去的次数增多而感到厌烦。

（二）森林文化币概念模型

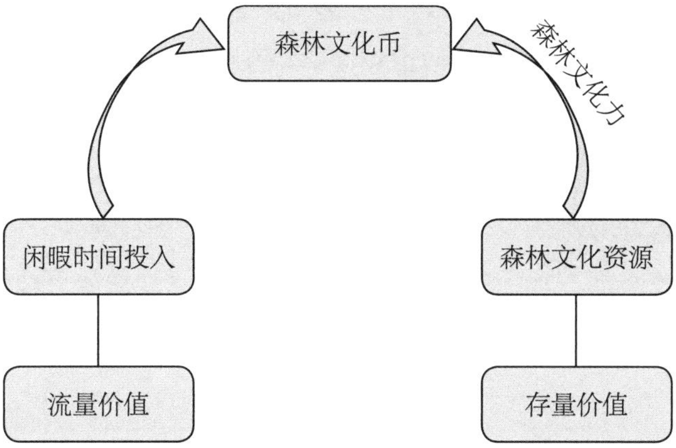

图1　森林文化币概念模型

我们可以将森林文化币的核算模型（图1）表述为：

$$V(t)=F(t)+G(t)=F(t)+\alpha T(t)$$

其中，$V(t)$ 为森林的文化价值总量；$F(t)$ 森林文化资本流量价值，即一定时间内人在森林中消费的森林文化币量；$G(t)$ 为森林文化资本存量价值，即给定时间点上森林储存的文化币量；α 为森林文化力，即森林文化资源文化价值转换率；$T(t)$ 为现有的森林文化资源量。森林文化资源就如同铁矿石资源一样，由于存在富矿和贫矿之分，同时受制于开采技术和条件，埋藏的铁矿资源并不能完全开采，即便能够开采，其冶炼成钢铁的数量也不同。同理，森林文化价值资源也不能完全转换成人类可感知的文化价值，受限于各类条件，其能否转换成真正的文化价值取决于森林文化力的大小。文化力是日本駄田井正和浦川康弘[①]提出的，他们认为幸福=经济力*文化力，文化力是指将财富转化为幸福的能力。同理，森林文化力为森林文化价值资源转化为森林文化价值的能力。

①駄田井正，浦川康弘. 文化时代的经济学[M]. 尹秀艳，王彦风，译. 北京：经济科学出版社，2013：129–130.

五、森林文化币对森林文化资本流量价值的核算

森林文化资本流量价值是由森林文化资本存量引发的对人主观需求的满足，其表象展现是人们乐于在单位面积的森林区域上停留的总时间。一般而言森林文化价值越大给人带来的愉悦感就越强，人们就更乐于花费时间在那里。在心理学领域，斯金纳在其操作性条件反射理论中提出如果某一行为能给人带来使其感到快乐、满足和幸福的感觉，那么人们重复这一行为的概率就会增大，人们会倾向重复这一行为，即所谓的正强化。①而在经济学领域马歇尔（1890）在《经济学原理》中写道："一个人欣赏的美妙音乐越多，他对于美妙音乐的偏好就可能越强烈，因此边际效用递减规律要排除这些现象。"也就是说人们对这种文化价值这种偏好，可能会随着接触次数的增加而增加，近来这种思想已经发展成为理性上瘾理论②。即随着时间的变化，个体在自身效用最大化的过程中始终保持前后一致，甚至增加。在森林文化价值中，随着人们对森林文化价值欣赏能力的提升，从浅层次情绪反应到高层次的生态情感，从生理的愉悦到心理的依赖，人们会对森林文化价值消费不断加大时间投入。

对流量价值的影响不仅指一次性的逗留时间，更和频次有关。在心理学里关于幸福感有一个享乐水车效应，该效应是指幸福感有一个长期的稳定水平，生活中短暂的波动会影响人的幸福，但是随着时间的推移人的幸福感会回到平均水平上去。③在森林文化价值的感受中也存在这种问题，对于一些人而言一次偶然的森林之旅，可以让他感受到精神的愉悦而感到幸福，但是这种效用随着他的离开就会日益平淡，只有再次来到森林甚至多次来到森林才能再次提升幸福水平。在许多研究中已经证实森林的确存在这种功能，在生态学里对种群密度的调节提出了内源性自动调节理论，从行为、内分泌、遗传等角度提出一个物种种群密度有一个最佳生存密度，当这个密度过大时，种群内部就会产生分化，由内部调节机制来遏制种群的持续增长。④对已经成为食物链顶端的人类而言，这种影响依然存在，德斯蒙德·莫里斯⑤在其《人类动物园》里指出当今社会人们大量聚集在大城市，就如同

①张晓明. 主体幸福感模型的理论建构[D]. 长春：吉林大学，2011.

②戴维·思罗斯比. 经济学与文化[M]. 王志标，等译. 北京：中国人民大学出版社，2011：24-28，49-56，125-126.

③魏翔. 闲暇红利[M]. 北京：中国经济出版社，2015：31-33.

④孙儒泳，等. 基础生态学[M]. 北京：高等教育出版社，2002：81.

⑤德斯蒙德·莫里斯. 人类动物园[M]. 刘文荣，译. 上海：文汇出版社，2002：27-30.

拥挤在笼子里的动物，而超级群落里等级分化竞争烙印在人类的方方面面，即便是生活中不存在明显竞争，也会因为人口密度过大，缺乏相应的空间而表现出潜意识的压迫感，从而产生焦虑等不良情绪。而当人来到森林等开阔地区，因为空间密度的放大而产生舒适感，这种感觉会随着人们回到城市逐渐消失。从进化论角度看，人们天生具有亲生命性，喜欢与花草树木为伴，并且根植于基因，从本能上推进人们向往自然①。复杂的城市生活使人疲于应付，精神紧张，情绪易怒，使人想要逃离②，而森林可以提供恢复性环境促进人身心恢复，吸引人们前往。所以，当森林的文化价值越大那么就越有利于缓解人们的这种情绪，越会吸引人们不断来到森林。同时，人作为一种社会动物，不仅会追求自身的效用最大化，同时也会将自己的感受分享出去，从而影响周边的人群，形成一种潮流。这种互动分享，不仅是会促进个人到森林的频次也会推动群体性频次的增加，从而增加人在森林中时间消费总量。

所以，森林文化资本流量价值可以通过下列公式进行计算：

$$F(\mathrm{t})=n\times t$$

其中，n为一定时间内参与森林文化价值消费的人数，t为平均逗留时间。

六、森林文化资本存量价值的文化币核算

路德维希③（2015）在其《货币和信用理论》中提出货币的客观交换价值中包含从历史上连续，货币过去的价值被吸收转化到现在的价值。该理论同样适用于森林文化币的存量价值估量，前面我们提到的流量价值代表着人们的主观需求，而这种需求的满足是建立在存量价值的基础上。存量价值是一种客观价值，它的形成虽然不以现在人们的意志为转移，却是从历史中吸收转化而成，是过去人们创造的文化价值的积累。在森林文化价值产生之初，主要是对人类基本需求的满足，人们通过视觉、听觉、味觉、嗅觉、触觉等生理感受直接从森林获得愉悦感。这种愉悦感的获得是人类基因自带的，只需要走进森林环境就会因森林特有的生态的环境，让人获得生理和心理的满足（例如森林景观、舒适的环境等）。随着人与森林

①KaplanS. TheRestorativeBenefitsofNature: TowardAnIntegrativeFramework[J]. JournalofEnvironmentalPsychology, 1995, 15(3): 169-182.

②Herzog T R, Maguire C P, andNebel M B. Assessingthe restorative components of environments[J]. Journal of Environmental Psychology. 2003, 23(2): 159-170.

③路德维希·冯·米塞斯. 货币和信用理论[M]. 樊林洲，译. 北京：商务印书馆，2015: 106-112.

互动的增加，产生了对森林的图腾崇拜，形成了相关的文艺作品、民俗传说。森林文化价值开始直接作用于人的精神情感，引发人与森林更深次的交流，逐渐形成固定的基础设施、宗教场所和更多的文化作品，让人在森林里驻足的时间更长，并吸引更多的人来到森林，形成动态平衡的森林文化价值量。这些价值主要凝结在森林文化资源当中，以有形和无形的森林文化资本的形式存在，即便不再与人发生关联其价值也客观存在着，其价值量大小主要与森林文化资源的数量和质量有关。以森林文化币来核算可以归结为凝结在森林文化资源中人们有效消费的时间总量，即森林文化资源能够承载的并且人们可能乐于且能够消费的时间总量。我们可以通过森林文化资源承载容量和森林文化力指数两个方面进行综合计算。

（一）森林文化资源承载容量的森林文化币核算

森林文化价值承载容量是指在特定时间内森林文化资源在既能满足人类需求又不对森林文化资源造成损害的情况下能够承载人类活动的总时间储量和森林总面积的比值。其容量大小受森林文化资源空间容量、森林生态容量及经济发展容量等因素的影响。根据“木桶理论”，其最大容量是由影响因子中容量最小要素决定的，在已有旅游环境容量测算模型①②③④基础上提出森林文化资源容量测算模型：

$$T(t)=\frac{\min(R,\ E,\ C)}{A}$$

其中，$T(t)$为森林文化资源承载容量，R为森林文化资源空间容量，E为森林生态容量，C为森林区域经济发展容量，A为森林资源的空间规模。

森林文化资源空间容量是指保持森林文化资源质量的前提下，在一定时间内，森林能够容纳人们的活动量。其计算模型如下：

$$R=\left(\frac{A}{A_0}\cdot\frac{T_1}{T_0}\cdot T\right)\cdot T_0$$

其中，R为森林文化资源空间容量，A为森林文化资源的空间规模（平方米），A_0为每人最低空间标准（平方米/人），T为全年开放时间（天），T_1为每天开放时间（小时），T_0为人均停留时间（小时）。

森林生态容量是指一定时间内森林自然生态环境不致退化的前提下，森林能

①崔凤军. 风景旅游区的保护与管理[M]. 北京：中国旅游出版社，2001：84-90.

②保继刚，楚义芳. 旅游地理学[M]. 修订版. 北京：高等教育出版社，1999：145-154.

③金丽娟. 香山公园森林游憩资源价值评估与旅游管理对策研究[M]. 修订版. 北京：北京林业大学，2005.

④李群绩. 旅游环境容量研究状况简评[J]. 重庆科技学院学报（社会科学版），2012，(19)：127-128.

够容纳的人类活动量。其容量大小取决于自然生态环境和人工净化与处理污染物的能力，以及一定时间内活动区域内人们产生的污染物量[①]，其核算模型如下：

$$E=\min\left(\frac{M_iD_i+Q_i}{P_i}\cdot T\right)\cdot T_0$$

其中，E森林自然生态容量，即生态环境能够承载游客的最大允许量。M_i自然生态环境净化吸收第i种污染物的数量（千克/天）。D_i为第i种污染物在自然环境下净化需要的时间（天），一般以一天内为范围。P_i为每天人均产生的第i种污染物的数量（千克）。Q_i为每天人工可以处理的第i种污染物的数量（千克）。T为开放时间（天）。T_0为人均停留时间（小时）。

森林区域经济发展容量是指一定时间一定区域范围内经济发展程度所决定的能够接纳的活动量[②]。一般而言主要有水、电、交通、食宿等要素决定。

$$C=\min\left(\frac{S_i}{N_i}\cdot T\right)\cdot T_0$$

其中，C为经济发展容量，S_i为第i种经济社会要素的日均供给量，N_i为人对经济社会第i种要素的日均需求量，T为开放时间（天），T_0为人均停留时间（小时）。

（二）森林文化力的核算

森林文化价值承载容量是一个极值，是森林文化资源蕴含的森林文化币的最大供给能力，但是否可以将文化资源转化成文化价值还取决于森林文化力的大小。森林文化资源类型相同并不代表同等的文化价值，例如黄山的迎客松和同样树龄的松树的价值存在的明显的差异。因为森林文化价值人小与人密切相关，人们对森林文化价值认可及可获得性对森林文化价值的实现有着重要的影响，比如人们虽然对某处的森林文化价值存在需求，但是由于交通等原因无法前往，那么该森林文化资源的价值转换就无法实现。具体而言森林文化价值主要受以下几个因素影响，一是森林文化资源的质量，森林文化资源分为森林的美学价值资源、康养价值资源、游憩休闲价值资源、历史文化价值资源、宗教艺术价值资源、科教价值资源等，森林文化资源的质量是森林文化价值产生的基础，只有高质量的森林文化资源才会吸引人们消费更多的时间；二是森林文化价值的地理区位，所处区域的交通条件决定了人们的可到达性、基础设施制约了其接待能力，客源地基本情况及空间距离影响着人们前往的可能性；三是媒介传播，主要指通过各种手段使人更了解森林

①保继刚，楚义芳. 旅游地理学[M]. 修订版. 北京：高等教育出版社，1999：145-154.

②崔凤军. 风景旅游区的保护与管理[M]. 北京：中国旅游出版社，2001：84-90.

文化价值，产生人心需求，并引发实际消费，无疑知名度和名誉度越高的森林更具吸引力。根据上述分析，结合《旅游资源分类、调查与评价》（GB/T18972-2003）、《中国国家森林公园风景资源质量等级评定》（GB/T18005-1999）、《自然保护区生态旅游评价指标》（LY/T 1863-2009）及相关文献[①②]，我们可以通过建立森林文化力评价指标体系（表1），组织相关专家确定指标权重并对每项指标进行0-1之间的打分，并根据核算模型进行计算。

$$\alpha=\sum_{i=1}^{n}\beta_i*B_i$$

其中，α为森林文化指数，β_i为第i个指标的权重指数，β_i为第i个指标的得分。

表1　森林文化力指标评价体系

目标层	准则层	指标层	主要评价内容
森林文化力指数	森林文化资源质量水平	美学价值	色彩、形态、景观独特性、奇异性等
		康养价值	负氧离子含量、气候舒适程度，锻炼人数等
		游憩休闲价值	地人本年度森林休闲人次、森林修身的多种形式及方法，开放天数等
		历史文化价值	古树名木数量、乡愁记忆价值，遗址数量、反映森林对古人的贡献等
		宗教艺术价值	宗教场所数量、相关教义、森林图腾崇拜、民俗传说、文学等艺术作品数量
		科学教育价值	科研、科普基地、科研论（著）文数量、教育活动类型和数量
	地理区位	交通水平	交通的便捷程度，公共交通的价格等
		客源地	人口数量、人均收入，空间距离等
		基础设施	完备性、舒适性、安全性等
	传播媒介	风景评级	国家级、省级、市级、区县级，或A级评定
		宣传手段	国家级媒体、地方媒体、网络媒体等
		知名度	国际知名、国内知名、省内知名、地区知名等

①宋军卫. 森林的文化功能及其评价研究[D]. 北京：中国林业科学研究院，2012.

②朱霖，李岚，李智勇，樊宝敏，张德成. 国外森林文化价值评价指标研究现状及分析[J]. 世界林业研究，2015，28（05）：92-96.

所以，森林文化资本存量价值的森林文化文化币核算模型为：

$$G(t)=\alpha T(t)=\sum_{i=1}^{n}\beta_i * B_i * \frac{\min(R, E, C)}{A}$$

七、结论

森林的文化价值由于其主观特性，评估存在一定难度。本文的意义在于引入森林文化币和森林文化资本概念，通过将人们时间的选择消费和森林面积相结合，计算森林文化资本存量和流量价值，建立起相关模型核算森林中所能承载的并能够转换人们可停留的总时间和人们在森林中的停留时间之和与森林空间的比值，从而实现以森林文化币的形式对森林文化价值的估算，为今后森林文化价值评估提供一种可行的方法。

（原文载《林业经济》，2018 年第 1 期）

国外森林文化价值评价指标综述

朱　霖　李　岚　李智勇　樊宝敏　张德成

森林文化价值是森林总价值的重要组成部分，并且与森林的社会和生态价值相互交叉，科学合理地界定和评价森林文化价值存在较大难度。当前，国内学者针对森林文化价值评价研究的切入点各有不同，但是尚未明确提出具有代表性的森林文化价值评价指标体系。例如，江泽慧①和蔡登谷②等系统地阐释了森林文化的内涵，前瞻性地给出了森林文化的分类体系，其研究具有典型性和开拓性。严耕等建立了生态文明建设评价指标体系（Eco-Civilization Construction Indices，ECCI）③。在该体系中，与森林文化价值密切相关的是自然保护区的有效保护、建成区绿化覆盖率等2项3级指标，在指标体系中的权重分别为7.69%和3.85%。此外，国内与森林可持续经营④、森林近自然经营⑤、森林景观⑥和森林生物多样性⑦相关的评价指标体系大多以森林的林分结构、物种丰富度、群落生境等自然观测量为分析视角，少有从人文角度思考森林对国民精神及福利影响的研究。

森林文化价值评价指标体系构建的思路与方法对森林其他社会和生态价值的评估有重要的借鉴意义，能够进一步丰富和完善森林总价值评估的理论和方法。

①江泽慧．生态文明时代的主流文化：中国生态文化体系研究总论[M]．北京：人民出版社，2013：157-269．

②蔡登谷．森林文化与生态文明[M]．北京：中国林业出版社，2011：57-261．

③严耕，杨志华，吴明红，等．中国省域生态文明建设评价报告（ECI2011）[M]．北京：社会科学文献出版社，2011：28-132．

④唐小平，赵有贤，王红春，等．森林可持续经营标准与指标手册[M]．北京：科学出版社，2012：159-321．

⑤陆元昌，雷相东，洪玲霞，等．近自然森林经理计划技术体系研究[J]．西南林学院学报，2010，30(1)：1-5．

⑥孙晓娟，肖文发，刘晓东．三峡库区森林景观安全格局定量分析[J]．林业科学研究，2014，27(6)：836-840．

⑦史作民，程瑞梅，陈力，等．区域生态系统多样性评价方法[J]．农村生态环境，1996，12(2)：1-5．

在当前国内森林社会、文化评价指标体系相关研究还不够深入和系统的背景下，本项研究具有一定的启发意义。

从不同的分析视角和研究目的出发，人们对森林文化价值的内涵及其分类的理解存在较大差异。在综合对比国外相关研究的基础上，本文将国外与森林文化价值相关的评价体系大致分为“森林资源资产评估研究”和“森林可持续经营管理框架”两类，进而展开阐释与分析，以期为探索和完善符合中国国情的森林文化价值评价指标体系提供借鉴和参考。

一、森林资源资产评估研究中的森林文化价值评价指标

国外通常将森林文化价值作为森林生态系统服务的主要内容之一，称之为“森林的文化服务功能”。在全球层面上，最为典型的是联合国公布的《千年生态系统评估报告》。该报告将生态系统服务划分为对人类具有直接影响的文化服务、供给服务、调节服务，以及维持这些服务所必需的支持服务。[①]其中，文化服务指通过娱乐消遣、精神感悟、美学欣赏和提升认知等方式而使人类获得的非物质益惠，具体包含美学、灵感、精神与宗教、教育、消遣与生态旅游、地方感、社会关系、知识系统8个方面。同时，报告明确指出，全球森林文化服务中的精神和宗教价值，以及美学价值正在退化。[②]该报告将“文化服务”作为生态系统的4项重要服务功能之一提出，极大地提升了文化服务功能的地位，引起了学术界的极大重视，在全球范围内引发了森林文化功能及其价值研究的热潮。

作为千年生态系统评估项目的重要研究成果，《生态系统和人类福利》卷中收录了De Groot对森林文化服务的思考，其将森林文化服务的内容归纳为6个方面：①文化认同，即森林能够作为人类与环境之间的文化纽带；②遗产价值，即森林是连接过去与当前联系的“文化记忆”；③精神服务，即森林能够引导产生神圣的精神灵感；④灵感，即森林为艺术作品和民间传说的创作提供灵感；⑤对自然景观的审美；⑥娱乐和旅游。[③]

① Millennium Ecosystem Assessment. Ecosystems and human well-being: wetlands and water synthesis[M]. Washington DC: World R esources Institute, 2005: 35-67.

②生态系统与人类福祉：评估框架[M]. 张永民，译. 赵士洞，审校. 北京：中国环境科学出版社，2006: 25-34.

③ De Groot R, Ramakrishnan P S. Cultural and amenity services[M]//Ecosystems and human well-being: volume 1: current state andtrends. Washington DC: National Council for Science and theEnvironment, 2005, 455-476.

此外，联合国欧洲经济委员会（UNECE）和联合国粮食及农业组织（FAO）公布的《森林非木质林产品和服务》报告将“社会和文化服务”作为整体展开研究，将其涵盖内容细化为打猎与钓鱼价值、休闲与旅游价值、审美与风景价值、文化与精神价值，以及科学与历史价值。①

在国家层面，较为典型的是英国林业委员会公布的《苏格兰林业经济和社会贡献评估》。该报告将森林文化价值分为3个方面进行阐述：①依附于森林的精神和情感，即文化价值观，包括重要但很难评估的精神和情感价值，以及众多的有形资产，如历史遗址；②具有重要保护价值的实践、活动和知识，如与森林药用植物相关的乡土知识以及与森林相关的传统故事；③灵感，如源于森林的灵感所创作的文艺作品。②英国林业委员会的Tabbush③将森林的文化价值划分为9类：①生计和就业；②非木质林产品；③身心健康和福利；④文化认同和精神健康；⑤娱乐和体验机会；⑥教育机会；⑦对人类行为与风险意识的积极影响；⑧社会包容和社会凝聚力；⑨自然的物化符号。

二、森林可持续经营管理框架中的森林文化价值评价指标

能够可持续经营的森林是森林文化价值的重要载体。国外基于森林可持续经营管理框架制定的指标体系大多包含与森林文化价值相关的评价指标。

在区域层面上，具有代表性的是欧盟提供财政支持的研究项目“林业—木材产业链可持续性发展能力影响评估”。作为该集成项目的重要研究成果，David Edwards基于森林社会文化福利的观点，采用货币、绝对数值、顺序排名和描述性指标等4种类型指标，提出了“欧洲森林社会文化价值可持续性关键指标”，并在欧洲范围内选取典型区域展开实证分析。④该指标体系是欧洲森林社会文化价值方面的最新研究成果，具有权威性和时效性。该指标体系中的游憩和旅游、教育和学习、健康和福利、景观和审美、文化和遗产等5个主题与森林文化价值密切相关。

①FAO. Global forest resources assessment 2005: progress towardssustainable forest management[R]. R ome: Food and AgricultureOrganization, 2006: 129-154.

②Edwards D, Elliott A, Hislop M, et al. A valuation of the economic andsocial contribution of forestry for people in Scotland[R]. Edinburgh, Scotland: Forestry Commission Scotland, 2009: 50-213.

③Tabbush P. Cultural values of trees, woods and forests[R]. Farnham: Forest R esearch, 2010: 32-58.

④Edwards D. Social and cultural values associated with Europeanforests in relation to key indicators of sustainability[R]. Joensuu, Finland: European Forest Institute, 2011: 26-54.

在国家层面上，较为典型的是英国可持续林业指标体系。该指标体系中，与森林文化关系最密切的是：E组（人和森林）的6个次级标准，即森林游憩、对公众的开放程度、公众意识、社区参与、历史环境和文化遗址、健康和安全；F组（经济方面）的次级标准“社会和环境效益”[①]。在地区层面上，该指标框架有进一步的发展。《苏格兰林业战略》包含气候变化、木材、可访问性和健康、商业发展、社区发展以及环境质量等6个关键主题[②]，其中，“社区发展”和“访问和健康”与森林文化密切相关。威尔士森林战略建立了包含视觉层面、客观层面和行为层面指标的分层框架。[③]其中，视觉层面中的“森林之于人”“一个多样化和健康的环境”“旅游、休闲和健康”等3个次级标准与森林文化密切相关。

此外，其他国际层面的森林可持续经营指标体系也或多或少地涉及森林文化价值评价。“国际林业研究中心标准和指标通用模板”中涉及森林文化的指标是政策标准下的“保护森林和参观森林的法律框架”次级标准，以及社会标准下的“森林经营管理维持或提升获取森林资源和经济效益的代际公平”和“森林文化的健康以及全部利益相关者能够接触森林的程度”2个次级标准[④]。

在泛欧进程标准与指标中，标准“维持其他社会经济功能和条件”与森林文化的关联性最强[⑤]。考虑到非木质林产品和森林游憩等市场服务也被包含于森林文化价值的内涵范围内，标准“木质和非木质林产品维持和增强森林生产功能”与森林文化价值评价也有关联[⑥]。

在蒙特利尔进程标准与指标中，与森林文化关联较为密切的是标准6下的旅游和游憩，林业部门投资，以及文化、社会和精神需求与价值3个次级标准[⑦]。加拿大森林可持续经营指标体系是基于蒙特利尔进程所制定的，其中与森林文化价值

---

①Millennium Ecosystem Assessment. Ecosystems and human well-being: wetlands and water synthesis[M]. Washington DC: World R esourcesInstitute, 2005: 35-67.

②Forestry Commission Scotland. Scottish forestry strategy 2006[R]. Edinburgh, Scotland: Forestry Commission Scotland, 2006.

③Forestry Commission Wales. Woodlands for Wales[R]. Wales: Forestry Commission Wales, 2006.

④CIFO R C & I Team. The CIFO R criteria and indicators generic template[M]. Jakarta: Center for International Forestry R esearch, 1999.

⑤Tabbush P. Cultural values of trees, woods and forests[R]. Farnham: Forest R esearch, 2010: 32-58.

⑥Ministerial Conference on the Protection of Forests in Europe. Backgroundinformation for improved Pan-European indicators for sustainableforest management[C]. Vienna: MCPFE Liaison Unit, 2003: 56-83.

⑦Montreal Process. Criteria and indicators for the conservation andsustainable management of temperate and boreal forests[M]. Ottawa: Montreal Process Liaison Office, 1999.

密切相关的为标准5（经济效益和社会效益）下的“效益的分配”和“效益的可持续发展”2个次级标准，以及标准6（社会责任）下的“原住居民传统的土地利用和森林基础生态知识”和“森林社区福利和恢复力”2个次级标准①。

在国际热带木材组织标准与指标中，与森林文化价值密切相关的是社会经济和文化标准下的社会经济方面、文化方面和社区参与3个次级标准。在亚洲干旱森林进程标准与指标中，与森林文化密切相关的是“社会经济文化和精神需求”与“政策法律和制度框架”2个标准②。

三、不同评价指标体系的对比分析

从总体上看，“森林资源资产评估研究”和“森林可持续经营管理框架”2类体系最显著的差异是分析的角度不同。森林资源资产评估研究中大多是以森林的文化服务为分析对象，思考森林对人类的功能和效用，评价森林的文化服务价值；基于森林可持续经营管理框架制定的评价指标体系则是以森林的可持续利用为核心内容，期望通过合理的经营手段，使人类能够持续地享受森林的文化服务。

这两类体系也有两个相同点：首先，都是以探究森林与人类的相互影响和相互作用为研究的出发点，以实现人类与森林生态环境的和谐相处为研究的落脚点；其次，都是将“森林文化价值评价指标体系”与“森林社会价值评价指标体系”归并在一起开展研究，称之为“森林的社会文化价值”，或泛称其为“森林的社会价值”，而针对“森林文化价值评价指标体系”的专项研究较少。

国内外研究者在选取森林文化评价指标时始终存在两个方向：①通过实证研究，对森林文化价值进行分类，强调指标的全面性，弱化指标的可测性；②构建可以计量的指标集，但这难以使这些指标覆盖全部森林文化利益相关者，因而一些无形的文化价值可能会被低估或遗忘。在当前对森林文化价值的边界还缺乏权威界定的情况下，本研究在综合对比分析国外相关研究的基础上，将森林文化价值的主要内容界定为森林与健康、森林与教育、森林与审美、森林与精神感召、森林游憩、森林文化遗址6个方面，以便于进一步汇总分析国外典型森林文化价值相关评价指标（表1）。

---

①Canadian Council of Forest Ministers. Defining sustainable forestmanagement in Canada: criteria and indicators[R]. Ottawa: CanadianCouncil of Forest Ministers, 2003.

②张建龙. 现代林业统计评价研究[M]. 北京：中国林业出版社，2012：67-187.

表1　　国外典型森林文化价值相关评价指标汇总表

标准	次级标准	评价指标	计量单位	指标类型	分析角度
森林与健康	身体健康	在森林进行体育活动所耗费时间[a]	小时	定量指标	活动类型，参与者类型
		参与森林中体育活动的居民数量[b]	绝对数	定量指标	
	心理健康	对“森林作为减压场所”的满意程度[a]	评分	定性指标	
	衍生价值	由于森林能够降低发病率和死亡率而衍生的经济价值[b]	货币单位	定量指标	疾病类型及发病率
森林与教育	教育投入水平	林业相关科研和教育的投入水平[c]	货币单位	定量指标	投资类型
		针对森林所有者公共意识教育方面的支出[d]	货币单位	定量指标	
	教育设施和机构	开设林业相关职业技能课程的学校数量[e]	绝对数	定量指标	教育活动的类型和规模，参与者类型
		在高等教育机构教学和培训过程中，教授将森林作为教学材料的次数[f]	绝对数	定量指标	
	教育活动的受益者	森林所有者、林业从业者参与培训的天数[g]	绝对数	定量指标	
	学习经历的质量	对森林中学习活动满意的参与者所占比例[a]	%	定性指标	
	公众对森林的认识	了解过去20年针叶林和阔叶林面积变化的居民数量[h]	绝对数	定量指标	媒介类型
森林与审美	对公众福利的影响	在家中、工作地点或旅行过程中由于欣赏森林而获益的参与者所占比例[a]	%	定性指标	审美的地点和途径
	公共财政投资	为提升景观水平所耗费的支出[a]	货币单位	定量指标	景观类型
	对景观价值的贡献	因森林覆盖率变化而引起的景观价值变化[a]	货币单位	定量指标	
森林与精神感召	情感	维系人们和土地之间精神或情感联系的纽带[i]	无	定性指标	所依附的情感类型
	灵感	源于森林的灵感所引发的文化活动或文艺作品数量[a]	绝对数值	定量指标	活动或产品类型

（续表）

标准	次级标准	评价指标	计量单位	指标类型	分析角度
森林游憩	投资水平	森林所有者为实现森林游憩功能的投资[d]	货币单位	定量指标	投资类型
	游憩资源	游憩区域中每公顷森林中道路的长度[g]	绝对数	定量指标	道路类型
		游憩设施的类型和数量[c]	绝对数	定量指标	设施类型
		以游憩为主要经营目的的森林面积占森林总面积的比例[d]	%	定性指标	森林类型
	游憩资源的可达性	对公众开放的程度[h]	无	定性指标	公众类别
		便于居民游览的森林面积[j]	公顷	定量指标	森林类型
	森林游憩水平	以游憩为主要目的而前往森林的人次[k]	绝对数	定量指标	游憩者类型
		有组织的森林游憩活动的数量[a]	绝对数	定量指标	活动类型
		游览森林的团体数量[a]	绝对数	定量指标	团体的类型和规模
	游憩价值	森林游憩的非市场价值[b]	货币单位	定量指标	游憩者类型
	游憩质量	对森林游憩满意的游客所占比例[e]	%	定性指标	
森林文化遗址	支出水平	提升或保护森林文化价值的支出[a]	货币单位	定量指标	森林文化价值类型
	森林文化遗址资源	森林及其他有林地中具有文化和精神价值的遗址数量[l]	绝对数	定量指标	文化遗址类型
		长期森林经营规划方案所涉及的、具有历史意义的森林景观面积[f]	绝对数	定量指标	
	森林文化遗址的影响	参加或参观森林相关文化事件、活动和遗址的国民数量[b]	绝对数	定量指标	文化遗址类型，参与者类型
		熟悉某个特定森林文化遗址内涵的民众所占比例[a]	%	定性指标	

注：a为林业—木材产业链可持续发展影响评估，b为苏格兰林业经济和社会贡献评估，c为蒙特利尔进程，d指泛欧进程指标体系在德国的应用，e为苏格兰林业战略，f为威尔士林业战略，g指泛欧进程指标体系在法国的应用，h为英国可持续林业指标，i为国际林业研究中心标准和指标通用模板，j指泛欧进程指标体系在瑞典的应用，k为国际热带木材组织进程，l为泛欧进程。

表1将国外典型森林文化价值相关评价指标分为3个层次表述：第1层次为标准，是构成森林文化价值的基本组成部分；第2层次为次级标准，解释标准具体指称的内容；第3层次为评价指标，阐释分解次级标准的内涵。本文汇总归纳了6个标准、22个次级标准和32个典型评价指标，并指出各个典型指标的计量单位、指标类型以及分析角度。在32个典型评价指标中，仅有4个来源于“苏格兰林业经济和社会贡献评估”，是属于森林资源资产评估研究体系中的评价指标。其余28个典型指标均来源于森林可持续经营管理框架中的评价指标。需要特别指出的是，表1中标注的d、g、j分别是指泛欧进程在德国、法国和瑞典应用过程中产生的指标。

四、结论与讨论

森林文化价值评价指标体系涉及物质、精神、行为等多个层面，各个评价指标之间难免存在增益与衰减以及交叉与涵盖等多种影响。同时，由于指标的数量限制要求所选指标具有典型性和代表性，这就造成了指标体系难以覆盖森林文化价值的全部内容。尤为重要的是，当前国内外尚无权威的对森林文化价值内涵的界定，这就使得森林文化价值评价指标体系构建的相关研究充满困难。如何兼顾全面性和典型性，建立科学合理的评价指标体系并展开定性和定量分析，始终是森林文化价值评估乃至森林价值评估必须面对的重要问题，需要进一步地系统研究。

（原文载《世界林业研究》，2015年第5期）

北京妙峰山森林文化条件价值评估

朱　霖　李智勇　樊宝敏　张德成　苏立娟

森林文化最初与图腾崇拜、民族风俗等朴素的、对自然敬畏的情感交织在一起，伴随着社会经济的发展，逐步形成具有独特内涵与风格的文化体系[①]。森林是人类文明的重要发源地，是森林文化的载体，影响人类的知识水平及生活质量；人类影响森林的物理特性，唤醒了森林的美和价值，彰显了森林文化。人类与森林的相互影响产生了森林文化，并将贯穿人类社会发展的始终。对比国内外森林文化相关研究进展，不同点是国内相关研究更加偏重于森林文化的演变历程[①]、特征[②]、结构体系[③]，以及制度建设[④]等宏观方面的研究。而国外相关研究偏重于从不同角度剖析森林文化的内涵及外延，思考森林文化对人类福利的影响等宏观方面的研究。相同点是国内外森林文化的相关研究大多属于定性研究，较少涉及定量研究。森林文化所包含的诸多效益大多是无形的，且很难与森林的社会、生态效益分开，量化结果的准确性通常被认为是有争议的。本研究以北京妙峰山为研究地，调研受访者对森林文化的认同程度，评估妙峰山森林文化的价值，对促进森林文化发展具有重要意义。

一、研究区概况

妙峰山位于北京市西部门头沟区（115°25′~126°10′E，39°48′~40°10′N），主峰海拔1 291 m，火成岩结构，属太行山余脉。地属中纬度暖温带大陆性半湿润季风气候，全年降水主要集中在6~8月份，平均降雨量为600~700 mm。1月份平均

①蔡登谷. 森林文化初论[J]. 世界林业研究，2002，15(1)：12-18.

②吴庆刚. 森林文化的基本特征及研究现状[J]. 生态文化，2007，8(1)：25-26.

③李晓勇，甄学宁. 森林文化结构体系的研究[J]. 北京林业大学学报：社会科学版，2006，5(4)：16-20.

④樊宝敏，李智勇. 森林文化建设问题初探[J]. 北京林业大学学报：社会科学版，2006，5(2)：4-9.

气温为-10℃，7月份平均气温22℃。物种丰富，有570余种木本植物，20余种珍贵药材。植被以暖温带阔叶混交林为主，主要是侧柏、油松、刺槐和栎树。土壤以棕壤土为主。

妙峰山是我国有名的玫瑰之乡的其中之一，千亩玫瑰花海是妙峰山的重要地标性景观。妙峰山风景秀丽，主峰顶环于群山而兀立于中，四周山脉状如莲花花瓣，而峰顶宛如出水的莲花花心受周边山脉的捧托。境内古迹名胜众多，广袤深邃的自然风光与鬼斧神工的宗教建筑艺术完美结合。

妙峰山传统庙会是我国民俗文化的重要组成部分，其始于明朝后期，距今已近400年的历史，庙会期间，京城万人空巷，其规模堪称华北之首。1925年4月，北京大学研究所顾颉刚等针对妙峰山香会进行了为期三天的调查，调查结果刊登在当时的《京报》副刊，引起学术界的震动。1928年《妙峰山》一书出版，开创了我国民俗学田野调查的先河，象征着西方的民俗学在我国落地生根。妙峰山因此被誉为中国民俗文化的发祥地。妙峰山所蕴含的森林文化是中国民俗文化与妙峰山森林相互融合的产物，优美的自然景观和丰富的人文景观交相辉映，是研究森林文化的重要典型。

二、研究方法

在综合梳理国内外文献的基础上，笔者认为量化森林文化的难点集中于两点：①准确划定森林文化的内涵与外延；②科学合理的定量评估方法。因而，本项研究建立以下两个假设作为研究的基础。

假设1，划定明确的森林文化的边界与内涵。森林文化的内涵与外延因各位学者的不同理解而有所区别，各有侧重。从森林文化与人类福利相互影响的角度，本研究将森林文化的内涵分3个侧面阐释：①由森林而引发的灵感，包含森林相关的艺术作品和木制工艺品等两个方面；②人类与森林相互作用而产生的历史沉淀，包含森林相关的文化遗址和风俗等两个方面；③公众通过体验和参与而获得的福利，包含森林相关的教育、实践活动、健康（包含身体健康、心理健康和社会幸福感）以及审美等。

假设2，通过条件价值评估法能够科学合理地评估森林文化的价值。森林所提供的“文化产品”或“文化效益”从本质来讲都是经济概念①。Mitchell等（2013）

①Bhattacharya D K, Brondizio E S, et al. Millennium ecosystem assessment: ecosystems and well-being: policy responses. Anon: Island Press, 2005: 401-422.

认为，价值是人们对事物的态度、偏好及信仰，反映了人主观思想对客观事物的认识。同时，Fontana等（2000）也指出只有人们脑海中意识到森林文化的存在才会形成森林文化价值。因而，本研究假设受访者在充分了解森林文化内涵的基础上，能够理性地评估森林文化的价值，给出合理地支付意愿。

条件价值评估法（CVM）反映了所评价的生态环境物品或服务的稀缺性，表现了人类对生态环境资源及其变化的价值取向，是评估非市场交易的生态环境物品或服务的典型陈述偏好评估法。Davis（1963）应用该方法评估美国缅因州的滨海森林娱乐价值，将此法最早引入森林非使用价值的评估方法体系中。美国内务部于1986年推荐条件价值评估法作为分析自然资源的存在价值和遗产价值的基本方法①。截止2010年，数以千计的条件价值评估方面的研究已在130多个国家中应用展开，这些研究涉及文化、环境、卫生、交通及其他问题，其中大约60%的大尺度环境价值评估数据来源于加拿大环境部、美国环境保护局，以及其他国家的环保部门②。条件价值评估法在我国的研究与应用始于20世纪末，起步较晚。目前，其应用已涉及森林社会效益评估③④、耕地价值评估⑤、水质价值评估⑥、湿地资源价值评估，以及森林游憩价值评估⑦⑧等多个方面，但是明确地以森林文化为评估对象的研究极少。

典型的条件价值评估法调查问卷主要包含背景知识验证和核心估值的引导问题等两个方面。另外，由于受访者的性别、年龄、学历、居住地与研究地距离、个人年收入、家庭成员数量等社会经济变量，直接影响受访者的支付意愿⑨，因此

①Mitchell R C, Carson R T. Using surveys to value public goods: the contingent valuation method. Routledge. 2013.

②Carson R. Contingent valuation: a practical alternative when prices aren't available. The Journal of Economic Perspectives, 2012, 26(4): 27-42.

③张颖. 森林社会效益价值评价研究综述[J]. 世界林业研究, 2004(3): 6-11.

④曾祥谓, 王昌海. 江西省森林社会效益核算[J]. 林业科学, 2012, 48(6): 112-117.

⑤马文博. 耕地保护经济补偿机制研究[D]. 杨凌: 西北农林科技大学[硕士学位论文], 2009.

⑥蔡志坚, 张巍巍. 基于支付卡式问卷的长江水质恢复条件价值评估[J]. 南京林业大学学报(自然科学版), 2006(6): 27-31.

⑦许丽忠, 吴春山, 王菲凤, 等. 条件价值法评估旅游资源非使用价值的可靠性检验[J]. 生态学报, 2007(10): 4301-4309.

⑧杨志耕, 张颖. 基于条件价值法的井冈山森林游憩资源价值评估[J]. 北京林业大学学报(社会科学版), 2010(4): 53-58.

⑨赵军. 生态系统服务的条件价值评估: 理论、方法与应用[D]. 上海: 华东师范大学[硕士学位论文], 2005.

应将受访者的这些社会经济信息纳入调查问卷中。从受访者对森林文化的认知程度、参与程度、认可程度，以及对森林文化所带来福利的感受等4个方面，阐释与剖析受访者所理解的森林文化，验证受访者对森林文化及妙峰山森林文化的了解程度。

在引导受访者进行核心估值前，首先需要对被调查者提出验证性问题，验证其是否真正了解妙峰山森林文化的现状、演变原因及趋势，引导其能够合理地进行估值。背景知识验证部分是受访者充分了解森林文化的内涵、继而理性回答核心估值问题的先决条件，因而调查问卷需要搜集环境问题的背景资料以帮助人们在信息充分的情况下做出决定。为此需要准备妙峰山地区近年来的卫星图片及文字资料，向被调查者展示妙峰山地区森林变迁历程以及森林文化底蕴。

为了减少瞬时效应的影响，调查时需明确指出受访者每年都需要支出这些数量的货币以维持妙峰山地区森林文化资源。尤其应当注意的是，问卷调查时必须向受访者传达：政府正在考虑施行相关政策，他们对这些问题的反馈能够影响该政策的制定；同时，必须提醒受访者对支付意愿问题做出的承诺将会导致其收入的变化。核心估值引导方法主要分为开放式问卷、二分式问卷以及支付卡式问卷等3种方法。支付卡式问卷需要受访者从一系列给定的货币量中做出选择，能够有效地去除初始值的影响（Horton *et al.*, 2003）。制作支付货币量梯度时应注意，支付卡中的选项最小值为零且最大值不设上限，分别满足认为不应对本项目做出支付和应不计代价支付的受访者的选择需求（Shyamsundar *et al.*, 1996）。通常选用调查样本的中位数或平均值作为人均支付意愿。由于本研究采用支付卡式调查方法，所得人均支付意愿为离散型变量。同时，由于支付卡中的最大值不设上限，因而不适宜采用求平均值的方法计算人均支付意愿。故而本研究将调查样本的中位数作为人均支付意愿。

本研究的受访者的社会经济信息包含年龄、性别、学历、个人年收入、住址、是否有孩子以及受访者对森林文化相关问题的看法等。例如，

问题Q_1　您是否认同森林可以使您及您的家人更好地了解大自然；

问题Q_2　您认为1年内，中小学生应该参与森林中教育活动的次数；

问题Q_3　您是否认同森林对中小学生户外学习经历中发挥了重要作用；

问题Q_4　近1年内，您游览森林的次数；

问题Q_5　近1年内，您游览妙峰山的次数；

问题Q_6　您是否认同森林是自然和文化遗产的重要组成部分；

问题Q_7　您是否认同森林文化存在价值；

问题Q_8　您是否认同森林可以造福子孙后代。

数量化定义各个问题的答案以便于分析。对这14个因子无量纲化处理之后，采用逐步回归的分析方法，建立回归模型，分析各个因子对受访者支付意愿的影响程度（Horton *et al.*, 2003）。

笔者于2014年9月采用面对面访谈方式前往妙峰山进行调研，共发放170份问卷，回收有效问卷164份，问卷反馈率为96.47%。受访者是在其愿意接受访谈的前提下，采用随机抽取的方法确定。另外，年龄在10岁以下的孩子对森林及周围的环境还没有形成稳定的认知，因而不在本次调查所划定的受访者范围之内。

三、结果与分析

（一）受访者基本信息

接受访问的游客大多为青壮年，年龄结构集中在23~30岁和31~40岁，分别占总受访者人数的31.90%和35.58%。受访者的男女比例为58.86%和41.14%。从学历上看，拥有本科及以上学历的受访者占比为80%，其中本科学历的受访者占总比为58%，受访者的文化水平普遍较高。

有10.20%的受访者为在校学生，暂没稳定收入，因而在分析受访者收入水平时去掉在校学生。分析剩余样本的收入水平，个人年收入处于3万~5万元，5万~8万元，8万~10万元，10万~15万元和15万元以上的受访者数量占总受访者数量的比重分别为16.33%，25.85%，8.16%，17.01%和9.52%。此外，个人年收入处于3万元以下的受访者数量占比为12.93%。对照中国国家统计局发布的2013年统计数据，全国人均年收入26 958.99元，北京人均年收入为41 103.11元，受访者的收入水平普遍较高。

分析受访者从居住地到妙峰山所耗费的时间，70.08%的受访者需耗费1~3 h。然而耗费时间在30 min以内的受访者仅占2.92%。因而受访者主要是北京及周边地区的居民，但是居住在妙峰山区域的游客较少。

（二）对森林文化的认知程度

通过调查公众与森林及妙峰山森林相关的文化符号的接触程度以及接触方式，研究公众对森林文化的认知程度。本研究所指的文化符号是指基于森林而引发的灵感而创作的文艺作品，木制工艺品以及古树名木。

表1　　接触各类森林以及妙峰山森林相关的文化符号的受访者的百分比

项目	寓言典故	音乐作品	电影作品	神山传说	古树名木	木制工艺品	没接触过
接触森林相关文化符号的受访者的百分比	56.71%	21.34%	42.68%	54.88%	57.93%	31.71%	5.49%
接触妙峰山森林相关文化符号的受访者的百分比	31.71%	3.05%	5.49%	28.66%	26.83%	10.37%	38.41%

接触森林和妙峰山森林相关文化符号的受访者的百分比变化趋势大体相似，略有差别（表1）。古树名木、寓言典故和神山传说是受访者接触程度最高的文化符号。受访者对各类妙峰山森林相关的文化符号的接触程度整体较低，明确表示没有接触过森林或妙峰山森林相关文化符号的受访者的比重分别为5.49%和38.41%。

受访者了解森林相关文化符号的方式呈现多元化，互联网和书籍是受访者了解森林文化的最主要的途径，占比分别为68.90%和39.63%。选择学校课堂作为了解方式的受访者数量比选择互联网、书籍导游讲解和宣传栏展示的数量都低。此外，10.98%的受访者选择亲友介绍等其他方式。表示没接触过森林文化的受访者数量占比为3.05%。

（三）对森林文化的参与程度

分析受访者参与森林相关实践活动的方式：受访者对森林采摘的兴趣最高，大部分（68.29%）曾参与过森林采摘活动，主要的采摘对象为非木质林产品。森林经理实践活动的主要参与者为林业从业者以及园林和园艺爱好者，专业性要求较强，因而参与率较低，仅占15.85%。9.15%的受访者没有参加过任何森林相关的实践活动。依据目前公开的统计资料，鲜有由正规的社会团体组织的森林相关的志愿活动，亦没有明确的统计数字。在调研过程中，有4位受访者曾参与过森林相关的志愿活动，表明该类活动在国内已处于萌芽状态，有助于森林文化的传播。

成人对孩子参与教育活动的方式起主导作用，本项分析有助于了解中小学生参与森林相关教育活动的现状。大部分（60.37%）受访者认为学校应是中小学生参加森林相关教育活动的主要组织方式。导游讲解、宣传栏展示和家长言传身教等非正式学习方式，在受访者中的认可度相对较低。63.80%的受访者认为中小学生每年应该参加2~4次森林相关的教育活动。其中，约26.38%的受访者认为2次较为合适，是最受支持的选项。

（四）对森林文化的认可程度

问题Q_1您是否认同森林可以使您及您的家人更好地了解大自然；问题Q_3您是否认同森林对中小学生户外学习经历中发挥了重要作用；问题Q_6您是否认同森林是自然和文化遗产的重要组成部分；问题Q_7您是否认同森林文化存在价值；问题Q_8您是否认同森林可以造福子孙后代。这5个问题从森林相关的教育、森林文化遗址，以及森林文化的存在价值等多个侧面，剖析受访者对森林文化的认可程度。总体来看，受访者对于森林文化的认可程度较高，对这5个问题持同意或者强烈同意观点的受访者人数占受访者总人数的比值都在94%以上。相较于其他4个问题，受访者对森林在中小学生户外学习经历中发挥的作用认可程度较低。主要由两个方面的原因造成：①电脑、电视，以及其他有组织的活动（辅导班、业余爱好班）占据了中小学生大量的业余时间；②家长和学校越来越担忧中小学生户外活动的安全问题。

受访者对这5个问题的答案均在0.01检验水平上显著相关，即随机抽取的某个特定的受访者对于这5个问题的回答结果具有一致性（表2）。该相关性检验结果在一定程度上亦可证明受访者所做出的答案是仔细思考的结果，验证了调研数据的可用性。

表2　受访者对森林文化认可程度相关问题所给答案的相关性检验[注]

问题 questions	Q_1		Q_3		Q_6		Q_7		Q_8	
	Spearman相关系数 Spearman-correlation coefficient	伴随概率[b] Sig.	Spearman相关系数 Spearman-correlation coefficient	伴随概率[b] Sig.	Spearman相关系数 Spearman-correlation coefficient	伴随概率[b] Sig.	Spearman相关系数 Spearman-correlation coefficient	伴随概率[b] Sig.	Spearman相关系数 Spearman-correlation coefficient	伴随概率[b] Sig.
Q_1	—	—								
Q_3	0.44**	0.00	—	—						
Q_6	0.59**	0.00	0.55**	0.00	—	—				
Q_7	0.50**	0.00	0.45**	0.00	0.66**	0.00	—	—		
Q_8	0.52**	0.00	0.36**	0.00	0.55**	0.00	0.50**	0.00	—	—

[注]**: α=0.01；伴随概率（Sig.）为双侧t检验结果Chaperonage probability（Sig.）for bilateral t test results.

不同年龄段的受访者对于森林文化价值的认可程度存在差异，50岁以上和22岁以下的人群似乎更认可森林文化价值（图1）。相较于拥有其他学历的人群，拥有本科学历的人群对森林文化价值的认可程度较低。受访者的性别对森林文化认可程度的影响非常小，所造成的差异基本可以忽略，分别有98%的男性受访者和97%的女性受访者，同意或者强烈同意森林文化存在价值。

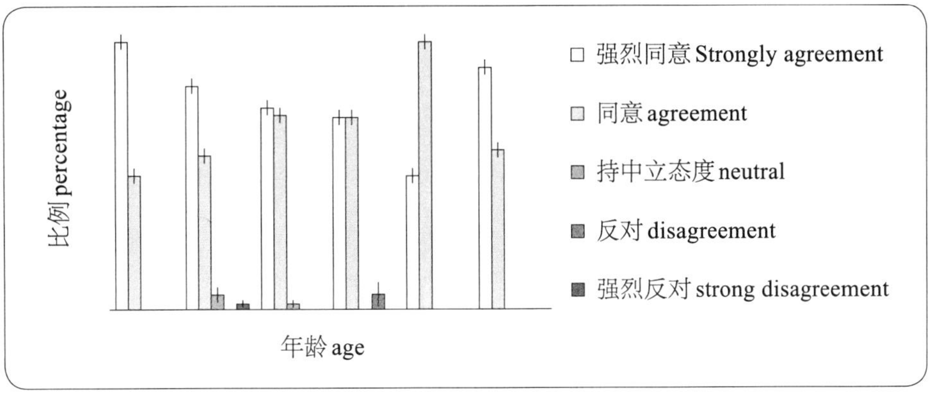

图1　不同年龄段的受访者对森林文化价值的认可程度

古树名木和文化遗址是受访者针对妙峰山森林文化认可程度最高的两个侧面，其次为健康和风俗习惯。受访者对妙峰山森林相关的艺术作品认可程度最低，仅为5.49%。值得注意的是，1.22%的受访者明确表示不认同妙峰山森林具有文化价值。

（五）对森林文化所带来福利的感受

分析受访者对参与森林实践活动所带来福利的感受：锻炼身体是受访者在森林实践活动中最为认同的益处，选择该选项的受访者占受访者总人数的83.54%；舒缓心情居于其次，占比为76.83%；相比之下，只有一半受访者（53.66%）认为可以从森林实践活动中增长知识。

分析受访者对妙峰山森林文化所带来福利的感受：妙峰山是中国庙会民俗文化的发源地，因而在设计相关问题时，加入宗教信仰和体验民俗文化作为参照选项。关于妙峰山旅行，舒缓心情是受访者最为认同的所获得的福利（占比为82.32%），其次为锻炼身体（占比为62.20%）和休闲娱乐（占比为45.12%）。另外，体验民俗文化（占比为19.51%）和宗教信仰（占比为17.07%）居于末位。

（六）人均支付意愿

对妙峰山森林文化的支付意愿为30元、100元、200元、500元、1 000元、2 000

元和2 000元以上的受访者数量占受访者总量的比重分别为23%、28%、13%、9%、6%、1%、3%。此外，17%的受访者支付意愿为0，即拒绝为妙峰山森林文化的建设与保护支付任何费用。求算出调查样本的中位数作为人均支付意愿，即针对妙峰山森林文化的人均支付意愿为100元。受访者对所支付费用的使用透明度不放心是拒绝支付的最主要原因，5.49%的受访者由于该原因拒绝支付费用；2.44%的受访者是由于否认妙峰山森林存在文化价值而拒绝支付；此外，6.71%的受访者没有说明拒绝支付的具体原因。

（七）人均支付意愿的影响因素

本研究基于最小二乘法原理，以受访者的支付意愿为因变量，以受访者的社会经济指标为影响因子，数量化定义，采用逐步回归分析方法，分析各影响因子对支付意愿的影响。剔除14个自变量和支付意愿因变量等15个因子中存在缺失值的问卷，共有120份问卷参与逐步回归分析。

表3　　回归模型汇总

模型编号 Model No.	多重相关系数 Multiple-correlation coefficient	多重决定系数 Multiple-determination coefficient	调整决定系数 Adjusted coefficient	估计的标准差 Estimated standard deviation
1	0.43	0.18	0.17	1.58
2	0.51	0.26	0.24	1.51
3	0.57	0.32	0.29	1.46

表4　　模型3方差检验

统计指标 Indicators	平方和 Sum of squares	自由度 Degrees of freedom	均方 Mean square	*F*	Sig.
回归 Regress	60.88	3.00	20.29	9.58	0.00
残差 Residual	127.12	60.00	2.12		
总计 Total	188.00	63.00			

经过3步回归过程，得到回归模型3，模型3的多重相关系数达到0.57，能够达到分析所需要的要求（表3）。相比其他两个模型，模型3的多重相关系数最高，更符合统计学要求，因而选取模型3进一步分析。回归模型3的F检验结果及其伴随检验概率（Sig.）在0.01的检验水平上符合检验（表4），逐步回归分析的结果具有

统计学意义。回归模型3的公式方程为：

$$Y=0.45*X_1+(-0.73)*X_2+(-0.39)*X_3 \quad (1)$$

［注］：Y是支付意愿，单位是元；X_1为个人年收入，单位是元；X_2是受访者对森林文化价值的认同程度（数量化标准是：强烈同意=1；同意=2；持中立态度=3；反对=4；强烈反对=5）；X_3是学历（数量化标准时：小学=1；初中=2；高中=3；本科=4；硕士=5；博士=6）。

模型3中各个因子的伴随概率（Sig.）均小于0.05，即个人年收入、问题Q_7您是否认同森林文化存在价值（即“受访者对森林文化价值的认同程度”）以及学历等3个变量在0.05的检验水平上均显著，符合检验（表5）。其中，个人年收入和受访者对森林文化价值的认同程度等两个变量在0.01的检验水平上极为显著。

表5　　模型3的回归系数

模型3 Model 3	非标准化系数 Non-standardized coefficients		标准化系数 Standardized coefficients	t	Sig.
	回归系数 Regression coefficient	标准误差 Standard error	标准化偏回归系数 Standardized partial regression coefficient		
常量 Constant	4.06	0.74		5.47	0.00
个人年收入 Personal annual income	0.45	0.10	0.54	4.71	0.00
受访者对森林文化价值的认同程度 respondents approbation degree to forest culture valuation	−0.73	0.26	−0.30	−2.82	0.01
学历 Education	−0.39	0.17	−0.26	−2.30	0.03

在检验显著的预测变量中，标准化偏回归系数是判断衡量因子相对重要性的标准，其绝对值越大，表示对模型的贡献越大，对预测指标越重要。对比3个变量的t检验结果和标准化偏回归系数可以得出（表5）①对受访者支付意愿影响最大的因素为个人年收入且呈正相关，即个人年收入越高，受访者对于妙峰山森林文化的支付意愿越高。②对受访者支付意愿影响较大的因素为受访者对森林文化的认同

程度且呈负相关。本项研究在对因子无量纲化处理时，受访者对于森林文化的认同程度越低，定义的分值越高。因而受访者对森林文化的认同程度越高，对于妙峰山森林文化的支付意愿越高。③学历对受访者支付意愿的影响程度居于第三位且呈负相关。在对因子无量纲化处理时，受访者学历越高，定义的分值越高。即受访者的学历程度越高，对于妙峰山森林文化的支付意愿越低。

（八）各用途的支付意愿

大部分受访者（占比为53.05%）愿意将所支付的费用使用在妙峰山森林文化相关的艺术作品的创作方面，而愿意使用在古树名木的保护方面的受访者（占比为6.10%）最少，前者的数量为后者数量的将近9倍，差别较大。游览路线的维护影响妙峰山森林文化的可达性，是森林文化维护与提升的重要保障，因而在设计问题时加入了该选项。愿意使用在游览路线的维护和文化遗址的维护方面的受访者的占比分居第2，3位，占比分别为36.59%和35.98%。

（九）支付方式

支付方式的最重要标准是其可信度。捐款（占比为33.77%）是受访者最愿意接受的支付方式，其次是购买生态彩票（占比为29.80%）。生态彩票是一种新兴的生态环境融资渠道，可以更广泛地筹集社会资金用于生态建设，有利于公众更便利地参与生态环境保护。税收是美国和欧盟较为推荐的支付方式，能有效降低零投标及投标金额变异，但是仅有少数受访者（13.91%）选择该支付方式。提升门票价格的方式支持率最低。妙峰山森林公园的门票价格目前为40元，在调研过程中部分受访者明确指出森林是公有财产，应该取消所有门票限制，同时表示愿意通过其他方式弥补景区培育与维护所需费用。

四、结论与讨论

森林文化发展的立足点是人，森林文化发展进步的标尺是森林为人们带来的福利水平的提升，森林文化价值的评价标准应当是民众对于森林文化的感受。本项研究通过背景知识验证分析，调研受访者对森林文化的认知程度、参与程度，认可程度，以及对森林文化所带来福利的感受，剖析受访者所感受到的森林文化。在此基础上，以货币为度量标准，采用条件价值评估法，定量评估妙峰山森林文化的价值，得出妙峰山森林文化的人均支付意愿为100元人民币（按照2014年价格水平）。

受访者对妙峰山森林文化的支付意愿受多个因素共同影响。受访者对森林文化的认可程度是影响支付意愿的重要因素，其重要程度仅次于个人年收入。如何提升国民对森林文化的认知和参与程度以及对森林文化所带来福利的感受，是提升国民对森林文化的认可程度，乃至提升森林文化价值的关键。另外，对所支付费用的使用透明度不放心是部分受访者拒绝支付的最主要原因。如何提升政府与非政府组织的公信力，增加资金使用的透明度，是值得严肃对待的重要课题。

本次调研的对象为前来妙峰山旅行的游客。大部分游客，尤其是接受问卷调研的受访者，往往对森林以及森林所蕴含的文化具有浓厚的兴趣，因而对森林文化的认同程度以及对妙峰山森林文化价值的估计值比实际值可能偏高。同时，理解偏差、心理账户偏差、支付方式偏差、投标起点偏差等多种偏差亦会导致条件价值评估结果的差异。但即使只是作为一种数量级的初步估值，本研究的方法与结论仍然可以作为一个足够可靠的支点，为建设与保护森林文化的相关管理决策提供依据。

森林文化的内涵随着人类对森林功能认识的不断深入、人类与森林相互作用关系的变化而不断拓展，如何正确认识森林文化并科学计量森林文化的价值仍然是一个有活力的课题，值得继续深入研究。

（原文载《林业科学》，2015年第6期）

辽宁省森林生态系统服务功能价值研究

王 娇 李智勇 胡 丹

生态系统服务价值的评价最早起源于19世纪中期，20世纪70年代Holder等提出了生态系统服务的概念，近十年，生态系统服务功能成为国内外热门研究领域。Daily.G.C[①]于1997年将生态系统服务功能进行了全面归纳总结；Costanza等[②]于1997年在《自然》杂志上发表文章*The value of the World's Ecosystem Services and Nature Capital*，明确提出了生态系统服务功能价值的估算原理及方法，取得了较大进展；Andrewhe和Siegel[③]修正了Costanza等人的研究方法，重新计算评价了巴西湿地服务功能等。近些年来，国内生态环境变化正日益受到重视，随之针对生态系统服务功能研究进展也迅速发展起来，李金昌、李文华、孔繁文等[④⑤⑥]从生态学、经济学角度对生态系统评价进行了深入研究；侯元兆、薛达元等[⑦⑧]对中国或重要区位森林生态功能进行了全面评价；赵同谦、欧阳志云等[⑨⑩]调整方法分别从不

①DailyG C. Nature's Services: Societal Dependence On NaturalEcosystems[M]. San Francisco: Island Press, 1997.

②R Costanza R d'Arge, R de Groot, S Farber, et al. The value ofthe world's ecosystem services and natural capital[J]. Nature, 1997, 387: 253-260.

③Andrew F Siegel. Practical Business Statistics[M]. New York: McGraw Hill Companies Academic Press, 2011.

④李金昌. 价值核算是环境核算的关键[J]. 中国人口·资源与环境, 2002(3): 11-17.

⑤李文华. 以森林为例看生态系统服务与生态补偿[N]. 中国环境报, 2007-07-30002.

⑥孔繁文, 戴广翠. 瑞典、芬兰森林资源与环境核算考察报告[J]. 林业经济, 1995(1): 76-80.

⑦侯元兆, 吴水荣. 森林生态服务价值评价与补偿研究综述[J]. 世界林业研究, 2005, 18(3): 1-5.

⑧薛达元, 包浩生, 李文华. 长白山自然保护区森林生态系统间接经济价值评估[J]. 中国环境科学, 1999, 19(3): 247-252.

⑨赵同谦, 欧阳志云, 郑华, 等. 中国森林生态系统服务功能及其价值评价[J]. 自然资源学报, 2004, 19(4): 480-491.

⑩欧阳志云, 王如松, 赵景柱. 生态系统服务功能及其生态经济价值评价[J]. 应用生态学报, 1999, 10(5): 635-640.

同角度对生态系统的价值进行了估算。目前，关于森林生态系统服务价值方面的研究，主要是通过将森林所产生的产品商品化，通过一定手段和方法来计算其经济价值。但由于森林生态系统服务是公共产品，具有经济的外部性，因此在市场机制下估算过程难免存在争议和缺陷，森林生态系统服务价值不能真实体现，这也是使用市场价格进行森林资源评估时会产生的根本问题。笔者运用Odum H T与Odum E C创立的能值分析理论[①]，按照森林生态服务功能类型，综合考虑供给、调节、支撑、文化四大类服务中的多样性，从固碳释氧、涵养水源、生物量增长、保育土壤、森林防护、净化大气、文化教育、生态旅游九方面，对辽宁省森林生态功能价值进行了客观综合的核算，以期将生态系统的产品和生命支持功能转化为人们具有明显感知力的能值货币价值，帮助人们了解和认识生态系统服务功能及其价值，增强对生态保护的关注度，同时为我国森林生态价值及相关研究提供一定的参考和借鉴。

一、研究地概况

辽宁位于我国东北地区南部，介于东经118°53′~125°46′，北纬38°43′~43°26′之间。东部隔鸭绿江与朝鲜相望，南临黄海和渤海，西北与内蒙古接壤，西南与河北省毗邻。北部和东北部与吉林省相邻。南北宽约530 km，东西长约574 km。海岸线东起丹东市，经鸭绿江沿黄海岸至大连旅顺口区，再沿渤海岸经辽东湾直至西部的葫芦岛市，海岸线总长度为2 920 km。全省辖14个市、100个县（市、区）。根据2011年统计资料，全省总土地面积达1 480.64万hm^2，其中，林业用地面积713.61万hm^2，有林地面积563.61万hm^2，活立木总蓄积量28 500.06万m^3，林分蓄积量27 463.85万m^3，森林覆盖率38.20%。辽宁省地形多变，景观多样，森林资源丰富。

二、研究方法

本研究运用生态学原理及能值理论，将辽宁全省森林生态系统的物质、能量与环境关联起来，通过科学转化，可得到生态系统的具体功能和服务的太阳能值价值量，经过等量货币转换后，则可以反映森林系统真实生态价值总量以及各类别的贡献。

①Odum H T, Odum E C. Ecology and Economy: “Emergy” Analysisand Public in Texas[M]. Texas: The Office of Natural Resourseand Texas Department of Agriculture, 1987: 63-171.

（一）基本概念和原理

生态系统中能量的流动和传递是生态系统本身存在和发展的基础，生态系统中的能量连接了生命体、自然环境和人类社会。20世纪50年代起，著名生态学家奥多姆对生态系统中能量流动展开了广泛而深入的研究，先后总结提出了能量系统、能量质量、能量等级以及能量转换率等具有重要意义的概念和论述，80年代末期，奥多姆创造性的提出了生态能值理论，并将能值定义为“一种流动或贮存的能量中所包含的另一种类别能量的数量，称为该能量的能值”[①]。随后，奥多姆又进一步解释能值（表1）为“产品或劳务形成过程中直接和间接投入应用的一种有效能量（Available Energy），就是其所具有的能值”。

表1　有关能值的基本概念

Table 1　Relevant terminology and definitions

术　语	概　　念
生态系统服务	人类主动或被动从自然中获取的利益
自然资产	自然资源储备
能值	产品或服务形成过程中直接和间接投入的一种有效能量
太阳能值（seJ）	一种能量单位，代表一个单位的太阳辐射能焦耳量。本研究也以此为基础能量单位
能值转换率（UVE）	形成单位物质或服务能需要的有效能值数
能值功率	单位时间内的能值流量
能值货币比率（EIC）	单位货币相当的能值数量；由一个国家年能值利用总量除以当年GNP而得（单位=seJ/$）
能值货币价值（^{em}$）	能值相当于市场货币的价值

（二）分析步骤

奥多姆建立的能值分析理论与方法以太阳能值为统一衡量单位，根据生态学、能量定律、系统学等理论，将生态系统中存在的不同量纲、不同类别的资源、能量或服务，转化为统一的度量单位太阳能值，进而再进行综合分析研究，基本的步骤如下文所述[②]。

①Odum H T, Odum E C. Ecology and Economy:“Emergy” Analysisand Public in Texas[M]. Texas: The Office of Natural Resourseand Texas Department of Agriculture, 1987: 63–171.

②蓝盛芳，钦佩，陆宏芳. 生态经济系统能值分析[M]. 北京：化学工业出版社，2002.

1. 收集资料与数据

整理收集或调查计算有关研究对象系统的自然、经济等数据，其中系统的物质流、能量流及货币流是研究的基础，必须确保数据和资料完整准确。

2. 绘制能量系统图

根据奥多姆的能值语言图例，将系统中的能量、物质和货币主要关系流动情况绘制成系统能量图，厘清系统成分和环境的相互关系。绘图时要先考虑对象系统边界范围，再分清主要系统能源，最后按照系统能源太阳能值转换率大小自左向右顺序在系统边界内外排列。系统能量图解由两部分组成，即外部的环境流入能值、经济活动交流能值、系统流出能值，和内部的系统主要成分间能值流动。

3. 能值分析表的编制

能值分析表一般按照五或六个表头的格式：一是项目编号，即该项目顺序编号；二是项目名称，即该项目在系统中的名称（可与一合并）；三是原始数据，数据单位根据原始资料来源而定；四是能值转换率，对应原始数据的太阳能值转换率，单位为 seJ/J 或 seJ/$、seJ/g 等；五是太阳能值，即项目的太阳能值数量，可由原始数据与能值转换率相乘而得到；六是能值货币价值，即该项目能值对应货币价值。

4. 计算分析

计算能值分析表数据，分析系统能值结构，全面客观反映整个系统现状和问题，为制定针对性策略提供依据。

（三）数据准备

1. 数据来源

①森林资源数据来自于辽宁省 2010 年森林资源二类调查数据及掌握的内部资料。

②《辽宁年鉴 2011》《2011 年辽宁省统计年鉴》《中国林业统计年鉴 2010》《辽宁省 2010 年林业统计手册》及《中国环境年鉴》等。

③采用政府权威部门公布的相关数据。

④公开出版发行的相关研究文献。

2. 数据边界

①时间边界。考虑到森林生态系统能值研究对数据的完整性和全面性要求，本研究从当前数据可及性出发，选择以 2010 年辽宁省各项基础数据为基础。存在

该年数据缺失情况，以其他年度数据推算而得，并进行标注。本部分研究重在方法的创新运用和科学分析，一定程度上来看，往期数据更具总结和对照意义。

②空间边界。森林范围和含于其内的经济资产（道路、建筑、机械）和自然资产（矿物资源、林木生物量及其他自然资源），与林业有关的外部经济资产。系统的垂直范围为地面最高海拔以上1 km至地表以下1 km深度。

（四）研究采用的能值转换率及能值货币比率

1.太阳能值转换率

单位能量或物质所含有的太阳能值量即为太阳能值转换率，它是能值分析整体中至关重要的因素，不同物质或能量的太阳能值转换率也不同，而处于较高等级的物种、服务或产品能值转换率较大。精确的太阳能值转换率需要依靠正确的理解和反映系统的能量等级。

奥多姆和各国学者、研究人员对太阳能值转换率进行了大量研究实践，计算得到了现存主要物质或能量类型的太阳能值转换率。按照蓝盛芳等人的研究，这些主要物质或能量类型的太阳能值转换率可用于国家尺度、地区尺度，以及用于如森林、湿地等特定类型的生态系统等尺度的能值分析（蓝盛芳等，2002）[①]。参照Brown and Ulgiati（1999）的“并不需要在每次计算资源和商品中的能值时都需要计算其能值转换率，而可以使用以前的能值转换率”[②]建议，本研究过程当中使用能值转换率参照了蓝盛芳等的文献资料（表2）。

2.能值货币比率

能值货币率（emergydollar ratio）表示单位货币（美元）代表的能值量，通常以某国某年能值投入总量除当年国民生产总值（GNP）得到该国该年能值货币率，投入能值包括不可更新资源（矿藏、石油等）能值量、可更新资源（阳光、风等）能值量和进口资源的能值量。通常，发展中国家由于资源利用率低，产业能耗大，资源消耗多，同时很少进口他国资源，而GNP还相对较低，能值货币率较高；相反，发达国家由于资源利用率高，产业能耗小，资源消耗少，同时大量进口他国资源，而GNP还相对较大，因此能值货币率远高于发展中国家。

①蓝盛芳，钦佩，陆宏芳. 生态经济系统能值分析[M]. 北京：化学工业出版社，2002.

②Brown M T, Ulgiati S. Emergy Evaluation of the Biosphere andNatural Capital[J]. Ambio., 1999, 28(6): 486-493.

本研究所采用的能值货币率为2.55 × 10^{12} sej/$[①]，本研究所采用的2010年人民币与美元的换算比率为：1美元=6.77元人民币，主要能值转化率如下表（表2）[②③④⑤⑥⑦⑧⑨⑩]。

表2　本研究使用的能值转换率

Table2　The solar transformity used in this Paper

序号	项目（J/$/人/g/页/种）	能值转换率（sej/单位）
1	太阳辐射J	1.00E+00
2	雨水化学能J	6.36E+03
3	蒸发作用J	6.36E+03
4	雨水势能J	1.10E+04
5	风能J	1.58E+03
6	地热能J/m^2	2.03E+04
7	生物量、凋落物	1.33 × 10^4
8	地下水	1.91 × 10^5
9	表土层损失能	7.4 × 10^4
10	氮肥g	4.62 × 10^9

①孙玥，程全国，李晔，等．基于能值分析的辽宁省生态经济系统可持续发展评[J]．应用生态学报，2014，25（1）：188-194．

②蓝盛芳，钦佩，陆宏芳．生态经济系统能值分析[M]．北京：化学工业出版社，2002．

③李双成，傅小锋，郑度．中国经济持续发展水平的能值分析[J]．自然资源学报，2001，16（4）：297-304．

④Odum H T．Environmental Accounting：EmergyandEnvironmental Decision Making[M]．New York：John Wiley，1996．

⑤陆宏芳，蓝盛芳，俞新华，等．城市复合生态系统能值整合分析研究方法论[J]．城市环境与城市生态，2005，18（4）：34-37．

⑥田龙．基于能值分析的工业园生态效率评价研究[D]．大连：大连理工大学，2005．

⑦Brown M T，Protano G，Ulgiati S．Assessing geobiosphereworkof generating global reserves of coal，crude oil，and naturalgas[J]．Ecological Modeling，2010，222（3）：879-887．

⑧Odum H T，Brown M T，Brandt-Williams S L．Handbook of EmergyEvaluation folio 1：Introduction and Global Budget[M]．Florida：Center for Environmental Poliey，University of Florida，2000．

⑨严茂超，李海涛，程鸿，等．中国农林牧渔业主要产品的能值分析与评估[J]．北京林业大学学报，2001（6）：66-69．

⑩Brown M T，Ulgiati S．Handbook of emergy evaluation folio #6：The global emergy budget and the emergy of global processesrevisited[M]．Florida：Center for Environmental Policy，University of Florida，2011．

（续表）

序号	项目 （J/$/人/g/页/种）	能值转换率 （sej/单位）
11	磷肥 g	6.88×10^9
12	钾肥 g	2.96×10^9
13	有机质 J	1.18×10^4
14	CO_2	3.78×10^7
15	O_2	5.11×10^7
16	粮食	3.59×10^4
17	油料	6.9×10^5
18	棉花	1.9×10^6
19	蔬菜	8.49×10^4
20	废气	6.66×10^5
21	固体废物	1.80×10^6
22	科学研究	3.39×10^{17}
23	物种（种）	1.25×10^{25}

三、结果与分析

根据前文对辽宁省森林生态系统服务功能分类，本节研究主要将其功能能值价值进行分析计算。

（一）生物多样性价值

地球生命进化经历了数十亿年，进入地球生物系统的太阳能转化为地质能量。根据能值理论，生物遗传信息是地质进化的产物，即形成了物种多样性。级别愈高的生物，进化时间愈长，分布面积较广。据研究，在地球 2×10^9 年地质进化史中，形成了约 1.5×10^9 个物种①。平均每个物种的太阳能值，用地球年能值总量 9.40×10^{24} sej/a② 计算为：

①Brookshire D S, D'Arge R C. Valuing Public Goods: AComparison of Survey and Hedonic Approaches[J]. AmericanEconomic Review, 1982, 72(1): 165-77.

②NEAD. National emergy accounting database. Center forEnvironmental Policy, University of Florida. Gainesville. http://sahel. ees. ufl. edu/frame_database_resources_test. php? search_type=basic. Accessed 4 November 2014.

$$(9.40 \times 10^{24}\ sej/a)(2 \times 10^{9}\ a)/(1.5 \times 10^{9}\ 种) = 1.25 \times 10^{25}\ sej/种$$

则得到世界物种的平均能值转换率 1.25×10^{25} sej/种。

辽宁省是长白、华北、蒙古三大植物区系和东北、华北、蒙新三大动物区系的交汇地带，生境复杂，生物多样性丰富。全省有植物10 200种，其中高等植物2 200种，低等植物8 000种。全省有动物5 550种，其中脊椎动物850多种，浮游和底栖动物700余种，无脊椎动物4 000种①。

根据具体生态系统中某物种的能值是这个系统对该物种的支持率的计算原则，则辽宁省森林生态系统物种的平均能值转换率为其支持率与 1.25×10^{25} J的乘积。按以下公式计算：

$$U_{辽}(sej/种) = U \times S_{辽}/S$$

式中 $U_{均}$ 为辽宁省物种的能值转换率，U 为世界物种平均能值转换率（1.25×10^{25} sej/种），$S_{辽}$ 为辽宁省森林面积71 361 km^2，S 为全球面积 $5.100\ 6 \times 10^{8}\ km^2$②，代入数据可得：

$$U_{辽} = 1.25 \times 10^{25} \times 71\ 361/(5.101 \times 10^{8}) = 1.749 \times 10^{21}\ sej/种$$

则生物多样性能值可依据物种数与物种能值转化率计算如下：

$$R = m \cdot U_{辽}$$

式中 R 为多样性能值（sej），m 为物种数，代入数据：

$$R = 15\ 750 \times 1.749 \times 10^{21} = 2.755 \times 10^{25}\ sej$$

本研究由上述数据编制能值分析表（表3）。

表3　　辽宁省森林生态系统多样性能值价值

Table3　　Emergy evaluation of biodiversity in Liaoning forest ecosystem

项目	原始资料（种）	能值转换率（sej/种）	太阳能值（sej）	能值货币价值（¥）
生物多样性	15 750	1.749×10^{21}	2.755×10^{25}	7.314×10^{13}

根据能值分析表的计算结果，考虑到辽宁省物种数与全省森林生态系统物种数差别较小，以目前发现的物种数15 750种计算生物多样性价值是可行的。辽宁省森林生态系统提供的生物多样性能值为 2.755×10^{25} sej，相应的能值货币价值为 7.314×10^{13} 元。

①邱英杰. 辽宁省的生物多样性保护与持续利用[C]. 生物多样性与人类未来：第二届全国生物多样性保护与持续利用研讨会论文集. 1996. 5.

②杨学祥. 地球表面积的计算[J]. 长春地质学院学报，1987(3)：346-352.

（二）固碳释氧价值

根据植物光合作用方程可以计算得到：植物每利用太阳能6 772 J，吸收水108 g和二氧化碳264 g，就能产出氧气193 g、葡萄糖180 g，之后可将葡萄糖180 g转化成162 g多糖。因此，我们可以将此过程转换为植物每吸收1.63 g二氧化碳、释放1.19 g氧气，就会产生1 g干物质。在此基础上，依据高香玲的监测数据①，辽宁省森林生态系统每年二氧化碳的固定量（W_{co_2}）和氧气释放量（W_{o_2}）分别为：

W_{co_2}=6 091.16万t（其中，植被固碳5 286.84万t，土壤固碳804.32万t）

W_{o_2}=3 859.72万t

根据所得到固碳释氧量，编制相应能值分析表（表4）。通过计算，我们得到辽宁省森林生态系统每年固定二氧化碳的太阳能值为2.302×10^{21} sej，年能值货币价值为6.112×10^{9}元；释放O_2的太阳能值为1.972×10^{21} sej，年能值货币价值为5.235×10^{9}元。而固碳释氧的能值货币价值总量为$1.134\,7 \times 10^{10}$元。

表4　辽宁省森林生态系统固碳释氧能值价值

Table4 Emergy evaluation of CO_2 absorption and O_2 releasein Liaoning forest ecosystem

项目	原始资料（g）	能值转换率（sej/g）	太阳能值（sej）	能值货币价值（¥）
固定co_2	$6.091\,16 \times 10^{13}$	3.78×10^{7}	2.302×10^{21}	6.112×10^{9}
释放o_2	$3.859\,72 \times 10^{13}$	5.11×10^{7}	1.972×10^{21}	5.235×10^{9}
合计			4.274×10^{21}	$1.134\,7 \times 10^{10}$

（三）涵养水源价值

如前文所述，森林涵养水源是通过林冠、地被物及土壤截留降水、缓和地表径流、增强下渗、削减洪峰等调整森林水量的“时空”分布格局，使其更加合理等。从水量平衡角度，森林调节水量的总量为降水量与森林蒸散量（蒸腾和蒸发）及其他消耗量的差值。依据高香玲等的监测数据，2010年辽宁省森林生态系统涵养水源水量为198.18亿m^3，则涵养水源能值原始数据为（单位J）：

$$N=W \cdot \rho \cdot j$$

式中N为年涵养水源总能量，W为2010年辽宁省森林生态系统涵养水源水量（198.18亿m^3），ρ为雨水密度（1×10^{6} g/m^3），j为雨水的吉布斯自由能（4.94 J/g），带入数据可得：

①高香玲，初艳波，张士利．辽宁省森林生态系统服务功能动态变化分析[J]．辽宁林业科技，2012（1）：30-32.

$$N=1.9818\times10^{10}\ m^3\times1\times10^6(g/m^3)\times4.94(J/g)=9.79\times10^{16}\ J$$

本项计算的水的能值转换率的可参照值较多①②，但是我们选用当前国际较认可的Brown测算的地下水转换率值（1.91×10^5 sej/J）进行计算③。

根据计算结果，编制能值分析表如下（表5）：

表5　　辽宁省森林生态系统涵养水源服务能值价值

Table5　Emergy evaluation of water conservation in Liaoning forest ecosystem

项目	原始资料（J）	能值转换率（sej/J）	太阳能值（sej）	能值货币价值（¥）
涵养水源	9.79×10^{16}	1.91×10^5	1.87×10^{22}	4.965×10^{10}

根据上述的计算结果，辽宁省森林生态系统提供的涵养水源服务的年能值总量为1.87×10^{22} sej，年能值货币价值为4.965×10^{10}元。

（四）保育土壤价值

目前，森林保持土壤价值核算主要集中在固土价值、森林保肥价值、防止泥沙淤积价值等方面，本文从固土价值和保肥价值两方面计算。

1. 固土价值

森林生态系统固持土壤是通过整体结构降低由土地侵蚀而减少经济价值损失而实现的，根据已知数据④，2010年辽宁省森林生态系统固土量为22 452.42万t，按照蓝盛芳等的植物表土层能量折算比率6.78×10^2 J/g⑤，计算得到辽宁省森林2010年固定的土壤总能量为1.522×10^{17} J。

根据上述结果，编制能值分析表（表6）。

表6　　辽宁省森林生态系统固土服务能值价值

Table6　Emergy evaluation of soil maintaining in Liaoning forest ecosystem

项目	原始资料（J）	能值转换率（sej/J）	太阳能值（sej）	能值货币价值（¥）
固土	1.522×10^{17}	7.4×10^4	1.126×10^{22}	2.989×10^{10}

①陈丹，陈菁，罗朝晖．天然水资源价值评估的能值方法及应用[J]．水利学报，2006，37（10）：1188-1192．

②谢忠岩．图们江流域水环境价值的能值研究[J]．吉林农业大学学报，2002，24（3）：68-72．

③Brown M T, Protano G, Ulgiati S. Assessing geobiosphereworkof generating global reserves of coal, crude oil, and naturalgas[J]. Ecological Modeling, 2010, 222（3）：879-887.

④高香玲，初艳波，张士利．辽宁省森林生态系统服务功能动态变化分析[J]．辽宁林业科技，2012（1）：30-32．

⑤蓝盛芳，钦佩，陆宏芳．生态经济系统能值分析[M]．北京：化学工业出版社，2002．

根据上述的计算结果，辽宁省森林生态系统提供的固持土壤服务的年能值总量为 1.126×10^{22} sej，年能值货币价值为 2.989×10^{10} 元。

2. 保肥价值

森林维持土壤肥力价值是通过降低森林土壤侵蚀过程减少了养分流失来实现，本部分研究主要考虑森林保持N、P、K三种元素和有机质价值。根据高香玲等测算，辽宁省森林2010年减少n元素损失52.58万t，p元素29.1万t，k元素364.56万t，有机质1 226.63万t。其中，有机质能量折算比例为 1.73×10^4 J/g①，全省森林2010年减少有机质损失能量为 2.122×10^{17} J，n、p、k有机质的能值转换率见前文，编制能值分析表如下（表7）：

表7　辽宁省森林生态系统保肥服务能值价值

Table7　Emergy evaluation of soil nutrients maintaining in Liaoning forest ecosystem

项目	原始资料（g）	能值转换率（sej/J）	太阳能值（sej）	能值货币价值（¥）
n元素	5.258×10^{11}	4.62×10^9	2.429×10^{21}	6.449×10^9
p元素	2.91×10^{11}	6.88×10^9	2.002×10^{21}	5.315×10^9
k元素	3.646×10^{12}	2.96×10^9	1.079×10^{22}	2.865×10^{10}
有机质	2.122×10^{17}	1.18×10^4	2.504×10^{21}	6.648×10^9
合计			1.773×10^{22}	4.706×10^{10}

本研究对对辽宁省森林生态系统保育土壤服务能值价分为固持土壤和保肥的两方面进行评估，其中在固持土壤方面的年能值货币价值为 2.989×10^{10} 元；在土壤保肥方面的年能值总量为 1.773×10^{22} sej，相应年能值货币价值为 4.706×10^{10} 元。由此可见，辽宁省森林生态系统总的保持土壤年能值货币价值为 7.695×10^{10} 元。

（五）生物量增长价值

森林通过光合作用将太阳能转化为生物能量，是生物链中的第一性生产者。森林生态系统通过第一性生产与次级生产，生产了人类所需的有机质及其产品，这对人类社会生存和发展具有重要贡献。依据森林植物体生产生物量与氧气释放量和二氧化碳的固定量之间的关系为1∶1.19∶1.63，由此可根据森林年释放氧气量计算出森林年生产生物量。前文已知辽宁省2010年释放氧气量 M_{O_2} 为 $3.859\ 72 \times 10^{13}$ g，则年产生物量 $M_{生}$ 为：

$$M_{生}=M_{O_2}/1.19=3.859\ 72 \times 10^{13}\ g/1.19=3.243 \times 10^{13}\ g$$

①蓝盛芳，钦佩. 生态系统的能值分析[J]. 应用生态学报，2001，12（1）：129-131.

已知木材的能量折算比率为1.67×10^4 J/g，结合上述数据可得年产生物量的能量为5.416×10^{17} J。

依据木材能值转换率1.33×10^4 sej/J，可编制能值分析表（表8）如下：

表8　　辽宁省森林生态系统生物量生产服务能值价值

Table8　Emergy evaluation of Production of biomass in Liaoning forest ecosystem

项目	原始资料（J）	能值转换率（sej/J）	太阳能值（sej）	能值货币价值（¥）
生物量	5.416×10^{17}	1.33×10^4	7.203×10^{21}	1.912×10^{10}

根据上述计算结果，辽宁省森林生态系统的年生物量生产服务太阳能值为7.203×10^{21} sej，相应的年能值货币价值为1.912×10^{10}元。

（六）净化大气价值

本研究将净化大气价值分为四个方面进行考量，具体为吸收二氧化硫、吸收氟化物、吸收氮氧化物、滞尘。根据高香玲等测算①，2010年辽宁省森林生态系统年吸收二氧化硫量为69 742.01万kg、吸收氟化物2 029.02万kg、吸收氮氧化物3 417.94万kg、滞尘972.32亿kg，再根据前文的能值转换率，可编制如下能值分析表（表9）：

表9　　辽宁省森林生态系统净化大气服务能值价值

Table9　Emergy evaluation of air purification in Liaoning forest ecosystem

项目	原始资料（g）	能值转换率（sej/g）	太阳能值（sej）	能值货币价值（¥）
吸收二氧化硫	6.974×10^{11}	6.66×10^7	4.645×10^{19}	1.233×10^8
吸收氟化物	2.029×10^{10}	6.66×10^7	1.351×10^{18}	3.588×10^6
吸收氮氧化物	3.418×10^{10}	6.66×10^7	2.276×10^{18}	6.044×10^6
滞尘	9.723×10^{13}	1.5×10^8	1.458×10^{22}	3.872×10^{10}
合计			1.463×10^{22}	3.884×10^{10}

经计算可得，辽宁省森林生态系统2010年吸收二氧化硫能值为4.645×10^{19} sej，价值1.233×10^8元；吸收氟化物能值1.351×10^{18} sej，价值3.588×10^6元；吸收氮氧化物能值2.276×10^{18} sej，价值6.044×10^6元；滞尘能值1.458×10^{22} sej，价值3.872×10^{10}元。总体来看，辽宁省森林生态系统2010年在净化大气方面的能值达到1.463×10^{22} sej，能值货币价值为3.884×10^{10}元。

①高香玲，初艳波，张士利．辽宁省森林生态系统服务功能动态变化分析[J]．辽宁林业科技，2012(1)：30-32.

（七）森林防护价值

森林通过降低林缘农田风速、降低地表蒸发、调节空气湿度、抵御和防范自然灾害等作用创造良好生长条件，促进农作物高产稳产。据森林生态定位站长期观测数据研究，粮食作物在森林植被防护下平均增产约10%、油料平均增产6.5%、棉花平均增产10.0%、蔬菜平均增产10%，并以《辽宁年鉴2011》和《2010年辽宁省国民经济和社会发展公报》数据为基础，得到2010年辽宁省森林防护使农业增产为粮食160.49万t、油料6.079万t、棉花0.009万t、蔬菜242.56万t。粮食、油料、棉花的能量折算标准分别为1.256×10^7 J/kg、2.553×10^7 J/kg、1.884×10^7 J/kg，蔬菜的能量这算标准以甜菜标准0.279×10^7 J/kg计①，可得到森林防护增产粮食、油料、棉花、蔬菜的能量分别为2.016×10^{16} J、1.552×10^{15} J、1.696×10^{12} J、6.767×10^{15} J。

根据前文的相应能值转换率，可编制如下能值分析表(表10)：

表10　辽宁省森林生态系森林防护服务能值价值

Table10　Emergy evaluation of protective effect in Liaoning forest ecosystem

项目	原始资料(J)	能值转换率(sej/J)	太阳能值(sej)	能值货币价值(¥)
粮食	2.016×10^{16}	3.59×10^4	7.237×10^{20}	1.921×10^9
油料	1.552×10^{15}	6.9×10^5	1.071×10^{21}	2.843×10^9
棉花	1.696×10^{12}	1.9×10^6	3.222×10^{18}	8.555×10^6
蔬菜	6.767×10^{15}	8.49×10^4	5.745×10^{20}	1.525×10^9
合计			2.372×10^{21}	6.298×10^9

经计算可得，辽宁省森林生态系统2010森林防护增产粮食能值为7.237×10^{20} sej，价值1.921×10^9元；增产油料能值1.071×10^{21} sej，价值2.843×10^9元，增产棉花能值3.222×10^{18} sej，价值8.555×10^6元；增产蔬菜能值5.745×10^{20} sej，价值1.525×10^9元。总体来看，辽宁省森林生态系统2010森林防护增加能值达到2.372×10^{21} sej，能值货币价值为6.298×10^9元。

（八）文教科研服务价值

森林生态系统的文教科研服务功能虽包含许多方面，但通常将文教科研服

①严茂超，李海涛，程鸿，等. 中国农林牧渔业主要产品的能值分析与评估[J]. 北京林业大学学报，2001(6)：66-69.

务价值分解为青少年科普教育和科学研究两方面价值。而且由于相关研究数据的可及性因素，本部分研究只计算森林生态系统的科学研究价值，计算方法参照Meillaud.F等人的方法①。笔者在中国知网期刊文献数据库中，检索2006年到2014年9年期间发表的以“辽宁的森林”为关键字的学术论文，共计得到论文52篇、930页（含博硕论文），平均每年103页。以这些学术论文的能值货币价值作为辽宁省森林生态系统2010年的科学研究服务价值，即：

科学研究（sej）=每年论文页数（页）× 论文能值转换率（sej/页）

由此，数据编制能值分析表计算如下：

表11 辽宁省森林生态系统文教科研服务能值价值

Table11 Emergy evaluation of culture and education in Liaoning forest ecosystem

项目	原始资料（页）	能值转换率（sej/J）	太阳能值（sej）	能值货币价值（¥）
科学研究	103	3.39×10^{17}	3.492×10^{19}	9.271×10^{7}

经计算可知，辽宁省2010年森林生态系统文教科研服务的能值量为3.492×10^{19} sej，相应的年能值货币价值为9.271×10^{7}元。

（九）生态游憩价值

辽宁省森林生态游憩服务主要体现为人们提供以恢复体力和获得愉悦感受为主要目的所有活动的森林环境，它的价值体现在人们为享受此消遣休闲活动而支付的资金量。按照辽宁省国有林场管理局发布的数据，2010年辽宁省森林旅游收入7.8亿元（按照当年汇率折合1.152亿美元），通过2010年辽宁省森林旅游收入乘能值货币率，即可计算得到2010年辽宁省生态旅游所具有的太阳能值总量，由此编制相应的能值分析表（表12）。

表12 辽宁省森林生态系统游憩服务能值价值

Table12 Emergy evaluation of ecological tourism in Liaoning forest ecosystem

项目	原始资料（$）	能值转换率（sej/$）	太阳能值（sej）	能值货币价值（¥）
生态游憩	1.152×10^{8}	2.55×10^{12}	2.938×10^{20}	7.8×10^{8}

根据计算结果，2010年辽宁省森林生态游憩能值量为2.938×10^{20} sej，森林生态系统游憩服务价值为7.8×10^{8}元。

①Meillaud F., Gay J. B., Brown M. T. Evaluation of a building usingtheemergy method[J]. Solar Energy, 2005, 79: 204-212.

四、结论与讨论

按照森林生态系统中的九种主要服务功能，运用生态能量学的能值分析理论，分别对其进行了价值核算，得到辽宁省2010年森林生态系统服务功能能值总量为1.872×10^{26} sej，能值价值为7.334×10^{13}元。然而，大自然中的丰富物种是地球在经历了数10亿年大量的能值积累，通过地质进化演变形成，是地质进化的产物。生物多样性也是历史积累的结果，是森林生态系统的存量价值，所以，对生物多样性能值价值估算所得到的值不宜作为当前年度森林生态系统服务一部分价值来参与计算。但作为可开发利用的存量价值，辽宁省森林生态系统多样性价值是异常巨大的，达到7.314×10^{13}元。这充分体现了保护森林和生物多样性的重要意义。

去除生物多样性后的辽宁省2010年森林生态系统服务功能能值总量为5.179×10^{23} sej，能值价值为2.031×10^{11}元，约占2010年辽宁省GDP总量1.846×10^{12}元的11%。其中，土壤保育功能价值最大，为7.695×10^{10}元，剩余依次为涵养水源价值4.965×10^{10}元，净化空气价值3.884×10^{10}元，生物量增长价值1.912×10^{10}元，固碳释氧价值1.135×10^{10}元，森林防护价值6.298×10^{9}元，生态游憩价值7.8×10^{8}元，文教科研价值较小，为9.271×10^{7}元。

尽管本研究先期进行过周详的调研和数据分析，也核算出大众熟知的森林服务功能效益价值。但受时间及能力等因素制约，本研究仍然存在局限性，部分服务功能价值或未尽罗列，更为科学、准确的辽宁全省森林生态系统服务效益价值核算有待后继研究更加深入。

（原文载《中南林业科技大学学报》，2016年第9期）

南京市道路绿化美景度评价

刘　畅　陈小芳　孙欣欣

城市道路绿地作为城市景观的构成要素，不仅在改善生态环境，提高生活质量等方面发挥着重要作用，而且在城市景观塑造和环境创造上起着积极作用，甚至已成为反映城市风貌和文明程度的重要标志。道路绿化作为众多绿地类型中与人们生活联系最紧密的一种绿地类型，其美景度最直观地反映了一个城市或地区的绿地景观质量，并普遍受到公众的关注。近年来，在一些针对公园及风景林的美学评价中对其美景度及大众偏好度进行了调查并建立了相关模型①。但针对道路绿化一年中不同时期的动态评价则鲜有报道。本研究调查了南京市4条道路的年景观变化，并加以评价，试图明晰植物配置与美景度的关系，探讨美景度和各景观因子类目之间的定量关系，以期为优化道路绿地景观提供强有力的支撑，为道路景观设计、植物造景、城市绿化等提供依据。

一、既有研究回顾

虽然一直以来我国较重视道路绿化和景观美化，但是相对而言我国对于道路美学的研究则较少。在西方国家，如美国，早在20世纪60年代就已经开始了道路景观美学研究，美国几乎每个州的交通部都有自己的一套道路景观的美学评价方法②。美国森林管理局（US Forest Service）在1995年出版了《景观美学》，它既

①李金荣，刘刚．风景林景观效果的量化评价及提高风景等级的措施[J]．东北林业大学学报，2006，34(4)：90-92；陈鑫峰，贾黎明．京西山区森林林内景观评价研究[J]．林业科学，2003，39(4)：59-66；李明阳，熊显权，杨劲松，等．中山陵风景区的森林美学评价与风景林规划[J]．北京林业大学学报，2006，5(2)：15-19；宋力，何兴元，张洁．沈阳城市公园植物景观美学质量测定方法研究[J]．沈阳农业大学学报，2006，37(2)：200-203．

②Brush R., Henoweth R. C., Barman T. Group difference in the enjoyability of driving through rural landscapes[J]. Landscape and Urban Planning, 2000, 47: 39-45.

可用于公路景观管理又可用于森林景观的管理①。近年来，借鉴国外的一些经验和理念，结合我国的实际，一些学者或机构开展了关于城市道路美学价值的分析和研究。

王云、崔鹏等在《道路景观美学研究初探》②中总结了道路景观美学评价的意义，并总结了道路景观评价流派与方法。李福荣、续九如等③对城市道路绿化树种进行了综合评价，总结了道路绿化树种评价方法，涉及抗寒性、抗旱性、吸硫能力等10项评价指标的确立，为道路绿化树种选择与配置及提高生态效益提出建议。张锁成、谷建才等④对保定市城市行道树树种综合评价分级，从生态适应性、观赏性、生态效能、抗污染能力等方面全面系统地建立了保定市行道树树种的评价应用的综合指标体系。王彩霞、何平等⑤在湖南省株洲市选择了9个具有代表性的主干道路绿地，从园林、生态、美学、植物、景观、环境等学科角度分析其植物景观特征，建立了道路植物景观评价指标体系和植物景观评价的数量化模型，提出了道路植物景观的改进模式。

二、评价方法

（一）景观照片拍摄

根据对南京市多条道路的实地及问卷调查，本研究确立北京东路、北京西路、太平北路及龙蟠中路作为研究对象进行美景度评价。研究者选择光照充足的白天，全年分6次（每两月1次）在各样地对相同景观样本进行拍照取景工作。在拍摄过程中尽量以相同的高度、方向选择主要观赏面进行取景。每次拍摄以植物为前景、中景，但背景不回避周边其他积极或消极因素的照片92张，共取景6次，全年拍摄照片共计552幅。

（二）景观评价步骤

本次评判采用1张照片代表1个样本景观。每次取景拍摄后，利用PowerPoint

①Clay G. R, Smidt R. K. Assessing the validity and reliability of descriptor variables used in scenic highway analysis[J]. Landscape and Urban Planning, 2004, 66: 239-255.

②王云，崔鹏. 道路景观美学研究初探[J]. 水土保持研究，2006, 13(2): 206-233.

③李福荣，续九如. 城市道路绿化树种综合评价[J]. 中国城市林业，2005, 3(3): 66-69.

④张锁成，谷建才. 保定市城市行道树树种综合评价分级选择[J]. 河北林果研究，2007, 22(4): 421-423.

⑤王彩霞，何平，王保忠，等. 株洲市道路植物景观的数量化分析[J]. 中南林学院学报，2004, 24(2): 100-110.

软件将所选择评判景观的照片制成幻灯文件进行评价。全年共评价6次。6次评价中各收到有效评判反应表为98、96、92、97、93、91份。本次景观评判采用10分制，即1~10分。评价者会在评判记录表对应的序号后写下各个景观的评价分值，分值越高，表示风景越美；分值越低，表示景观质量越低，相对地喜欢程度也就越低。正式评价之前，评判者对每张照片将有1秒的预览，以便让评判者对将要评判的景观类型有一些概念，并想象如何在10分制下给这些景观打分。预览完所有照片后将进入评价环节，每一张照片停留的时间为7秒钟。

（三）美景度计算方法

本研究采用的是加权求和法（简称“加权SBE”）[①]。其计算公式为：

$$S_i=10\cdot\sum_{j=1}^{10}\left(\frac{n_{ij}}{N}\cdot j\right)$$

式中S_i为照片i的美景度值；N为评价总人数；n_{ij}为给照片i打j分的人数。研究者使用EXCEL2003和SPSS13.0对原始数据进行相关分析并输出结果。

（四）模型建立方法及步骤

1.景观要素的分析及各类目反应值的确定

选择对美景度影响大且容易观测的相关因子作为各绿地类型景观的项目，并根据各个项目的特性划分为几个等级（类目）。再根据各类目的定性指标，分别确定各个类目对各样本景观的反应。

2.景观评价数量化模型的建立

（1）自变量剔除。首先，确定各个项目的反应值或原始数据值为自变量。然后，采用SPSS多元线性回归程序Backwsrd法初步建立模型。在建模过程中按照一定规范逐步剔除在模型中不太重要的项目。最后，把对景观SBE值贡献较大的项目保留下来，作为景观模型的自变量。在几次运算之后，根据少而精的原则，最终确定3~5个建模因子。

（2）模型建立。根据“数量化理论I”对保留变量的类目分别赋值。例如，第i个自变量X_i有r个类目，分别记作X_{i1}、$X_{i2}\cdots X_{ir}$。按其所在的范围，分别赋值为0或1。可看作$X_{i1}+X_{i2}+\cdots+X_{ir}=1$。将其中一个类目删除，使项目$X_i$的$(r-1)$个类

①邓送求. 间伐强度对城郊生态风景林景观质量的影响：以南京无想寺国家森林公园为例[D]. 南京：南京林业大学[硕士论文], 2009.

目之间没有相关性。采用SPSS多元线性回归程序Enter法建立模型①。

三、美景度动态变化及分析

92个样本的总体美景度随不同月份的变化显示，5月的美景度最高，其次为7月与9月，再次为3月及11月，1月的美景度值最低。各个月份的平均美景度值变化见图1。

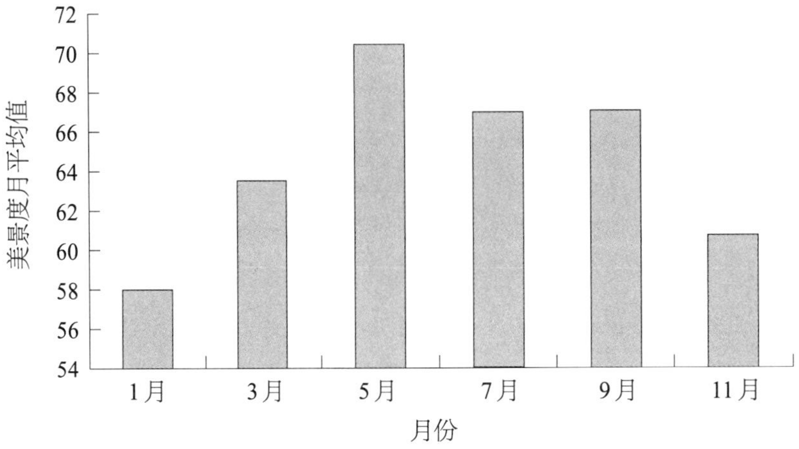

图1　道路绿地平均美景度变化

根据绿化带的不同位置及绿化带整体景观效果的区别本研究将92个样本分为多种类型进行评价，限于篇幅，本文仅对机动车道整体绿化景观、非机动车道整体绿化景观，以及机动车道分隔带分段绿化景观进行了分析。

（一）机动车道整体绿化景观动态变化及分析

在该景观类型样本中，年平均SBE值最高的样本为P6，其SBE值为70.94。而样本P6的1月、3月、5月、7月、9月、11月的SBE值分别为65.80、65.20、74.40、73.06、77.40、69.80，与同类型样本在各个月的SBE值相比都处于最高水平。样本P6的动态变化曲线见图2，样本全年景观变化见图3。

由图2可知，样本P6在一年中的SBE值变化较大，其9月SBE值最高，优势较为明显，而1月、3月SBE值则相对较低。但与其他样本在该月的SBE值相比依然为最高。样本P6的主要植物为法国梧桐及海桐等。该路段选用植物虽不多，但整体景观较好。法梧高约10~12 m，冠幅达8 m，枝下高2 m，为该路段景观的主要贡

①李福荣，续九如. 城市道路绿化树种综合评价[J]. 中国城市林业，2005，3(3)：66–69；张锁成，谷建才. 保定市城市行道树树种综合评价分级选择[J]. 河北林果研究，2007，22(4)：421–423.

献树种。法梧也是南京应用较广的行道树种。其树型优美，树冠开阔伸展，行植后，可使整个路段景观显得深邃悠远。无论叶茂还是落叶后的枝干都可营造出较好的景观效果。因梧桐拥有较为复杂的树型和不规则的叶片，故其下层不适合过多花哨搭配。此处种植常绿的海桐既避免凌乱又有较好的通透度。

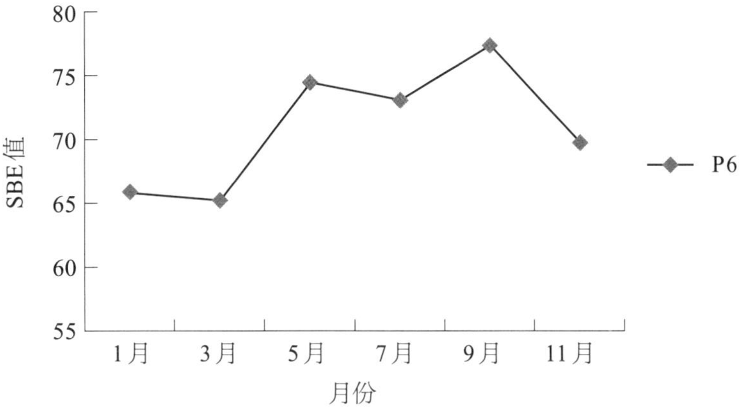

图2　样本P6的SBE值月变化

图3　样本P6组图

（二）非机动车道整体绿化景观动态变化及分析

在该景观类型样本中，年平均SBE值最高的样本为P11，其SBE值为76.43。其1月、3月、5月、7月、9月、11月的SBE值分别为63.20、68.20、85.00、79.39、81.80、81.00，与同类型样本在各个月的SBE值相比都处于最高水平。其动态变化曲线见图4，样本全年景观变化见图5。

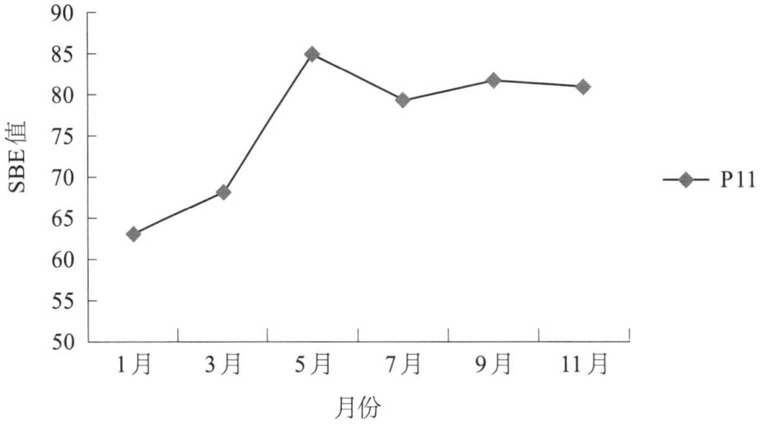

图4　样本P11的SBE值月变化

由图4可知，样本P11在一年中SBE值变化较显著，最高值在5月，其次在9月、11月，可见其春秋景观效果最佳，而冬季景观则相对略差。样本P11中的主要植物为雪松、香樟、银杏、梅、紫薇、海桐、金叶女贞等。其中，银杏高约12 m、冠幅5 m、枝下高约2.5 m，雪松高约10 m、冠幅6 m、枝下高约3 m。银杏树干通直、叶形古雅，特别是在夏秋季节其景观较好。但冬季落叶后及春季发叶前，其枝形并不十分美观，也因此该样本在春末及秋季SBE值较高，而1月、3月则较低。同时，该路段中景石的运用也是其整体景观效果较好的原因之一。

1月照片　3月照片　5月照片

7月照片　9月照片　11月照片

图5　样本P11组图

（三）机动车道分隔带分段绿化景观动态变化及分析

在该景观类型样本中，年平均SBE值最高的样本为P59，SBE值为72.34。

其1月、3月、5月、7月、9月、11月的SBE值分别为67.60、70.20、75.00、75.65、73.20、72.40，与同类型样本在各个月的SBE值相比都处于较高水平，且变幅不大，较为平稳。动态变化曲线及实景图见图6、图7。

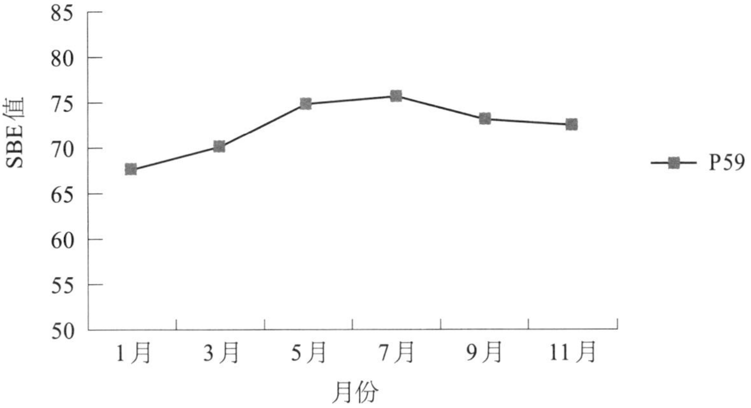

图6　样本P59的SBE值月变化

由图6可知，样本P59在一年中的SBE变幅较小。样本P59中的主要植物为雪松、毛鹃、紫荆、椤木石楠、垂丝海棠、红花檵木、金边黄杨、红叶石楠、枫杨等。该样本景观效果主要得益于丰富的植物搭配与分明的层次感。该组景观以常绿与落叶植物搭配，使其在各个季节均有较强的观赏性。因雪松枝下高不高，故下层宜

图7　样本P59组图

选择石楠等低矮整齐的球状植物搭配。该组植物多而不乱，在夏秋季节较为浓密，在春冬季节通透度较好，故其全年观赏性较强，且富于变化。

在道路绿化景观的美景度评价中，无论是道路整体景观还是分段景观，体量大的树种与其他植物搭配所得的美景度值要高于体量小的树种。

四、景观模型的建立

（一）景观要素分析

根据前人所作相关研究以及本文所调查各景观样本构成的特点，本研究选择与各类景观中美景度关系较为密切的因子作为项目（表1）。

表1　道路绿地景观要素分解表

项目		类目				
编号	内容	1	2	3	4	5
1	树种组成	1种	2种	3种及以上		
2	生活型特征	灌木	乔木	乔灌型		
3	色彩变化	无	春花	秋季色叶	春花秋叶	
4	主景木冠形	锥形	球形	中间型	混合型	不明显
5	排列方式	规则式	丛植	自由式		
6	常绿树种比例	< 1/4	1/4～2/4	2/4～3/4	≥ 3/4	
7	树干形状	通直	一般	弯曲		
8	树干可感性	看不到	隐约可见	清晰可见		
9	层次感	不明显	较强	极强		

（二）多元回归建模

建立模型的过程中，本研究逐步地筛去偏相关系数较小或独立性不强的因子，经过6次运算之后，逐步剔除了“树种组成”“主景木冠形”“排列方式”“常绿树种比例”“树干形状”“树干可感性”这6个项目，最后剩下“生活型特征”“色彩变化”“层次感”3个偏相关系数较大、独立性较强的项目参与建立模型。所以，本研究决定用这3个景观因子中的7个类目建立景观评价模型：

$$Y=59.700+1.818X_{12}+2.632X_{13}+6.142X_{22}+3.872X_{23}+7.592X_{24}-3.209X_{31}+3.601X_{33}$$

其中，X_1为生活型特征，X_2为色彩变化，X_3为层次感。在类目选择中，随机删除X_{11}、X_{21}及X_{32}。模型中各类目得分值见表2。

表2　　项目得分值

项目	类目	得分	得分范围	所占比例
X_1	X_{11}	0	4.450	15.4
	X_{12}	1.818		
	X_{13}	2.632		
X_2	X_{21}	0	17.606	61.0
	X_{22}	6.142		
	X_{23}	3.872		
	X_{24}	7.592		
X_3	X_{31}	−3.209	6.810	23.6
	X_{32}	0		
	X_{33}	3.601		

对模型进行t检验，这里复相关系数R=0.928，n=65，m=3，求得t=19.280，而$t_{0.01}(60)=2.390$，由于$t>t_{0.01}(42)$，所以筛选出的3个因子与风景区近景林景观喜好度之间具有极显著相关性。

（三）结果分析

从表2可知，对喜好度贡献最大的因子是色彩变化，其次为层次感，再次为生活型特征。从3个项目的回归系数中我们可以看出人们对道路景观的喜好度具有以下变化规律：

①从“色彩变化”来看，显然在不同季节有色彩变化对景观贡献较大。具体表现为在春季及秋季均有变化对景观贡献最大，其次为含春花植物，再次为含秋季彩叶变化。因道路绿化受绿化带宽度限制，且为线形绿地，过多的色彩及过繁复的配置会使之杂乱无章，反而增加行车者疲劳感及烦躁感。本次评价中的含色彩变化的样本，其对应元素的植物多为规则式栽植、或组团式紧凑丛植、或直线弧线形铺植，避免凌乱又能形成较统一的色块。从实际景观效果看也富有韵律变化。

②从“层次感”来看，层次感越强对景观贡献越大。

③从“生活型特征”来看，乔灌型的搭配对美景度的贡献大，其次为乔木。同样，大中型乔木能构成景观的基本结构和骨架，而当它居于较矮小的灌木之中时，则会成为视觉焦点。而单纯的乔木栽植，特别是冠型好的乔木可将观赏视线引入上层空间，丰富了行车者在空间上的观赏变化，同时因其中下部通透度较好，营造了一种开阔明朗的氛围[①]。

五、结语

笔者认为应进一步扩大应用植物的选择范围，并综合衡量其生态、美学及社会功能。以南京为例，虽然雪松、香樟、梧桐等植物所营造的景观效果较好，但过多的使用则容易千篇一律、缺乏特点。另外，梧桐等春季飞絮严重，过多栽植也会给广大居民带来不便。

笔者认为应加强道路绿化中冬季景观的营造。同时，针对很多设计者所持的“三季有花”等落后观念，将植物景观设计简单地理解为栽花种草，只片面重视艳丽花朵及色叶的堆砌而不考虑整体景观效果的现象，应更多注重整体框架的把握，增强植物空间层次感的设计。且应全面考虑一年中的整体景观效果。

笔者认为应充分考虑交通安全，合理设计高度的同时，结合不同部位的道路特点，进行路段景观统一而富于变化的设计，注重层次感、韵律感的设计。同时，注重人性化设计，减少华而不实的虚夸设计以增强景观的亲和力[②]。

笔者认为应加强意境美及文化氛围的塑造。可以在道路景观的设计中适当加入景石、雕塑等其他适宜的景观小品，增加道路景观的意境美和趣味性。同时，道路景观的植物配置要注重突出地方特色，可考虑将道路景观绿化与历史文化廊道及遗产廊道的建设相结合，以体现城市独特的地域文化特征及历史文化内涵。

（原文载《中国城市林业》，2016年第2期）

①王彩霞，何平，王保忠，等. 株洲市道路植物景观的数量化分析[J]. 中南林学院学报，2004, 24(2)：100-110.

②邓送求. 间伐强度对城郊生态风景林景观质量的影响：以南京无想寺国家森林公园为例[D]. 南京：南京林业大学［硕士论文］，2009.

天目山森林文化价值的游客感知分析

俞　飞　李智勇

在《千年生态系统评估》提出生态系统具有重要的文化价值后，全球掀起了相关研究的热潮①。将生态系统的文化价值置于经济和生态价值同等的地位，这极大地促进了相关理论和实践的研究，这其中也包括森林生态系统文化价值的内容。另一方面，将文化价值纳入生态系统的管理和决策中，可以更好地平衡区域保护和旅游之间的关系，促进生态环境保护、鼓励旅游业的进步、提高当地居民的生活质量，并为今后的世代增加文化景观的多样性②③④。但是由于文化的无形性和主观性，这使得其一直难以被整合到生态系统服务评估框架中⑤。为此，国内外学者开展了很多文化价值定量研究的尝试，有的学者采用环境经济学的方法对其进行了货币化研究⑥⑦⑧，还有的学者通过构建评价指标体系研究开展了相关研究⑨⑩⑪。

①CARPENTER S, PINGALI P, BENNETT E, et. al. MEA(Millennium Ecosystem Assessment Scenarios Working Group), Ecosystems and Human Well-being[M]. Washington D C: Island Press, 2005: 77-101.

②TABBUSH P. Cultural Values of Trees, Woods and Forests[R]. UK: The Research Agency of the Forestry Commission, 2010: 35-45.

③EGGERS J, LINDHAGEN A, LIND T, et al. Balancing landscape-level forest management between recreation and wood production[J]. Urban For Urban Green, 2018, 33: 1-11.

④GHIMIRE K B, PIMBERT M P. Social Change and Conservation: Environmental Politics and Impacts of National Parks and Protected Areas[C]. London: Earthscan Publications, 1997: 23-35.

⑤BRYCE R, IRVINE K N, CHURCH A, et al. Subjective well-being indicators for large-scale assessment of cultural ecosystem services[J]. Ecosyst Serv, 2016, 21: 258-269.

⑥朱霖，李智勇，樊宝敏，等. 北京妙峰山森林文化条件价值评估[J]. 林业科学，2015, 51(6): 9-16.

⑦潘静，张颖，李秀山. 森林文化价值保护支付意愿及其评估研究：以甘肃省迭部县为[J]. 干旱区资源与环境，2017, 31(9): 32-37.

⑧樊宝敏，李智勇，张德成，等. 基于人林共生时间的森林文化价值评估[J]. 生态学报，2019, 39(2): 1-9.

⑨陈亮明. 湖南森林公园森林景观资源特征与森林文化研究[D]. 长沙：中国林业科技大学，2012.

⑩EDWARDS D, ELLIOTT A, HISLOP M, et al. A Aluation of the Conomic and Social Contribution of Forestry for People in Scotland[R]. Edinburgh, Scotland: Forestry Commission Scotland, 2009.

⑪宋军卫. 森林的文化功能及其评价研究[D]. 北京：中国林业科学研究院，2012.

除此之外，感知的方法也是国内常用的一种文化价值评价方法。因为文化体验具有很强的主观性，与感受者的自身特性有很强的相关性，所以生态系统文化价值的感知研究亦是国内外常用的一种文化价值评价方法，《千年生态系统评估》①、DOU等②、HAJUNG等③都采用了该方法对不同生态系统文化价值进行了研究。浙江天目山国家级自然保护区（以下简称天目山）是中国建立的第1批自然保护区之一，主要保护对象为银杏、天目铁木等珍稀古老植物和中亚热带森林生态系统，对1996年加入联合国科教文组织“人与生物圈”计划，现为中国生物多样性保护示范基地、全国青少年科技教育基地、全国科普教育基地。由于在地理区位上，天目山国家级自然保护区邻近上海、苏州、南京、宁波等城市，它也是长江三角洲地区著名的旅游和避暑胜地。本研究试图通过森林文化价值游客感知的分析，为更好地将文化因素纳入当地生态保护和旅游业发展提供科学依据。

一、研究区概况及文化价值调查

研究区概况

天目山位于浙江省杭州市临安区境内，面积超过4 000 hm^2，主峰仙人顶海拔为1 506 m。天目山地质古老，地貌独特；植物种类丰富，拥有常绿阔叶林、常绿落叶阔叶混交林、落叶阔叶林、落叶矮林等6个植被型和30个群系组，2 160种高等植物，4 716种野生动物，其中古树名木5 511株，有“大树华盖闻九州”之名，是中国长江三角洲地带著名的“物种基因库和”“文化遗产宝库”，亦是国内外闻名的生态旅游、度假疗养胜地④。根据中华人民共和国国家标准《旅游资源分类、调查与评价》（GB/T18972-2003），天目山现有旅游资源单体87个，其中优良级64个、普通级23个、特品级旅游资源单体15个，如禅源寺、周恩来演讲纪念亭、仙人顶、四面峰、倒挂莲花、盆地沼泽池、半月池、大树王、五世同堂、冲天树、开山老殿、石阶古道、宝剑石等，拥有丰富的自然和人文旅游资源。表1为核心景区内影响力

①CARPENTER S, PINGALI P, BENNETT E, et. al. MEA（Millennium Ecosystem Assessment Scenarios Working Group）, Ecosystems and Human Well-being [M]. Washington D C: Island Press, 2005: 77-101.

②DOU Yuehan, ZHEN Lin, YU Xiubo, et al. Assessing the influences of ecological restoration on perceptions of cultural ecosystem services by residents of agricultural landscapes of western China [J]. Sci Total Environ, 2019（646）: 685-695.

③KO H, SON Y. Perceptions of cultural ecosystem services in urban green spaces: a case study in Gwacheon, Republic of Korea [J]. Ecol Indic, 2018, 91: 299-306.

④楼涛，赵明水，杨淑贞，等. 天目山国家级自然天目山古树名木资源 [J]. 浙江林学院学报，2004, 21（3）: 269-274.

最大的前10个景点的概况。

表1　天目山主要景点概况

景　点	概　　况
整个核心区	森林覆盖率98%，高等植物246科974属2 160种，动物65目465科4 716种，气候凉爽、炎夏无暑，空气质量属一类标准，水质为低钠低矿化度的优质饮用水
古柳杉群落	拥有世界罕见的大柳杉群落，树龄超过500年的有500余株，胸径2 m以上的15株，1.8 m以上的36株，1 m以上的398株。集中分布在五里亭至开山老殿一带
石阶古道	禅源寺至仙人顶必经之路，明代（1495）缘石而成，沿途大树华盖，奇峰突兀，怪石林立，全长5 068 m，宽1.8 m，高差1 266 m
倒挂莲花	景色绮丽，险美兼备，如美妙图画，似精致盆景，有不少文人墨客为此景点写诗
四面峰	明代慎蒙《游天目记》称四面峰曰："深、邃、幽、寂、奇、丽六者兼之，古称蓬莱仙岛，真为不忝，此天目第一奇绝处也。"峰顶有立玉亭，驻足亭内，全山景色一览无余。徐悲鸿（1934）在此作画，留有"天目秋色"墨宝
禅源寺	建于康熙四年（1665），1941年被日军炸毁，1984年、2005年分别重修和新建，为天目山最主要宗教景点
开山老殿	元代寺庙建立，宋仁宗御赐（1320）"狮子正宗禅寺"额。当时香火极盛，名扬国内外，是日本国佛教发祥之地。元末毁于兵，明初复建，明末又毁，仅留山门和前殿。1928年，徐世昌题"大树堂"。1935年，胡适手书对联。1985年，叶浅予手书"开山老殿"额
五世同堂	中国目前发现的唯一野生状态古银杏，从一株古银杏基部萌发出22株不同世代小植株，故称为"五世同堂"
新老大树王	老大树王在宋代即称为"千秋树"，树龄长达两千余年；清乾隆南巡游览西天目山时，封此树为"大树王"，1930年左右死亡。在"大树王"右上方的141号柳杉，材积已达75.4 m^3，生长旺盛，雄姿勃勃，已被公认为天目山新大树王
周恩来演讲纪念亭	周恩来（1939）曾在此向浙西行署军政人员、政工队员、干训班学员和浙西临时中学师生作团结抗日讲演

二、研究方法

（一）森林文化价值的界定

目前，国内外对森林文化价值类型并没有公认的界定和系统划分，本研究在综合国内外研究的基础上，首先对森林文化价值的内涵和外延进行了界定：①人们在与森林相互作用过程中得到的生理或心理的收获，例如在森林中散步或锻炼得到的身心放松等，该层面的收获比较基础，普通大众都容易获得；②人们在与森林相互作用过程中得到知识收获，例如学生在森林中认识自然，科研工作者开展森林相关的科学研究，艺术创作者在森林中获得创作灵感，或者人们通过森林中的活动对艺术作品产生了新的理解，这个层面的价值需要人们有相关的知识背景或储备；③人们在与森林相互作用过程中得到精神收获，例如认为森林可以给自己带来好运，是自己的精神寄托等，这一层面主要针对有精神需求的人群。基于这一界定，然后结合目前国际上常用的MEA[①]和TEEB的划分标准[②]，划分了休闲与游憩、身心健康、审美、文化遗产、地方感、灵感、教育和科研，以及精神与宗教服务等8类森林文化价值，并以此设计了相关问题。

（二）调查方法

因为文化价值感知具有很强的主观性，受访者的性别、年龄、受教育程度、居住地、个人年收入等统计学特性可能会影响文化价值的感知[③]，因此将受访者的这些信息纳入调查问卷中。参考DOU等[④]的方法对三级量表对问卷选项进行赋值（表2），最后根据问卷调查结果计算平均值，分值越高说明对该类型森林文化价值的感知越高。2018年5、7和12月，在研究区进行问卷调查，发出问卷150份，收回有效问卷132份，有效反馈率为88.0%。

表2　森林文化价值量化评分表

Table 2　Assignment rules for the presence/absence and perceived values of forest culture

描　述	是否存在文化价值	分值	平均分和等级
（强烈）不同意/不知道/不参与相关活动	否	0	（0）没有文化价值
同意/知道/参与相关活动	是	1	（0~1）低文化价值
（强烈）同意/（经常）参与相关活动	是	2	（1~2）高文化价值

（三）数据分析

本文采用SPSS20.0对问卷数据进行信度检验，然后采用单因素方差分析游客

①CARPENTER S, PINGALI P, BENNETT E, et. al. MEA（Millennium Ecosystem Assessment Scenarios Working Group）, Ecosystems and Human Well-being[M]. Washington D C: Island Press, 2005: 77-101.

②GROOT R S, FISHER B, CHRISTIE M. Integrating the ecological and economic dimensions in biodiversity and ecosystem service valuation[M]// KUMAR P. The Economics of Ecosystems and Biodiversity（TEEB）Ecological and Economic Foundations. Londen: Earthscan Routledge, 2010: 9-40.

③朱霖，李智勇，樊宝敏，等. 北京妙峰山森林文化条件价值评估[J]. 林业科学，2015, 51（6）: 9-16.

④DOU Yuehan, ZHEN Lin, YU Xiubo, et al. Assessing the influences of ecological restoration on perceptions of cultural ecosystem services by residents of agricultural landscapes of western China[J]. Sci Total Environ, 2019（646）: 685-695.

人口统计学特性对森林文化价值感知的影响，并用Excel作图。

三、结果与分析

（一）受访游客人口统计学特性

接受调查的游客大部分来自浙江省（78.8%），个人年收入多在5万元~10万元（34.1%）和10万元~15万元（26.5%），而且男性游客数量（56.1%）高于女性（43.9%）。年龄结构方面，60岁以上的游客数量最多，占总样本数的26.5%；其次是20~30岁和50~60岁的游客，均占总样本数的22.0%；40~50岁的最少，仅占总样本数的12.9%。游客的受教育程度相对较高，其中大学及以上学历占总样本的54.6%，初中及以下学历者仅占17.4%。企事业单位、创业/自由职业和其他（包括学生/退休/失业等）受访游客数量分别占总样本数的26.5%、22.0%和51.5%。大部分受访游客以一日游为主（47.7%），但调查样本中有6.8%的游客会停留1周以上，7.6%的游客会停留1个月以上，这些游客大部分为50岁以上的企事业单位退休人员。

表3 受访游客人口统计信息

Table 3 Demographic information about the interviewed tourists

项目	统计学特性	比例/%	项目	统计学特性	比例/%
性别	男	56.1	区域	杭州地区	34.9
	女	43.9		省内	43.9
年龄/岁	20~30	22.0		省外	21.2
	30~40	16.7	个人年收入/万	< 5	19.7
	40~50	12.9		5~10	34.1
	50~60	22.0		10~15	26.5
	> 60	26.5		15~20	8.3
受教育程度	初中及以下	17.4		> 20	11.4
	高中	28.0	停留时间/d	1	47.7
	大学及以上	54.6		2~6（1周之内）	37.9
职业类型	企事业单位	26.5		7~30（1周至1个月）	6.8
	创业/自由职业	22.0		> 30 d（1个月以上）	7.6
	其他（学生/退休/失业）	51.5			

（二）游客对森林文化价值的感知

根据图1可知，大部分的受访游客感知到了天目山的8类森林文化价值，总体认可人数占受访人数71.2%以上，其中强烈同意的占16.7%以上。游客对不同类型森林文化价值的感知存在明显差异。感知到天目山具有身心健康、审美价值人数最多，认可人数均为受访人数的95.5%；地方感、教育科研、休闲与游憩、文化遗产价值次之，认可人数分别占受访人数的87.9%、87.1%、85.6%、83.3%；灵感、宗教和精神服务价值最低，认可人数分别占受访人数的75.8%、71.2%。

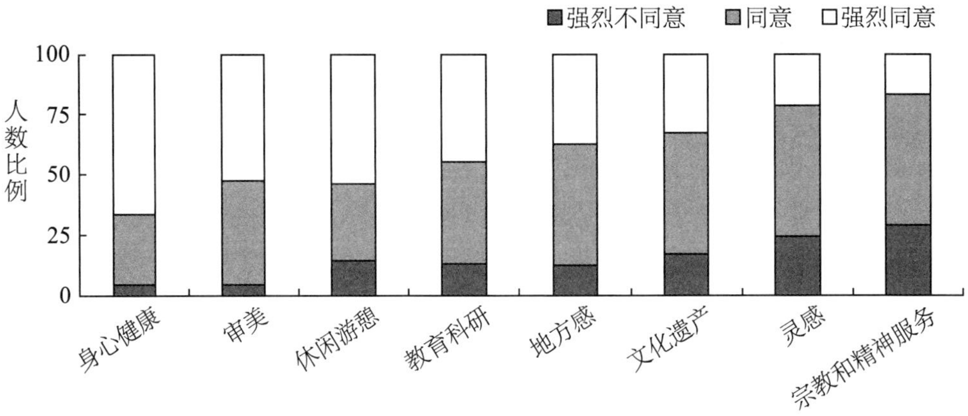

图1 森林文化价值不同感知程度人数比例

Figure 1 Proportion of tourists with different levels of perceived forest cultural value

与认可人数相对应的是各文化价值类型的平均得分（表4）。身心健康价值得分最高，为1.62；审美、休闲与游憩、地方感、教育科研、文化遗产价值次之，分别为1.48、1.39、1.32、1.25、1.17；灵感、宗教和精神服务价值最低，分别为0.97、0.88。根据表2的评价标准可知，游客认为天目山的身心健康、审美、休闲和游憩、地方感、教育和科研、文化遗产价值很高，而灵感、宗教和精神服务的价值较低。

表4　　天目山森林文化价值得分和等级

Table4　Score and level of forest forest cultural value in Mount Tianmu

类型	问题举例	平均得分	等级
身心健康	您觉得当您待在天目山的时候，会对您的身体健康有好处？ 或待在天目山让您觉得心情愉悦？	1.62	高文化价值
审美	您觉得天目山的景色很漂亮？	1.48	

（续表）

类型	问题举例	平均得分	等级
休闲游憩	您觉得天目山很适合/您（很）喜欢在天目山休闲，例如散步、旅游、遛狗、带小孩玩、打球等？	1.39	高文化价值
教育科研	您觉得可以在天目山学到森林/树/林地有关的知识，比如说认识树，知道这些树的特性，认识一些动物等？ 或您知道/听说过有人到天目山学习森林/树/林地有关的知识？	1.32	
地方感	您觉得天目山的森林/树/林地很有当地特色/与别的地方差异很大？ 或您觉得天目山的森林/树/林地对形成当地地方特色的有重要作用？	1.25	
文化遗产	您听过/知道天目山一些森林/树/林地有关的故事、传说等； 或您知道天目山森林/树/林地还有一些历史遗迹，比如寺庙遗址、红色纪念地、名人题字，石刻等？	1.17	
灵感	您觉得人们可以从天目山的森林/树/林地获得了一些艺术设计灵感或人生感悟，例如画画、唱歌、弹琴、写作等？ 或您见过/听说过天目山有关的艺术作品？ 或您见到有人到天目山采风？	0.97	低文化价值
精神和宗教服务	您觉得天目山是当地居民或者一些游客的精神寄托？ 您知道/听说过天目山的佛教/道教等宗教方面的内容？	0.88	

（三）游客统计学特性对森林文化价值感知的影响

根据表5可知，游客对天目山森林文化价值的感知会受到除了性别和个人年收入以外人口统计特性的显著影响。身心健康价值的感知会受到教育程度和职业类型的显著影响（$P<0.05$）。美学价值的感知受教育程度的极显著影响（$P<0.001$），受职业类型和停留时间的显著影响。休闲游憩价值受教育程度的极显

著影响（$P<0.001$），受年龄和停留时间的显著影响。地方感价值分别受区域和停留时间的显著影响。游客对教育科研、文化遗产、灵感、宗教和精神服务价值的感知不受这些人口统计学特性的影响。

表5 影响游客森林文化价值感知的因素

Table 5 Factors that significantly affected perception of forest cultural value

森林文化价值	性别	年龄	教育程度	职业类型	区域	个人年收入	停留时间
身心健康	NS	NS	$P=0.004$	$P=0.022$	NS	NS	NS
美学	NS	NS	$P<0.001$	$P=0.048$	NS	NS	$P=0.021$
休闲游憩	NS	$P=0.017$	$P<0.001$	$P=0.025$	NS	NS	NS
教育科研	NS	NS	NS	NS	NS	NS	NS
文化遗产	NS	NS	NS	NS	NS	NS	NS
地方感	NS	NS	NS	NS	$P=0.028$	NS	$P=0.006$
灵感	NS	NS	NS	NS	NS	NS	NS
宗教和精神服务	NS	NS	NS	NS	NS	NS	NS

说明：NS表示差异不显著。

进一步研究发现，大学以上受教育程度或者企事业单位上班的受访游客对天目山身心健康的感知显著较低，这两类人群对审美价值的感知也是最低的（表6）。同时，审美感知与停留时间密切相关：随着停留时间的增加，受访游客的审美价值感知先增加后减低，以1周到1个月的停留时间最佳，超过1个月，感知显著下降。40岁以下受访游客对天目山休闲和游憩价值的感知显著低于其他年龄段游客，大学以上受教育程度或者企事业单位上班的受访游客对天目山休闲和游憩价值的感知也显著低于其他受访游客。来自省外的游客对天目山地方感价值感知最明显，而本地（杭州地区）游客的感知最低。停留时间对游客地方感价值的影响与审美基本一致：以1周到1个月的停留时间感知最强。

表 6　统计学特性对游客森林文化价值感知的影响

Table 6　Influence of statistical characteristics on tourists' perception of forest cultural value

统计学特性		身心健康	审美	休闲游憩	地方感
年龄/岁	20～30	—	—	—	1.14
	30～40	—	—	—	1.14
	40～50	—	—	—	1.71
	50～60	—	—	—	1.59
	> 60	—	—	—	1.46
受教育程度	初中及以下	1.83	1.43	—	1.78
	高中	1.78	1.78	—	1.70
	大学及以上	1.47	1.33	—	1.11
职业类型	企事业单位	1.48	1.38	—	1.22
	自由职业	1.68	1.73	—	1.59
	其他	1.78	1.50	—	1.54
区域	杭州地区			1.04	—
	省内	—	—	1.34	—
	省外	—	—	1.39	—
停留时间/d	1	—	1.40	1.30	—
	2～6	—	1.54	1.24	—
	7～30	—	1.87	1.67	—
	> 30	—	1.20	0.60	—

说明：数据为平均得分，只展示了具有显著差异的数据。

四、讨论

文化因素必须成为生态系统管理和决策内容的一部分是为国内外学者的共识[①]。LAFORTEZZA等[②]阐述了文化决定因素对森林景观格局和空间异质性的影响。STEEN-ADAMS等[③]比较了3个白松为主导时期的土地覆被变化，并通过数学建模的方法分析历史因素在植被变化中的影响，以对比美洲土著文化和欧洲移民文化对当地生态环境的不同影响。周婷等[④]通过多元线性回归分析，研究了浙江临安2001—2015年植被覆盖的时空变化分析生态公益林建设对林地退化的影响。研究结果发现：政策覆盖地区的植被退化面积在每一个退化等级上都小于无政策覆盖地区；生态公益林补偿政策的实施对加强植被的保护，限制不合理的林地利用和改善区域环境质量具有十分重要的积极作用。

森林的文化价值是森林生态系统除了生态和经济价值之外的重要部分，国内外学者虽然开展了不少相关研究，但是对于其概念、内涵和外延的界定却非常少。国外研究大都将森林文化价值纳入社会价值的框架，而国内的研究大多会将其与社会价值分开[⑤]。国内关于森林文化价值的概念仅见樊宝敏有所提及：森林文化价值是指森林对人类的身体健康、生活质量和精神发展所产生的积极影响，实质上反映森林对人的吸引力和服务能力，是森林的人气指数和服务水准，可用“人与森林共生时间”的长短来衡量[⑥]。因此，要进行森林文化价值的评价，首先要对其内涵和外延有一个较为清晰的界定。本研究在借鉴生态系统文化服务研究的方法确定了3个层面的森林文化价值：生理或心理的收获、知识收获和精神收获，并以此为

①ROTHERHAM I D. Bio-cultural heritage and biodiversity: emerging paradigms in conservation and planning[J]. BiodiversConserv, 2015, 24(13): 3405-3429.

②Lafortezza R, Corry R C, Sanesi G, et al. Cultural determinants of spatial heterogeneity in forest landscapes第37卷第2期[M]//Lafortezza R, Sanesi G, Chen Jiquan, et al. Patterns and Processes in Forest Landscapes.[s.l.] Springer, 2008: 17-32.

③Steen-adams M M, Langston N, Mladenoff D J. White pine in the northern forests: an ecological and management history of white pine on the Bad River Reservation of Wisconsin[J]. Environ Hist, 2007, 12(3): 614-648.

④周婷，张勇，严力蛟. 生态公益林补偿政策对植被覆盖时空格局的影响：以杭州市临安区为例[J]. 生态学报，2018, 38(13): 4800-4808.

⑤朱霖，李岚，李智勇，等. 国外森林文化价值评价指标研究现状及分析[J]. 世界林业研究，2015, 28(5): 92-96.

⑥樊宝敏，李智勇，张德成，等. 基于人林共生时间的森林文化价值评估[J]. 生态学报，2019, 39(2): 1-9.

依据划分了8类森林文化价值，作为游客对天目山森林文化价值感知的标尺。

研究结果表明大部分游客感知到了天目山的这8类森林文化价值，其中身心健康、审美、休闲与游憩、教育和科研、地方感和文化遗产的价值非常高，而灵感、精神与宗教服务的价值较低。其中，身心健康价值的得分最高，超过一半的受访游客强烈认同该价值，这可能是因为天目山森林覆盖率达到98%，气候凉爽、炎夏无暑，空气清新，水质为低钠低矿化度的优质饮用水，带给游客非常直观的感受。同意天目山审美、休闲与游憩、地方感、教育科研、文化遗产价值的人数均在83%以上，这可能是该区域不仅森林覆盖率高，而且植物种类丰富，具有相当比例的常绿和落叶阔叶林、针叶林，以及柳杉大树群和相当数量的历史遗迹有关。游客对灵感、宗教和精神服务的价值认同较低，一方面是因为这两类森林文化价值对感知对象有一定要求，需要是从事或者接触艺术创作，或者具有宗教信仰之类的对象；另一方面也说明了天目山这两类文化的价值较低。前人的研究发现当前游客对于森林旅游特色主题偏好正在趋于综合化与多样化。人们期望可以从森林旅游中获得身心健康、休闲游憩等传统的体验；另一方面，也期望能从森林旅游中获得教育科研、宗教或民俗文化等主题体验[①②③]。可见天目山具备开展教育科研、历史遗迹等主题旅游的条件。

除了天目山森林文化价值本身的因素外，受访游客自身统计学特性对感知结果也会有一些影响。本研究结果发现40岁以下的受访游客对休闲和游憩的感知最低，这可能是因为天目山的休闲游憩主要以散步、观光式的为主，对年轻人的吸引力偏低。40~60岁受访游客对休闲与游憩、文化遗产和地方感的感知最高。所以，天目山可以根据年龄段建设对森林文化价值进行差异化建设。此外，游客停留时间在1个月之内对天目山文化价值感知值最高，超过1个月各类感知值会下降。

DAI等[④]指出生态系统服务的过度使用会导致其功能的退化，而利用不足也是生态系统不可持续的驱动因子。游客对天目山的身心健康和审美价值感知非常高，

①张喆，王成，郄光发，等. 森林文化社会需求视角的生态旅游资源发展评价：以深圳市为例[J]. 林业经济，2017，39(1)：19-24.

②陈军，郑小贤，周彩贤，等. 基于游客需求的北京森林文化传播研究[J]. 北京林业大学学报(社会科学版)，2014，13(3)：29-33.

③蔡碧凡，陶卓民，张明如，等. 天目山景区客流季节性波动特征及影响因素[J]. 浙江农林大学学报，2015，32(6)：947-957.

④Koide D，Kadoya T. Resource amount and cultural legacy affect spatially unbalanced human use of Japan's nontimber forest products[J]. Ecol Indic，2019，97：204-210.

在景区规划中需要考虑避免过度开发和利用，减少森林文化价值和社会关系变化对当地居民造成的冲击。徐荣林等的研究发现天目山旅游处于发展阶段，居民的经济收入的快速增加，但是对旅游引发的消极影响的忍耐度则较低，需要警惕过度发展旅游给当地居民造成的负面影响，并思考如何提高成熟景区居民对旅游的支持度①。考虑到受访游客对灵感、宗教和精神服务价值感知较低，天目山当地相关部门可以考虑进一步开发，以促进可持续发展。

（原文《浙江农林大学学报》，2020 年第 2 期）

①徐荣林，张志坚，卢春天. 天目山和佛坪国家级自然保护区居民对旅游影响感知和态度的比较[J]. 浙江农林大学学报，2018，35（5）：908–918.

北京市人口与森林和谐度分析

张　衔　樊宝敏

随着城市化的快速发展，城市森林与居民身心健康问题日益为国内外学术界所关注①②建设森林城市、生态和谐宜居城市成为时代潮流。北京市立足全国政治、文化、国际交往、科技创新中心的城市战略定位，坚持和强化首都核心功能，深入实施“人文北京、科技北京、绿色北京”发展战略，正在努力建设国际一流的和谐宜居之都。作为人口规模已突破2 100万人的超大型城市，北京仍面临生态系统脆弱、生态产品短缺等生态差距。学术界虽然对城市森林评价做过许多研究③，但是在对人口与森林之间的和谐程度作量化评价的研究还不多。基于上述背景，本文通过建立人口与森林和谐度（简称人林和谐度）评价方法，对北京市各区及四个功能区进行相关分析评价，旨在为北京市相关部门制定人口疏解及园林绿化相关规划与政策提供依据。

一、北京各区人口与森林分布情况

北京地处华北平原北部，西北部为太行山、燕山山脉，总面积16 410.54 km^2，共设16个辖区。根据北京市最新公布的相关统计数据，截至2015年底，全市常住人口2 151.6万人，平均人口密度1 311人/km^2（《北京统计年鉴·2015》，2016），森林面积74.5万hm^2，森林覆盖率41.6%。分析北京市各区人口密度与森林覆盖率分布情况（图1），不难发现从生态涵养发展区的密云、延庆等山区，到首都功能核心区的东城、西城两个主城区，人口密度激剧增加，而森林覆盖率却呈下降趋势。

①陆元昌，甘敬，王霞，等. 通过平原与城市森林建设支撑北京生态文明社会发展[J]. 林业资源管理，2012(4)：24-28.

②Wolf K. L., Measells M. K., Grado S. C., et al. Economic values of metro nature health benefits: A life courseapproach[J]. Urban Forestry & Urban Greening, 2015, 14(3): 694-701.

③彭镇华，王成. 论城市森林的评价指标[J]. 中国城市林业，2003，1(3)：4-9.

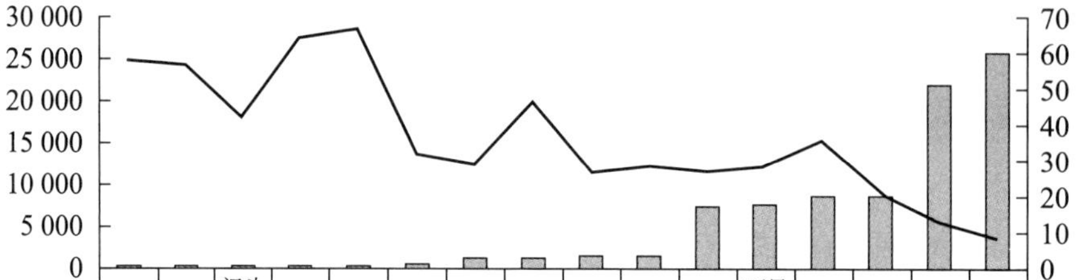

	延庆	怀柔	门头沟	密云	平谷	房山	顺义	昌平	大兴	通州	丰台	石景山	海淀	朝阳	东城	西城
人口密度（人/km²）	158	179	211	214	445	521	984	1 420	1 491	1 496	7 521	7 709	8 539	8 618	21 763	25 767
森林覆盖率（%）	57.46	56.30	41.79	63.91	66.38	31.73	28.84	46.20	26.87	28.39	26.98	28.26	35.68	20.97	13.20	8.54

图1　北京市各区人口密度与森林覆盖率分布图

为了进一步探究北京16个区的人口密度与森林覆盖率之间的数量变化关系，回归分析结果显示，人口密度（x）与森林覆盖率（y）呈乘幂函数关系（图2），拟合度较显著，说明两者为负相关关系，即随着人口密度的增大，森林覆盖率朝减少方向变化。

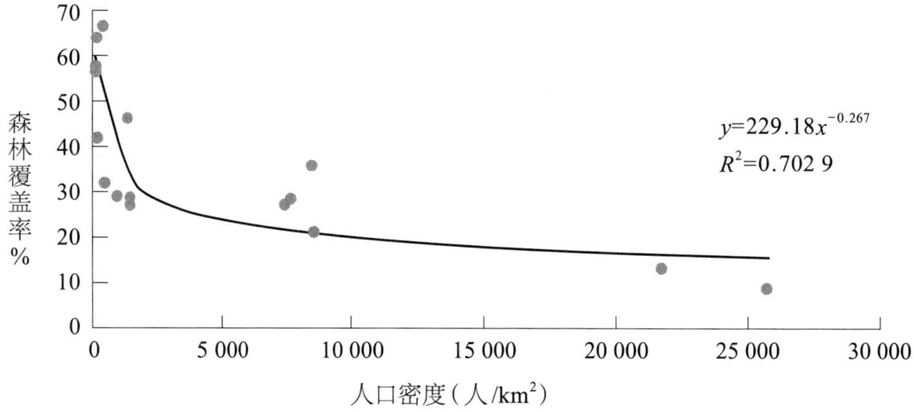

图2　人口密度与森林覆盖率回归关系图

二、人林和谐度的评估与等级划分

（一）人林和谐度评估方法

基于城市地区人与森林关系作为人与自然关系的重要方面的考虑，评估人与森林的和谐程度属于和谐宜居城市建设评价的重要手段。为了量化评估北京市不同地区的人口与森林之间的和谐程度，以吴良镛“人居环境科学”[①]和城市森林生态学理论为指导，特提出“人林和谐度”这一概念，作为反映城市中人口与森林和谐度高低的综合性指标。本文借鉴相关研究成果，选择与人口紧密相关的森林覆

①吴良镛. 人居环境科学发展趋势论[J]. 城市与区域规划研究，2010（3）：1-14.

盖率、人均森林面积、人均活立木蓄积量、公园500 m服务半径覆盖率、人均绿地面积5项指标，构建人林和谐度指数。其计算公式如下：

$$A=\sum_{i=1}^{5}x_i\frac{C_i}{C_{si}} \tag{1}$$

式中，A表示人林和谐度指数，x_i是第i指标的权重，C_i为第i个指标的实际值，C_{si}为第i个指标的参照值。当$C_i > C_{si}$时，该指标值取1。

有关各指标权重的确定，多采用层次分析法、Delphi法或两者相结合的主观赋权法[①②]，在不少文献中也有采用等权重处理的。关于各指标的参照值的确定，依据相关文献[③]，主要参考我国森林资源现状、国家城市森林、国家园林城市及世界卫生组织推荐评价标准（表1）。

表1　　人林和谐度指数各相关指标参照标准值

指标	单位	参照值	参照标准
森林覆盖率C1	%	40（平原）；50（半平原）；60（山区）	国家城市森林标准
人均森林面积C2	m^2/人	400（平原）；700（半平原）；1 450（山区）	全国平均水平
人均活立木蓄积量C3	m^3/人	4（平原）；7（半平原）；10.15（山区）	全国平均水平
公园500 m服务半径覆盖率C4	%	100	国家园林城市标准（70%）
人均绿地面积C5	m^2/人	60	世界卫生组织推荐标准（40~60）

（二）北京人林和谐度评估

在对北京市作人林和谐度评估和指数计算中，本文经咨询专家意见，基于各指标的相对独立性和对指数贡献的均衡作用，每项指标均取等权重（即0.2）处理。本文通过调查北京市最新统计数据，并以此为基础经过相应计算，而获得各指标的实际值（表2）。

①崔国发，邢韶华，姬文元，等. 森林资源可持续状况评价方法[J]. 生态学报，2011，31（19）：5524-5530.

②党普兴，侯晓巍，惠刚盈，等. 区域森林资源质量综合评价指标体系和评价方法[J]. 林业科学研究，2008，21（1）：84-90.

③彭镇华. 中国城市森林[M]. 北京：中国林业出版社，2003（01）：224-227.

表2　　北京各区与人林和谐度测算相关指标实际值

功能区	区名	森林覆盖率（%）	人均森林面积（m^2/人）	人均活立木蓄积量（m^3/人）	公园500 m服务半径覆盖率（%）	人均绿地面积（m^2/人）
首都功能核心区	东城	13.20	6.06	0.04	86.64	12.07
	西城	8.54	3.32	0.04	89.50	8.04
	（平均）	10.65	4.45	0.04	88.07	9.65
城市功能拓展区	朝阳	20.97	24.33	0.18	83.72	36.66
	海淀	35.68	41.78	0.28	79.50	34.17
	丰台	26.98	35.87	0.30	62.56	25.78
	石景山	28.26	36.65	0.23	69.29	64.53
	（平均）	27.86	33.69	0.24	73.77	34.87
城市发展新区	通州	28.39	189.78	1.28	72.53	49.05
	顺义	28.84	292.96	2.57	80.46	73.29
	大兴	26.87	180.23	1.17	46.81	47.46
	昌平	46.20	325.32	0.86	44.68	44.71
	房山	31.73	609.31	1.54	40.07	75.86
	（平均）	33.07	303.97	1.37	56.91	49.81
生态涵养发展区	门头沟	41.79	1 981.45	4.30	85.02	62.31
	平谷	66.38	1 491.08	2.73	96.66	35.87
	怀柔	56.30	3 136.51	5.61	83.13	55.5
	密云	63.91	2 980.80	5.20	74.27	31.88
	延庆	57.46	3 625.12	7.53	89.02	50.09
	（平均）	57.19	2 627.32	4.98	85.62	43.34
全市平均水平		41.60	346.23	1.00	67.21	39.84

数据来源：2015年城市绿化及森林资源情况①。东城、西城、朝阳、通州、顺义、大兴、海淀、丰台、石景山属于平原或准平原区；昌平、房山、平谷为半平原半山区；门头沟、怀柔、密云和延庆属于山区。

按照上述人林和谐度指数计算方法，可求得北京市不同尺度范围的人林和谐度指数。其中，北京市全域为0.56，4个城市发展功能区分别为首都功能核心区0.27、城市功能拓展区0.43、城市发展新区0.54、生态涵养发展区0.80。北京

①首都园林绿化政务网，2015年城市绿化与森林资源情况[R]，2016-04-01[2016-04-20] http://www.bjyl.gov.cn/zwgk/tjxx/201604/t20160401_178533.html.

16个区的人林和谐度指数值情况如图3所示。

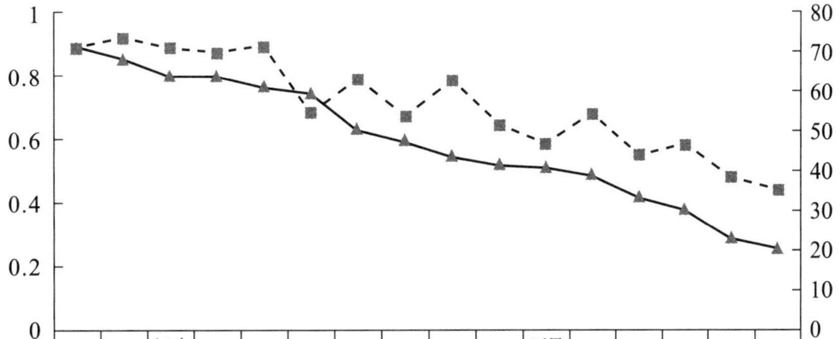

	延庆	怀柔	门头沟	平谷	密云	顺义	房山	通州	昌平	大兴	石景山	海淀	朝阳	丰台	东城	西城
人林和谐度指数	0.88	0.85	0.79	0.79	0.76	0.74	0.63	0.59	0.54	0.52	0.51	0.48	0.41	0.37	0.28	0.25
生态环境状况指数	70.7	73.2	70.7	69.6	70.9	54.4	62.7	53.4	62.4	51.1	46.6	54.2	43.9	46	38.1	35

图3 北京各区人口与森林和谐度对比排序

北京各区人林和谐度指数在0.25~0.88范围内波动。其中，延庆区和谐度指数最高，为0.88；而西城区和谐度仅为0.25，排在最末位。同时，图（图3）中还与北京市环境保护局公布的各区生态环境状况指数[①]进行了比较，明显反映出两种指数变化趋势基本一致，这也表明森林状况与生态环境之间存在着内在的紧密联系。

（三）北京不同区域人林和谐度分级

人林和谐度指数是衡量城市人口与森林关系和谐程度的综合指标，其数值的高低实际上是从一个侧面反映了生态文明的不同层次。本文将其划分为4个等级，由此都可将北京市不同尺度的区域纳入相应的等级（表3）。

表3　北京市不同尺度区域人林和谐度所处等级

和谐度等级	指数值	市域尺度	功能区尺度	辖区尺度	定性评价
Ⅰ级	0.76~1.0		生态涵养发展区	延庆、怀柔、门头沟、平谷、密云	人林关系非常和谐
Ⅱ级	0.52~0.75	北京市	城市发展新区	顺义、房山、通州、昌平、大兴	人林关系比较和谐
Ⅲ级	0.36~0.51		城市功能拓展区	石景山、海淀、朝阳、丰台	人林关系基本和谐
Ⅳ级	0~0.35		首都功能核心区	东城、西城	人林关系不和谐

①北京市环境保护局. 2015北京市环境状况公报[R]. 2016, 19.

由表3可以发现，就北京市整体而言，人林关系已处于比较和谐的状态。然而，从功能区尺度和辖区尺度上看，城市功能拓展区、首都功能核心区所包含的6个区人林关系问题不容乐观，需要在今后重点研究解决。

三、促进北京人林和谐的思考

从北京四个不同城市发展功能区实际出发，分区施策，不断优化人口与森林的关系（表4）。首都功能核心区十分特殊，作为北京两大老城区，它是老北京精神与人文的象征，受建筑限制，该区造林增绿难度大，若要提高和谐度，疏解人口是主要途径。城市功能拓展区是北京经济发展的核心区域，密集的人口密度与经济发展建设的种种限制，要想提高其和谐度，必须从疏解人口和造林增绿两方面同时进行。城市发展新区是北京未来发展的重心，其人口密度将会增加，应从人口总量上进行控制，同时政府部门应加大造林绿化力度；人均公园绿地水平较低的地区，应加强公园绿地建设。对于和谐度高的生态涵养发展区，可适当增加人口，加强森林保护与质量提升。

表4　北京市各城市发展功能区人林关系未来15年发展方向

功能区	人林和谐度	人口密度（人/km^2）	森林覆盖率（%）	公园500 m服务半径覆盖率（%）	人均绿地面积（m^2）
首都核心功能区	0.27提高到0.37	23 953降低到15 000	10.65提高到16	88.07增至90	9.65增至20
城市功能拓展区	0.43提高到0.57	8 268降低到5 000	27.86提高到35	73.77增至85	34.87增至48
城市发展新区	0.54提高到0.61	1 088增至1 200	33.07提高到39	56.91增至70	49.81增至52
生态涵养发展区	0.80提高到0.84	218增至400	57.19提高到59	85.62增至90	43.34增至50
全市	0.56提高到0.67	1 311降低到1 150	41.6提高到49	67.21增至76	39.84增至45

疏解北京主城区人口，优化人口空间布局。为提高城市中心区的人林和谐度和宜居度，向通州、大兴、河北廊坊、保定等地区疏解人口和产业是重要举措。在未来15年，首都功能核心区人口密度若由目前的2.4万人/km^{2}降低至1.5万人/km^{2}左右，同时合理地将低效绿地改造为森林，则人林和谐度有望达到III级的水平。

增加森林面积，提升森林质量。目前，北京市山区森林覆盖率已达50.97%（2014），平原地区森林覆盖率为25%，所以平原造林仍有较大潜力。虽经多年建设，北京城市森林和绿地资源总量有了较快的增加，但森林质量总体不高。全市森林70%的林分生态服务功能不高，森林单位面积蓄积量仅为28.57 m^3/hm^2、碳储量仅为21 t/hm^2，分别是全国平均水平的40.1%和46.8%，是世界平均水平的28.6%和29.4%。因此，扩量提质仍是北京宜居城市建设的主要任务。

继续扩增公园绿地，提高公园500 m服务半径覆盖率。在房山、昌平、大兴、丰台、石景山等未达到国家园林城市标准的区，需要优化公园绿地布局，为居民提供更近距离的休闲健身场所。在西城、东城、丰台、密云、海淀、平谷、朝阳等人均绿地面积不足的地区，需要进一步增加绿地面积，努力达到世界卫生组织推荐的人均绿地40 m^2的标准，提升硬件和软件整体服务水平，使北京早日建成国际一流的和谐宜居之都。

（原文载《经济》，2017年第4期）

第三部分

森林文化价值培育理论

我国森林文化价值的培育利用

樊宝敏

森林问题对于我国这样一个人口众多的发展中大国而言，是一个值得认真思考和慎重面对的大问题。评估一下我国现在拥有的森林资源，不难发现与国外尤其是欧美发达国家相比，在质量和效益上仍然存在着较大的差距。我国的森林厚度（森林换算成木材所能覆盖扣除水域后国土的厚度）仅有1.78 mm，而德国为8.25 mm，美国为3.83 mm，日本为11.66 mm，瑞典为7.66 mm。发达国家不但森林质量好、社会效益高，而且森林休闲、森林教育、森林疗养等森林文化服务发育完备。

我国林业当前的主要任务就是要千方百计地增加森林资源、提高森林质量，发挥其综合效益。为了达到这一目标，需要转变传统的培育森林主要是生产木材、生产经济产品的价值观，转向改善生态环境、增进社会福祉、弘扬民族精神的森林文化价值观，着力提高森林的文化价值，将森林增长与社会进步有机结合起来。

一、森林的文化价值在我国将更加凸显

森林具有生态价值（如水土保持、涵养水源、固碳释氧、防风固沙、调节气候、净化大气、消除噪声、增进生物多样性）、经济价值（如生产木材、能源、油料、种苗、食品、药材）、社会文化价值（如促进就业、防灾避险、宜居宜游、健康疗养、保存历史、户外教育）等多重价值，但是它的这些价值并非等量齐观的。在不同的社会时代、不同的环境条件下是不一样的，因为所谓“价值”在本质上是反映某种事物满足人们需要的概念，具有很强的主体性和时代性。

（一）过去我们更多地重视森林经济价值

在生产力低下、经济落后的时代，人们首要满足衣食住行的基本需求，体现在森林方面的需求，则是重视森林的经济价值，即森林要提供烧柴，生产木材建设房屋，提供蚕桑解决穿衣，提供木本粮油解决吃饭等。这种情况下，只有少数人才有条件游山玩水、建设园林，享受森林美景和获得精神娱乐。

随着工业和城市的发展，因生态破坏导致的生态危机日益严重，于是森林改善生态的功能逐渐得到社会的广泛认可和认真对待。人们开始注重加强生态公益林的保护和自然保护区的建设，生态环境的质量得到显著提高。但在我国，开展天然林保护、加快退耕还林等生态工程建设，仍然是一项长期的任务。

（二）现在及将来我们更加需要森林文化价值

用发展的眼光看，我国将更加需要发挥森林的文化价值，建设文化价值高的森林，可持续性地发展人文林业。提高森林的文化价值，就是要通过调整优化森林结构和添加服务设施，包括充实文化内涵，满足人们对森林的审美、历史、科学、教育、身心健康、游憩等的文化需求。只有生态、经济、文化等综合价值高的森林，才会受到人们的喜爱，才会得到有效保护，而低价值的森林往往由于满足不了社会文明进步的需求逐渐被淘汰。所以，以前我们苦于没有森林，增加森林是主要任务；如今我们森林多起来了，全国森林覆盖率已达21.63%，如何用好森林、发挥社会文化效益就成为今后的重大课题。

二、开发森林文化价值有利于促进人的全面发展

森林的文化价值主要是满足人的精神需求的价值。培育和提升森林文化价值将极大地促进人的全面发展，开创更加幸福美好的生活。

（一）森林多彩四时之美，可满足人的审美需求

久居城市的人们，对满眼的高楼大厦、拥挤不堪的人流和车流早已厌倦，更加向往回归山清水秀的森林环境。林中有高大的乔木，吐芳的花草，缠绕的藤萝，还有鸣叫的鸟儿、振翅的蝴蝶，更有潺潺的泉水，清新的气息。而且春华秋实、夏荫冬枝，四时季相变化，更彰显生命灵动之美。森林是立体的画，是无韵的诗，是人类歌颂不尽的大美篇章。

（二）森林承载历史信息，可满足人的相思记忆和家国情怀

中华大地上一棵棵古树，见证了悠久的中华历史。它们庞大的树干、开裂的树皮、千百圈年轮记载了其间经历的风雨，同时它们将种护古树的前人与乘凉的后人连接起来。例如，黄山的迎客松、孔庙中的孔子手植桧、陕西黄帝陵的古柏、北京天坛的九龙柏、潭柘寺的古银杏等成为我国人文历史发展中的生命纪念塔和地理座标；山西洪洞县的老槐树成为民族繁衍迁徙的深刻记忆；而家乡的老榆树、老樟树，则连接着我们童年的美好回忆。

（三）森林具有身心调适功效，可满足人的健康需求

森林以其神奇的力量，对增进人的健康具有独特的效用。随着科技的不断进步，森林对人体身心健康的促进作用越来越被医学界认识到。发展森林休憩疗养成为世界性潮流，我国社会老龄化的趋势以及由于工作压力大导致的亚健康人群增加都对森林休憩疗养产生了强烈的需求。

（四）森林蕴藏知识和奥秘，开启人类智慧大门

森林以其复杂的种群关系、生态系统结构功能、生长特性等成为重要的科研对象、研究基地、教学场所，由此诞生了生物学、生态学、生理学等学科。在国外许多国家，将幼儿园、生态文化教育基地、生态定位观测站等建在森林当中，既发挥了其良好的教育功能和科研功能，也密切了人与自然的关系，促进了人的健康和心灵发展。松、竹、梅“岁寒三友”一直激励着中国人的自强不息精神；天人合一、道法自然、和而不同的生态思想成为中华民族优秀传统文化的重要内容。

三、培育和利用森林文化价值的途径

我国由于受历史条件、生产力水平的限制，并长期受木材生产森林价值观影响，森林资源遭到严重破坏。20世纪末，受1998年洪水灾害的警示，国家对林业生态建设空前重视，森林覆盖率有了较快增长。但从总体而言，森林年龄尚幼，林木平均胸径13.6 cm，中幼龄林占65%，具有较高文化价值的森林不多。今后培育更多的具有较高文化价值。森林，是提高林业对社会贡献力的必然选择。

（一）通过乡土树种利用和天然更新的方法，不断优化现有森林的结构

当前，森林的文化价值之所以较低，主要原因是森林结构不良，树种单一、林龄单一，乡土树种少。例如，北京森林以人工培育的杨树品种为多，景观单一，文化价值很低。今后，应该重视构树、桑树、臭椿、榆树、杜梨、君迁子、国槐、椴、柳、松、柏等乡土树种的种植，保护好天然生长的树株。这些乡土树种不仅生长旺盛，而且易于形成混生结构，树干、树皮、树叶形态多样，所形成的林相丰富多彩。这种森林，自然得多，宜人得多，优美得多。传统文化中不乏对它们的描绘，如“失之东隅，得之桑榆”。

（二）保护现有古树名木，培育新的古树名木和参天森林

森林的文化价值与森林或树木的年龄有关系，年龄越大越古老，历史文化价值越高。古树、大树从景观上来说比小树更优美，而且它包含着数代人对它的保护信

息。如果这棵树的身世有碑刻或相关文字记载，那么它可承载的历史信息就更丰富，价值也更可贵。因此，加强生态文明建设不仅要传承古树，还要选择代表性的林子予以重点保护和培育，形成多树种的参天森林，并记录其生长、培育、经营历程，留下文字，久而久之便形成树的文化。

（三）建设森林教育体验基地

我们可以选择条件适宜的森林地域，建成森林幼儿园、森林学校等户外科普教育场所。在其中设置游人步道和服务设施，适当建设小型展室，充实教育内容。丰富生物种类，完善解说标识系统。甚至有计划地面向青少年和社会公众开展森林教育、体验活动。例如，2014年6月建成的向社会开放的北京八达岭森林体验中心，就是一个有益的尝试。

（四）建设森林疗养基地

在建设森林疗养基地方面，日本、韩国在此领域走在前列。截至2012年底，日本已建立森林疗法基地57处，还有300余处森林正在申请认证。韩国国家林业合作社联合会有关人士表示，韩国人口5 000万人，建有158个自然休养林，并且数量不够，还保持增长。而北京市人口2 000万左右，至少规划80个自然休养林才能满足社会的需要。

借鉴美国、法国、日本、韩国等国家森林疗养基地建设的有益经验，结合我国已有的实践积累，应建设面向不同社会人群（亚健康、老人、精神患者、职业病人等）的森林疗养基地，或者森林温泉结合疗养基地是大势所趋。相关部门应从选址、规划设计、森林环境、配套设施、专业服务人员的选择等方面制定严格标准，精心构思，科学建造一批森林疗养、休闲养老基地，为增进人民健康、改善百姓福祉做出积极贡献。

（五）建设森林城市、园林城市、生态城市，创造诗意憩居的环境

在城市内部和城市周边开辟一定的区域作为林地、绿地、湿地等生态空间，优化和提高生态空间的布局、结构和服务功能。例如，北京将从今年开始在东南部地区建设京津冀一体化的大面积森林和湿地，这不仅可以在空间上起到隔离城市之间的无序扩散和摊大饼式蔓延的作用，而且可以为城市居民提供相对充足的绿色休闲空间。充分利用森林文化价值，让森林与城市融合发展，让诗意憩居的梦想尽快变成触手可及的美好现实，是所有森林工作者的责任。

（原文载《中国国情国力》，2015年第2期）

森林文化价值提升路径

樊宝敏

森林文化价值是指森林对人类的身体健康、生活质量和精神发展所产生的积极影响，实质上反映森林对人的吸引力和服务能力，是森林的人气指数和服务水准，可用“人与森林共生时间”的长短来衡量。它有两种表达形式：一是从森林角度，森林文化价值可用一年之中在某片森林旅游休闲康养的人们所停留的时间总和来体现；二是从人的角度，用一年当中人们平均在森林中休闲康养生活的时间来反映。在我国，建设高文化价值的森林，或者创造条件让人们走入森林、在林中获得更多生态与文化服务，已成为时代的需要。在认知森林文化价值影响因素的基础上，探讨森林文化价值提升的策略和途径，对于建设生态文明、增进人民福祉具有重大意义。

一、发挥禀赋优势，培育森林文化特色

（一）借助名胜及城市效应，培育森林文化高地

森林文化价值深受地理因素影响，体现为区位优势，或者说地理位置效应、空间效应。一是名山效应，指名山上的森林文化价值高，如泰山、黄山和五台山森林等。二是名园效应，指著名园林内的森林文化价值高，如颐和园、拙政园、香山公园和避暑山庄等内部的林木。三是名人效应，指著名历史人物的故居或陵墓所在地的森林文化价值高。此类地方古树名木繁多，且为重要的纪念林，如孔庙、黄帝陵、中山陵和明十三陵等地的森林。四是城市效应，指城市及周边地区的森林文化价值高，如北京植物园开放面积200 hm^2，2011—2016年每年的游客量都达330万～500万人次，而受地理位置限制，西藏喜马拉雅山脉下面的森林却游人相对稀少，森林文化价值较低。

由此可见，空间效应是一种综合因素，与气候、交通、经济、社会、历史和文化等因素相关联。由于地理位置不同，所处的自然条件不同，森林自身呈现出的特

点也不同。例如，大兴安岭的森林是以落叶松为主的寒温带针叶林，而海南岛的森林则是一种热带雨林，这就是森林的文化价值体现在空间上的显著差异性和特色性，从而形成如地形海拔高度一样的“梯度”变化。

认识这一森林文化价值变化的原理，对培育森林文化高地具有重要意义。一是城市的选址和设计。它可以改变森林的文化价值，使原来远离城市的森林（地理位置的相对性）变近了。例如，雄安新区的建设使白洋淀周围的森林绿地文化价值增高。二是森林公园的选址。同样面积的森林，越靠近城市中心，其文化价值越高例如纽约的中央公园、北京的奥林匹克森林公园。三是交通。它能够使森林的地理位置发生相对的变化，使远的变近，近的变偏远。例如，高铁站、机场等交通枢纽的选址与建设，将对附近森林的文化价值产生一定影响。

（二）利用地域特点和季节变化，提升森林文化价值

随着季节的变化，森林表现出不同的物候现象。对于大多数人来说，他们更喜欢在繁花似锦的阳春三月，走进郊野林中，感受季节的变化、生活的美好。秋季也是开展森林游览的理想季节。在严寒的冬季，北国白雪皑皑，海南岛却如同北方的春天，花开遍地，北方的人们如同候鸟一般来到这里过冬，也就是说，海南岛森林公园的文化价值在冬季（或者说凉季）更高一些。在炎热的夏季，东北地区的大兴安岭、小兴安岭和长白山等地将迎来一年当中最适宜旅游的季节，成为避暑胜地。

对于一些特殊地区，其森林文化价值的季节变化存在更特殊的规律，例如昆明，四季如春，气候变化不大；而云南的高山峡谷地区“一山有四季，十里不同天”。

二、贴近民众需求，丰富森林文化产品

（一）顺应时代要求，发展森林康养产业

时代差异是影响森林文化价值的又一因素，因为时代决定着人的需求与生活方式。原始时代，森林连成一片，人长期生活在森林之中，为了生存的需要而采集食物或狩猎。农耕时代，人离开森林，主要从事农业耕作活动，在一定时间也到森林中从事采伐、采集活动；少数达官、仕人开展“游山”活动、建设园林。这个时代，森林变少了，人们在森林中生活的时间也变少了。工业文明时代，人们建造工厂，建设城市，采伐森林。人工造的林子多为用材林、经济林，树种单一，森林美

学价值较低。这个时代，人们在森林中生活的时间更少了，加之工业污染，由此产生一系列影响人类健康的突出问题。渐渐地，人类迈入生态文明时代，科技发达、信息便捷、生产高效，人们对生活质量、森林游乐和森林康养产生更多的需求，人们对生态环境的需求也更多，于是花更多的时间选择走进森林，以享受森林的文化服务价值。

（二）差异化发展，满足不同人群的森林文化需求

人的因素也是影响森林文化价值的一个能动性因素。经济条件好、有更多闲暇时间的人们往往选择去知名度高、森林类型独特而优美的地方游玩，如黄果树、九寨沟和海南岛等地的森林。这些地方多已开发为国家级森林公园或风景名胜区。由于去的人多，有充足的门票收入，所以森林会经营得好，也更受游客欢迎，森林文化价值就高。

对于经济发达地区或城市而言，相关部门可以加强供给侧结构性改革，拿出一定的财力和人力经营森林和公园森林，购买其生态社会服务而不向游客收门票，让更多的市民有条件享受森林文化服务，促使森林文化价值处于较高的水平。

（三）开展生态教育，培养人林共生习俗

人对森林的感受，或者说对森林的价值观、情感和态度，会对森林文化价值产生重要影响。例如，德国人对森林有一种与生俱来的好感，他们喜欢在森林中学习、工作和生活。而我国受农耕文明的长期影响，多数人形成了“田园生活”的习俗，对森林有一种不远不近的态度。随着城市化进程中环境污染问题的凸显，人们的生态、森林文化意识有上升趋势，在假日里更多地选择去森林公园休息、放松。

人们对森林的亲近，需要体验，需要生态教育，需要潜移默化的环境熏陶。人们借助科学认识到森林中有许多益于人体身心健康的物质，如芬多精、负氧离子和氧气等，有康养、疗养的功效，并通过亲身感受加深、肯定了这种认识，久而久之，就会形成崇尚森林、喜爱森林的社会风气和习俗。这样，森林文化价值就会得到提高。

三、提高经营水平，增强森林文化魅力

森林虽然会自然生长，但通常速度较慢，而且演替的方向可能不完全符合人的意愿。所以，在通常情况下，森林需要人为经营，且经营水平的高低，往往决定着森林文化价值的大小和强弱。

（一）加强森林经营，增强森林健康与美感

森林经营是指通过修枝、采伐等使森林处于合理的密度和通透性；通过灌溉、保留枯落物、施肥等促进林木健康生长；通过补植乡土树种、彩色树种和花卉品种，改善森林健康和景观状况，提升自然度和美学度；通过适当引入水景观、山石景观，改善森林生长环境和丰富景观多样性。森林经营（保护也是经营的一方面）需要人力和经济投入。在政府财政不能全部支持的条件下，可以收取一定的门票费用用于维持经营。门票的价格要与森林的服务水平相符。对于经济发达地区或城市，采取政府全额购买森林经营、森林服务的策略和措施也是一种值得赞赏的行为，如北京市、浙江省的做法值得借鉴。总之，森林保护经营目标主要是促进森林健康生长发育，维持高水平的生态系统结构与功能，使森林朝着健康和人类审美的方向发展。这也是提升森林文化价值的根本条件。

（二）保护古树名木，提高生物多样性

林木的年龄越古老，它所承载的历史文化信息越丰厚，其魅力越大，文化价值也越高。一种是天然的古树，它表达，自然力的强大、生命力的持久。例如，北京天坛里的古柏树群落，湖北安陆市的古银杏群落，浙江天目山的古柳杉群落，海南岛霸王岭森林中的榕树类古树，以及其他树龄颇长的著名古竹柏等。另一种是人文古树，在古树身上可以看到先人热爱生命、前人植树为后人带来福祉的仁爱精神，启迪后人向前辈学习，不忘祖先，代代相传，如黄帝手植柏、孔子手植桧、老子手植银杏与明成祖手植柏（北京太庙）等。

文化价值高的森林，由于树种繁多，森林中会寄生很多食草、食肉的昆虫、鸟类和兽类。如果有水，还会有水生植被、两栖类和鱼类。这会形成具有一定结构、功能的生态系统。而现在人工建造的森林，虽然种类较多，但由于不属于乡土物种，往往机械拼凑在一起，或者生长不良，或者生物入侵泛滥成灾，破坏了自然系统的健康和美感，打乱了原有的平衡与和谐。这些是应该注意避免的。

（三）完善基础设施，塑造文化品牌

在森林中还应按照人的需要，适当、巧妙地配置基础设施、服务设施，在一定程度上满足人的生活需要，如林中步道系统、座椅、卫生间、路标与疗养场所等。此外，森林文化品牌的塑造及宣传对提升森林文化价值也极为重要。这方面成功的案例很多，例如，山东省潍坊市沂山国家森林公园由不知名的地方国营林场逐渐建设成为5A级风景名胜区，与当地政府持之以恒地打造“东镇”森林文化品牌有

紧密关系。也有一些地区由于各种原因，当地潜在的森林文化资源挖掘不够系统和深入。据笔者考察了解，目前陕西省宝鸡市的“西镇”吴山在森林文化价值建设和开发上仍存在很大发展空间。在信息化条件下，利用“互联网+”平台进行宣传与服务水平提升将大有可为。

森林的生长是一个漫长的自然过程，欲速则不达。同时，设施的完备化也是一个不断完善的过程。随着国家和地方经济的发展，人民生活水平的提高，森林文化价值必将赢得社会认可和深入挖掘，成为生态文明进步的重要体现。

（原文载《中国国情国力》，2017 年第 7 期）

积极促进林业文化遗产认定与管理

樊宝敏

我国悠久的林业历史造就了类型多样的林业文化遗产，具有宝贵的传承和利用价值。但是，在当代经济社会快速发展的大背景下，许多林业文化遗产正面临被破坏和消失的危险①。党的十九大报告明确提出“加强文物保护利用和文化遗产保护传承”的要求，为林业文化遗产保护传承工作指明了方向。在中国特色社会主义新时代，以“绿水青山就是金山银山”的生态文明理念为引领，林业文化遗产工作应该受到更多的重视并取得更大的发展。当前，林业文化遗产独立发展的条件已趋成熟，加强林业文化遗产的认定与管理工作尤为重要。

一、强化林业文化遗产保护的重要意义

林业文化遗产是我国勤劳智慧的人民在长期生产生活实践中，与自然和谐共生，保护、培育、创造并传承至今的独特的森林景观、园林景观、古树名木、林业种群、护林碑刻、森林产品、林业生产技术体系、林业传统知识和林业传统习俗等有较高价值的林业传统体系。从类型上，林业文化遗产分为林业物质文化遗产和林业非物质文化遗产。林业物质文化遗产又分为森林或园林景观遗产、森林生物遗产、林业设施遗产和林业产品遗产等。林业非物质文化遗产分为林业文字遗产、林业生产技术遗产和林业习俗遗产等。林业文化遗产地往往包含上面一种或者多种遗产类型。

加强我国林业文化遗产的保护和发展具有重要意义。一是有利于我国林业历史文化的传承，展示劳动人民长久以来顺应自然和利用自然的生产生活智慧，向社会宣传“天人合一”的优秀思想，弘扬中华民族文化。二是有利于增强林业可持续

①李飞．基于China-NIAHS框架下的林业文化遗产保护探讨[J]．北京林业大学学报（社会科学版），2016(2)：1-6.

发展能力，借鉴并汲取传统林业文化精髓，促进传承与创新的结合，延续生物多样性，深化林业科学研究，增强现代林业发展的全面性、协调性和可持续性。三是有利于拓展现代林业的社会功能，创新林业发展方式，丰富森林旅游资源，提升文化品位，促进林农就业增收，助力乡村振兴，推进生态文明建设。

然而，受自然和人为因素的影响，许多宝贵的林业文化遗产濒危。一方面，受气候变化、环境污染、城镇化及农药化肥使用等不良影响，许多古老的森林和树木生长的自然环境出现恶化趋势。另一方面，受社会发展阶段的制约，人们普遍存在着对林业传统文化的价值认知偏差，保护意识淡薄。同时，由于相关理论研究支撑不足，政策法规、管理体制和协调机制不健全等，致使林业文化遗产保护滞后，面临诸多问题。例如，有些地方的古代林业碑刻被砸碎、散落在荒草之中，得不到有效保护和整理；有些地方的古果林盲目地被嫁接上所谓的新品种；有些地方的森林古群落被改造成农田，或被道路、建筑等分隔而碎片化等。解决林业文化遗产保护与发展存在的矛盾和问题，需要转变发展观念、改革政策机制，不断探索新的发展策略和路径。

二、林业文化遗产保护应自成体系独立发展

以往的林业文化遗产保护工作没有形成完整独立的体系。有一些作为世界文化遗产的重要组成内容，例如，列为世界文化遗产的北京天坛公园中的古柏树群，明十三陵的古树，山东曲阜孔林的古树群；列为世界自然与文化双遗产的泰山、黄山也包含相当部分的林业文化遗产内容。还有一些林业文化遗产，近年（2013—2017年）被纳入了中国重要农业文化遗产名单。据笔者统计，在已公布的91项农业文化遗产中，与林业相关的文化遗产共有51项，涉及水果、干果、茶、桑等类型，约占总数的56%（表1）。在全国林业文化遗产中，当然还有相当数量存在于林业自然保护区和森林公园中。例如，浙江天目山自然保护区的柳杉古树、山西灵空山自然保护区的油松古树、山东沂山国家森林公园的东镇神山文化等。这种做法虽然在一定程度上保护了部分重要的林业文化遗产，但也降低了林业文化遗产的显示度和对社会应有的贡献。

表1　已公布的我国重要农业文化遗产名单中的涉林文化遗产

类型	涉林名称的文化遗产
水果	天津滨海崔庄古冬枣园；河北宣化传统葡萄园*，兴隆传统山楂栽培系统；辽宁鞍山南果梨栽培系统；吉林延边苹果梨栽培系统，柳河山葡萄栽培系统；江苏无锡阳山水蜜桃栽培系统；浙江仙居杨梅栽培系统；江西南丰蜜橘栽培系统；河南新安传统樱桃种植系统；海南海口羊山荔枝种植系统；四川苍溪雪梨栽培系统；陕西蓝田大杏种植系统；甘肃皋兰什川古梨园
干果	北京平谷四座楼麻核桃生产系统；河北宽城传统板栗栽培系统，迁西板栗复合栽培系统；山西稷山板枣生产系统；江苏泰兴银杏栽培系统；浙江绍兴会稽山古香榧群*；山东枣庄古枣林，乐陵枣林复合系统；河南灵宝川塬古枣林；广西恭城月柿栽培系统；云南漾濞核桃—作物复合系统；陕西佳县古枣园*；宁夏灵武长枣种植系统，中宁枸杞种植系统；新疆吐鲁番坎儿井农业系统（葡萄干生产）
茶	浙江杭州西湖龙井茶文化系统；安徽黄山太平猴魁茶文化系统；福建福州茉莉花种植与茶文化系统*，安溪铁观音茶文化系统，福鼎白茶文化系统；湖北赤壁羊楼洞砖茶文化系统，恩施玉露茶文化系统；广东潮安凤凰单丛茶文化系统；四川名山蒙顶山茶文化系统；贵州花溪古茶树与茶文化系统；云南普洱古茶园与茶文化系统*，双江勐库古茶园与茶文化系统
其他	辽宁宽甸柱参传统栽培体系；浙江湖州桑基鱼塘系统*，庆元香菇文化系统；山东夏津黄河故道古桑树群*；重庆石柱黄连生产系统；四川江油辛夷花传统栽培体系，盐亭嫘祖蚕桑生产系统；陕西凤县大红袍花椒栽培系统；甘肃迭部扎尕那农林牧复合系统*；甘肃永登苦水玫瑰农作系统

注：标有*者同时已列为全球重要农业文化遗产。

从科学性上说，林业文化遗产的保护传承，有其自身的特殊规律性，应该建立独立的遗产管理体系，以使之受到更合理地保护和更有效地利用。自成体系的理由有四，一是林业文化遗产类型多样，是生物多样性与文化多样性的高度统一。除上述农业文化遗产中涉林类型外，还包括东北红松、江南杉木、风水林、西南少数民族林业习俗等许多类型。二是林业文化遗产古树众多，是“前人栽树，后人乘凉”的集中体现。作为活文物，古树名木保护需要专业的技术体系。三是林业文化遗产具有生态经济社会文化多种功能，是人与自然和谐共生的典范。林业生态公益特征及衍生的森林游憩、康养、教育新业态，成为生态文明时代的新需求和新希望。四是林业文化遗产利用和发展前景广阔，是传承文化、转型发展与创新添美的战略需求和理想选择。

同其他所有文化遗产保护传承工作一样，林业文化遗产保护工作需要把传统林业体系与其赖以存在的自然环境和人文环境作为整体，进行系统和动态保护。同时，要遵循“生态保护优先、传承利用融合”的原则，将林业文化遗产的挖掘、保护、传承、发展和利用有机结合起来。

三、推进林业文化遗产的挖掘和认定工作

林业文化遗产的发现和挖掘工作是林业文化遗产保护的前提。这项工作应该以县域调查为基础自下而上地开展，县级林业行政部门对县域内存在的林业文化资源进行调查，考察并记录它们的特征、起源、分布、价值和变化等。在此基础上进行初步筛选，然后上报省级部门，最后由国家林业和草原局权威认定、公布。林业传统体系（即一定区域内包含古树、林业传统知识、传统技艺等构成的整体）被相关部门认定为林业文化遗产，应具备相关的标准和条件。

（一）古老性

从历史发展上看，林业传统体系历史悠久，重要文化遗产从形成至今应有至少100年的历史，并且本地是主要森林物种的原产地，也是相关品种和栽培技术的创造地或重大改进地。从长久的发展过程看，林业传统体系对当地的自然条件具有较好的适应性，对自然灾害影响有一定的恢复能力。在森林保护、培育、林产品加工和多功能利用、社会习俗等方面林业传统体系积淀了较完善的传统知识与技术体系。

（二）活泼性

从现实状态上看，这些体系仍然生长旺盛，且具有较强的生产与生态功能，是林业企业、林农生计和区域经济的重要支撑。它们能够随着自然条件变化、社会经济发展进步进行结构与功能的调整，从多方面满足人类的需要，体现出人与自然和谐发展的生动景象。

（三）独特性

林业传统体系能提供独具特色和显著地理特征的产品和服务。既包含一般意义上的传统林业知识，还包括参天古树、结构复杂的林业景观，以及珍贵稀少的林业生物资源、丰富的生物多样性、别样的地域风俗文化等。

（四）实用性

林业传统体系具有林产品生产、就业增收、生态稳定、观光休闲和文化传承等多种功能，在生物多样性保护、水土保持和气候调节等方面作用明显，对林业发展

以及科学研究具有重要价值。林业传统体系具有景观生态美学特征，在发展森林和乡村旅游方面有较高价值。林业传统体系也拥有文化多样性，在社会组织、精神、宗教信仰、哲学、生活和艺术等方面发挥重要作用，在和谐社会建设方面具有较高价值。同时，林业传统体系对其他地区有一定的推广应用价值，对应对经济全球化，保护生态安全，促进乡村全面振兴具有重要战略意义。

（五）濒危性

林业传统体系一旦遭受破坏将难以恢复，会产生林业生物多样性减少、传统林业知识丧失，以及生态退化等风险。该系统已经并正受到多种因素（如气候变化、自然灾害与生物入侵等自然因素和城镇化、工业化、林业新技术及外来文化等人文因素）的负面影响。过去50年来的变化情况表明，该系统许多要素包括物种、传统技术、景观稳定性及文化丰富度等处于下降趋势，有必要采取保护和抢救措施。

四、加强林业文化遗产的管理

（一）建立组织与管理制度

组织建设是林业文化遗产保护与发展的重要保障，要尽快成立相应的领导与管理机构，明确管理人员及其职责。建议由国家林业和草原局负责林业文化遗产发掘认定工作，并进行宏观指导；完善规章制度，制定林业文化遗产管理办法。省级林业行政部门负责本区域林业文化遗产管理工作。遗产地人民政府应承担遗产保护与管理的主体责任，依照有关规定，制定管理制度，编制保护与发展规划，并纳入当地的国民经济和社会发展规划，按规划要求组织落实。建立鼓励社会力量参与林业文化遗产保护的机制。

（二）规范申报条件和程序

建议县级或市（地）级人民政府作为林业文化遗产的申报主体。对跨行政区域的林业文化遗产，可联合申报。申报的林业传统体系，应符合国家林业和草原局发布的认定标准。各林业传统体系所在地的县级或市（地）级人民政府按照申报要求准备申报材料，报送至省级林业行政管理部门。各省级林业部门对本辖区内的申报项目进行严格筛选评审后，将申报材料、审核意见上报国家林业和草原局。国家林业和草原局组织专家评审、形成专家意见；国家林业和草原局根据申报材料、各省级部门的审核意见以及专家意见，认定林业文化遗产，并按批次向社会公布认定结果。

（三）加强保护、传承和利用

遗产地应当根据林业文化遗产保护的需要，明确划定核心保护区域范围，设立专门管理机构，将管理工作所需的经费纳入财政预算。遗产地人民政府应当积极宣传林业文化遗产，拓展遗产系统的多功能。应符合保护与发展规划的要求设置服务项目，并与历史和文化属性相协调，遵循公平、公正、公开和公共利益优先的原则。对遗产的开发利用，应当广泛吸纳林农参与，构建以林农为核心的共建共享机制。建议林业文化遗产统一使用国家主管部门公布的唯一标识，并对标识、遗产地标志和遗产展示厅设置作出规定。加强宣传林业文化遗产概念内涵、传统技术、景观资源、历史文化及民俗风情。组织开展教育参观、休闲旅游等活动。组织或者协助有关部门开展林业文化遗产的科学研究，通过多种途径宣传普及林业文化遗产知识，促进其传承和社会共享。

（四）完善激励和监督机制

遗产地的林业文化遗产管理机构应当按国家及当地有关管理制度、规划，进行统一管理。建立档案，并采取有效措施，保护遗产地的生态环境、林业传统文化。实施对林业遗产保护的监测与评估。探索建立政策激励机制，基于评估结果，依据其生态和社会效益的高低，对经营主体进行生态和文化补偿①。对因保护和管理不善，致使真实性和完整性受到损害，且按上级要求整改不到位的林业文化遗产，应由国家林业和草原局撤销遗产认定资格。对造成的损失，依照法律赔偿并追究相关责任。

（原文载《中国国情国力》，2018年第7期）

①闵庆文，张碧天．中国的重要农业文化遗产保护与发展研究进展[J]．农学学报，2018，8（1）：221–228．

再论森林中国建设

樊宝敏

建成森林中国是破解“胡焕庸线”、富民强国之关键举措。中国作为发展中的人口大国，建设森林国家会遇到困难和挑战，但也存在许多优势和机遇，经过努力完全能够实现。早日实现森林中国，将为绿色发展插上翅膀，使古老神州迸发青春活力。

森林中国是指森林资源足够丰富的中国。若将森林厚度达到3 mm作为森林国家标准，那么中国目前(2018年)的森林厚度仅为2.06 mm，还不算森林国家。与全球2015年平均水平3.30 mm，有相当大的差距。与世界发达国家差距更大，如日本11.66 mm，德国8.25 mm，美国3.83 mm，俄罗斯4.77 mm，瑞典7.66 mm。据估算，距今四千多年前，中国森林资源极为丰富，森林覆盖率约60%。然而，历史上随着人口增长、农田和城镇扩大，森林和湿地面积逐渐缩小，西部地区气候日益干旱化、土地沙漠化。森林资源缺乏仍然是中国发展的最大短板之一。

研究证明，我国东南半壁的森林破坏是四千年来沙漠扩张的最主要原因，即所谓“东伐西旱、南伐北旱”。就全国而言，森林厚度每变化1 mm，则影响中国平均降水量变化约37 mm。相当于每增加92.2亿m^3蓄积量的森林，能增加3 537亿m^3降水量(相当于20世纪70年代黄河年入海径流量的6.1倍)。所以，要增加西北半壁降水，必须在东南半壁建造大规模森林和湿地。尤其要加大在北方10省市(京津冀晋苏皖鲁豫陕辽)发展森林的力度，将该区域的森林覆盖率提高到50%以上为宜。

森林中国建设需要国家发挥社会主义制度优势，实施森林中国战略，到2050年建成森林国家。或可用森林厚度指标作为衡量和考核领导干部森林建设政绩核心指标。依据目标完成情况确定生态补偿和财政转移支付力度，完善林业生态文明建设的激励制度。

优先推进东南半壁森林建设。重点开展“胡焕庸线”，黄河、长江两侧广大范围，以及各大城市的森林生态建设。协同新型城镇化建设，打造森林与湿地相结合的生态体系。注重营造近自然森林，强化林地湿地保护，提高森林质量和功能。

在缺水地区，推广城市生态林中水灌溉、集雨节水技术，以林净水、以水养林，形成林茂水清的城市生态美景。加大退耕还林还果还湿力度，发展银杏、核桃、油茶等木本粮油和经济林。

加快黄河流域森林建设。黄河流域是我国人均森林资源最少的区域，目前总体森林厚度约为1.2 mm，水土流失、干旱灾害、土地荒漠化等严重影响经济高质量发展。最近10年，努力将陕西、山西、河南、山东、天津、河北、江苏和安徽8个省市森林覆盖率提高到40%~50%为宜。争取在2050年将森林厚度提高到全国平均水平。要出台黄河流域促进林业发展的措施，探索上下游地区土地置换政策，上游增加的耕地，下游可以按等产量原则减少，用于造林。为破解黄河上中游地区水资源严重不足、生态脆弱的困局，国家可以通过政策和市场机制提高黄河几字湾区域水资源供给总量。

着力建设森林山东。山东森林是至关重要的，其对于黄河中上游地区增雨的作用常被忽视。此地古代森林丰富，所谓“海岱惟青州”“齐鲁青未了”。但当前森林覆盖率仅为18.24%，严重不足。国家应对山东未来10年土地利用做重大调整，使70%左右的土地覆盖上高价值森林，如果树、木本粮油树种，以及其他多用途林。充分发挥山东森林涵养水分的作用，不仅可以促进当地降水，更为关键的是增加陕北、晋北和内蒙古中西部降水，使其年降水量由现在的130~500 mm提高到350~700 mm。长此以往，这些地区的荒山秃岭和沙地沙漠将会变成森林和草原，相当于再造出几个绿色山东。这是一项堪比三峡大坝建设还更重要的、旨在“通过天河向河套地区输水”的国家战略。国家需要调整政策，减少山东基本农田配额；增强河套平原、新疆等地粮食生产能力，保障粮食安全。

努力推进西北半壁森林建设。以引水、增雨为前提，科学调配水源，运用节水技术，遵循先易后难原则，传承和发扬阿克苏柯柯牙造林的宝贵经验和塞罕坝精神，千方百计造林育林种草，发展葡萄、枣、核桃等果树经济林，发展胡杨、沙柳等沙生植被。在沙漠地区，综合运用多种技术，建设森林城市、森林步道。通过补水增绿，改善气候条件和人居条件，逐步解决我国西北少林缺绿问题。

建设森林中国是巨大的创新性系统工程。一要探索“东人西迁、南人北迁”移民行动。有步骤地从中原、江南等人口稠密省份，向西部省份开展跨区域移民。二是实施“西部粮仓”战略。以引水工程为基础，选择适当沙漠地区，运用节水灌溉、沙粒黏合等技术，使沙漠变良田，形成国家重要粮食基地。

（原文载《中国改革报》，2020年7月22日）

黄河流域加快森林建设的思考

樊宝敏

2019年9月18日，习近平总书记在河南郑州主持召开黄河流域生态保护和高质量发展座谈会，着眼于生态文明建设全局，明确指出黄河流域在我国经济社会发展和生态安全中的重要地位，要求着力加强生态保护治理，促进全流域高质量发展。森林作为陆地生态系统主体，加快森林建设对于黄河流域高质量发展至关重要。

一、黄河流域生态问题起因之一缺少森林

（一）森林的作用

森林的植被类型以乔木为主。森林除提供木材、食物、药物及化工原料等林产品外，也是野生动植物繁殖生息的重要场所。它具有涵养水源、保持水土、美化净化环境、保持生物多样性、改善城乡人居环境、提升游憩质量，以及增进人的身心健康等多种功能，是生物圈中最重要的有生命的因素。以森林为主体的生态系统是林业生产的基础。评价林业发达与否的重要标准是森林资源丰富程度，即单位国土覆盖的森林蓄积量的厚度（简称“森林厚度”），这一指标可集中反映国家或区域的森林资源整体水平。

（二）黄河流域缺少森林的原因及其影响

黄河流域范围包括青海、四川、甘肃、宁夏、内蒙古、陕西、山西、河南和山东9个省区，从西到东横跨青藏高原、内蒙古高原、黄土高原和黄淮海平原四个地貌单元，历史上黄河不断改道，最北到海河，最南达淮河。森林与河流处于同一个生态系统，加之历史沿革，笔者建议把河北、江苏北部、安徽北部、北京和天津的海河流域与淮河流域也放在“黄河流域”进行考虑。

近年来，我国黄河流域生态建设成效显著。经过多年的治理，黄河含沙量明显下降，水土流失综合防治成效显著，黄土高原蓄水保土能力显著增强，库布齐沙

漠植被覆盖率达到53%，实现了“人进沙退”的治沙奇迹。但总体上黄河流域人均森林面积和人均蓄积量还不高，主要原因有三点，一是上游地区（如青海）海拔4 000 m以上不适合森林生长。二是北京、天津、山东和江苏等省（市）经济发展水平较高，但森林厚度相对不高，森林厚度的提高是一个相对长期且缓慢的过程。其一，这些省（市）人口稠密，城乡建设，工业园区、道路和机场等公共设施建设占用了大量土地。其二，黄淮海平原是我国的农业区，有大面积的耕地、园地。其三，这些地区森林生态文化尚在建立之中，许多土地利用和生态补偿政策仍不完善。其四，这些地区现有林地立地条件较差，例如，北京、山东许多山地土层瘠薄，而天津、鲁北、苏北有较大面积的滨海盐碱地，造林难度大，林分质量差。其五，这些地区的平原农区树种多为杨树、泡桐等速生短寿命树种，采伐周期多在10~15年，没有形成多树种近自然恒续林。三是中游黄土高原地区（山西、陕西、甘肃、青海、宁夏以及河南等省部分地区）仍存在水土流失、土地退化现象。由于全流域森林资源不足，中上游地区气候干旱，降水减少，使部分原来有森林的地方成为草原，原来为草原的地方变为沙漠或沙化土地。缺少森林的严重后果是造成水土流失、引发旱涝灾害等。因此，实现黄河流域生态保护和高质量发展，关键举措之一是大幅度增加森林和湿地资源。

二、实施黄河流域森林生态建设

（一）预期目标

提高黄河流域森林覆盖率，目标是在全黄河流域范围内，森林资源的丰富程度在2050年之前达到或者超过森林厚度3 mm的全国平均水平。需要说明的是，目前，黄河流域总体森林厚度大概为1.2 mm，相关省份森林厚度为四川4.15 mm，陕西2.51 mm，安徽1.99 mm，北京1.71 mm，河南1.65 mm，内蒙古1.49 mm，江苏1.12 mm，山西0.97 mm，山东0.97 mm，河北0.91 mm，甘肃0.65 mm，天津0.63 mm，宁夏0.17 mm，青海0.08 mm。实现这一目标，并非很难，但是需要国家尤其是全流域人民长期的共同努力。

对于大都市地区的森林建设目标，可以参照《国家森林城市评价指标》的规定，北方地区森林城市应达到森林覆盖率25%；南方地区森林城市应达到森林覆盖率35%。城市郊区森林覆盖率因立地条件而异，山区应达到60%以上，丘陵区应达到40%以上，平原区应达到20%以上（南方平原应达到15%以上）。笔者认为，由于这一评价指标公布于2007年，2050年城市森林覆盖率预定目标应高于这一标准。

对于粮田区域的森林建设目标，森林覆盖率应达到40%~50%。生态林与经济林的比例可以为1∶1，也可以因地而异。总体要求是培育大乔木树种组成的森林，发挥其蒸发水分、固碳等生态作用；多使用杨柳等乡土树种，不要过早采伐，延长其生长年限，形成多树种的异龄林。建设的技术标准可参考原国家林业局2017年10月27日发布的《LY/T2892-2017 平原绿化工程建设技术规范》（简称《规范》）中的规定，华北东部区域林木绿化率，风沙区平原县15%以上，其他平原县10%以上；城镇绿化覆盖率为30%以上，村屯绿化覆盖率在40%以上。笔者认为，随着"森林乡村建设"和黄河流域的生态保护和高质量发展国家战略的发布，粮田区域的森林建设目标也应高于《规范》中的标准。

对于乡村的森林建设目标，可以参照国家林业和草原局开展国家森林乡村评价认定工作的进展，要求乡村林木覆盖率高出本省森林覆盖率的10%以上；村旁、宅旁、路旁、水旁、农田林网等应绿尽绿；村庄范围内宜林荒山荒地全部绿化；庭院绿化户数比例40%以上；建设有1处以上乡村公园绿地。对森林质量效益的要求包括森林健康、林相整齐、活力旺盛、无病虫害；植物配置科学，乔灌草结构合理，混交林比例30%以上；造林绿化树种多样，乡土树种比例50%以上。

（二）重点区域

从森林厚度来说，要从现在的1.2 mm增加到3 mm，这意味着黄河流域森林或者活立木的蓄积量要翻一倍多。笔者认为，要实现这一目标需要推动森林面积、森林蓄积量共同增长。具体来看，青海、四川、甘肃和宁夏地处黄河上游，短期内提高森林覆盖率的难度较大。内蒙古虽然面积很大，但受降水少的限制，主要发展灌木林和草原，当然在有黄河水浇条件的地方可以发展一些乔木林。北京近年平原造林力度大，发展空间已经不大。

最近10年，真正有潜力发展大面积乔木林的是陕西、山西、河南、山东、天津、河北、江苏和安徽8个省（市）。努力将这里的森林覆盖率提高到40%~50%为宜。陕西省目前森林覆盖率已经达到43.06%，因为地理区位重要，它可以朝着60%的目标迈进。只有提高了这8个省（市）的森林覆盖率，黄河中上游地区的气候湿润化、降水量增加才会有明显成效，10年之后，青海、甘肃、宁夏和内蒙古大力发展乔木林的时机才会到来。可见，优先推进黄河中下游森林建设，可取事半功倍之效。

（三）实施步骤

先易后难，循序渐进，推动量变到质变的跨越。当前，首先要选择自然经济社会条件适宜规模发展森林的区域，尤其是山区、林区、沙区、盐碱区、矿区和城市地区等，狠抓森林县（市）建设，努力提高区域森林厚度，大幅改善生态质量。加强黄河两侧100 km的“黄河生态带”森林建设。协同新型城镇化建设，开展“合村并居”和生态移民，扩大生态空间，打造森林与湿地相结合的生态体系。注重营造乡土针阔叶树种混生的近自然森林。进一步强化林地湿地保护，科学开展森林经营，提高森林质量和功能。

推进国家森林城市、森林城市群、森林乡村建设，以点带面、“多点”开花，给城乡居民提供生态福利。在缺水地区，大力推广生态林中水灌溉、集雨节水技术，以林净水、以水养林，形成林茂水清的城乡生态美景。加大乡村退耕还林还果还湿力度，在平原地区大力发展银杏、核桃、桑和枣等木本粮油林。在黄土高原的陕甘宁晋蒙青集中连片贫困地区，全面实施退耕还林（草、湿），鼓励种植果树和木本粮油。选择农业生产力低、靠近城市且受到一定污染的土地进行退耕还林。栽植多样化、适应性强、价值高的树种品种，发挥农林复合系统的增产增收潜力。

三、加快森林建设的配套措施

实施黄河流域森林生态建设是一项复杂且巨大的系统工程，需要协同开展多项行动，努力实现上下游优势互补、协调并进。下游植树，通过季风将云输送到上游，实现东水西调；河套种粮，为下游实施大范围森林建设提供粮食保障。

（一）出台黄河流域促进林业发展的政策

探索上下游地区土地置换政策，上游增加的耕地，下游可以按等产量原则减少，用于造林。国家要加大对森林生态效益补偿和财政转移支付力度，形成促进林业建设的激励制度。差异化提高森林和湿地生态补偿标准，调动林业主体保护和经营森林湿地的积极性。

（二）提高黄河几字湾区域水资源供给总量

为破解黄河上中游地区水资源严重不足、生态脆弱的困局，国家可以通过出台相关政策并运用市场机制提高几字湾区域水资源供给总量，强化黄河水权置换及交易的杠杆作用，提高沙湖、乌梁素海等湖泊湿地的蓄水能力。

（三）大力发展沙、草、农、林产业

选择适当的沙漠地区，以引水工程为基础，综合运用节水灌溉、沙粒黏合等技

术，实施沙漠变良田行动，建设“沙地粮仓”，形成国家重要的粮食基地。建设生态沙产业示范区，治理乌兰布和沙漠。创新沙漠治理举措，推进沙漠生态治理和沙产业发展深度融合，探索形成全社会合力治沙的新格局。实施开放合作战略，加强同以色列、阿联酋等“沙变金”国家合作，建设国际生态产业发展区，打造以生态农业为主题的对外开放发展新平台。

（四）发展林业经济

拓展森林经营、林下经济，推动各地森林食品药品、林产加工、森林游憩和森林疗养等产业发展，挖掘释放森林的多种服务功能，不断满足人民群众日益增长的美好生活需要。

（原文载《中国国情国力》，2020年第5期）

绿道的发展及在中国的实践研究

刘　畅　孙欣欣　谭艳萍　郭　崇

一、绿道理论的发展及辨析

（一）绿道的概念

绿道是包含线性元素的绿色土地网络，是生态、游憩、文化、美学及土地的可持续发展相关概念多重目的的规划设计和管理①。查尔斯·利特尔在其著作《美国的绿道》中将绿道定义为沿着诸如河滨、溪谷、山脊线等自然走廊，或是沿着诸如用作游憩活动的废弃铁路线、沟渠、风景道路等人工走廊所建立的线形开敞空间，包括所有可供行人和骑车者进入的自然景观线路和人工景观线路②。研究者普遍认为，利特尔对绿道的定义较为全面③，在其著作中也明确界定了绿道的范围。

相关研究认为，绿道的理念主要来源于欧洲林荫道、奥姆斯特德的公园路、霍华德田园城市等④，其最初主要是为市民提供游憩环境为目的，但随着绿道理论及实践的发展，绿道的概念有了以下几个方面的转变：①绿道功能的转变，从单一功能为主转向多功能复合；②绿道服务对象的转变，从为人类服务转向追求人与自然和谐；③绿道形态的转变，从线性景观转向网络系统；④绿道层次的增加，由城市这一单一层次转变为区域、城市及社区三个层次。这使得绿道的概念不再仅仅是

① LITTLEC E. Greenways for America [M]. Baltimore and London: The Johns Hopkins University Press, 1990.

② LITTLEC E. Greenways for America [M]. Baltimore and London: The Johns Hopkins University Press, 1990; 李敬. 生态园林城市建设中的生态廊道研究 [D]. 合肥: 安徽农业大学, 2006.

③付劲英. 城市绿色景观廊道的生态化建设: 以成都为例 [D]. 成都: 西南交通大学, 2002; 李团胜, 王萍. 绿道及其生态意义 [J]. 生态学杂志, 2001, 20(6): 59–61; 骆永锋. 基于景观生态学的东山岛城市绿地系统规划 [D]. 长沙: 中南林业科技大学, 2009.

④ SEARNS R. The evolution of greenways as an adaptive urban landscape form [J]. Landscape and Urban Planning, 1995, 33(1–3): 65–80.

提供游憩环境，而是提供生态、社会、经济等综合功能[①]。

（二）生态廊道的概念

“生态廊道”一词最早出现在生物学研究领域。人类发展导致自然生境面积锐减，及空间上的分散化和破碎化，使濒危物种存续和生物多样性保护逐渐受到人们的关注，“生态廊道”的理念应运而生[②]。1997年，世界自然保护联盟（The World Conservation Union，IUCN）提出了保护区应采取“从岛屿式到网络式”的规划方法，生态廊道的概念正式出现。

国内学者对生态廊道的概念有不同的定义。李晓文[③]、官卫华[②]、肖化顺[④]等学者都对生态廊道给出了不同的定义。其中，达良俊等[⑤]的定义较为全面，即生态廊道是一种与相邻两边环境不同的线状或带状斑块区域，具有保护生物多样性、过滤或阻抑物质、防止水土流失、防风固沙、调控洪水等生态服务功能，是支撑生态体系运作的重要一环。

（三）绿道与生态廊道的辨析

由于“绿道”和“生态廊道”的概念都是经由国外引进而来，再加上近义词汇较多、涉及研究领域广泛，所以比较长的一段时间里我国对二者的相关概念及其分类并没有形成统一意见，出现了“绿色廊道”“绿色通道”“绿色网络”“绿径”等相关释义。对于这些概念的辨析，一直有很多种说法。有学者认为“绿色通道”“绿色廊道”实际上与绿道和生态廊道表述的是同一个概念。也有学者认为其相近但不相同。还有部分观点将生态廊道划分为绿道的一个类型，但这显然是片面的。因此，这里主要对“生态廊道”与“绿道”加以辨析。

从概念来源上看，绿道的理念主要来源于欧洲林荫道、奥姆斯特德的公园路、霍华德田园城市等[⑥]。而“廊道”一词目前虽然主要作为景观生态学中的名词被使用。但大多学者普遍认为廊道最初来源于霍华德出于对城市环境考量而提出的绿

①戴菲，胡剑双. 绿道研究与规划设计[M]. 北京：中国建筑工业出版社，2013.

②官卫华，等. 城市生态廊道规划思路与策略研究：以南京为例[J]. 现代城市研究. 2007，1(1)：51-58.

③李晓文，胡满远，肖笃宁. 景观生态学与生物多样性保护[J]. 生态学报，1999，19(3)：399-407.

④肖化顺. 城市生态廊道及其规划设计的理论探讨[J]. 中南林业调查规划，2005，24(2)：15-18.

⑤达良俊，余倩，蔡北溟. 城市生态廊道构建理念及关键技术[J]. 城镇绿化. 2010，8(3)：11-14.

⑥ SEARNS R. The evolution of greenways as an adaptive urban landscape form[J]. Landscape and Urban Planning，1995，33(1-3)：65-80.

带一词，及奥姆斯特德和他著名的波士顿公园系统规划。①

从目的和功能上看，绿道最初的功能是为市民提供游憩环境，起到缓冲和隔离的作用。但随着其理论和实践的发展，绿道发生了上述4个方面的转变，因此其不再仅仅是提供游憩环境，而是提供生态、社会、经济等综合功能。②生态廊道最初主要是针对“岛屿状”城市绿地、“孤岛效应”等为保护生物栖息地、提高生物多样性而提出的。③但生态廊道在建设和发展中，也在不断加强景观、游憩、文化遗产保护等社会、经济功能的综合发挥方面的作用。④

此外，从“绿道”和“生态廊道”的基本内涵上看，二者都是从绿地空间布局和生态过程等多方面解决城市环境问题；就建设的内容而言，二者都扩大了原有的范围，即在空间上横贯整个城市。其意义都在于强调了线性景观元素对自然系统所起的空间联系和生态作用；同时，为人们提供休闲娱乐，保护文化遗迹。因此，无论是理论来源，还是功能内涵，“绿道”与“生态廊道”二者在发展上是逐渐趋同的过程。

二、各国绿道建设特点

目前，绿道在各个国家和地区都得到不同程度的发展。总体来说，根据各个国家不同的客观条件，绿道的规划与建设也有其自身的特点，如以强调多重功能兼备为主的美国绿道，以强调生物栖息地保护和生物迁徙路径为主的日本绿道，以强调生态环境保护为主的欧洲都市生态廊道，以强调休闲游憩功能为主的新加坡（公园道）等亚洲都市绿道的规划建设。相比之下，中国大多数的都市区绿道规划是在掌握都市区自然生态元素的分布演变规律、找出城市建设与自然生态体的生态关系的基础之上，进行与都市空间和功能相融合的规划。⑤

（一）美国的绿道建设

美国绿道规划建设，以著名景观设计师奥姆斯特德1867年波士顿公园系统的

① FORMAN R.T.T. Corridor in a landscape[J]. Their ecological structure and function[J]. Ecologies (CSSR), 1983(2): 375-378.

②李团胜，王萍. 绿道及其生态意义[J]. 生态学杂志，2001, 20(6): 59-61.

③ JORDÁN F. A reliability-theory approach to corridor design[J]. Ecological Modelling, 2000(128): 211-220.

④关英敏. 城市生态廊道建设研究：以广州市天河区为例[D]. 长春：东北师范大学，2003.

⑤闫水玉，赵柯，邢忠. 美国、欧洲、中国都市区生态廊道规划方法比较研究国际城市规划[J]. 2010, 25(2): 91-96.

设计为开端，经过持续不断的建设、演化，逐步形成今天兼具生态保护、游憩休闲、文化保存等功能的综合绿道体系①。其总体特点是在保护自然景观、建设游憩场所等目标的引导下，应用景观生态理论与景观建筑理论进行规划，强调美感、形态、结构、功能等的多重协调②。

据不完全统计，目前美国已有及正在建设的绿道达1 500余条，已拥有各种等级的生态廊道10万km，是世界上绿道建设项目最多的国家，总长度列世界各国之首。其建设要求是所有居民都应能在15分钟内从家或工作场所到达最近廊道；同时，还注重考虑串联主要的交通枢纽和换乘设施，实现绿道与其他交通方式的“无缝衔接”。其设计理念为改良美国城市环境，在都市之中保留、恢复自然，实现人与自然在工业社会中的和谐③。

美国绿道的成功经验主要体现在多样化的建设目标与广域的远景规划、广泛的合作开发与高效协作的区域绿地管理机构、多元化的资金来源、制定完善的法案、长期的公众参与与必要的地方政府的支持④。

（二）日本的绿道建设

在日本，绿道被称为绿色廊道（Green Corridor），它是一个关于自然生态系统保护的生态学术语。日本的绿色廊道主要是为了连接那些被人类生活圈分隔开的野生生物生息地、能使野生动物在不同的生息地间进行正常迁徙，以确保生物多样性的植物群落和水域。其绿道建设可以分为两个方面，一是基于保护林制度的绿道建设⑤，二是基于城市绿地系统规划的城市绿道建设⑥。其中，基于保护林制度的绿道建设可以追朔到1996年的“奥羽山脉纵断自然树林带构想”，到2012年，共建成24处绿道，总面积和总长度分别达59.2万hm^2和1 965 km。

①金纪元. 奥姆斯特德和波士顿公园系统（上）[J]. 上海城市年管理职业技术学院学报，2002, 62（3）: 11-13.

② FABOS JG. Greenways planning in the United States: its origins and recent case studies [J]. Landscape Urban Plann., 2004, 68, 321-342.

③余青. 美国绿道作为公共产品开发与管理的启示 [J]. 风景园林，2012（3）: 169-170；胡雪琴. 绿道网让广东“慢下来”[J]. 中国经济周刊，2011（16）: 22-30.

④胡雪琴. 绿道网让广东“慢下来”[J]. 中国经济周刊，2011（16）: 22-30；刘滨谊，余畅. 美国绿道网络规划的发展与启示 [J]. 中国园林，2001, 17（6）: 77-81；姜允芳，石铁矛，苏娟. 美国绿道网络的实施策略与控制管理 [J]. 规划师，2010, 26（9）: 88-92.

⑤関東森林管理局の設定案 http://www.rinya.maff.go.jp/

⑥刘畅，等. 日本城市绿地政策发展的回顾及现行控制性绿地政策对我国的启示 [J]. 城市规划学刊，2008（2）: 70-76.

日本绿道的成功经验主要是统一规划管理、成熟的管理机制、部门运作协调、注重长远目标的实现、严格控制建设成本、高效集约利用土地、注重本底调查及生物多样性的保护①。

（三）欧洲的绿道建设

目前，欧洲很多国家都地区进行了绿道网络的建设，包括英国、法国、俄罗斯、荷兰、德国、葡萄牙、保加利亚、丹麦、意大利、爱沙尼亚、瑞士、比利时、立陶宛、波兰、乌克兰和西班牙等。其中，英国、法国、俄罗斯、荷兰和德国等国家拥有悠久的实践历史②。

欧洲都市区绿道规划是在保护生物学原理的指导下进行水平空间布局、应用景观科学理论指导单元形态设计。同时，欧洲在传统的景观生态学基础和环城绿带思想上发展出的对国家或区域层面的生态网络的建设思想、对于生物栖息地与城市生态之间的关系的研究以及在面对城市化扩张中所采用的保护乡村自然景观的策略等，都为中国在解决快速城市化的问题上提供了良好的借鉴经验。此外，由于欧洲许多都市区都有河流等水体流过，其中的很多河流都成为城市景观特色的核心地区，成为城市的名片，因此，河流在区域生态体系中的作用被广泛认识，欧洲在河流流域的恢复上进行了大量的实践③。这些典型案有意大利兰布罗河、葡萄牙杜罗河、葡萄牙阿伦克尔河和保加利亚多瑙河等④。

（四）新加坡的绿道建设

新加坡的绿道，即公园道网络，是其全国性公园绿地网络建设的成功案例。新加坡结合公园与绿地的休闲、游憩与保育功能，以线型廊道网络系统连接公园和开放空间，将其整合为一个全国性公园绿地网络⑤。新加坡的绿道建设由区域公园、新镇公园、邻里公园、公园串联网络四级体系组成，覆盖全国的绿地和水体，并网络连接各类开敞空间⑥。其市民在绿道中可以游遍新加坡的所有公园，并几乎可以

①会津森林計画における森林生態系保護地域及び緑の回廊設定委員会[R/OL].[2016-01-09].http://www15.plala.or.jp/adumatakayama/topic/topic56/topic56.htm.

②戴菲，胡剑双.绿道研究与规划设计[M].北京：中国建筑工业出版社，2013.

③闫水玉，赵柯，邢忠.美国、欧洲、中国都市区生态廊道规划方法比较研究国际城市规划[J].2010，25(2)：91-96；李开然.绿道网络的生态廊道功能及其规划原则[J].中国园林，2010(3)：24-27.

④戴菲，胡剑双.绿道研究与规划设计[M].北京：中国建筑工业出版社，2013.

⑤ TAN K W. A greenway network for Singapore[J]. Landscape and Urban Planning，2006，76：45-66.

⑥ TAN KW. Urban Greening in a Tropical Garden City[C]//Proceedings of the 38th IFLA World Congress. Singapore，2001.

走遍新加坡每一处角落。这种设计使得公园绿地的建设不但关注了生态环境的需求，而且也关注了社会发展的需求，真正体现了公园绿地设施的均等化①。

三、中国绿道建设的实践及不足

廊道理念在我国引入时间较晚。黄光宇教授于2001年及2004年先后主持了《广州番禺片区“生态廊道”规划》《成都非建设用地规划》，俞孔坚教授2004年及2005年先后主持了《“反规划”之台州案例》《山东菏泽生态基础设施规划》都强调了廊道的重要作用②，由此以廊道为主题的规划开始受到国内学者及相关部门重视。我国逐步兴起了绿道的建设，其中以珠三角绿道网体系为代表③，它也是最早开展绿道建设的区域。随后各大城市都提出了绿道建设的发展目标及实践。例如，如厦门市及福建地区的绿道建设，此外如无锡、上海④、北京⑤等城市也逐步开展了绿道的建设。

由于我国对廊道的研究起步较晚，且主要偏重对绿道理论的研究及国外成功案例的介绍，在实践方面相对滞后。结合近几年笔者对几个主要城市及地区的调研及考察，本研究认为目前我国的绿道建设虽取得了一定的成绩，但无论是从相关部门的认识上还是在实践中仍略显狭隘，主要表现在：对单纯绿量的追求高于对生态、社会、经济综合效益的考虑，对满足人的休闲及游憩的需求高于对动物栖息地保护及迁徙的需求；部分城市仍着眼于城区内局部地区的绿道规划而缺乏全局规划，基于区域乃至更大范围的景观格局及生态安全格局的考量；在规划设计和实施过程中对于诸如廊道宽度、植物配置及廊道连接度等关键问题的关注也有所欠缺⑥。

（一）系统性不强

我国的绿道建设未能将构建绿地的网络格局的认识提高到战略的高度上来，

①汪永华，李昂．新加坡园林绿化对广州花园城市行动的启示[J]．广东园林，2008(6)：60-65.

②左莉娜．基于生物多样性理论的城市生态廊道系统构建研究[D]．成都：西南交通大学，2012.

③金利霞，江璐明．珠三角绿道经营管理模式与区域协调机制探究：美国绿道之借鉴[J]．规划师，2012，28(2)：75-80；粟娟．广州绿道建设研究[J]．中国城市林业，2014，12(2)：55-57.

④吴国强，余思澄，王振健．上海城市环城绿带规划开发理念初探[J]．城市规划，2001，25(4)：74-75；王少华．上海市大治河生态廊道（浦东段）规划实施研究[J]．城市规划学刊，2013(8)：104-109；达良俊，李艳艳，章君果，等．关于上海城市“地标性”植物群落建设的思考[J]．城市问题，2009(8)：37-39.

⑤戴菲，胡剑双．绿道研究与规划设计[M]．北京：中国建筑工业出版社，2013.

⑥达良俊，余倩，蔡北溟．城市生态廊道构建理念及关键技术[J]．城镇绿化，2010，8(3)：11-14.

做到统一规划。各绿地元素之间缺乏关联，不能反映绿地的整体结构特点。绿道的规划尚未被纳入城市绿地系统的总体规划中，缺乏全局规划，缺乏基于区域乃至更大范围的景观格局及生态安全格局的考量。绿地斑块分布不均匀、布局不平衡。

由于我国长期以来形成的见缝插绿的规划思想，而未从生态效应最大化、自然环境保护、局部气候改善，以及城市防灾需要等出发点来考虑绿地的总体布局，缺乏系统性考虑，因而导致绿道建设破碎化严重。从空间格局上来看，并不是单纯的点—线—面布局。目前，在很多城市的绿道建设中所谓“点、线、面相结合”的“系统”，实际上不过是将一些缺乏统筹性的园林绿地用道路绿化带连接起来，缺乏理论研究的支撑和明确的系统性①。

（二）综合性不够

我国绿道建设的综合性不够具体表现为理论与实际的严重脱节，在绿道的理论研究及规划编制中都提出了生物多样性的保护及生态功能的主导地位，但经过笔者近两年对几个主要城市绿道建设的调研反馈发现，绿道的建设依然存在将人的休闲、娱乐等需求视为主导原则的问题，鲜有真正考虑当地原生动植物的需求，以及落实对原生地生物本底的调查。这些导致已建成的国内绿道更像是单纯的景观游憩道或休闲绿道。

绿道系统的空间建设仍停留在景观形态塑造层面。许多地方的中心城区仅从审美角度出发进行的绿化，未能将绿地效应最大化作为主要建设目标，各类型林地、绿地的生态效应和生物多样性仍有待提高。

尽管在结构体系上，现有廊道系统被贴上了多层次、连续性、网络化、生物多样性保护的各种标签，但是在实践中一些实际问题并未受到足够重视及合理解决。如在调研中反馈，很多城市的绿道建设，在绿道宽度上的规划与实际建设是严重脱节的，在实践中更多是采取一种“因地制宜”的方式。

（三）建设量不足，质量不高

市域范围内绿道建设主要为防护林带、生态林、经济林等，规划和建设较为随意，没有系统地整体地考虑，各廊道的连通度有待提高；绿道的植物配置水平和绿化质量有待提高；特别是在市域范围内，纯林、单层绿化的绿化模式仍然存

①左莉娜，毕凌岚．国内外生态廊道的理论发展动态及建设实践探讨[J]．四川建筑，2012，32(5)：17-18，22.

在；河流水体型绿道也严重缺乏。在规划和建设中，往往更注重“绿地率”“绿化覆盖率”“人均公共绿地面积”“服务半径”等指标，即更倾向于绿地数量的评价，而无法保证质量，因此急需建立新的指标体系，全面引导控制城市绿地的发展方向。研究调研反馈可见，部分城市已经出现为体现初期绿道效果而栽植过密的问题①。

作为北京、上海这样的城市，中心城区的具有重要生态作用的大型绿地斑块则相对比较缺乏，市域范围内未形成大型连续的绿道背景，各大型绿地与众多小型绿地、内环线绿地、外环线绿地及道路绿地之间缺乏系统的连接②。而且市民享受城市公园绿地的均等化程度仍有待提高。

四、启示

绿道的概念和内涵的分析和总结，以及对国内外绿道建设的比较，对我国的绿道的建设有重要的指导意义。本研究主要总结了以下几方面的启示。

（一）对生物多样性及自然环境保护的启示

我国绝大多数的自然保护地是属于“散点状”“岛屿式”的，仍面临着生物栖息地破碎化和数量剧减的问题，我国还没有形成一个全国性的自然保护区网络③。但我国也在近年提出构建全国范围的绿道的构想，其对于建构我国的自然保护网络也具有重要的生态学意义。

同时，目前我国的生物多样性保护更多地是针对濒危生物及稀有生物，对于城市中的普遍的及常见生物的保护还不够，这也导致我国大多数城市中生物多样性的逐年下降。虽然近年来，森林城市成为城市生态建设的一个重要环节和步骤，可在规划设计、建设实施及经营管理的三个层面，依然忽略了林带的廊道功能，城市生物多样性虽备受关注，但已建成的林带在功能上仍显欠缺④。我国大多数城市对生物多样性保护工作没有引起足够的重视，本土化、乡土化的物种保护和利用不够。因此，相关城市及管理部门应在积极开展城市规划区内的生物多样性物种资源的普查的同时，高度重视和切实加强自然的植物群落和生态群落的保护。

① 王铭子. 基于连接度的城市绿地生态网络研究 [D]. 北京：北京林业大学，2010.

② 王鹏. 城市绿地生态网络规划研究 [D]. 上海：同济大学，2007.

③ LI D Q, SONG Y L, OUYANG Z Y, et al. Research on the national forestry nature reserve system plan [M]. Beijing: China Land Press, 2003.

④ 达良俊，余倩，蔡北溟. 城市生态廊道构建理念及关键技术 [J]. 城镇绿化，2010, 8(3)：11-14.

（二）对文化遗产保护的启示

周年兴、俞孔坚等的研究①显示，目前，我国对于文化遗产的保护大多只侧重于单个遗产或某一片历史文化保护区的保护。此外，虽然我国学者近年来也在呼吁在全国范围建立并保护遗产廊道，但遗产廊道或线性遗产的管理措施和法规体系仍有所欠缺。例如，美国的国家公园系统分别制定了针对遗产廊道、国家历史道、国家风景道、公园道、河流区、海岸线及湖岸线等与绿道相关的线性遗产廊道的多项管理法规②。因此，绿道的建设与文化遗产的保护相结合，形成遗产廊道、文化线路、遗产运河等线性保护体系，对我国文化遗产的保护具有重要的意义。

（三）对旅游休闲规划的启示

在区域旅游规划中，可结合绿道建设，依托一些线性廊道将主要的景区、景点形成一条让游客身心愉悦的风景道③，以改善整个旅游区的品质。以北京为例，北京市森林多为低效防护林，而特用林尤其是风景游憩林的比例偏低，高质量的防护林和风景游憩林尚未形成大面积、较高连通性的森林。如果大多数风景名胜区周围，以及连接这些区域的道路两侧尚且没有真正意义上的风景林，上规模的生态廊道网络便无从谈起④。

（四）对公共交通网络建设的启示

倡导绿色交通的“公共自行车系统”一直是近年来世界各国的研究和建设热点。目前，一些发达国家的城市已在政府主导下建成了呈网络化分布的公共自行车系统。例如，巴黎、里昂和巴塞罗那等都是其中的成功典范⑤。

中国曾是自行车大国，但近年来面临严重的交通拥堵和环境污染问题。近10年来，中国许多大城市开始建设公共自行车交通系统，包括武汉、北京、上海、厦门、广州等。但在实践初期，公共自行车系统的发展仍遇到了很多的问题与障

①周年兴，俞孔坚，黄震方．绿道及其研究进展[J]．生态学报，2006，26(9)：3108-3116.

② YU K J, LI D H, LI W. On establishing the Great Canal regional ecological infrastructure: strategy and approach[J]. Progress in Geography, 2004, 23(1): 1-12; ZUBE E H. Greenways and the US national park system[J]. Landscape and Urban Planning, 1995(33): 17-25.

③ KENT R L, ELLIOTT C L. Scenic routes linking and protecting natural and cultural landscape features: a greenway skeleton[J]. Landscape and Urban Planning, 1995(33): 341-355.

④周年兴，俞孔坚，黄震方．绿道及其研究进展[J]．生态学报，2006，26(9)：3108-3116.

⑤戴菲，胡剑双．绿道研究与规划设计[M]．北京：中国建筑工业出版社，2013.

碍[①]，例如由于站点设置不合理、骑行环境较差等原因导致的闲置率高等问题。国际上许多城市都将自行车道与绿带公园建设相结合形成了城市的线型休憩带。例如，里昂建立了近500 km的专用自行车道；阿姆斯特丹6 000 km的自行车长途专线联系全城所有景点，供骑行者沿途欣赏。很多城市的成功经验显示自行车道与绿带公园二者的结合不仅仅是专供市民休闲或娱乐，而更多地是为市民日常生活服务。因此，针对目前我国较多城市存在交通拥堵的现状，以及家国家倡导节能减排的号召，相关部门应将绿道、自行车道、小型社区公园、居住区绿地相结合，形成城市网络化的绿色慢行空间，真正改善居民使用公共交通的出行环境[②]。

（五）对社区绿地整合的启示

目前，我国的社区绿地更多地是封闭式管理的模式，公共性较差，得不到充分的利用。尤其是在老城区，社区级公园绿地更是严重缺失。虽然近年来，社区周边的小广场、小公园等大量的点状公园绿地逐渐增加[③]，在一定程度上增加了城市绿地率[④]，但在如何满足市民的日常使用需求方面仍有所欠缺。以美国的社区绿道为例，其休闲方式可谓丰富多彩，有近百种休闲方式，包括明确的为家庭娱乐所设置的场所和分区。针对不同的户外运动，也设有各自不同的分区，且经常会有社区公园举办的各种比赛[⑤]。以此为借鉴，我国应结合绿道建设整合社区绿地，提高其质量，使之真正服务于市民，而不仅仅是摆设。这样既提高绿道的人气，也增加其利用率。

（六）对旧城更新改造的启示

无论是西方城市发展，还是目前中国的城市化进程，城市更新一直是重要内容。中国的城市更新起步较晚，早期多为小规模的危房改造[⑥]。随着经济的发展，“集约化”用地成为必然选择[⑦]。近年来，我国的城市更新则更近乎于一种以开发

①姚遥，周扬军. 杭州市公共自行车系统规划[J]. 城市交通，2009(4)：30-38.

②戴菲，刘婕，胡剑双. 全国第一个设立免费公共自行车系统的城市：武汉市公共自行车系统研究[J]. 建设科技，2010(17)：42-46.

③刘滨谊，鲍鲁泉，裘江. 城市街头绿地的新发展及规划设计对策：以安庆市纱帽公园规划设计为例[J]. 规划师，2001, 17(1)：76-79.

④吴承照，曾琳. 以街旁绿地为载体再生传统民俗文化的途径[J]. 城市规划学刊，2006, 165(5)：99-102.

⑤刘畅，等. 美国绿道公共空间休闲方式[J]. 中国城市林业，2013, 11(6)：49-52.

⑥阳建强. 中国城市更新的现况特征及趋势[J]. 城市规划，2000, 24(4)：53-63.

⑦李建波，张京祥. 中西方城市更新演化比较研究[J]. 城市问题，2003, 115(5)：68-71.

商为主导的房地产开发，而这导致了诸如城市特色消失、历史文脉和城市生活文化的遗失等问题[①]。绿道的建设与旧城更新相结合，有利于环境质量的改善、文化元素的保护和多元化生活空间的营造[②]。

（原文载《中国城市林业》，2015年第6期）

①戴菲，胡剑双. 绿道研究与规划设计[M]. 北京：中国建筑工业出版社，2013.

②景峰，王亚英. 绿道网络在北京旧城区构建的可行性研究[J]. 北京农学院学报，2010，25(1)：73-76.

森林文化价值发展动力机制分析

宋军卫　李智勇　樊宝敏　张德成

森林文化价值作为森林生态系统价值的重要组成部分，近年来愈加被人们重视，在党的十九大报告明确提出要建设“人与自然和谐共生的现代化”，为人民提供更多优质的生态产品，其中森林文化价值发挥将起到不可替代的作用；《中国生态文化发展纲要（2016—2020年）》也明确提出“森林的文化价值是森林资源核算的重要内容，直接关系着人民的身心健康、生活质量和幸福指数”①。但当前森林文化价值发展中依然存在很多问题，例如森林文化价值功能发挥单一化、低质化，森林文化价值产品和服务缺乏吸引力，基础服务不到位等，这些问题进一步加剧了森林文化价值发展的不充分不平衡，不利于森林文化价值的可持续发展，不利于森林文化价值对“美丽中国”建设做出应有的贡献。本文正是基于此对森林文化价值发展的动力机制进行全面分析，理清各动力因子之间的关系。这有助于明确各方在森林文化价值发展的地位和作用，为森林文化价值实际建设和发展提供指导意见。

一、森林文化价值的动力系统机制

森林文化价值是指在森林环境中人们通过具体的文化行为，在人与森林及人与人之间的互动中产生的福利，这些福利主要包括通过丰富人们的精神生活、发展认知、大脑思考、生态教育、消遣娱乐、美学欣赏，以及景观美化等方式，而使人类从生态系统中获得的非物质的服务效益②③④。而森林文化价值发展的动力机

①国家林业局. 国家林业局关于印发《中国生态文化发展纲要（2016—2020年）》的通知. [2017-05-12] http://www.forestry.gov.cn/main/89/content-861381.html.

②Millennium Ecosystem Assesment（MA）. Ecosystems and human well-being [M]. Washington, D C: World Resources Institute, 2005: 35-67.

③O'Brien L, Devreese R, Kern M, et al. Cultural ecosystem benefits of urban and peri-urban green infrastructure across different European countries [J]. Urban Forestry & Urban Greening, 2017, 24: 236-248.

④Fish R, Church A, Winter M. Conceptualising cultural ecosystem services: A novel framework for research and critical engagement [J]. Ecosystem Services, 2016, 21: 208-217.

制系统主要是指通过系统内部各要素的相互影响从而推动森林文化价值产生和发展的动力因子总和。主要包括需求系统、供给系统、中介系统和支持系统四个子系统，这个四个子系统相辅相成，相互作用，共同构成森林文化价值持续发展的动力系统。

二、森林文化价值发展的动力系统分析

（一）森林文化价值发展的需求系统

1. 人的内心需要是源动力

人的需求是森林文化价值发展的根本动力。森林文化价值是在人与森林的互动中产生的，是在满足人们的需要下不断发展的。这种需要首先源自人类最原始的本能。人类是从森林中诞生的，整个进化阶段都与森林密切相关，所以人们天生具有亲生命性，喜欢与花草树木为伴，并且根植于基因，从本能上推进人们向往自然①。而随着城市化的发展，高复杂度及快速变化的环境导致人们的注意力长期保持集中得不到恢复，使人感到精神疲劳。城市高密度的人群又大大缩短了社会距离，个人心理空间的压缩增加了人潜意识的压迫感，产生焦虑等不良情绪②。这种压迫感和不良情绪使人产生逃离的内心需要，渴望回归自然，而推拉理论也认为由于人内心存在逃离现有环境、实现自我，追求新奇、放松心情，促进社交、融洽亲情，体验不同文化、增长见识等方面的需要③从而推动人们离开城市走向森林。

2. 人的需求升级是次生动力

按照马斯洛的需求理论，人的需求具有不同的层次，随着社会的发展，人们的需求层次也在不断提升，不再局限于基本的生理需要，更多的追求精神的满足，以关注自我、寻求自我发展为目的、以文化精神体验为特征的休闲方式日渐成为潮流④。人们不再仅仅追求森林给人带来的生理愉悦更多关注森林通过提供洞见、启

①Kaplan S. The Restorative Benefits of Nature: Toward An Integrative Framework[J]. Journal of Environmental Psychology, 1995, 15(3): 169-182.

②陈筝. 恢复性自然环境对城市居民心智健康影响的荟萃分析及规划启示[J]. 国际城市规划, 2016, 31(04): 16-26, 43.

③KIM S., CROMPTON JL, BOTHA. C. Respondingtocompetition: A strategyforSun/LostCity, SouthAfrica[J]. TourismManagement, 2000, 21, 33-41.

④Grey Richards, Crisp Raymond. Alaska Tourism Industry Gets Hotel Boost[J]. Alaska BusinessMonthly, 2000(24): 100-105.

迪智慧、拓展社交等产生的精神愉悦感，尤其是随着大众文化素养的提升，以往的获得的森林文化形象也推动着人们前往森林，将脑海中形象和实地形象相结合形成新的文化体验，而这种“学习效应”会增强人们的愉悦感①，形成正强化，使人们产生更多森林文化价值需求。

3.经济发展和闲暇时间是重要的客观条件

快速发展的经济和不断增加的闲暇时间，也从客观条件上刺激人们对森林文化价值的需求。快速发展的经济给人提供了必要的物质基础，随着人们可支配收入增加，人们可以将更多的收入投入到休闲和精神需求上，而闲暇时间是人们进行文化价值消费的重要客观条件。闲暇时间长短决定了人们对森林文化价值需求实现的物理时空要求多少，周末等短时间的闲暇只能将活动范围局限于城市周边，较长的带薪休假和公共休假人们才有选择较远森林的自由。根据国家统计局统计全年（2017）人均国内生产总值59 660元，比上年增长6.3%，全年全国居民人均可支配收入25 974元，比上年增长9.0%，而城市居民各类公休假日和带薪假期的闲暇时间可达1/3，这些条件为森林文化价值需求转化为行为提供了可能性。

（二）森林文化价值发展的供给系统

1.森林文化资源禀赋是森林文化价值供给的基础

森林文化资源禀赋是指能够为人们提供森林文化价值的独特的基础性资源，是森林和人长期互动中积累起来的，包括美学休闲价值、游憩休闲价值、康养保健价值、科教价值、历史地理价值、宗教艺术价值等资源，是形成森林文化价值吸引的基本动力。其之所以能够成为森林文化价值供给基础在于其可以满足人们多种需求的能力。①满足人们的基本感官生理需求，通过优美的景观、舒适的环境、丰富的负离子及挥发物等刺激视觉、听觉、味觉、嗅觉、感觉等生理感官，促进相关激素分泌产生快乐情绪②，获得生理满足和精神愉悦。②满足人的认知需求。一方面通过提供研研究对象和教育基地，促进科学认知的发展；另一方面通过特有的森林文化资源，满足人们的求新、求异、求奇的心理需求，同时借助古树名木、文化遗址、文学艺术作品、宗教图腾等带有明显人类活动痕迹的指示物，实现人与森

①魏翔. 闲暇红利[M]. 北京：中国经济出版社，2015：31-33.

②Waston. D, D. Wiese, J. Vaidya and A. Tellegen. The two general activation systems of affect: Structuralfindings, evolurtionaryconsiderations, and psychobiological evidence[J]. Journal of Personality and Social psychology, 1999, 76: 820-838.

林久远的历史和存在价值的对话，并在对话过程中将以往的知识经验与森林新的认知结合产生更愉悦的新的心理体验[①]。比如黄山的迎客松、井冈山的红色文化、五台山普陀山的佛教文化对特定的人群产生更显著的效用。③满足情感和自我价值实现的需求。人们对森林文化价值的认知和态度的进一步升华，就会产生森林情感，把人与森林看成同一个系统，形成人与森林的相互位置确认，产生更紧密的联系[②]，在和森林的灵魂对话中获得自我的新认识，满足精神的深层次需要，例如对神树的崇拜、绿色志愿服务等行为都属于这一层次的价值。而森林文化价值的大小很大程度取决于其质量和数量情况，先天禀赋越优越其能够提供森林文化价值就越具有吸引力。

2. 供给侧改革是森林文化价值供给的强大驱动

供给侧改革是当前国家的重要战略举措，是各行业在经济新常态下改革的重要抓手。在森林文化价值领域要求我们加快提升优质的森林文化价值供给，改变当前低水平、同质化、单一森林文化价值供应方式，为人们提供高品质、个性化、精细化的森林文化价值产品和服务，激发和满足人们的森林文化价值需求[③]。基于此国家林业局在《林业品牌建设与保护行动计划（2017—2020年）》中明确提出了通过提升质量、打造林业品牌的计划，从养生、体验、旅游、森林文化等多个方面着手，全面加快林业产业体系建设[④]。这为森林文化价值快速发展提供了契机和强大驱动，通过森林旅游、森林小镇、森林文化等系列品牌的打造，将有效提升森林文化价值产品及服务的供给和质量。

3. 巨大的市场需求是森林文化价值供给的助推力量

利益驱动是产业发展的重要动力，森林文化价值相关产业涉及森林旅游休闲、养生养老、文化创意等多个领域，有着庞大的市场需求。以森林旅游为例，国内森林旅游直接收入从2012年的618亿元增长到2017年的1 400亿元，年增长率保持在18%以上；全国森林旅游人数在2017年达到13.9亿人次，占国内旅游总人数的28%，创造社会综合产值1.15万亿元，5年来全国森林旅游游客量累计达到46亿人

①魏翔. 闲暇红利[M]. 北京：中国经济出版社，2015：31-33.

②但新球，但维宇. 森林生态文化[M]. 北京：中国林业出版社，2012：73.

③罗丹霞，等. 供给侧改革背景下森林养生旅游发展动力机制探讨：以福州国家森林公园为例[J]. 中国林业经济，2016（06）：87-90.

④国家林业局关于印发《林业品牌建设与保护行动计划（2017—2020年）》的通知http://www.forestry.gov.cn/main/5461/20180104/1086524.html.

次，年均增长15.5%[①]。如此庞大和快速增长的市场需求必将会吸引更多的资源投入到森林文化价值产业中，从而加快催化相关森林文化价值产品和服务的产生和发展。

（三）森林文化价值发展的中介系统

中介系统是需求系统和供给系统的桥梁，是森林文化价值实现发展的助推力量，主要包括服务企业和媒介传播两部分。服务企业主要指依托森林文化价值资源，通过提供各类服务和产品让人们感受森林文化价值的各类部门和企业。其主要作用为人们提供从客源地到森林的交通服务，基本的食宿生活服务、游览解说等各种服务，有效促进人的对森林文化价值的需求和森林文化价值供给的匹配。由于森林与客源地往往存在一定距离，如果交通服务不便，那么可抵达性尚存在问题，更遑论森林文化价值的发挥，而且基本食宿等服务如果不足，也会严重影响人们的基本体验，严重制约森林文化价值的发展。

媒介传播主要指通过网络、书籍、报刊、电视等平台宣传传播森林文化价值，为消费者提供相关信息，尤其是当前移动互联的快速发展，各类自媒体有助于良好口碑的快速建立和传播，激发人们对森林文化价值的兴趣爱好，甚至在人与森林的互动中形成相关的次文化圈子，既满足了自身的文化价值需求也带动更多的人感受森林文化价值，进而推动市场需求的持续增长。

（四）森林文化价值发展的支持系统

政府支持是森林文化价值发展的关键因素之一。森林文化价值产品带有明显的公共物品性质，尤其在我国森林是国家财产，国家的政策直接影响森林的使用用途，也直接关乎森林文化价值的发挥，只有政府介入其中，才能为森林文化价值供给提供必要的基础设施保障，协调森林文化价值管理等多方利益，从而实现森林文化价值最优化实现。具体而言政府主要从以下几个方面提供支持。①政府直接参与开发建设。森林的公共物品属性，具有非拍他性，如果政府不介入，可能导致森林的过度开放利用，而森林文化资源的开发利用，需要交通、水、电等基础设施的投入，这些基础建设往往需要投入大量资金，但是回收期较长，这需要由政府总体协调，统一规划，从而解决外部的不经济性等市场失效问题。②政府出台法律法规，对森林文化资源开发利用制定相关标准，理清森林产权划分，规定森林土地

①2017年森林旅游游客量达13.9亿人次 http://www.zjly.gov.cn/art/2018/1/29/art_1276367_15371485.html.

用途，约束个人、企业等利益相关者的行为，为森林文化价值发挥提供法律支持和保障。③政府出台相关政策。森林文化资源转化为森林文化价值，是一个长期性、系统性的过程，从开发、推广到消费者接受仅仅依靠市场机制调节难以实现，需要政府提供统一规划和部署，从各层面提供政策支持，尤其是关系居民闲暇时间、经济收入、森林开发等方面的政策，从而加速森林文化资源向森林文化价值的转换力度。

（五）森林文化价值发展动力机制运行

森林文化价值的需求系统和供给系统是森林文化价值发展的基本动力。其中，需求系统的发挥是森林文化价值发展的源动力，推动着整个系统和供给系统的运转①，刺激供给系统不断创新发展，提供森林文化服务和产品。供给系统是森林文化价值发展的物质基础，通过不断深挖文化价值潜力满足人的需求，从而吸引更多人参与到森林文化价值消费中，创造新的需求。需求系统和供给系统两者的互动有助于推动整个森林文化价值向前发展。中介系统是森林文化价值发展的助推力量，将供给和需求有效连接在一起。一方面通过宣传引导等手段将供给系统的产品信息传输给需求系统，另一方面通过旅行社、交通运输、食宿生活服务企业等部门为需求的实现提供必要条件，确保森林文化价值的最终实现。支持系统是整个系统的辅助动力，为森林文化价值发展提供物质支持和政策法律支持，而其他三个子系统通过具体运行将相关信息反馈至支持系统，支持系统则进一步作出调整，使相关支持更能促进整个系统的运转。总之，四个系统紧密衔接，通过密切的配合为森林文化价值的发展提供持续的动力。

三、森林文化价值发展路径优化建议

（一）培养需求增加持续动力

人对外界的感知受个体因素及获得外来信息等影响，尤其人的价值观对人行为动机有着重要的指导作用②。因此，一方面要强化森林文化价值教育，充分利用各种载体，普及森林文化知识和生态文明价值观念，将森林文化教育纳入大中小学生的教育体系，提升全民森林文化素养。另一方面，要加大宣传力度，构建全方位的森林文化价值传播体系，利用互联网、电视、报刊杂志等渠道，采用视频、漫画、

① 吴学成，等. 民族村寨旅游发展的动力机制系统研究[J]. 生态经济，2014, 30(01)：141-143.

② 周璐. 城市森林游憩地感知形象的影响因素研究[D]. 南京：南京林业大学，2015.

文字等多种是形式对森林文化价值进行广泛传播；通过植树节、森林日、爱鸟日、生物多样性日等“绿色节日”，广泛开展主题科普教育活动，使人们获得更多森林文化价值信息，由此刺激有效需求和消费。

（二）强化供给提升吸引力

当前人们已经不满足于观光游览等单一森林文化价值提供方式，对森林文化价值要求更加多样化，追求多感官刺激、文化体悟、震撼心灵的复合文化价值体验。[①]这要求我们转变经营理念，按照供给侧改革的相关要求，由粗放型经营向精细化运作转变。根据市场需求深挖文化内涵，为消费者提供更高品质的森林文化价值服务和产品，精准细分市场，加快森林浴场、森林游憩、森林教育等多种森林文化产业的布局和发展，打造融合森林康养、科普教育、文艺演出、娱乐休闲、文化创意产品等多重价值的森林文化价值综合体和广为人知的行业品牌，形成对消费者持久的吸引力。

（三）共建共享优化产业体系

森林文化价值的发展离不开服务企业的支持和当地基础设施的保障，所以森林文化价值发展要依托区域发展为前提，统一规划，整合多方资源，与周边旅游、住宿、餐饮、运输等行业形成良性互动，使整个产业体系上的企业和当地居民共享发展利益，形成高效的产业集群，为森林文化价值发展提供良好的社会环境。

（四）政府支持提供强大保障

森林文化价值的发展仅仅依赖市场是无法实现，必须在政府的支持下才能健康发展。一是要确保必要的财政支持，森林文化价值的开发利用建设周期比较长，需要政府对森林文化价值开发及配套设施的建设提供相关财政补贴及资金支持；二是提供必要政策法规保障，当前由于缺乏相关法律规定，所以森林文化资源极易遭到破坏，因此要加快推进法律法规的建设，对破坏森林文化资源和不文明的游憩行为进行严厉打击，并将其纳入征信体系，多部门联合进行联合惩戒，形成有效的法律威慑力。政府指导调控能为森林文化价值发展提供体制机制保障。

（原文载《世界林业研究》，2018年第3期）

① 马耀峰，张春晖．基于瓶颈破解的我国森林旅游发展理念和产品创新[J]．旅游科学，2013，27(01)：84-94.

面向生态系统服务的城市森林分类体系研究

王　鹏　樊宝敏　何桂梅　李智勇

一、城市森林理论基础

（一）城市森林内涵

关于城市森林，目前虽未有一个统一的概念，但众多国内外专家学者都对其下过定义[①②]。国外学者倾向将城市森林看作林业、景观与城市建设领域的跨界融合。例如，Miller等人普遍认为，城市森林是城市范围内（包括城市建成区与近郊区）所有森林资源与景观资源的总和，它既包括小尺度的居住区景观资源，也包括大尺度的国土绿化资源[③]。Rowntree，认为城市森林是城市中具备一定生态功能的森林[④]。Wolf等人则从相关利益者角度对城市森林进行评价，进一步深化了城市森林内涵[⑤]。而国内学者受教育背景、行业领域等因素影响，更侧重森林树木及其区域范围内的动植物研究，梁星权所著《城市林业》一书中，将城市森林定义为城市范围内容所有动植物及其环境的组合。[⑥]刘长富、张庆费等人则认为城市森林是以乔木为骨架，森林群落为主体，包括各类栖息地在内的城市空间领域内的自然森

①何兴元，刘常富，陈玮，等. 城市森林分类探讨[J]. 生态学杂志，2004（05）：175-178. 185.

②王鹏，樊宝敏，何友均，等. 作为绿色基础设施的城市森林概念与问题分析[J]. 世界林业研究，2018，31（02）：88-92.

③MILLER R W. Urban forestry [M]. New Jersey：Prentice Hall，1996：33-36.

④Rowntree R A. Ecology of the urban forest [J].Introduction to part I. Urban Ecology，1984，8（1-2）：1-11.

⑤Wolf K L，Kruger L E. Urban forestry research needs：a participatory assessment process [J]. Journal of Forestry，2010，108（1）：39-44.

⑥梁星权. 城市林业 [M]. 北京：中国林业出版社. 2001.

林[①②]。彭镇华、王成等明确提出城市森林是现代林业体系建设的一部分，具备多种生态功能与服务[③④]。目前，国内对于城市森林的定义基本都引申自森林的概念，区别在于增加了城市范围内这一限制性条件，但并未对城市范围作出明确定义。因此，城市森林的领域范围与空间尺度研究显得至关重要。纵观近几年国内外学术界研究，城市森林研究范围既包括了森林公园、保护区等近郊自然保护地，也涵盖了居住区附属绿地、城市公园等城区公园绿地，且研究深度有向城市内部延伸的趋势，与城市的紧密度也越来越高[⑤]。因此，城市森林虽未有一个统一的定义，但是总结起来，它至少具备3个特征：在空间范围方面，城市森林既存在于城市建成区，也存在于城市近郊区，不存在城乡二元结构特征；在资源结构方面，城市森林以乔木为主，但同时包括动植物在内的森林生物群落；城市森林是森林的一部分，但在空间与资源方面，与城市公园绿地有交叉，且联系紧密。

（二）城市森林分类现状

受定义的内涵影响，城市森林分类一直存在较大争议。在城市森林发展前期，苏联等国家将城市森林分为公共绿地、专业绿地与特殊用途绿地，分类标准具有很强的绿地分类特征。后期随着研究的不断深入，其分类也更为多样，更具区域特色。例如，美国根据森林资源类型，将城市森林分为国有林、商品林、游憩林、风景林、水源涵养林[⑥⑦]；英国等欧洲国家结合城市公园绿地特征，将城市森林分为庭院城市森林与游憩城市森林，突出其社会文化属性[⑧⑨]；日本则根据城市空间划分，将城市森林分为城区园林与郊区绿化[⑩]。上述国家分类标准各有不同，但基本都是在资源类型与空间范围基础上，依据森林与公园绿地的功能属性进行划分，有

①何兴元，刘常富，陈玮，等．城市森林分类探讨[J]．生态学杂志，2004(05)：175-178.185.

②张庆费．城市森林：21世纪城市绿化的新选择[J]．上海建设科技，1999(03)：27-28.

③王成，蔡春菊，陶康华．城市森林的概念、范围及其研究[J]．世界林业研究，2004,17(2)：23-27.

④彭镇华．中国城市森林[M]．北京：中国林业出版社．2014.

⑤王鹏，樊宝敏，何友均，等．作为绿色基础设施的城市森林概念与问题分析[J]．世界林业研究，2018,31(02)：88-92.

⑥孔凡斌，楼浙辉．美国的城市林业概念及管理[J]．江西林业科技，2005(05)：62-65.

⑦刘德良．中外城市林业对比研究[D]．北京：北京林业大学，2006.

⑧舒洪岚，黄瑞华，刘国华．英国城市森林的发展[J]．江西林业科技，2003(06)：47-50.

⑨李剑泉，田康，陈绍志．英国林业法规政策体系及启示[J]．世界林业研究，2014,27(02)：70-76.

⑩谭艳萍．图解国外主要国家城市森林建设特点：以美国、德国、澳大利亚、日本为例[J]．中国城市林业，2010,8(4)：63-65.

的彼此兼顾，有的完全依据其中一种。其中，日本的分类与国内城市森林管理类似。以北京为例，北京2006年之前的城市森林基本是城乡分类而治的局面，四环内的城市森林归市园林局管理，四环外的城市森林则归属市林业局，资源、职能交叉严重。为破解城市与乡村、城区与郊区、绿地与森林的二元结构问题，北京市合并林业与园林部门，组建市园林绿化局，统筹全市范围内的森林资源与绿地资源。北京的案例为本文的城市森林分类内容提供了借鉴。

基于城市森林功能属性，结合空间范围，本文认为城市森林应包括城市建成区与近郊区的综合公园、社区公园、专类公园、防护绿地、生产绿地、附属绿地、森林公园、风景名胜区、自然保护区、国家公园、生态公益林、商品林、康养基地等至少13类。其中，前6类功能属性为公园绿地，森林公园、风景名胜区、自然保护与国家公园功能属性为自然保护地，生态公益林、商品林与康养基地功能属性为多功能林地。

二、城市森林的生态系统服务

生态系统服务被认为是人类从生态系统中直接或间接获取的福利与惠宜，其核心目的是连接生态系统与人类社会，通常指为满足人类生产、生活需要，生态系统所提供的各类自然资源、生态产品及其社会文化。[①]生态系统服务功能分类是生态系统服务研究的基础，但由于一些新的服务不断被发现，因此，生态系统服务功能分类一直存在争议。[②③] DeGroot长期致力于生态系统服务功能分类体系研究，将其分为调节、栖息地、生产与信息四大功能。The Economics of Ecosystems and Biodiversity（TEEB）计划将生态系统服务分为供给、调节、栖息地与文化功能4大类22个具体功能。Millennium Ecosystem Assessment（MA）计划在吸收前人研究成果基础上，将生态系统服务分为供给、支持、调节与文化四类（表1）。MA计划是众多生态系统服务分类研究中影响最大、最被学者接受的一个分类体系。

①梁星权，主编. 城市林业[M]. 北京：中国林业出版社. 2001.

②Millennium Ecosystem Assessment（MA）. Ecosystem sand Human Well-being: A Framework For Assessment. Washington DC: Island Press, 2003.

③李广东，方创琳. 城市生态—生产—生活空间功能定量识别与分析[J]. 地理学报，2016, 71（01）: 49-65.

表1　MA计划生态系统服务类型

生态系统服务	内容
供给服务	食物 纤维 淡水 生物化学制品 天然药材及药物 遗传资源
调节服务	气候调节 空气质量调节 自然灾害控制 水源净化 废物处理 水土保持 传粉 疾病控制 虫害防控 水源调节
支持服务	营养循环 土壤形成 初级生产力
文化服务	休闲及生态旅游 审美价值 精神与宗教价值 心灵体验与地域感

城市森林作为森林生态系统与城市生态系统的重要组成部分，它所提供的生态系统服务相比其他生态系统更具综合性、系统性与特殊性[①]，除具备上述4种生态系统服务外，还能提供其他较为小众的服务。城市森林生态系统供给服务主要

①刘绿怡，刘慧敏，任嘉衍，等．生态系统服务形成机制研究进展[J]．应用生态学报，2017，28(08)：2731–2738．

指城市森林为人类提供食物、淡水、药物等产品的服务；调节服务指城市森林为应对气候变化、缓解自然灾害所提供的服务，主要特征是通过维护生态安全以保证人类永续发展；支持服务指城市森林为维持地球生命条件，对重要物种及栖息地进行保护和恢复，以满足物种生存栖息、维护生物多样性的一种服务；文化服务指城市森林为人类提供的精神文化、科学教育、审美美学服务。值得注意的是，森林康养作为当前国际社会森林发展的热点，它有别于森林旅游、森林体验等功能业态。它是基于森林生态系统提供的药物与食物等供给服务，以医学为基础，同时结合文化服务而衍生出现的一种相对高层次的生态系统服务①。因此，本文认为城市森林生态系统服务至少包括供给、调节、支持、文化、康养以及综合服务六类。

城市森林作为"人—自然—城市"和谐共生的重要载体，其生态系统是一个更为综合的服务体系，兼具了森林生态系统与城市生态系统两种属性，服务类型更为复杂、系统和全面，存在同一城市森林能够提供全部服务的可能。

三、以不同类型生态系统服务为主导的城市森林分类体系

根据城市森林的内涵分析可知，生态系统服务可以作为城市森林分类的标准。一般来讲，一处城市森林至少具备一种及一种以上种生态系统服务，受所属区位、自然属性与资源特征等因素影响，既会存在以一种生态系统服务为主导的城市森林，也会存在多种生态系统服务并存且均衡制约的城市森林②。结合森林与城市绿地资源分类以及发展趋势，我们可将城市森林分为E_i类—生态系统综合服务类城市森林（简称"综合服务类城市森林"）、E_{ii}类—生态系统供给服务类城市森林（简称"供给服务类城市森林"）、E_{iii}类—生态系统服务调节服务类城市森林（简称"调节服务类城市森林"）、E_{iv}类—生态系统支持服务类城市森林（简称"支持服务类城市森林"）、E_v类—生态系统文化服务类城市森林（简称"文化服务类城市森林"）、E_{vi}类—生态系统康养服务类城市森林（简称"康养服务类城市森林"）6个大类，涵盖综合公园、社区公园、专类公园、防护绿地、生产绿地、附属绿地、森林公园、风景名胜区、自然保护区、国家公园、生态公益林、商品林与康养基地13个亚类（表2）。

---

①严岩，朱捷缘，吴钢，等. 生态系统服务需求、供给和消费研究进展[J]. 生态学报，2017, 37(08): 2489-2496.

②赵文武，刘月，冯强，等. 人地系统耦合框架下的生态系统服务[J]. 地理科学进展，2018, 37(01): 139-151.

表2　　以不同类型生态系统服务为主导的城市森林分类体系

大类	亚类	描　述	地理位置
E_i类—综合服务类城市森林	综合公园	建设内容与功能相对丰富，能满足各类游憩活动，具备完善的服务设施，同时具有一定的生态价值	城市建成区、城市近郊区
	国家公园	一个外来词，主要指为保护一个或多个生态系统，同时兼顾旅游游憩、科学研究等功能而划定的自然区域，一般面积较大	城市近郊区
E_{ii}类—供给服务类城市森林	生产绿地	用于种苗培育、实验引种、植物培育的绿地，常见的如苗圃、花圃等	城市近郊区
	商品林	以生产木材等林产品，满足社会经济发展为主要目的的林地	城市近郊区
E_{iii}类—调节服务类城市森林	防护绿地	用地独立，具备分隔空间、保证安全的功能，主要包括道路防护绿地、公用设施防护绿地、卫生隔离防护绿地等	城市建成区、城市近郊区
	生态公益林	以提供生态公共服务为主要目的的重点林地，作用是维护生态安全、改善生态环境、开展科学研究。一般包括水源涵养林、防风固沙林、水土保持林等	城市近郊区
E_{iv}类—支持服务类城市森林	自然保护区	对具有保护价值的生态系统、野生动植物种群进行集中保护的陆地与水域区域。包括自然生态系统、野生生物与自然遗迹3类、9个类型	城市近郊区
	森林公园	以森林为主体，兼顾资源保护、科普教育、休闲游憩等功能的林地，一般具有一定用地规模，能保护一种及多种生态系统	城市近郊区
E_v类—文化服务类城市森林	社区公园	满足居住区居民休闲游憩需求，用地相对独立，具备一定的服务设施，一般规模相对较小	城市建成区、城市近郊区
	专类公园	内容属性特殊，主题鲜明，包括动物园、植物园、历史名园、遗址公园、游乐公园以及儿童公园、雕塑公园、体育公园等其他专类公园	城市建成区、城市近郊区
	附属绿地	用地不独立，附属于城市建设用地的绿化用地，面积一般较小，包括商业用地、居住用地、工业用地等	城市建成区、城市近郊区
	风景名胜区	风景优美、资源特色突出，且具有较高文化、审美、游憩以及科学价值的区域，一般具有较为完善的服务设施	城市近郊区
E_{vi}类—康养服务类城市森林	森林康养基地	森林资源优质，负氧离子含量高，并具有一定步道、住宿餐饮设施的基地区域。它常作为国有林场、森林公园、森林小镇等场地的一个功能区	城市近郊区

（一）E_i类—综合服务类城市森林

综合服务类城市森林指能同时提供供给、调节、支持、文化与康养5项服务中的4项及4项以上服务，且4项服务基本处于同等重要地位，相互协调、彼此制约的一类城市森林。该类城市森林是城市森林发展演变的理想目标。它主要包括国家公园与综合公园两个亚类。其中，国家公园在国土空间中属于自然保护地体系，主要指为保护一个或多个生态系统，同时兼顾旅游游憩、科学研究等功能而划定的自然区域，一般面积较大。综合公园属于公园绿地系统，主要指建设内容与功能相对丰富，服务设施完善，能满足各类游憩活动，同时具有一定的生态价值的公园绿地。二者都在其系统内部占据主导核心地位，均能提供供给、调节、支持、文化等生态系统服务。

（二）E_{ii}类—供给服务类城市森林

供给服务类城市森林指能够提供供给服务，或同时能提供两种及以上生态系统服务，但供给服务占主导地位的一类城市森林。在这一服务中，城市森林即可作为服务提供者，也可作为供给载体。城市森林作为服务提供者直接从生态系统中获取生态产品，而城市森林作为供给载体，则通过社会生产产出生态产品与服务。食物、木材与淡水是供给服务类城市森林最为重要的供给物品。这类城市森林主要包括生产绿地与商品林，它们具有较高的经济价值，生产供给功能占主导地位，但同时也能提供一定的调节、文化等其他服务。

（三）E_{iii}类—调节服务类城市森林

调节服务类城市森林指能够提供调节服务，或同时能提供两种及以上生态系统服务，但调节服务占主导地位的一类城市森林。调节服务类城市森林主要通过调节作用来保障区域范围内的生物多样性与物质循环，服务对象包括空气、水文、土壤、植被、气候与自然灾害等。其中，土壤、水文、植被、气候等要素是城市森林生态系统运行与作用的基本组件。[①] 防护绿地与生态公益林均属于这类城市森林。

（四）E_{iv}类—支持服务类城市森林

支持服务类城市森林指能够提供支持服务，或同时能提供两种及以上生态系统服务，但支持服务占主导地位的一类城市森林。这类城市森林以维持物种生存繁衍、保护森林资源与恢复栖息地为主要服务特征，是保证城市森林其它服务得以

①艳萍. 图解国外主要国家城市森林建设特点：以美国、德国、澳大利亚、日本为例[J]. 中国城市林业，2010，8（4）：63-65.

被提供的基础。支持服务类城市森林包括自然保护区与森林公园。其中，自然保护区相比森林公园生态系统支持服务表现更为突出，主要原因是森林公园同时也提供一定的文化、康养等服务，支持服务主导地位不强。

（五）E_v类—文化服务类城市森林

文化服务类城市森林指能够提供文化服务，或同时能提供两种及以上生态系统服务，但文化服务占主导地位的一类城市森林。这类城市森林具有精神、教育、科普、美学等价值特征，多是具有重要观赏游憩、历史文化、艺术审美及科普教育价值的公园绿地与自然保护地，主要包括社区公园、专类公园、附属绿地与风景名胜区等。其中，专类公园包括植物园、动物园、历史名园、遗址公园等，是生态系统文化服务表现较为特色鲜明的一类城市森林。

（六）E_{vi}类—康养服务类城市森林

康养服务类城市森林指能够提供康养服务，或同时能提供两种及以上生态系统服务，但康养服务占主导地位的一类城市森林。这类城市森林具有的治疗、康复、保健、养生等价值特征，是基于森林生态系统提供的药物与食物服务，以医学疗养为基础，同时结合文化服务衍生出现的一种生态系统服务。该类城市森林的服务对象利用城市森林提供的林木、林产品以及森林资源环境等供给服务，进行作业疗法、心理疗法、医疗康复与幼儿保育等康养服务。康养基地是康养服务类城市森林的主要地域特征，它常作为国有林场、森林公园、森林小镇等场地的一个功能区出现。

四、结语

当前，城市森林建设正在全国范围内大规模蓬勃开展，但作为城市森林规划设计与建设管理前提基础的分类体系，却一直尚未完全构建，分类体系的缺位很大程度上影响了城市森林的建设水平。生态系统服务自诞生之日起，便搭建起了人类与自然之间桥梁，而城市森林是城市与自然共生的媒介。基于生态系统服务的城市森林分类体系研究，能够帮助我们系统、全面地审视近年来我国城市森林建设情况，能够促进森林资源、园林绿化资源以及城市基础设施的有机融合，进而构建“人—自然—城市”和谐共生的国土生态空间，为建设美丽中国奠定基础。

（原文载《中国城市林业》，2018年第6期）

我国城市森林的生态系统服务探析

王　鹏　王　剑　何桂梅

随着城市化进程的迅猛加速，人类社会系统与自然生态系统间矛盾日益激化，北京、上海等大型城市已面临城市容量超饱负荷、生态承载力接近上限、生态空间挤压以及环境污染加剧等一系列问题①②。在这一背景下，人们对美好生活的需求与日俱增，城市森林作为“人—自然—城市”和谐共生的重要载体，其建设管理问题日益受到社会的普遍关注。

《中华人民共和国国民经济和社会发展第十三个五年规划纲要》明确提出，要“转变城市发展方式，提高城市治理能力，加大‘城市病’防治力度……建成一批森林城市。”森林城市作为时代发展的产物，已成为解决城市环境问题的重要手段与实现路径。长期以来，我国为满足城市发展所需的绿化规模与面积，开展了一系列森林抚育、森林经营等活动，取得了一定成效，但对城市森林的生态产品供给、调节支撑以及文化服务等多功能、多属性、多领域认知还相对不足。基于此，本文从生态系统服务视角出发，研究城市森林生态系统服务类型、供给与消费，明确城市森林生态系统服务内涵与研究框架，从管理与利用、发展与供给、数量与质量、设计与体验等角度，探讨城市森林生态系统在服务功能、供给能力、服务效能以及服务消费水平等方面存在的问题，并提出基于生态系统服务的城市森林管理策略，优化城市森林建设与管理，提升城市居民生态福祉。

一、城市森林生态系统服务内涵

（一）生态系统服务

随着人类与生态环境之间矛盾冲突的不断增多，理清并正确处理人类社会系

①张妍，郑宏媚，陆韩静. 城市生态网络分析研究进展[J]. 生态学报，2017, 37(12)：4258-4267.

②张亚鑫，田晓晖，刘珉. 城市森林价值评估方法研究综述[J]. 林业经济，2017, 39(03)：64-72.

统与自然生态系统间的关系显得尤为重要，生态系统服务理论的出现，成为处理这一关系的重要手段。生态系统服务被认为是人类从生态系统中直接或间接获取的福利与惠宜，其核心目的是连接生态系统与人类社会，通常指为满足人类生产、生活需要，生态系统所提供的各类自然资源、生态产品及其社会文化。经过多年的发展，它已逐渐成为生态学、地理学以及人类学等学科领域的研究热点①。纵观其发展脉络，服务分类一直是该理论研究的基础与重点，Millennium Ecosystem Assessment（MA）计划的分类标准最为著名，也最为大多学者所接受，MA将其分为供给服务、支持服务、调节服务与文化服务4类②。

生态系统服务搭建起了人类社会系统与自然生态系统的桥梁。其中，人类社会系统主要包括营养、安全、情感等人类生存发展过程中的所需元素，是生态系统服务的需求方；自然生态系统包括自然、半自然与人工三类生态系统，主要指景观格局与生态过程，是生态系统服务的供给方。人类社会系统与自然生态系统之间存在非线性关系③，即人类社会系统通过生态系统服务消费来消耗和使用自然生态系统的产品、资源与服务，以满足自身生存与发展需求。在这一过程，会衍生三种情景：一是自然生态系统供给小于实际人类社会系统所需需求，造成生态系统服务被过量消费，影响和改变生态系统结构、过程与格局，进而制约下一阶段生态系统服务的供给，形成一个恶性循环；二是生态系统服务供给与消费达到均衡，既满足人类社会系统的产品与资源需求，又不对自然生态系统造成破坏，影响生态系统服务的供给，这类情景是生态系统服务供给、需求与消费的理想状态；三是自然生态系统供给大于人类社会系统所需需求，人类社会系统所需的生态系统服务过少，生态系统提供的产品、资源以及服务过量，这类情景在当前城镇化高速发展、人口规模大幅增加的背景下，基本不会出现。

（二）城市森林生态系统服务

城市森林一词最早出现于20世纪60年代美国户外资源调查报告，后来逐渐引起国内外学者的普遍关注④。20世纪70年代，美国国会通过城市森林法，以此为

①傅伯杰，周国逸，白永飞，等. 中国主要陆地生态系统服务功能与生态安全[J]. 地球科学进展，2009，24（06）：571-576.

②Millennium Ecosystem Assessment（MA）. Ecosystem sand Human Well-being：A Framework For Assessment. Washington DC：Island Press，2003.

③严岩，朱捷缘，吴钢，詹云军. 生态系统服务需求、供给和消费研究进展[J]. 生态学报，2017，37（08）：2489-2496.

④张文娟. 北京城市森林休闲服务供给及对其感知分析[D]. 北京：北京林业大学，2016.

标志，美国启动一系列城市森林发展规划与工程，推动城市森林建设。在这一过程中，城市森林的内涵也由最初侧重单体树木研究开始向关注城市内部空间领域延伸。Rowntree①认为城市森林是城市中具备一定生态功能的森林，Wolf等②人则从相关利益者角度对城市森林进行评价，进一步深化了城市森林内涵，王鹏等③将森林与城市关系的紧密度作为衡量城市森林建设的重要指标。目前，我国城市森林虽未有一个统一的内涵定义，但在功能、类型、范围等层面已基本达成一定共识。在范围方面，城市森林既存在于城市建成区，也存在于城乡结合部与郊区；在属性方面，城市森林属于林业范畴，但与城市园林绿化联系紧密，彼此交错，密不可分，部分景观既是城市森林也是公园绿地；在分类方面，城市建成区公园绿地（如综合公园、社区公园、附属绿地等），城乡结合部环城林带，远近郊区林地（如风景林等），以及森林公园、名景名胜区、国家公园等自然保护地在某种程度上均属于城市森林。基于此，本文认为城市森林是城市建成区园林绿化资源与近郊区的森林资源的总和，它虽归属林业范畴，但与城市园林彼此交错，并在陆地生态系统中发挥着极其重要的多种服务功能。

城市森林作为城市与自然和谐共生的纽带，城市森林生态系统能有效缓解城市发展过程中出现的各类生态环境问题，为人类社会提供优质的产品、资源与服务，满足人们对美好生活的需求，实现人与自然和谐共生。城市森林是生态系统服务供给的重要组成部分，同时生态系统服务受区域社会经济、政策法规、文化素质、人口结构等因素影响，对城市森林建设管理、规划设计与资源配置起着支撑决定作用，直接影响了我国城市森林建设，基于此，城市森林生态系统服务研究已迫在眉睫。

城市森林生态系统服务是人类从城市森林生态系统中直接或间接获取的福利与惠宜，核心作用是连接森林生态系统、城市生态系统与人类社会系统。城市森林生态系统能为实现区域的可持续发展提供供给、调节、支持与文化等多种服务，满足人类社会系统所需物质、生态、文化需求，推动合理的服务消费（图1）。在城市森林提供的生态系统服务中，供给服务主要指城市森林提供给人类可供利用与使

①Rowntree R A. Ecology of the urban forest—Introduction to part I. Urban Ecology[J], 1984, 8（1-2）: 1-11.

②Wolf K L, Kruger L E. Urban forestry research needs: a participatory assessment process. Journal of Forestry[J], 2010, 108（1）: 39-44.

③王鹏，樊宝敏，何友均，王剑，李智勇. 作为绿色基础设施的城市森林概念与问题分析[J]. 世界林业研究，2018, 31（02）: 88-92.

用的生态产品、资源与服务，通常包括食物、药物、淡水等；调节服务指城市森林为应对环境问题，所提供的调节气候、疾病、灾害的服务；支持服务是指为维护国土生态安全，支持动植物物种保护与栖息地恢复的服务；文化服务指城市森林为人类社会所提供的诸如艺术审美、科普教育、精神文化等服务①②③。生态系统服务类型、供给、需求与消费作为优化城市森林建设管理的关键，对识别城市森林存在的问题具有重要参考意义，并有助于为其规划设计与资源配置提供决策依据。

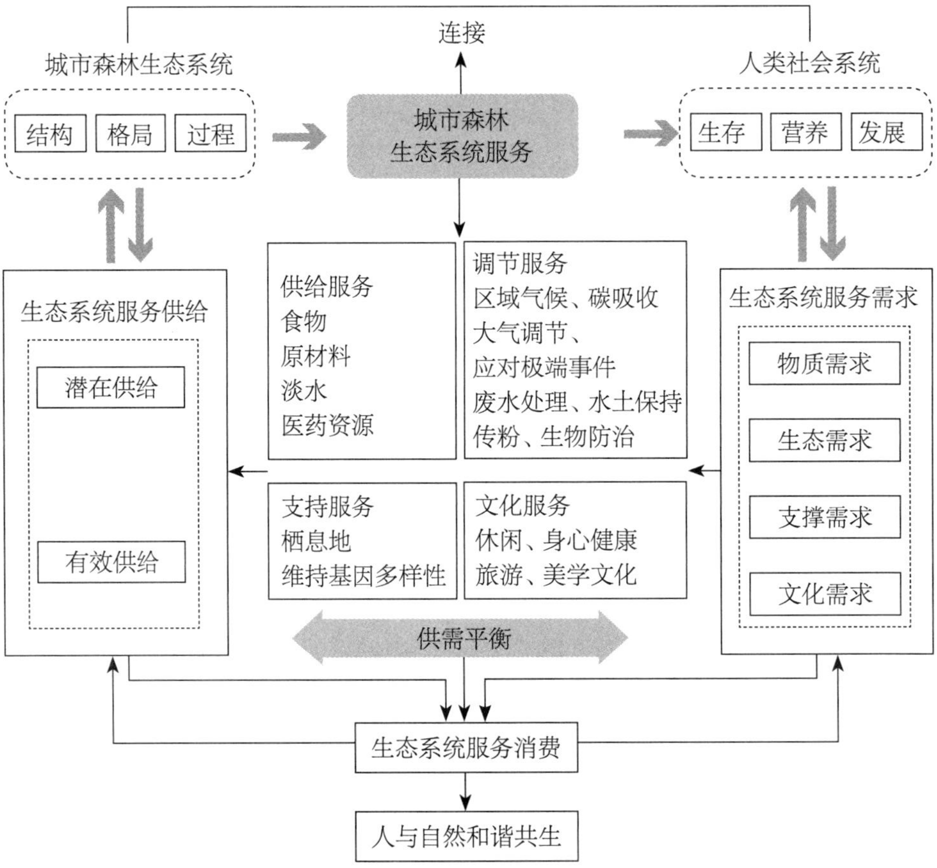

图1　城市森林生态系统服务类型、供需与消费研究框架

①Dobbs C, Kendal D, Nitschke C R. Multiple ecosystem services and disservices of the urban forest establishing their connections with landscape structure and sociodemographics[J]. Ecological Indicators, 2014, 43(8): 44-55.

②Haase D, Larondelle N, Andersson E, et al. A Quantitative Review of Urban Ecosystem Service Assessments: Concepts, Models, and Implementation[J]. AMBIO A Journal of the Human Environment, 2014, 43(4): 413-433.

③Jim C Y, Chen W Y. Ecosystem services and valuation of urban forests in China[J]. Cities, 2009, 26(4): 187-194.

二、面向生态系统服务的城市森林问题识别

（一）重管理、轻利用，生态系统服务类型单一

目前，现行管理过于专注森林资源数量，未处理好保护性管理与保护性开发之间的关系。城市森林资源保护与利用之间的不平衡和不合理，直接影响了生态系统服务的形成，导致城市森林生态系统服务单一，一定程度上限制了生态旅游、环境自然教育、休闲观光体验等服务的供给。此外，现行城市森林利用方式也相对陈旧，缺乏创新意识。当前城市森林利用方式还属粗放型，资源开发利用层次相对较低，方式单一，性质雷同，缺乏地方特色[①②]。在推进国家森林城市与美丽中国建设的大背景下，如何高效集约利用好有限的城市森林资源，发挥城市森林的多种生态服务功能，需要在资源管理利用方面进行大胆的创新，探索出一种可供复制推广的新模式。

（二）重发展、轻供给，生态系统服务供需失衡

生态系统服务的持续性供给是实现社会经济与自然环境可持续发展的基础，一定规模的城市森林面积是保证城市森林生态系统服务供给有效和可利用的重要前提。中国正处于高速的城镇化进程中，各项建设用地需求增长迅速，占用征收林地情况时有发生，且征占面积与数量居高不下，土地利用的统筹与协调任务十分艰巨。据北京林地保护利用规划评估数据统计，北京2010年征占用林地面积尚保持在300 hm^2以内，但预计到2020年却将达到3 264 hm^2。北京土地资源本就极其稀缺，以土地换取生态系统服务、保证城市森林用地无疑会遇到各种制约，尤其受基本农田保护目标的限制，城市建成区及近郊用于城市森林建设的土地将更为有限。如何运用生态系统服务供需原理处理好经济社会与城市森林用地供需之间的矛盾关系，是城市森林建设面临的重要挑战。

（三）重数量、轻质量，生态系统服务效能低下

森林资源数量与质量是衡量城市森林建设的两个关键指标。一般认为，资源质量及生态系统服务效能之间彼此具有正相关关系[③]，较高的城市森林质量能够

① 王成. 中国城市生态环境共同体与城市森林建设策略[J]. 中国城市林业，2016，14（01）：1–7.

②陈焕娣，刁娇娇. 城市近郊森林可持续经营战略研究：以南京市溧水区林场为例[J]. 南京林业大学学报（人文社会科学版），2014，14（04）：81–86.

③刘绿怡，刘慧敏，任嘉衍，等. 生态系统服务形成机制研究进展[J]. 应用生态学报，2017，28（08）：2731–2738.

更好地提高生产力，维护生态系统生物多样性，增强生态系统服务效能。通过近几年大规模国土绿化行动，我国城市森林资源已基本得到有效保护，资源数量和面积相比以往有明显提升，但森林质量还普遍偏低。以北京为例，2017年森林蓄积量为1 749.77万m^3，但树种多以侧柏、油松等针叶树为主，全市低质低效林达20多万m^2，中幼林面积近40万hm^2。树种单一、结构简单、林木长势弱、抗逆性差、生物多样性不丰富、碳汇能力差等问题一直制约着北京城市森林生态系统服务效能的发挥。

此外，我国城市森林建设“碎片化”现象明显，系统性较弱，尚未构建起完整的生态绿色网络体系①②。可以说，除经营管理不到位之外，结构布局也是影响城市森林质量与生态系统服务效能的重要原因。

（四）重设计、轻体验，制约生态系统服务消费水平

生态系统服务消费是人类社会对自然生态系统服务的使用消耗，它常用来表示人们使用生态系统服务产品或享用生态系统服务的过程行为③。人类社会作为生态系统服务的消费者，消费水平高低既取决于消费者社会背景、文化认知、薪资收入等客观因素，也取决于生态系统所提供的服务是否做到“因人而异”，符合消费者偏好。

当前，我国对于城市森林设计还停留在形式表现方面，常忽略自然资源与人文历史的深层次提炼与挖掘，做法简单粗暴，这直接导致人们对城市森林生态系统文化服务的获取，只能通过标识牌、雕塑、小品等“形象工程”获得。据国家级森林公园总体规划中期评估报告显示，各地森林公园生态设计与人文设计意识淡薄，缺乏系统的规划设计，整体建设层次较低，对于自然教育、森林康养等深层次文化建设涉及较少，旅游产品开发设计也仅是偏重观光型旅游产品，类型单一，品牌意识模糊，游客“说走就走”现象普遍。德国的城市森林被誉为全球发展最好的国家之一，纵观德国城市森林所提供的众多文化服务中，自然教育是其中需求量较大的一类生态系统文化服务。目前，德国通过立法的形式，要求将自然教育作为森林公园等城市森林建设的一项基本职能，向公众提供服务。因此，在城市森林设计过程

①王鹏，樊宝敏，何友均，等. 作为绿色基础设施的城市森林概念与问题分析[J]. 世界林业研究，2018，31（02）：88-92.

②王成. 中国城市生态环境共同体与城市森林建设策略[J]. 中国城市林业，2016，14（01）：1-7.

③甄霖，刘雪林，魏云洁. 生态系统服务消费模式、计量及其管理框架构建[J]. 资源科学，2008（01）：100-106.

中，体验性文化服务的挖掘对提升居民服务消费水平至关重要。

三、面向生态系统服务的城市森林管理对策建议

（一）构建空间布局动态调整机制

近年来，随着城市规模扩张，市域生态空间、生产空间和生活空间错配现象屡见不鲜，原有的生态空间不断被生产、生活空间挤占和蚕食。基于此，建议基于生态系统服务供需，将城市森林置于大尺度生态空间层面，通过优化和调整国土生态空间，完善城市森林空间优化管理体系，分区、分类、分级确定城市森林管理框架，明晰重点方向与政策措施，构建一套系统化的空间布局动态调整机制，实行有针对性的差别化管理，适时调整、扩充城市森林用地，保障区域生态系统服务供给。此外，针对城市建设征占城市森林用地问题，建议建立城市森林"占补平衡"管理体制，创新征占用管理机制，严格限制林地征占行为，限制商业性经营使用城市森林。实行先补后占方式，保证新补充城市森林用地质量，提高生态系统服务效能，并适时推广"只征不转"的征地模式。

（二）构建城市森林可持续管理体系

有研究表明，城市森林生态系统服务效能与城市森林经营质量直接相关，森林抚育等经营管理手段能有效提高城市森林生态系统服务效能①。森林可持续管理是有效推动森林成为健康、适应力强、高产高效的生态系统的重要手段，并能为社会提供更优的服务。基于此，建议加快建立健全城市森林经营管理体系，针对不同尺度、属性的城市森林有针对性实施经营管理。对城市近郊原生植被加强重点保护，增强其生态系统的稳定性；对森林公园等具有一定面积的人工林，提倡使用乡土树种，优化调整森林结构，营造结构层次分明的混交林；对于附属绿地等小尺度城市森林强化经营手段，实现调节服务与文化服务双赢，最大化推动城市森林融入城市发展。

（三）完善生态红线管控制度

城市森林具有为动植物提供栖息地、维持生物多样性的生态系统支持服务。然而随着近年来城市扩张、人口规模扩大，动植物栖息地频遭破坏，生物多样性极度锐减。基于此，建议将城市森林纳入生态红线统一管理，制定城市森林生态红线

①裴男才，陈步峰，史欣，粟娟. 从生态学角度浅析森林城市群的建设与研究[J]. 中国城市林业，2017，15（06）：1-5.

划分技术规范和管控办法，实行分级分类管理，将生态系统支持服务落实到具体地块。通过制定最严格的管理办法，加强城市森林空间用途管制，实行规划管理、定额管理。此外，通过卫星遥感和地面监测建立城市森林生态红线台账制度，完善监测预警体系，实行动态化评估和生态红线的科学化调整和管理。

（四）挖掘多功能城市空间潜力

城市河道、植物园、动物园、废弃矿坑等空间一般具有多种功能属性，这类城市空间所提供的生态系统文化服务相比单纯的绿化用地更具特色。目前，由于缺少对上述空间的功能挖掘，导致其生态系统文化服务多处于附属地位，森林体验与环境教育服务功能缺位。建议挖掘上述空间用地潜力，加强森林体验与环境教育体系构建。依托植物园、森林公园与野生动物园等专类园，建设自然学校，并结合中小学课程，开展体验式户外教育；在废弃矿坑、贫瘠农地等边缘空间“借地添绿”，并基于土地退化现状开展荒野教育、自然教育与森林历险等体验活动。同时，通过奖励激励机制，积极引导林场、森林公园、社区公园等场所依据现有条件，设置森林课堂、大自然剧场、手绘涂鸦墙、森林游憩区等生态文化服务空间及相关配套设施，推动市域范围内自然教育网络结构的形成。

四、结语

生态系统服务搭建起了人与自然之间的桥梁，而城市森林作为城市与自然的媒介，研究面向生态系统服务的城市森林具有十分重要的意义。随着我国经济结构调整以及生态文明建设的不断推进，城市森林建设将面临越来越多的挑战，通过借鉴生态系统服务理念，能更为有效地审视我国快速城镇化背景下的城市森林建设，有针对性地查找城市森林建设过程中存在的问题，并以新的视角予以应对，为加强城市森林管理提供有效的科学依据。

（原文载《中国城市林业》，2019 年第 1 期）

文化圈视域下的中国森林城市群及其体系建设研究

李　楠　李智勇　樊宝敏　王　鹏

文化圈（cultural circle）的概念源于社会学、文化人类学中对文化地理分布的描述和对文化传播的解释，其核心观点认为作为有机整体的文化或文明具有区域性。[①]文化圈的概念建立在相似的地理空间和文化认同的基础上，使处于同一文化圈内、具有一定自然生态和文化共性的区域合作成为可能。相较于传统的政治、经济区域合作，这种基于文化圈的合作模式可以在一定程度上弱化发展差距、异质文化等因素的影响，更具弹性、持久性和稳定性。

鉴于文化圈的独特优势，利用生态文化资源、通过打造文化圈提升森林城市创建的质量、促进森林城市之间的合作、推动森林城市群建设不失为一种新的探索与尝试。五千年中华文明孕育了博大精深的生态文化，其“天人合一，道法自然”的生存智慧，“厚德载物，生生不息”的道德理念，“平衡相安，和谐共生”的道德准则等，在人与森林共生演化的森林文化中表现得淋漓尽致。生态文明新时代的森林城市创建、森林城市群建设与森林城市群体系的构建，应充分挖掘其深厚的生态文化底蕴，以促进人与自然的和谐发展为核心理念，以文化圈的整合建设为研究和工作范式，从而为其提供精神动力和文化支撑。

一、文化圈理论概述

文化圈顾名思义是围绕文化而展开的研究。文化人类学家所说的文化一般指人类社会所有习得的、共享的观念和行为。英国人类学家泰勒提出的文化定义，几乎囊括了人类经历的各个方面：“文化……是一个复合的整体，它包括知识、信仰、

①庄孔韶. 人类学通论 [M]. 太原：山西教育出版社，2004：46-47.

艺术、道德、风俗以及作为社会成员的人所获得的其他任何能力和习惯。”[①]围绕着如何解释这些文化现象，如何进行研究，在人类学中形成了不同的文化人类学理论流派。其中，文化传播论是在批判文化进化论的基础上产生的，认为每一种人类文化都是在某一地点一次产生的，一但产生后，就开始向各个地方传播。

文化传播学派的重要理论观点主要包括德奥文化传播学派的文化圈理论和美国传播学派的文化区理论。德奥文化圈学派为代表，继承德国唯心论哲学和人文地理学传统，强调文化与自然地理之间的关系，认为每个区域自有文化的创造和变迁中心，并通过物质文化形态的比较来拟构区域文化及其传播过程，从而总结其中反映出的民族精神。

美国文化区理论是在研究北美印第安人文化中对德奥文化圈理论的改进，强调更细腻的经验操作，把考察的空间缩得更小、文化要素分得更细，对文化整体的关联性也更加强调。例如，把单一文化事项成为特质（trait），服务于同一功能的特质构成丛（complex），关系紧密的不同丛构成文化类型（type），文化类型沿文化带分布，相关的文化带又形成文化区。

也有学者在承袭中国人文地理传统的基础上，采用文化圈的概念和理论，阐释班固在《汉书·地理志》中对经济文化区域的划分，将全国划分为5个区域经济文化圈（西部、中原、东方、北方、南方），13个经济文化区（秦、魏、周、韩、宋、卫、齐、鲁、赵、燕、楚、吴、粤）和26个经济文化亚区（涉及关中、西北、河西、巴蜀、西南夷、河内、河东、周地、郑地、陈地、夏地、睢阳、沛楚、卫地、齐地、鲁地、赵、中山、邯郸、太原、上党、钟、代、石、北、定襄、云中、五原、蓟、上谷、辽东、玄菟、乐浪、楚地、寿春、合肥、吴地、番禺、儋耳、珠崖等）。[②]

根据文化圈和文化区的相关理论，在文化研究中，我们可以根据具体的研究对象和实际的需要，按照一定的要素对文化圈进行细分，如在文化圈之下构建次级文化系统，在不同层级的文化圈内以及文化圈之间寻找文化共性，为不同范围的区域合作发展提供支持。

二、文化圈与经济区域的高度重合与相互嵌入

随着我国经济社会的发展和城镇化进程的深入，以城市群、经济带和经济通道

①庄孔韶. 人类学通论 [M]. 太原：山西教育出版社，2004：20.

②唐丰姣. 浅谈班固“区域经济文化圈”之理论实践：以《汉书·地理志》为中心 [J]. 中外企业家，2019（19）：238-239.

为支撑的区域经济合作格局以基本形成。从区域经济学的角度看，城市群、都市圈、经济带和经济通道等均属于经济区域的范畴。目前，国内已经形成了京津冀、长三角、珠三角3个国家级城市群，以及辽中南、山东半岛、海峡西岸、中原、长江中游、关中、川渝7个已经形成一定规模的城市群，以及以重庆为中心的渝西经济走廊等。

我国大部分经济区域的划分也都显示出这种地域上的相邻性和文化上的相似性。地域上相互毗邻，交通便利，容易形成伙伴关系；而地理相近的区域在长期的历史发展过程中也比较倾向形成趋同的文化传统，构成推动经济区域内部合作的重要力量。

改革开放以来，我国国家层面的区域规划主要以自然地理和人文传统为依据对经济区域进行划定，如20世纪90年代初划分的7大经济圈，即长江三角洲和长江沿岸地区、环渤海地区、东南沿海地区、西北地区、西南和华南部分地区、东北地区、中部地区，与中国传统的7大文化圈，即吴越文化、燕赵文化、岭南文化、秦陇文化、巴蜀文化、关东文化、荆楚文化基本对应。一些规模相对较小的经济区域如中原经济协作区、闽东南经济协作区、关中—天水经济区、晋陕豫黄河三角洲经济协作区等也大多分布在同一历史文化圈中。此外，地方自发形成的经济区域如湘鄂渝黔桂经济技术协作区、川甘青藏滇毗邻地区民族友好经济协作区、陕甘宁蒙毗邻地边区经济协作区等也与滇黔桂文化圈、青藏文化圈、河套文化圈等地域文化圈基本契合。可以说，文化圈为区域经济合作提供了强有力的支撑。

从历史传统层面来看，跨市域跨省域的区域合作也大多具有文化上的同源性、自然地理上的相近性和行政区划上的相对稳定性，很多地区在历史上曾长期隶属于同一辖区。班固《汉书·地理志》所开创的中华人文历史地理学，从自然、地理、文化、政治行政区划等方面，对汉代的“区域经济文化圈”进行了详细的阐述和划分，突破了《史记·货殖列传》依据“大部分是通过商业分区而引出的”“而不是行政分区，或风俗分区”的划分原则。①

虽然自元朝后历朝历代统治者为防止地方割据、对抗中央，不再遵循“山川形便”“关河近便”的行政区划原则，人为地把同一自然地理单元分割给若干个行省，形成犬牙交错的省界，破坏了区域人文地理分布的完整性和统一性，同一类区域文化被划分到不同的行政辖区，同一个行政辖区内则包括了多种区域文化，其

①唐丰姣. 浅谈班固“区域经济文化圈”之理论实践——以《汉书·地理志》为中心[J]. 中外企业家，2019(19)：238.

影响一直延续至今。正如地理学家傅角今在《重划中国省区论》一书中评价的那样："元、明、清划省之目的在于统治及控制。故纵的方面，指挥系统务求严密，不惮阶层繁复；横的方面，区域划分，旨重牵制，不厌支离破碎，自难求其符于地理（环境）。"①

但基于文化圈的长期形成的文化关联并未因行政区划的调整而终止，文化上的联系成为邻近地区跨市域跨省域合作形成和发展的重要基础。例如，晋陕豫黄河金三角合作，区域内的经济文化往来可以追溯到春秋战国时期；长三角经济区，在自然条件和人文传统方面具有相当的同质性；关中—天水经济区同属文关陇文化，民风民俗相同……可见，很多经济合作区域的区划与文化圈在很大程度上也是重合的，其历史文化的同源性有利于地方之间相互认同并达成共识，使这种跨市域跨省域的区域合作从一开始就有了较为坚实的文化认同基础。

美国学者亨廷顿在《文明的冲突与世界秩序的重建》一书中阐述了文化之于国际区域合作的重要性：国际区域合作最重要的基础是文化的共性，文化上缺乏共性，即便是地理相邻的国家之间也不会产生任何实质性的合作行为。②这一论述同样也适用于国家范围内的区域合作，促进合作的重要前提首先是处于同一文化圈。时至今日，文化共性仍然是构建区域合作的一个重要条件，文化圈对于促进区域合作发展具有重要作用。

三、森林城市群及其体系构建中的文化圈模式

文化圈理论及其在中西方文化研究中的应用，以及中国历史上文化圈与经济圈相互嵌入的发展模式，为森林城市群及其体系构建中的文化圈模式提供了启示和思考。

（一）生态文化是构成森林城市群文化圈的基础

生态人类学或文化生态学一直侧重于研究人类的社会文化特质与生态环境之间的关系，其环境决定论的观点认为，地理环境因素决定性地造就了人类及其文化；互动论的观点认为，文化与环境之间是一种对话关系，二者相互作用，文化与环境的重要程度因时因地而有所不同。不管是环境决定了文化，还是文化对环境的适应，都表现出人类文化与自然生态环境之间的紧密联系。人类作为生态系统

①浦善新. 元代省制：防止地方割据的制度保障[M] 中国社会报，2007-08-27(008).

②萨缪尔·亨廷顿. 文明的冲突与世界秩序的重建[M]. 周琪，等译. 北京：新华出版社，2010.

的一部分，其文化缘起与创造都依赖于特定的自然地理环境，并与其所处的自然生境有着千丝万缕的联系。因此，生态人类学角度下的文化与生态文化之间的差别微乎其微，几乎近同。生态文化作为一个有机整体，包含了物质文化、精神文化、制度文化、行为文化等各个方面，其内容几乎囊括了人类需求的各种文化范畴。

江泽慧主编的《生态文明时代的主流文化——中国生态文化体系研究总论》一书从中华文明语境对生态文化进行了界定：生态文化是研究人与自然相互关系的文化现象，致力于在精神、物质、制度、行为四个层面上，构建人与自然共生共荣的关系，是人与自然和谐共存、协同发展的文化。广义上的生态文化指人类在社会历史发展进程中所创造的、反映人与自然关系的物质财富和精神财富的总和，[①]既是文化的重要组成部分，又几乎涉及文化的方方面面。其“天人合一，道法自然”的生存智慧；“厚德载物，生生不息”的道德理念，“仁爱万物，协和万邦”的道德情怀，“平衡相安，和谐共生”的道德准则，揭示出人与自然关系的本质，引导着人类的行为规范。森林作为人类文明的摇篮和最重要的陆地生态系统之一，在与中华民族的交往互动中，孕育了底蕴深厚、丰富多彩的森林文化，成为生态文化的重要组成部分。

人类进入生态文明的新时代，中国博大精深的生态文化已经发展成为时代的主流文化，森林城市群建设与森林城市群体系的构建，都不应忽视生态文化，特别是森林文化的重要地位与作用。

森林城市群虽然是在森林城市和经济学意义上的城市群概念基础上发展而来的，但从我国生态文化理论研究和生态文明实践探索的实际来看，既不能将其简而化之为“森林+城市群”，也不可等同于森林城市的简单叠加。因此，笔者倾向于将生态文化作为构成文化圈的基础嵌入森林城市群，并将森林城市群定义为：以促进人与自然的和谐发展为核心理念，以生态优先、文化引领、绿色发展为重要原则，以森林城市为中心、兼顾城乡统筹，在顺应原生生态系统和文化传统的基础上，打造生态、文化和经济“三位一体”的联通廊道，在区域尺度上协同推进森林城市之间以森林湿地为主的自然生态系统建设、促进经济文化交流与合作的创新实践。

（二）森林城市群文化圈的划分原则和依据

森林城市群不是单纯的生态系统集群或经济集群，更是由历史文化符号构筑的人文集群，具有典型的文化圈特征。

①江泽慧.《生态文明时代的主流文化：中国生态文化体系研究总论》[M]. 人民出版社：北京，2013：12.

从人文地理学的角度来看，森林城市群不仅是一个地域生态空间或经济区位空间的概念，而且是一个伴随着时间演替、历史发展和人文交往互动而形成的相对稳定的空间单位。

因此，在森林城市群文化圈的划分中，我们不仅要考虑自然地理，包括森林湿地等生态环境的影响，还要综合考虑特定地域的民众在顺应自然、利用自然，特别是在与森林的交往互动中所反映出的民族民俗、历史文化、地域风貌等方面的文化特质。一般情况下，在区划时可以遵循几个原则：自然地理具有相近性；生态文化、森林文化具有相似性；历史发展具有同源性；森林城市发展方向具有同质性等。

至于森林城市群文化圈的划分依据，则应考虑中国自然地理分区，中国文化分区，中国社会经济区域，中国森林类型分布。

（三）森林城市群文化圈划分及其特征

1.森林城市群燕赵文化圈及其主要特征

燕赵文化圈西靠太行，北枕燕山，东临渤海，南望黄河，古时属冀州之地，历史悠久，地形地貌千姿百态，自然和人文景观丰富多彩，具体包括现在的北京、天津、河北，以及山西东部、内蒙古南部、辽宁西南部、山东西北部的部分地区，与京津冀森林城市群的范围基本重合。

从地理环境上看，太行山和燕山山脉分别是燕赵大地的西界和北界，是界定燕赵区域的重要标志，为内部平原地区农耕文明的发展提供了独特环境和天然屏障。但由于这两座山脉横向宽度有限，可以在短时间内穿越，于是形成了北方农牧交错的生态过渡区，而太行山和燕山山脉的森林地带便成为内地平原与草原之间的交叉和过渡带。生活在燕赵大地上的人们，在长期与自然互动的过程中，形成了以农业为主，牧业和狩猎为辅的生计方式。

从文明的发展进程上看，考古研究表明，新石器时代直到战国秦汉时期，燕赵先民及其城邑都是沿着太行山东麓一线和燕山南麓一线排列的，文明起源和发展于森林与平原的交界，后来延展至广大的平原地区。从距今七千年的磁山、裴李岗文化到唐开元时期安禄山在河北的屯田，都显示出这里悠久的农耕文化传统。同时，新石器时代以来的文化和文物，也明显地反映出燕赵生态文化所夹杂的草原游牧文化和森林狩猎文化色彩。①

这里地缘相接、人缘相亲，地域一体、文化一脉。易水悲歌、慷慨侠义；胡服

①张京华. 燕赵文化[M]. 沈阳：辽宁教育出版社，1995.

骑射，开放包容构成了燕赵文化的底色。森林文化以皇家园林文化和皇家围猎文化最为著名，还包括太行山脉妙峰山森林文化，以及燕山山脉以长城为标志的森林文化、山戎肃慎等北方少数民族狩猎文化等。作为中华文明的重要支脉，燕赵文化在中华文明发展史上占有重要地位。

2. 森林城市群岭南文化圈及其主要特征

岭南文化圈北靠越城岭、都庞岭（一说揭阳岭）、萌渚岭、骑田岭、大庾岭五座山岭，南依南海，自然地理襟山带海，森林文化、湿地文化、海洋文化等多元文化交融共生，历史上大致包括广东（含海南、香港、澳门）、广西，以及云南和福建部分地区，现在一般特指广东、广西、海南、香港、澳门，与珠三角森林城市群基本吻合。

岭南文化圈山水兼备、文化多元、兼容并包，不同的地理区域环境奠定了岭南居民创造不同文化类型的基础：北部连绵的山地丘陵造就了以耕山、梯田文化、客家山歌为主的客家山文化；中部河网密布的冲积平原和三角洲平原，使岭南先民选择了水稻栽培的生产生活方式，不仅形成了鱼塘水田交错分布的“鱼米之乡”景观，还创造了独特的水陆交互作用的人工生态系统“基塘系统”，而且粤绣、抽纱、潮绣等丝绸类工艺品，以及佛山石湾陶瓷和潮汕彩瓷，从原料、题材的选取到表现手法的运用，都与岭南文化圈水网环境密切相关；南部主要是沿海平原台地，间有少量山地丘陵，以及近岸海岛，龙舟文化世代传承、经久不衰，海洋生态文化特色鲜明。①

独特的自然生态本底和具有地域、民族、历史特色的人文内涵，孕育出了在中华生态文化中独树一帜的岭南生态文化，崇尚自然、寄情山水、注重文脉、开放包容、务实创新构成了其生态文化的精神内核。

3. 森林城市群吴越文化圈及其主要特征

长三角区域地形平坦，多森林河湖，经济发达，商业繁盛，被称为世界第六大城市群，也是我国最为重要的文化经济区域之一，是我国区域性国家级森林城市群建设最好的地区之一。

吴越两地先民，自古便在长江三角洲繁衍生息，创造了灿烂的文化和文明，以江苏省为代表的的吴文化和以浙江省为代表的越文化，以及由吴越文化衍生的海

① 黄胜海. 简论泛珠三角区域“文化经济”的互联互动和一体化前景[J]. 金融经济，2007(16)：34-35.

派文化是其主要的文化类型。虽然吴越两地自然地理条件不尽相同，接受中原文化影响时间有先后、辐射程度有所不同，但两地气候相近、水系相通，语言都属于吴语体系，饭稻羹鱼的生产生活方式和习俗十分相近，形成了积淀深厚的吴越文化圈。

山（森林）水（湿地）相融是吴越文化圈的生态文化底色和显著特色：在上山、小黄山遗址中已经出现了类似于河姆渡干栏建筑结构、比较完整的木构建筑基址；在跨湖桥文化中，不仅出现了木梯、干栏式建筑遗迹，以及榫卯构件、木板等木质建筑构件，还出土了我国迄今发现最早的独木舟和木浆；在河姆渡文化中，出现了干栏式建筑、榫卯构件、企口板、木桨和舟形陶器；在良渚茅山文化出土了木桨、木盒、木杵、木井圈、大方木、木榔头、木桨和独木舟等，说明当时长三角地区的制木业和造船业已经非常发达了。[①] 吴越先民“刳木为舟，剡木为楫”，生存和交流空间由陆地延伸到水上并不断开拓，森林、湿地与海洋生态文化交融特色鲜明。同时，长三角的山水林田也孕育了吴越人民机智勇敢、外柔内刚、义利并重的文化品格和尚文重教、开放兼容、锐意创新的作风。

4. 森林城市群湘楚文化圈及其主要特征

湘楚文化圈的不仅包括现今长株潭森林城市群的地域范围，还基本囊括了湖南省的广大地区，是我国少数民族最多的地域之一。湘楚文化起源于旧石器时代的晚期，在漫长的历史发展过程中，各民族互相渗透、彼此影响，形成别具湘楚特色的生态文化，体现在神话和宗教、森林文化、民族民俗，以及诗歌、绘画、音乐、工艺美术、雕塑等丰富多彩的艺术形式中。以八百里洞庭为核心、以屈原之楚辞为代表、巫风炽盛的南楚文化，“上路梅山张弓挽弩，中路梅山追山赶猎，下路梅山捞鱼摸虾”的梅山文化，在海内外享有盛誉的世界奇迹三国走马楼吴简、长沙窑等都是很好的例证。[②]

湘楚文化深刻影响着湖南的森林文化。湘楚文化圈辐射地区，森林资源丰富，森林文化底蕴深厚，受民族文化和宗教文化影响较大。长沙马王堆汉墓中发现的两处竹简和龙山县里耶镇战国古城遗址中出土的2万多枚秦简，夹山、大围山森林与佛教文化的融合等，都是其森林文化的显著标志。

①何志标. 跨湖桥独木舟对探索中国舟船文化发端的重要意义[J]. 武汉船舶职业技术学院学报，2012, 11(06)：23-28.

②熊菀君，李婷. 地域文化的社会影响剖析：以湘楚文化为例[J]. 新西部（下半月），2009(01)：117-118.

经世致用的儒家遗风、勇敢尚武的湘军精神，与洞庭湖莲叶田田、张家界千峰逐雾、吊脚楼凤尾萧萧所彰显的“天人合一”之境形成鲜明对比，反映出湘楚文化圈群体共有的文化心理特征。

5. 森林城市群海岱齐鲁文化圈及其主要特征

从史前至东周时期的文化发展序列上，山东地区曾先后被称为海岱文化和齐鲁文化，海岱是从地理意义上来说的，齐鲁始于先秦齐鲁两个国家。经过漫长的历史发展，海岱齐鲁文化已经发展成为习惯性称谓，并沿用至今。海岱齐鲁文化圈的空间分布以泰沂山系为中心，主要包括今黄河和淮河下游地区的山东省，江苏、安徽北部，河南东部，河北东南部，以及辽东半岛南部等地区。[①]

海岱齐鲁文化是中华传统文化的重要组成部分，“一山、一水、一圣人”足以彰显其在丰富的地域文化中的独特魅力，“以人为本”“以和为贵”“仁者乐山”和注重教化的孔孟儒家思想，融古代帝王封禅文化、佛教文化和森林文化为一体的泰山文化，古老悠远的黄河文化，曲阜孔庙孔林森林文化等都是齐鲁海岱文化圈中的典型文化类型。

6. 森林城市群中原文化圈及其主要特征

“中原”是我国重要的地域文化概念，自禹分九州，豫州因地处九州之中，故称中州，又因境内地多平旷，故又称“中原”。历史上，中原地区不仅曾是中国的政治经济中心，也是华夏文明的发祥地，夏商周等20多个朝代定都于此。“盘古开天”“女娲造人”“河图洛书”“三皇五帝”等神话传说，裴李岗文化、仰韶文化、龙山文化和二里头文化等考古发现，以及儒道墨法诸子思想，都足以印证这一点。自古以来，中原地区以其特殊的地理环境、历史地位和人文精神，使中原文化在漫长的中国历史中长期居于正统主流地位。

中原文化圈以中原文化为精神内核，在空间范围上与中原森林城市群基本重叠，都以河南为核心、黄河中游地区为腹地，并逐层向外辐射，东与齐鲁文化，南与荆湘文化，北与燕赵文化，西北与秦晋文化相映成辉，影响泛及海外。这里也是中国人类活动最早地区之一，历史上森林资源非常丰富，太行山南麓及其山前地带曾就有大面积竹林；明清时期伏牛山北坡森林茂盛，洛宁县曾呈现“多竹，弥望千亩，苍翠成林”的景观。但同时，这一区域也是毁林耕垦年代久远的地区，特别是清朝后期至中华民国时期，林地面积日趋减少，水土流失加剧，黄河泛滥成灾。直

①郝导华. 海岱文化及其发展趋势[J]. 齐鲁文化研究，2010(00)：215-220.

至新中国成立后，通过大规模植树造林、建立森林和湿地自然保护区、启动天然林保护工程和退耕还林工程等生态工程后，该地区森林资源得到较快增长，森林湿地生态系统功能才得以逐步恢复。[①]

7. 森林城市群周秦文化圈及其基本特征

关中—天水地处周秦文化圈腹地，是周秦文化的发祥地，具有丰富的历史文化遗存，也是古代陆上丝绸之路的重要通道，拥有“八百里秦川”，秦巴山脉横贯东西，黄河、长江两大流域穿境而过，渭水流域孕育了古老悠久的仰韶文化、龙山文化和齐家文化，独特的地理位置、丰富的生态资源、优美的自然景观与厚重的人文历史底蕴交相呼应。

周文化以“天”为精神信仰、以“德”为价值理念、以“和”为社会准则的完整而协调的文化体系，不仅成为中国几千年封建统治的思想、政治基础和儒学思想的发端，而且还影响了周以后近三千年的中华文明和世界文明史。尚武立强的秦文化在与周文化的交往互动中，融农耕文明与游牧文明之精髓，实现“跨越式”发展，形成了法家思想色彩鲜明的秦文化。作为中国传统文化的根源，周秦文化以其尚礼崇德、厚德载物的博大胸怀和革故鼎新、励精图治的进取精神，成为中华民族宝贵的精神财富和文化传承的源头活水，至今仍发挥着广泛而持久的影响力。[②]特别是关中—天水的森林资源与周秦历史文化资源在地理空间上往往相互重合，构成人与自然的和谐共处、交融共生的典型例子。

8. 森林城市群巴蜀文化圈及其基本特征

巴蜀文化发源于四川盆地，得名于3 000多年前重庆为巴国的首府、2 400多年前成都为蜀国王都，现今的四川省是巴蜀文化圈的核心区域。这里地形地貌相对复杂，以山地为主，兼有丘陵、平原和高原等；四川盆地、成都平原、都江堰水利工程等造就了沃野千里的“天府之国”；气候宜人，但地区差异明显、垂直变化大且类型多，有利于综合性发展农业、林业和牧业。[③]

从文化的角度来看，独特的自然环境、经济发展、历史变迁、多元文化融合等促成了巴蜀文化圈的形成，三国历史文化、民族（彝族）森林文化、竹文化等历史

①杨佳蓉. 中原旱地农业文化圈与北方森林草原狩猎游牧文化圈文学比较研究[J]. 阿坝师范高等专科学校学报，2015, 32（03）：87-90.

②于新鑫. 三秦文化的历史发源及特性研究[J]. 智库时代，2018（27）：222-230.

③李晓. 基于巴蜀文化的特色旅游文化资源研究[J]. 乐山师范学院学报，2018, 33（07）：68-72.

悠远，绵延至今。从考古发现来看，巴蜀地区森林文化源远流长。巴县冬笋坝、昭化宝轮院等战国船棺葬墓群，体现了古蜀人对森林资源的认识和利用。三星堆遗址二号商代祭祀坑出土的铜树被认为是沟通天地、处于“都广之野”的“建木”。成都十二桥商代木结构建筑遗存，保存了丰富的木构件和繁杂的建筑结构，包括房顶、梁架、墙体、桩基、地梁等，而使用的建筑材料有圆木、方木、木板、圆竹、竹蓖等，这些都显示了蜀地先民在商代中晚期就创造出独特风格特色的竹木建筑形式。①

目前，四川森林城市群建设已经正式启动，据已发布的《四川省森林城市群发展规划（2017—2020年）》显示，将建设成都平原、川南、川东北、攀西四大森林城市群。巴蜀文化圈及其核心生态文化特质，必将为四川省内四大森林城市群的协同发展，提供精神动力和文化支撑。

四、构建多元一体、协同发展的森林城市群体系

习近平总书记提出的“绿水青山就是金山银山”的理论，是生态文化价值综合体现的和谐辩证法。有数据表明，2019年国家森林城市增至194个，全国尚有387个城市在进行国家森林城市创建，19个省份在进行省级森林城市创建，11个省份开展了森林城市群建设。一个山水林田湖草综合治理，跨区域、覆盖城乡的，具有中国特色的森林城市和森林城市群建设体系正在形成。

著名文化人类学家费孝通先生在其代表性著作《中华民族多元一体格局》中，回溯了中华民族多元一体格局的形成过程，认为任何民族的生息繁殖都有其具体的生存空间，民族格局似乎总是反映着地理的生态结构，中华民族亦是如此；中华文化既有多元的起源，也有交融和汇集，最终凝聚为一体，形成高层次的文化认同意识，即共存亡、共荣辱、共命运的感情和道义，但高层次的认同并不一定取代或排斥低层次的认同，不同的文化层次可以并行不悖，“各美其美、美美与共”，甚至可以在高层次认同的前提下发展自身原有的特点。②这一论述既在某种程度上给予“文化圈”理论以认可，同时也为文化圈视域下构建多元一体、协同发展的森林城市群体系提供了理论依据。

从森林城市群内部来说，文化圈研究可以突出强化内部生态文化的共性，凝聚文化认同，推动实施生态文化规划与建设，助力森林城市及市域森林城市群建设。

①赵殿增. 近年巴蜀文化考古综述[J]. 四川文物，1989（S1）：3-10.

②费孝通. 中华民族多元一体格局[M]. 修订本. 北京：中央民族大学版社，1999.

从区域合作的角度来看，森林城市群不仅是一条单纯的生态廊道或经济通道，更是一条历史文化符号构筑的人文通道，具有典型的文化圈特征，森林城市群之间应坚持求同存异的原则，顺应山川、河流（包括运河）、森林、古道等原有生态基底，通过生态文化象征符号实现森林城市群之间的联通与合作，构建以中华文化多元一体为底色的森林城市群体系。同时，在经济、文化上与共建“一带一路”相结合，推动东中西部生态、文化、经济和社会协同一体发展。

从森林城市群（体系）和文化圈的关系看，如何利用“文化圈”来凝聚森林城市群内部的文化认同、推动森林城市群之间的区域合作，是一个值得思考的问题。从理论视角看，由于文化因素的定量研究难度很大，因此一直被排斥在主流林业研究分析框架之外。目前，关于森林城市群建设的研究成果颇多，但从“文化圈”这一区域人文概念和现象对森林城市群建设及其体系构建进行理论探讨的研究，尚无文献涉及，一方面体现了本项研究的价值和意义所在，另一方面也反映出研究难度之高，从研究的深度和广度上还需进一步深入和探讨。

森林动态补偿机制设计与实证

王　娇　李智勇　胡　丹

国家体制改革委员会及原国家林业部于1995年颁发的《林业经济体制改革总体纲要》总结党的十一届三中全会以来我国林业改革的经验，正式提出了林业分类经营（forestry classification management）的概念，将森林划分为公益林及商品林，分别主要负责发挥生态、经济功能。森林分类经营政策的实施为我国生态环境的治理和改善指明了方向。2001年，财政部及国家林业局，在11个省启动了森林生态效益补助资金试点工作，标志着我国森林生态补偿制度的建立。同时，各省也根据各自实际情况划定了公益林地方资金补贴标准①。森林生态补偿机制的建立，是与我国的可持续发展战略相适应，有利于我国经济社会的长期健康发展，也是我国生态文明建设领域的一个重要里程碑。

随着我国森林生态补偿制度的实施及国内生态补偿研究的日趋深入，有关生态补偿的问题及触发的矛盾逐渐显现出来。归纳起来矛盾核心点在于：一是补偿标准低；二是补偿不公平。如果说补偿标准低的矛盾会在经济不断发展中林农依靠自我克服逐步缓和，那么补偿的不公平不合理问题则没那么容易自我解决。不顾实际林地中林分效能、质量、林龄、区位等关键因素，简单按照林地面积“一刀切”，实施单一固定标准补偿，不仅与森林生态效益补偿基金制度的助长激励发挥生态效益的根本出发点相矛盾，更会挫伤林农建设保护森林积极性，诱发监守自盗等形式的破坏森林行为。基于此，本文提出了森林动态补偿机制的新思路，构架一种相对公平的森林动态补偿体系，进而激励生产者和管理者建设、保护、管理好森林资源，提升各自动态补偿标准等级，并为改善我国森林生态补偿机制，最大化发挥森林生态补偿基金效益，实现森林生态补偿的合理性科学性提供

①张媛，支玲．我国森林生态补偿标准问题的研究进展及发展趋势[J]．林业资源管理，2014(2)：15-20.

一种有益借鉴和参考。

一、森林动态补偿设计的原则和目标

（一）原则

1.战略性原则

战略性原则强调森林补偿对生态文明及可持续发展战略具有强有力的支撑作用。战略性原则要求补偿标准等级设计首先要从森林资源和生态环境保护出发，突出全局性和可持续性；其次，补偿等级体系要与自然环境保护战略形成一个互相支撑的整体，进而一同支持可持续发展战略；再次，将人类的可持续发展战略转换成对林权所有者和经营者的期盼和要求，并将这些期盼及要求转化为他们合理保护利用森林资源的动力，最终使人类的可持续发展战略体现在森林补偿设计中。

2.激励性和约束性原则

森林动态补偿标准等级设计最根本的目的，是肯定森林过去所发挥的服务效益，激励林木所有者和经营者的未来行为，公平合理的激励机制能够调动林木所有者和经营者的工作积极性，激发创造力，从而全面提升森林的综合效益；约束性主要是体现在动态补偿等级对各类造成森林资源破坏或效益降低行为的监督作用。因此，在创建森林动态补偿体系的过程中，要促进激励性与约束性的结合，从正反两方面规范林木所有者和经营者的行为。

3.公平性原则

公平性原则要求森林动态补偿的分级过程中，必须处理好两种公平性：一是省内不同地区相当水平森林横向之间补偿等级的公平性；二是同一地区过去、现在和未来森林资源补偿等级的公平性。

4.竞争性和经济性原则

竞争性原则要求森林动态补偿要具有市场竞争力，它强调的是动态补偿水平与其他森林利用方式获益水平之间的这种相对性，由此可知，人类社会要想获取、保留较大服务效益价值的林分，需要构建出具有一定竞争优势的森林动态补偿等级体系，体现保护森林优势；与此同时，过量的森林补偿资金支出势必会限制其他社会事业的正常发展，所以，森林动态补偿设计还应考虑具有一定经济性，经济性原则要求森林动态补偿体系的设计要全面考虑政府财政的支付能力、森林动态补偿成效的局限性和经济效益三个方面的因素，进而保证在获取竞争性同时使各项社会事业也能够有序开展。

（二）目标

1.森林生态保护层面

森林动态补偿设计的最本质目的是肯定森林过去所发挥的服务效益，激励林木所有者和经营者的未来行为。公平合理的动态补偿等级设计不仅能保护森林资源，更能激发创造更多更好的途径、方式增加森林的综合服务效益。然而，过高的森林生态补偿水平虽然能激励林木所有者和经营者积极保护管理森林资源，但缺乏公平效率的森林动态补偿设计会使效果适得其反，因此，在设计森林动态补偿时，要使其真实全面反映县区森林质量与管理水平，并确保不同县区之间森林动态补偿标准的公平，最终切实调动县区森林建设、保护、管理森林的积极性，提升森林综合服务效益，也最大化的发挥森林动态补偿资金的导向、调节作用。

2.林业层面

对林业行业而言，加大森林补偿额度以保护森林资源、发挥服务效能与发展林业产业以保证林区社会经济发展是不可调和的矛盾，如何平衡两者，合理的动态补偿等级关键。因此合理的动态补偿等级必须能够根据林业的发展战略，合理控制额度，保证人类社会长远的发展。

3.社会层面

林业动态管理补偿的引入，会加剧行业内外竞争，引起社会发展不和谐；盲目的重视含有经济性的绩效，有可能会消融林业的公益性，引发林业本质属性的争议。因此，在森林动态补偿设计的过程中，要尽最大可能在行业和全社会之间找到协调发展的平衡落脚点，确保在森林动态补偿体系的正确引导下，林业发展能与全社会的发展进行协调整合，共同推进。

二、动态补偿设计

（一）关键因素

1.动态补偿对象

有关森林补偿的对象问题争议较小，林权为个人的，补偿金直接发放林权所有者自由支配；林权为集体的，补偿金分配给集体经济组织；林权流转等而导致经营权变更的，补偿金原则上补给实际经营者，但合同另有约定的除外。考虑到林业工作的系统性和可操作行，本研究设计以县级为单位，由省级林业部门或国家林业主管部门将动态补偿资金发放到县级林业主管部门，再由县级林业主管部门将补偿资金发放给权利人。

2. 补偿兑现周期

动态补偿资金的兑现周期实际与绩效考评的周期完全一致，两者相辅相成。按照通行惯例，绩效考评工作在每年年底进行一次，因此动态补偿资金的兑现周期为一年，且在绩效考评结束后，结果公示无异议后兑现。

3. 补偿方式

动态补偿方式分为两种：一是就年度绩效考评结果给予一次性补偿，来年等级系数统一清零，同一起点重新核算；二是考量往年补偿等级的累计型补偿。考虑到森林的长周期性和当前林业补偿的滞后性，本研究的动态补偿资金方式设计为累计型补偿。

4. 补偿增长额度

累计型补偿既能反映经济社会发展带来的群体受益，也能激励各县（市、区）持续长久的保护管理好森林，但经充分考量当前经济社会发展水平及政府财政支付能力，本研究设计的补偿增长率最大为本年国民经济增长率β。

（二）总体分配设计

在对森林动态补偿进行设计时，以县级单位为对象，由省级或国家林业主管部门根据对各县级单位的森林服务效益、管理水平、重要性等进行年度的综合考核与测定，根据计算结果对应的补偿等级系数得到下年度的动态补偿标准。按照每个综合考核结果对应一个的补偿等级系数，这个系数便是该县级本年度的动态补偿系数W_i，由补偿系数再进行动态补偿资金或标准的确定。

（三）动态补偿标准

基于动态补偿等级分配可分为“一维”动态补偿和“二维”动态两种，森林动态“一维”补偿分配仅根据森林重要性级别来判断森林动态补偿额度，而森林动态“二维”补偿分配不仅考虑森林重要性级别，而且还结合森林绩效考评结论，之后再对补偿额度进行计算。“二维”动态补偿相对于“一维”动态方案弥补了“一维”补偿中所有森林重要性级别的绩效考评均为一个结果的不足，更能体现补偿的公平性、合理性。本研究运用“二维”动态补偿进行设计。

“二维”动态补偿分配方案中森林重要性级别“一维”，按照全省当前森林重要性和类别划分为一级特殊保护、二级重点保护、三级一般保护、四级合理利用，其中前三级对应公益林的三级保护，后一级对应商品林。森林绩效考评结果分为五级：优、良、中、合格、差（表1）。

表1　　绩效等级划分情况表

Situation of grade compartmentalization

指标名称 Index name	优 Excellent	良 Good	中 Middle	合格 Qualified	差 Poor
林龄结构完整率（%）：在合理范围内林龄结构越合理评价等级越高	≥95%	85%	75%	65%	≤50%
森林覆盖率（%）：在合理范围内，理论值越大越好	≥80%	60%	40%	20%	≤10%
灌草总盖度（%）：在合理范围内，理论值越大越好	≥70%	50%	40%	20	≤15
辛普森多样性指数：在合理范围内，理论值越小越好	≤0.1	0.2	0.3	0.4	≥0.4
森林单位蓄积量（m^3/hm^2）：在合理范围内，理论值越大越好	≥120	100	80	60	≤40
森林年增加蓄积量（m^3/hm^2）．在合理范围内，理论值越大越好	≥5	4.5	3	2.4	≤1.5
温度改变量（℃）：在合理范围内，理论值越大越好	±2.5	±2	±1.5	±1	±0.5
相对湿度改变率（%）：在合理范围内，理论值越大越好	15%	12%	9%	6%	3%
调节降雨量（mm）：在合理范围内，理论值越大越好	≥±100	±60	±30	±10	≤5
平均风速改变率（%）：在合理范围内，理论值越大越好	80%	60%	40%	20%	0%
年径流系数（%）：在合理范围内，理论值越大越好	0.5	0.3	0.2	0.1	0
拦截暴雨径流率（%）：在合理范围内，理论值越大越好	80%	60%	40%	20%	0%

（续表）

指标名称 Index name	优 Excellent	良 Good	中 Middle	合格 Qualified	差 Poor
单位森林蓄水量（$t/hm^2 \cdot a$）：在合理范围内，理论值越大越好	50	30	15	5	0
土层厚度（cm）：在合理范围内，根据土壤质量该值越大越好	≥50	40	30	20	≤10
土壤腐殖质厚度（cm）：在合理范围内，根据土壤质量该值越大越好	≥8	6	4	2	≤1
枯枝落叶层厚度（cm）：在合理范围内，根据土壤质量该值越大越好	≥10	8	6	4	≤2
森林固碳数（$t/hm^2 \cdot a$）：在合理范围内，理论值越大越好	≥29	24	19	14	≤9
森林释放氧气量（$t/hm^2 \cdot a$）：在合理范围内，理论值越大越好	≥78	65	52	39	26
政府投入（元/$hm^2 \cdot a$）：在合理范围内，理论值越大越好	≥270	220	170	120	≤70
新增企业个数（个/十万$hm^2 \cdot a$）：在合理范围内，理论值越大越好	>3	3	2	1	0
企业投资量（元/$hm^2 \cdot a$）：在合理范围内，理论值越大越好	≥800	650	500	350	≤200
木材产值（元/hm^2）：在合理范围内，理论值越大越好	7 000	5 000	4 000	2 000	0
林副产品产值（元/hm^2）：在合理范围内，理论值越大越好	1 500	1 000	800	400	0
森林游憩相关收入（元/$hm^2 \cdot a$）：在合理范围内，理论值越大越好	100	80	60	40	20
提升公众生态文明意识（%）：在合理范围内，理论值越大越好	80	70	50	40	20
对公众健康的影响（以吸收SO_2计$kg/hm^2 \cdot a$）：在合理范围内，理论值越大越好	80	60	40	20	0
单位森林面积带动就业数（个/$hm^2 \cdot a$）：在合理范围内，理论值越大越好	≥10	8	6	4	≤2

（续表）

指标名称 Index name	优 Excellent	良 Good	中 Middle	合格 Qualified	差 Poor
人均涉林收入百分比（%）：在合理范围内，理论值越大越好	≥20%	15%	9%	5%	≤1%
火灾受害率（‰）：在合理范围内，理论值越小越好	≤0.1‰	0.3‰	1‰	1.5‰	2‰
病虫害成灾率（‰）：在合理范围内，理论该值越小越好	≤1‰	1‰	3‰	5‰	7‰
档案管理：在合理范围内，理论值越大越好	100	80	60	40	20
涉林案件发生率（%）：理论值越小越好	≤1%	2%	3%	4%	5%
人均管护面积（hm^2/人）：在合理范围内，理论值越小越好	≤200	300	400	600	≥600

设计补偿增长系数时以森林重要性递减的方式赋值，以绩效考核结果递减方式赋值。充分考量当前经济社会发展水平和财政支付能力，补偿增长系数最大值按照国民经济增长率β计算，设计补偿系数（表2）。

表2　“二维”补偿等级系数表

Table2　“Two-dimension” compensation grade coefficient

重要性级别 The level of Importance / 绩效考评等级 Performance appraisal grade	一级 Class one	二级 Class tow	三级 Class three	四级 Class four
优秀　Excellent	β	0.900β	0.800β	0.700β
良好　Good	0.825β	0.725β	0.625β	0.525β
中等　Middle	0.650β	0.550β	0.450β	0.350β
合格　Qualified	0.475β	0.375β	0.275β	0.175β
差　Poor	0.300β	0.200β	0.100β	0

注：表中系数为补偿增长率，β为当年国民经济增长率；重要性级别的梯度为0.1β，绩效考核等级的梯度为0.175β，这样设置为了提升绩效管理的重要性，突出管理的能动性；多数绩效考评差的补偿系数未降0，是考虑到绩效管理考评体系的科学性未达到尽善尽美，留有一定的系数空间来进行平衡。（各省可根据自身情况进行系数的调整）

根据补偿等级系数计算 i 县动态补偿标准 P_i 为：

$$P_i=S\cdot(1+w_i)$$

式中 S 为上年补偿标准，鉴于补偿起始可由当前国家级非国有权属公益林补偿标准开始，那么式中的 S 可用 $S_{国}$ 代替，即 i 县动态补偿标准 P_i 为：

$$P_i=S_{国}\cdot(1+w_i)$$

其中，$S_{国}$ 为国家级非国有权属公益林补偿标准（2009—2012年为50元 $\cdot hm^{-2}\cdot a^{-1}$，2013年至今为75元 $\cdot hm^{-2}\cdot a^{-1}$）；$w_i$ 为 i 县补偿等级系数。

（四）调整设计

一套完善的动态补偿机制还包括完整动态调整设计，即包括上调和强制退出两方面。自然上调是按照绩效考评结果和重要性综合提升补偿等级系数，由于补偿标准根据等级系数累加，多数林分适用于自然上调形式；强制调出是针对考核后的补偿等级系数连续两年为0的林分，进行强制退出管理，适用于极少数生态效益弱，管理水平低，达不到补偿要求的林分。上调和调出紧密联系，真正起到激励与惩治作用，共同促成补偿标准的动态调整。本调整设计是以正面的补偿资金激励为主，通过地区之间的对比竞争，加强管理保护与建设，达到提升森林生态功能的目标。

三、实证分析

（一）地区简介

桓仁县地处长白与华北两大植被区系过渡带，属于温带大陆性湿润季风气候，四季分明，冬暖夏凉，雨量充沛，水资源丰富，溪流、河网密布全县，大小河流密布，水系发达，资源丰富。桓仁县独特的自然地理蕴育了异常丰富的物种资源，境内野生动、植种类众多，数量巨大，是东北重要的生态功能类型区之一，本文以此为实证县区，且数据以2010年为基准。

（二）动态补偿应用

1.2011年动态补偿标准

按照当前森林重要性级别划分原则，由于其处于重要水源涵养区、江河源头区域，所属森林重要性级别为一级；另桓仁县2010年绩效管理考评结果为优秀，查询表1可得桓仁县2011年的补偿标准增长系数为 β，以初始年2010年为最低补偿标准50元/hm^2 计，以 β 值取2010年国民经济增长率10.4%，当年桓仁县的森林补偿标准$S_{桓1}$为：

$$S_{桓1}=S_{国}\times(1+w_1)=S_{国}\times(1+\beta)=50元/hm^2\times(1+0.104)=55.2元/hm^2$$

经计算2011年桓仁县补偿标准为55.2元/hm^2，相比2010年标准提升5.2元/hm^2，增长率10.4%

2.2012年动态补偿标准

按照当前森林重要性级别划分原则，由于其处于重要水源涵养区、江河源头区域，生态重要性等级为一级，假定未发生重大自然灾害和人为破坏，则第二年所属森林重要性级别依然为一级；另根据2011年桓仁县森林绩效管理考评结果为良好的等级，结合确定桓仁县补偿等级系数为0.825β，β值暂以2011年国民经济增长率9.2%计（具体应用时可按需用各自不同年度不同地区国民经济增长率计），则可得2012年桓仁县的森林补偿标准$S_{桓2}$为：

$$\begin{aligned}S_{桓2}&=S_{桓1}\times(1+w_2)=S_{国}\times(1+w_1)\times(1+w_2)\\&=S_{下}\times(1+\beta)\times(1+0.825\beta)\\&=50元/hm^2\times(1+0.104)\times(1+0.825\times0.092)\\&=59.4元/hm^2\end{aligned}$$

经计算2012年桓仁县补偿标准为59.4元/hm^2，相比2011提升4.2元/hm^2，增长率7.6%；相比2010年提升9.4元/hm^2，增幅18.8%。

（三）结果反馈

为了证实整个补偿体系设计的实用性和合理性，2014年12月，我们将整个动态补偿机制原理和具体结果标准向桓仁县的两个乡镇（八里甸、普乐堡林业站）4位工作人员和8位乡村林农代表（表3）进行了到户调查反馈，并报告了依据2011年桓仁县的森林生态总体情况计算的2011年和推测的2012年补偿标准结果。汇总后的调查结果显示，所有被调查12人均对按照森林质量和发挥的服务效益来动态判定补偿标准的动态补偿理念及机制设计表示认同，并希望相关部门专家对其进行科技指导，帮助提高森林质量和服务效益。与此同时，多数被调查者认为动态补偿标准的补偿增长系数与国民经济增长率相联系，将使其能在经济社会发展中获益，极大的鼓舞了参与森林建设与保护的热情，能够给予他们继续建设林业和保护森林的信心和动力。此外，其中3人还热切提出了4点修改建议，并一致期待森林动态补偿在当地试点实施。

表3　　调查反馈人员信息表

Survey feedback information form

姓名 Name	所在乡镇 Town	职业 Occupation
董其武	八里甸	护林员
周尊威	八里甸	护林员
肖术成	八里甸	农民
张振武	八里甸	农民
孙友海	八里甸	农民
梁桂全	八里甸	农民
刘伟	普乐堡	护林员
邹作军	普乐堡	护林员
包国珍	普乐堡	农民
鲁忠凡	普乐堡	农民
孙长有	普乐堡	农民
李贵福	普乐堡	农民

四、结论与讨论

本研究在总结分析当前我国森林生态补偿存在的问题与不足基础上，运用多年来森林补偿工作积累的理论及实践知识，提出了森林动态补偿的新机制，明确了动态补偿的原则、目标、对象、周期、方式等补偿要素。根据社会发展水平和财政支付能力，结合和森林重要性级别，制定了现阶段相对合理的永久补偿增长系数累加机制，初步设计了绩效管理考评及森林重要性“二维”补偿等级分配机制，辅以调整办法，形成一套完整的动态补偿机制。动态补偿机制使补偿分配更加灵活合理，从而能够对森林保护者和建设者进行有效的激励，使补偿资金的使用兼顾公平效率。这种总体研究设计在借鉴前人成功经验同时，克服了他们的不足，为有关部门和专家领导提供了一个别样的管理建设思路。通过对桓仁县2011、2012年森林动态补偿标准的实证应用和结果反馈显示，动态补偿机制设计和思想理念比较贴合实际，得到了一致认可，特别是动态补偿标准的补偿增长系数与国民经济增长率相联系，使普通林农能共享社会发展红利，极大鼓舞他们继续建设林业和保护森林的信心和动力。

需要特别说明的是，本研究设计和实证的森林动态补偿机制是一种探索性的研究，调查反馈结果即显示存在可修改的余地，相信在更大尺度、更复杂的研究层面上，需要完善和提升的空间更大，特别是关乎动态补偿等级系数中的“维度”确定和具体“维度”内指标的遴选，都需要更加的科学完善，且评判等级及对应梯度的制定在避免主观性上还有可提升的空间，补偿周期也可以根据实际进行合理调整。总而言之，本研究的动态补偿思路在森林补偿的公平效率上迈出了一大步，且满足了虽然符合民众期待，但需要后继不断深入研究来完善和提升，使之真正成为一种合理有效的动态调控补偿手段。

（原文载《林业经济》，2017 年第 10 期）

第四部分

森林文化价值专题研究

北京和谐宜居之都建设中的森林文化服务提升

樊宝敏　周彩贤　马　红　张德成　冯　达　邹大林

森林是人类的朋友，森林文化是生态文明建设的重要内容。中央领导同志高度关注北京生态文明建设。2014年2月，习近平总书记在北京视察时，明确了北京是全国政治中心、文化中心、国际交往中心、科技创新中心的城市战略定位，要求坚持和强化首都核心功能，深入实施“人文北京、科技北京、绿色北京”发展战略，努力把北京建设成为国际一流的和谐宜居之都。总书记突出强调，从涵养水源和风沙防护的角度看，北京要发展节水农业，多搞林业，积极恢复森林、湿地、湖泊，扩大环境容量和生态空间，并对京津冀协同发展提出了明确要求。建成“国际一流的和谐宜居之都”，要求北京着力提升森林的文化服务价值。

一、森林文化服务与和谐宜居之都

随着经济社会发展和科技水平的提高，人们越来越认识到森林具有重要的文化服务功能，并且对这种服务功能的需求日益强烈。

（一）森林文化

森林文化是在长期的社会实践中，人类与森林之间建立的相互依存、相互作用、相互融合的关系，并由此而创造的物质文化与精神文化的总和①。森林文化倡导尊重森林、热爱森林、顺应森林、保护森林、融入森林、享受森林的价值理念和行为实践。在新时期，繁荣发展森林文化，不仅是生态文明建设的重要组成部分、表现形式和具体抓手，也是衡量区域人与自然和谐水平、城市宜居程度、公众幸福感的重要指标。

①蔡登谷. 森林文化与生态文明[M]. 北京：中国林业出版社，2011.

中国森林文化积淀深厚、源远流长。从黄帝时起形成“时播百谷草木”的植树传统。夏代有“春三月，山森不登斧斤，以成草木之长”的森林保护的规定。到春秋战国时期逐渐形成了“道法自然”“天人合一”“仁者乐山”等森林文化传统。这种文化传承至今，已成为中华民族崇尚自然、追求和谐、山水为乐的共同性格和审美意识。

森林具有水土保持、涵养水源、调节气候、生产木材、丰富林产品、促进就业、宜居宜游、保存历史等多重价值，但是这些价值在不同时代、不同地区并不一样。因为所谓“价值”在本质上是反映某种事物满足人们需要的概念，具有很强的主体性和时代性。在生产力低下、经济落后的时代，人们主要是为了满足衣食住行的基本需求，体现在森林方面的需求，则是重视森林的经济价值。那个时代，只有少数人才有条件游山玩水、建设园林，享受森林美景和精神娱乐。随着工业和城市的发展，因生态破坏导致的生态危机日益严重，森林的生态功能得到社会重视，通过加强生态公益林的保护和自然保护区建设，生态环境的质量得到显著提高。相伴而生的是社会对森林的文化需求日益高涨。

在全球范围内，自20世纪中期开始，森林文化在欧美、亚洲等发达国家和地区开展起来。德国将敬畏、尊重森林作为文学艺术源泉，其文艺作品普遍以森林为基本内容，处处体现森林稳重、深沉和肃穆的风格。美国崇尚探险精神与野趣自然，热衷于到森林中做户外探险和拓展，在居住和生活中也希望追求自然和谐、充满野趣的环境。韩国以森林教育为主要形式，并颁布森林文化法律，在全国划定了森林休养林，建立了森林讲解员制度。日本以森林为民族性，长期形成人与森林和睦共存的自然观。从1977年开始，我国香港地区通过修建森林体验馆、森林课堂、自然教育工作坊等倡导森林环境教育。我国台湾地区则逐渐形成“体验健康、享受自然、传承文化”的森林游憩空间和“无痕山林、自然讲堂、森林导赏”等参与保护运动。

用发展的眼光看，我国对森林的文化价值服务需求日益凸显，需要建设文化价值高的森林，可持续性地发展人文林业①。提高森林的文化服务价值，就是要通过调整优化森林结构、添加服务设施、充实文化内涵、开展相关活动，满足人们对森林的审美、历史、科学、教育、身心健康、游憩等文化需求。经过多年建设，北京森林资源基础进一步夯实，2014年林木绿化率达58.4%，森林覆盖率达41%，今后

①樊宝敏. 我国森林文化价值的培育利用[J]. 中国国情国力，2015(2)：33-35.

如何发挥好森林的社会文化效益成为需要解决的重大课题。

（二）和谐宜居之都

和谐是对立事物之间在一定的条件下、具体、动态、相对、辩证的统一，是不同事物之间相辅相成、互助合作、互利互惠、互促互补、共同发展的关系。和谐至少包括自然内部的和谐、人与自然和谐、人与人和谐、人自身的和谐。

宜居城市建设是城市发展到后工业化阶段的产物。它是指宜居性比较强的城市，是具有良好的居住和空间环境、人文社会环境、生态与自然环境和清洁高效的生产环境的居住地。2005年，在国务院批复的《北京城市总体规划》中首次出现"宜居城市"概念。具体而言，宜居城市是一个由自然物质环境和社会人文环境构成的复杂巨系统。内含多个子系统，各子系统有机结合、协调发展，共同创造出健康、优美、和谐的城市人居环境，构成宜居城市系统①。自然物质环境包括自然环境、人工环境和设施环境三个子系统。社会人文环境包括社会环境、经济环境和文化环境三个子系统。

（三）森林文化服务与和谐宜居之都建设的关系

首先，森林文化是和谐宜居之都建设的内在要求。森林文化作为森林与文化的和谐统一，它既是创造和谐宜居城市美丽自然物质环境不可缺少的内容，也是建设魅力舒适社会人文环境的必备条件。一方面，绿色的森林是美丽北京的主色调。宜居城市美丽的自然环境不仅要有清澈的河流、湖泊，清新的空气和蓝天白云，还要有富有魅力的公园和森林景观。美丽的广场、优美的校园、重要的历史遗迹等，森林也扮演着重要角色。另一方面，与森林相关的绿色话题和文化活动成为新时代的主旋律。和谐的社会交往环境，充足的绿色就业岗位，完善的文化设施，丰富多彩的文化活动，都与森林文化有着密切的关系。

其次，森林文化是建成和谐宜居之都的重要抓手。繁荣森林文化是通过文化的力量培养人们对森林的道德情感、提升全社会生态文明素质，进而促进社会广泛参与，形成生态文明建设的巨大动力。森林文化水平是宜居城市建设的重要指标，积极吸收国际大都市森林文化建设的成功经验，打造以森林文化为特色的绿色名片，是推动北京建设国际一流的和谐宜居之都的战略选择和重要途径。

第三，森林文化有机融入城市建设将提升市民生活品质和城市可持续发展水平。森林文化建设成果，可以较好地满足城市居民对生态休闲、自然审美、关怀万

①北京生态文化建设理论与实践[M]．北京：中国林业出版社，2014．

物的精神需求，促进公众健康快乐生活；也可以促进绿色生产、绿色消费、绿色制度，加快城市生态文明建设，进而促进城市绿色、低碳、循环和可持续发展。

二、北京森林文化服务的现状与需求

（一）北京森林文化服务的现状

森林文化是生态文明新时代的主流文化之一[①]。在这方面，北京拥有许多独特的优势。北京不仅是现代化国际大都市，同时也是拥有3 000多年建城史和860多年建都史、享誉世界的历史文化名城，是中国古代都市计划的无比杰作，也是千百年来中华民族聪明智慧所凝聚的历史瑰宝。这里既有自古至今保护传承下来的历史文化精品，如天坛、颐和园、十三陵、八达岭长城等；也有新中国成立以来特别是近些年来建成的现代森林文化精品力作，如奥林匹克森林公园、北京植物园、11个新城滨河森林公园、80多个郊野公园等等，处处蕴含着“天人合一、道法自然、和实生物、和而不同”的美好理想和生态智慧。这是中华民族乃至全人类的宝贵财富，也是北京建设国际一流和谐宜居之都的最大特色和魅力所在。

北京绿色空间建设取得重大成就，生态环境面貌有巨大改观。长期以来，北京市高度重视园林绿化和森林文化建设，坚持城乡统筹、全民参与、共建共享，坚持政策驱动、投入拉动、工程带动，实施了一大批重点生态工程和森林文化建设项目。为了落实十八大提出的弘扬生态文明、建设美丽中国目标，北京市率先在4个国家级森林公园和自然保护区开展了森林文化促进和示范工程；使绿色空间大幅拓展，城市宜居环境显著提升，为首都经济社会可持续发展提供了有力支撑。

（二）北京森林文化服务的需求

北京人口不断增长，成为人口规模已突破2 000万人的超大型城市。不仅在转变发展方式、推动绿色增长、破解城市病难题、提升区域生态环境方面，还面临着生态系统脆弱、生态产品短缺等十分突出的生态差距。而且，对休闲、健身、教育、美学等文化需求日益提高，与较低的森林文化供给形成明显反差。森林的文化价值是满足人的精神需求的价值，培育和提升森林文化价值将极大地促进人的全面发展，开创更加幸福美好的生产和生活。

满足人的审美需求，亟需提升森林之美。久居城市的人们，对满眼的高楼大厦、拥挤不堪的人流车流早已厌倦，更加向往回归山清水秀的森林环境。林中有高

①江泽慧. 生态文明时代的主流文化：中国生态文化体系研究总论[M]. 北京：人民出版社，2013.

大的乔木，吐芳的花草，缠绕的藤萝，还有鸟儿的鸣叫、振翅的蝴蝶，更有潺潺的泉水，清新的气息。而且春华秋实、夏荫冬枝，四时季相变化，更彰显生命灵动之美。北京目前森林仍存在树种单一、景观单调的不足，其美学提升还有很大空间。

满足人的历史记忆，需要保留森林的沧桑。北京的一棵棵古树，见证了京城历史的悠久，它庞大的树干、开裂的树皮、千百圈年轮记载了其间经历的风雨，同时它将种树的前人与乘凉的后人连接起来。正是北京天坛的九龙柏、潭柘寺的古银杏、太庙里的明成祖手植柏，四合院里的老槐树，成为北京人文发展中的生命纪念塔，连接着北京人童年的美好回忆。北京作为全国古树名木最多的区域，需要精心保护、大力宣传和培育，世代传承。

满足人的健康需求，需要发挥森林调适身心的功效。森林以其神奇的力量，对于增进人的健康具有独特的效用。随着科技的不断进步，森林对人体身心健康的促进作用越来越被医学界认识①。发展森林休憩疗养成为世界性潮流，北京社会老龄化的趋势以及由于工作压力大导致的亚健康人群增加都对森林休憩疗养产生了强烈的需求。北京在此方面发展潜力巨大，前景广阔。

开启人类智慧大门，需要展示森林的博大和奥妙。森林以其复杂的种群关系、生态系统结构功能、生长特性等，成为重要的科研对象、研究基地、教学场所，由此诞生了生物学、生态学、生理学等学科。在国外许多国家，将幼儿园、生态文化教育基地、生态定位观测站等建在森林当中，既发挥了其良好的教育功能和科研功能，也密切了人与自然的关系，促进了人的健康和心灵发展。建设森林户外教育基地，是北京今后应该着重加强的朝阳领域。

（三）矛盾与差距

经过60多年的建设，北京市森林文化服务功能得到显著的增强，但是与国际发展先进水平相比、与广大公众日益增长的需求相比、与建设国际一流和谐宜居之都的战略目标相比，仍然存在较大差距。

首先是森林资源的差距。评价北京现有森林资源，与国外尤其是欧美等发达国家相比，在质量和效益上仍然存在着较大的差距。北京森林厚度[森林换算成木材所能覆盖扣除水域后国土的厚度②]仅有1.03 mm（2010年），而德国为8.25 mm，美国为3.83 mm，日本为11.66 mm，瑞典为7.66 mm。加之北京森林结构不尽合

①李卿. 森林医学[M]. 王小平，陈峻崎，刘晶岚，等译. 北京：科学出版社，2013.

②樊宝敏，李智勇. 衡量现代林业发展水平的新标尺：森林厚度[J]. 林业资源管理，2009（2）：1–5.

理，人口集中的城区和平原区森林资源分布不足，500 m服务半径不到位，平原区森林树种单一，生态和景观功能较低。

其次是森林文化服务的矛盾。发达国家不但森林质量好，而且森林休闲、森林教育、森林疗养等森林文化服务发育完备。然而北京，每当假日，香山、植物园、奥森公园游人暴满，附近道路交通拥堵，严重影响游人文化体验，集中地反映出北京森林文化供求关系的突出矛盾。产生这种矛盾的一个关键原因，是以森林公园为主的文化服务载体在北京过于破碎化、低层次，没形成网络体系和强大吸纳功能。同时，北京森林文化基础设施建设滞后，专职从业人员队伍不健全，也是导致供需矛盾突出的重要原因。

因此，北京在园林绿化方面当前和今后一个时期的主要任务，就是以生态文明和森林文化价值观为指导，综合采取强有力措施，千方百计地增加森林资源、提高森林质量，提高城市的生态承载能力和环境容量；同时从增进社会福祉、弘扬中华民族“天人合一、道法自然、自强不息”伟大精神的高度，着力提升森林文化服务水平，发挥森林综合效益，为广大市民提供和谐宜居的工作生活环境。

三、北京森林文化服务的空间布局

在深入分析北京现有森林文化资源分布格局基础上，结合北京不同区域广大市民对森林文化发展需求特点和各区县自然经济社会条件的差异，研究提出了“三区、九线”的森林文化建设空间布局（表1）。

（一）三区

三区包括主城森林休闲审美区、平原森林教育体验区、山地森林休养探索区，由此形成“天地人三才和谐”的北京森林文化宏观布局。

主城森林休闲审美区。大致指五环路以内区域。其森林文化主导功能定位应是以满足居民的日常休闲、审美文化需求，服务宜居生活，同时发挥森林历史、教育等辅助功能。建设重点是保护古树名木，选择观赏价值高的树种进行森林景观配置，完善服务设施，建设城市森林公园。

平原森林体验教育区。指五环外西至六环、北至浅山、东南至界的大片区域。本区域以满足市民森林体验、青少年森林教育需求为主导功能，兼顾发挥休闲、养生等需求。选择适宜乡土树种营造森林，大力发展各类郊野森林公园，在森林中分区域融入社会人文、自然生态等文化元素，形成户外课堂、体验基地。

山地森林探索休养区。指北京西北部山地，以服务于大众森林探索和休憩养生为主导，同时兼顾教育、审美等其他功能。建设自然保护区和森林疗养基地，完善森林旅游、科学探索、自然探秘线路，满足公众假日休闲游憩、各类人群健身疗养及养老等需求。

（二）九线

北京森林文化建设线路包括五环线、六环线、永定河线、北运河线、潮白河线、山前线、京津冀交界线、长城线、南北中轴线。各条线的森林文化特色和沿线已有或待建主要森林文化服务基地和示范区（表1）。由此形成了“九龙戏珠”的森林文化意境。

表1　北京森林文化建设线路

线路名称	森林文化特色	沿线已有或待建森林文化服务基地、示范区
五环线	城市森林休闲、健身、观光、科普	奥林匹克森林公园，“三山五园”游憩林，朝阳东坝生态文明教育林，南海子森林公园
六环线	郊野森林教育、体验、养生	房山森林艺术博览园，通州政治军事博览林，潭柘寺宗教感悟林，小汤山森林疗养基地
永定河线	森林探秘、宗教感悟	爨底下自然保护教育林，门头沟妙峰山寺庙林，丰台永定河休闲林，丰台东方哲学博览林
北运河线	森林科普、观摩	居庸叠翠森林教育林，沙河森林体验林，通州大运河历史文化林，通州宋庄书法教育林
潮白河线	森林科教、休闲、产业文化	延庆白河堡森林疗养区，怀柔汤河口森林探索区，顺义华北树木园，顺义潮白河森林度假区
山前平原线	森林审美、森林艺术、森林历史、森林探索	云居寺宗教森林区，周口店森林历史区，海淀西山森林音乐会，百望山森林公园，昌平十三陵历史文化林，怀柔雁栖湖拓展聚会林，密云东邵渠森林手工坊，平谷京东大峡谷森林探索区
京津冀交界线	森林教育、生态博览	喇叭沟门国家森林公园，大石河观光林，韩家铺永定河生态博览林，大兴生态文明传播林
长城线	森林体验、休闲、疗养、游览	延庆八达岭森林体验区，慕田峪森林休闲区，密云水库森林疗养区，古北口森林疗养区，雾灵西峰观光游览林
南北中轴线	森林历史、教育、生态文明宣传	木化石科教林，杏树台观光林，天坛古树群，大兴英雄纪念林，野生动物园

四、北京森林文化服务提升的主要路径

从人与自然和谐共生的理念出发，通过培育美的有故事的森林，开展多形式、多层次、多角度的森林文化体验和教育活动，吸引人们走进森林，发现森林的秘密，享受森林的奉献，感念森林的伟大。

（一）科学开展森林经营，举办森林文艺活动，提升和发挥森林的美学功能

培育更多的具有较高文化价值的森林，是提高森林文化服务水平的重要基础。当前北京森林的文化价值在总体上偏低，其原因主要是森林结构不良，树种单一，许多地方为人工培育的杨树品种，林龄单一，乡土树种少，导致景观单调，文化魅力不足。今后应该通过乡土树种利用和天然更新的方法，不断优化现有森林的结构。重视构树、桑树、臭椿、榆树、杜梨、君迁子、国槐、椴、柳、松、柏等乡土树种的种植，保护好天然生长的树株。这些乡土树种不仅生长旺盛，而且易于形成混生结构，树干、树皮、树叶形态多样，所形成的林相丰富多彩。这种森林，自然得多，宜人得多，优美得多。而且传统文化中不乏对它们的描绘，如“失之东隅，得之桑榆”。

同时，加强开展森林艺术活动，包括森林音乐会、森林摄影、森林绘画、森林文学、自然创作等，发现并传播森林的美。如西山国家森林公园举办森林音乐会，将音乐会引入森林中，将两者有机结合，展现森林艺术。

（二）保护培育古树名木，丰富文字记录，提升森林的历史功能

森林的文化价值与森林或树木的年龄有关系，年龄越大越古老，历史文化价值越高。如德国的森林中有许多大树。大树从景观上来说比小树更优美，而且它包含着数代人对它的保护。如果知道这棵树的身世，有碑刻或相关文字记载，那么它可承载的历史信息就更丰富，价值也更可贵。因此，加强生态文明建设不仅要传承古树，挖掘相关历史文化，还要选择代表性的林子予以重点保护和培育，形成新的古树名木和多树种的参天森林，并记录其生长、培育、经营历程，留下文字，保存故事，形成文化。

（三）完善森林公园和绿道体系，提升森林的游憩功能

森林健身是一项重要森林文化活动。城市居民走出“水泥森林”，走进真正的森林，在森林中开展徒步、骑行、拓展、登山等活动。北京要继续扩大森林公园的数量和面积，提升其质量、内涵和效益。同时要大力建设将一个个孤立的森林公园

连接贯通起来的绿廊绿道，在其中布设步道，形成完备的森林游憩体系，扩充其承载力和容纳的游人量，整体提升服务功能。

要重视北京西北郊山地森林公园体系建设，可考虑将八大处、昌华、香山、北京植物园、大昭山、百望山等森林公园整合为一体，以大幅提升服务功能。今后需加强香山路以北、北京植物园至百望山森林公园之间地段森林公园的规划和建设。西山国家森林公园，以近郊城市森林休闲健身为特色，在公园内规划不同年龄层的健身、长走、骑行等活动区域，吸引更多公众走入森林。在海淀区建成的“三山五园”健康绿道系统，是实现皇家园林有机贯通的创新性实践。园内园外增设绿道的建设理念，值得在更大范围推广。

（四）构建森林教育基地，提升森林的教育功能

选择条件适宜的森林地域，建成森林幼儿园、森林学校等户外科普教育场所。在其中设置游人步道和服务设施，适当建设小型展室，充实教育内容。丰富生物种类，完善解说标识系统。有计划地面向青少年和社会公众开展森林教育、体验活动。通过森林课堂传授森林知识，培养生态文明意识。结合参观森林展示中心、参与户外森林体验等活动，感触森林、认识森林。

2014年6月，北京八达岭森林体验中心建成向社会开放，是此方面的成功尝试。它位于八达岭森林公园内的长城脚下，以森林体验中心和森林大讲堂为特色。在室内展示区，建设内容包括森林历史沿革、森林多功能性、森林保护和森林产业等方面，并通过空间、影像和实物体现森林文化。在户外体验区，设置大本营、森林小木屋、森林树屋和讲解步道等设施，以便于公众进入森林中有效地了解和认识森林。在室外植物展示基地，建设专业的自然观察路径和讲解牌，便于公众了解树木的功能和不同季节的不同形态。

此外，在百望山森林公园，将红色革命教育与绿色文化教育有机结合，创造特色。并在园内开展亲子活动，如笔记大森林、自然观察、自然游戏等森林体验活动。在松山国家级自然保护区，规划自然观察路径和森林体验区域，还建设一处自然学校，由专业的自然讲解师在室内外带领公众认识森林、动植物、地质水文现象等。

（五）创建森林疗养基地，提升森林的健康功能

森林医学成为森林文化重要领域，它是发挥森林对人体所具有的治疗、康复、保健和疗养作用，把森林应用于增进健康和预防疾病中[①]。日本、韩国在此领域走

①李卿. 森林医学[M]. 王小平，陈峻崎，刘晶岚等译. 北京：科学出版社，2013.

在前列。截至2012年底，日本已建立森林疗法基地57处，还有300余处森林正在申请认证。韩国国家林业合作社联合会有关人士表示："韩国人口5 000万人，建有158个自然休养林，并且数量不够，还保持增长。北京人口2 000万人，至少规划80个自然休养林才能满足社会的需要。"

借鉴美国、法国、日本、韩国等国家森林疗养基地建设的有益经验，结合我国已有的实践积累，在北京建设面向不同社会人群（妇女儿童、亚健康、老人、精神患者、职业病人等）的森林疗养基地，或者森林温泉结合疗养基地是大势所趋。从选址、规划设计、森林环境、配套设施、专业服务人员的选择等方面严格标准、精心构思、科学建造一批森林疗养、休闲养老基地，为增进人民健康、改善百姓福祉作出积极贡献。在松山国家级自然保护区，正在筹建全国第一家森林医院，将努力实现医学和森林的多功能性结合。

五、森林文化可持续发展的对策建议

（一）加强顶层设计，高水平引领森林文化繁荣发展

北京市在生态文明建设中，政府部门要将森林文化服务提升放在突出位置，加强顶层设计、组织领导和部门协调，促进园林绿化与体育、教育、科研、医疗、文化等相互融合，实现森林文化的多样化发展和城乡一体化发展，满足广大市民日益增长的绿色文化消费需求。建议成立森林文化工作领导小组；发挥森林文化相关协会团体的作用；将森林文化纳入政绩考核体系；科学编制和实施森林文化发展规划。

（二）强化政策支撑，高标准建设森林文化服务载体

森林文化事业具有很强的公益性，应该以公共财政投入为主，在首都全国文化中心和生态文明建设政策体系中，要统筹考虑森林文化建设，探索建立公共财政为主多渠道融资的分类投入机制。出台有利于推进森林文化建设的政策，增加投入资金总量，按照国际一流的标准打造和建设一批森林教育、森林休闲、森林医疗、森林养老等"森林文化示范区"和"森林文化服务基地"，完善森林文化服务硬件和软件体系，健全资金安全运行和绩效评价机制。加强人才队伍和科技支撑，开辟更多的绿色就业岗位，推进森林文化可持续发展。

（三）激发市场活力，多层次推进森林文化产业发展

森林文化产业是森林文化建设的重要力量，要按照市场经济规律配置资源，应

以市场主体投入为主、政府财政补助为辅扶持发展。完善有利于森林文化产业发展的政策环境，尤其是促进森林旅游、森林疗养、森林文化创意产业发展，扩大产业规模，培育产业链条、创造绿色岗位，提高产业竞争力。构建科技含量高、资源消耗低、环境污染少的森林文化产业，形成经济社会发展新的增长点，推动生产方式绿色化进程。

（四）创新驱动方式，全方位开展森林文化公益活动

创新森林文化发展模式，按照儿童、上班族、老人等不同社会人群对环境教育、生态旅游和自然体验等不同要求，开展森林大讲堂、森林音乐会、森林摄影展、森林旅游节、森林知识大赛等多类活动。加大森林文化知识宣传，动员大众和志愿者积极参与，由专业森林讲解员解说森林知识，提升公众尊重自然、热爱森林的文明意识，在和谐美丽的森林文化环境中享受自然、快乐生活。

（五）拓展国际合作，多渠道吸收森林文化发展经验

在以往与德国、美国、韩国、日本等国家森林文化国际合作的基础上，进一步与欧美、俄罗斯等国家加强森林文化合作交流，为促进森林文化发展创造条件。尤其是广泛学习和借鉴国外在森林美学艺术、森林教育体验、森林健身医疗、森林遗产保护、森林文化产业、森林文化制度等方面建设和发展经验，并结合北京实际探索创新，建设森林文化国际交流基地，积极引进国际先进理念和智力资源，为北京“建成国际一流的和谐宜居之都”提供支撑。

（六）健全制度建设，强有力形成森林文化长效机制

在全面推进依法治国的新形势下，需要运用法制手段严格保护和管控森林文化资源资产、历史遗产和基础设施，传承和培育森林文化。加强和完善森林公园、自然保护区、古树名木、森林文化基地等相关法规，制定实施森林文化载体和服务的建设与评价标准，出台森林教育、森林疗养相关立法，建立森林文化政府绩效评价机制，促进森林文化朝规范化、精细化、高水平方向发展。

（原文《林业经济》，2015 年第 8 期）

北京香山公园森林文化的价值分析

宋军卫

森林作为陆地生态系统的主体，也是生态产品的主要输出者，而悠久的森林文化更是中华传统文化的重要组成部分，“天人合一”“道法自然”等人与自然和谐共生的哲学理念早已成为中华民族特有的文化基因。早在2007年国家林业总局便将建设繁荣生态文化体系作为现代林业的重要目标，2016年国家林业局印发的《中国生态文化发展纲要（2016—2020年）》中指出森林文化是生态文化的重要组成部分，森林的文化价值是森林资源核算的重要内容，直接关系着人民的身心健康、生活质量和幸福指数。因此对森林文化价值正确认知有助于对现有森林生态系统文化服务进行改进，本文正是基于此以香山公园为例采用问卷调查和现场访谈的方式，分析游客对香山森林文化价值的认知程度，为森林文化价值建设传播提供相关建议。

香山公园是国家4A级景区，位于北京西郊，占地188 hm^2，最高处海拔575 m。香山公园可追溯金朝，曾是皇家别院的所在地，1956年正式开辟为人民公园，拥有碧云寺、双清别墅等众多文物古迹，树木繁多，并以香山红叶闻名于世。目前已经成为一个集景观欣赏、体育健身、科普教育、游憩休闲等多种功能于一身的公共公园。

一、香山公园森林文化价值调查及分析

本文采用现场访谈及问卷调查和网络问卷调查相结合的方式，对游客对香山公园文化价值内容的认知度进行了调查，包括了森林的美学价值、游憩休闲价值、科教价值、历史文化价值、宗教艺术价值五方面内容。将认知程度进行量化：8~10分代表游客对该项文化价值的认知度很高，能够充分了解感知；6~8分代表游客对该项文化价值的认知度较高，能比较充分了解森林文化价值；4~6分代表游客对该项森林文化价值的认知度一般；2~4分代表游客对该项森林文化价值内容感

知较低；0~2分代表游客对该项森林文化价值的感知很低，几乎不能感知该项森林文化价值。本次调查现场发放问卷及访谈91份，由于问卷过程同时伴随访谈，回收有效问卷100%；回收网络问卷436份，为确保森林文化价值感知的有效性对非1年内到香山游玩的123份问卷和29份填写不完整的问卷进行了删除，回收有效问卷284份，累计有效问卷375份。其他数据主要来自香山公园官网、香山公园管理处及《香山公园志》。通过Excel等统计软件对数据进行了处理分析，计算了各项香山公园各项森林文化价值的算术平均值（表1）。

表1　森林文化价值认知度调查结果

序号	森林文化价值内容	森林文化价值认知程度
1	森林美学价值	7.7
2	森林科教价值	6.7
3	森林历史文化价值	7.6
4	森林宗教艺术价值	6.1
5	森林康养价值	7.8
6	森林游憩休闲价值	7.9

香山公园的森林美学价值。游客对香山公园的森林美学价值认知度较高，在调查过程中以欣赏美景为前往动机占比达75.2%，综合得分为7.7分。这主要得益于香山所拥有大量自然景观和人文景观，尤其是香山红叶更是声名远播，被评为“新北京十六景”之一，在调查过程中，对香山红叶的知晓率为100%。

香山公园的科教价值。香山有着丰富的植物资源和人文资源，在中国知网上搜索截止2017年底涉及香山的科研文章有185篇，硕博论文17篇。在教育方面香山充分利用绿色资源和红色资源提供广泛的科普活动和爱国主义教育，其中双清别墅作为全国爱国主义教育基地，每年接待团队预约数百次。但在调查中游客对香山公园的科教价值打分只有6.7分，其主要原因一是科研价值针对的是特定人群，普通游客对此了解不深；二是科普教育和爱国主义教育活动更多以主题展览形式开展，有特定的时间和群体，各类标牌只是简单介绍，游客的感知不具有普遍性。

香山公园历史价值。香山公园历史悠久，古树名木和文物古迹众多，记录和见证了自金朝以来的众多历史事件，其中一、二级古树就有5 800余株，占北京近郊古树总数的1/4。此外还有众多历史事件的发生地，革命先烈孙中山衣冠冢和纪念堂，1949年中共中央临时指挥中心双清别墅。此外先后有王阳明、乾隆、周恩来、任弼时等100余名古今名人进行游览和活动，问卷调查显示游客对香山公园的历史文化价值认同度较高，得分为7.6。

香山公园的宗教艺术价值。香山曾经寺庙众多，香火鼎盛，有光华寺、洪光寺、昭庙、永安寺和碧云寺。而关于香山的文艺作品众多，根据《香山公园志》统计其中描写香山的诗歌201首，散文35篇，各类相关书目28本，歌曲3首，牌匾94块，石刻53处。但是游客对此项打分较低，仅6.1分，一方面与游客以宗教目的来香山仅占2.1%；二是游客对有关香山的文艺作品知之甚少，调查显示只有5.2%的游客听闻过有关香山的文艺作品。

香山公园的康养价值。香山是太行山脉的延续，形成了一个天然屏障，具有独特的小气候环境，园内气温夏季较市区要低3到5度左右。香山森林覆盖率高达96%，具有良好的绿视率，是天然的绿谷氧吧，空气中负离子含量丰富，据有关机构监测数据显示香山是北京负氧离子最高的地区之一，滞尘作用明显，据测算香山公园夏季秋季，对PM2.5、PM1.0的阻滞率明显高于市内绿地。根据问卷调查显示有61.7%的人表示锻炼身体是来香山的重要原因，游客对香山公园的康养价值认知打分也相对较高，7.8分位列第二。

香山公园的游憩休闲价值。此项价值在调查中得分最高，7.9分，游客对香山的游憩休闲价值比较认可。香山公园利用自身优势打造了探幽、寻古、文化、健康、空中揽胜5大经典线路，吸引着众多游客前往，尤其是秋季红叶和春天踏青季节，游人众多。据香山公园管理处统计数据显示2016年香山公园年客流量高达499.8万人次，尤其是秋季高峰期每日游人超过10万人次。在问卷调查中显示64.4%的人表示香山公园主要为了休闲游玩，90.2%的人认为通过游览有助于增进人际关系，休闲游憩价值较为明显。

二、香山公园森林文化价值存在的问题

森林文化价值群众知晓度不均衡。香山公园以红叶闻名，但也导致人们提到香山只会想到红叶，而对香山公园的其他文化价值知之不详，甚至完全不知，例如在调查中游客对香山公园的寺院、文艺作品的知晓度都不高，甚至很多人表示到了香山才知道双清别墅和孙中山纪念堂等相关历史事件。

森林文化价值展现存在季节性差异。香山公园的游客存在严重的季节不平衡，游人大量集中在9~11月，主要以观赏红叶为主。过多的游人不仅超过公园的承载

力，而且影响人们森林文化价值的感知，在调查过程中9~11月人们游园的满意度不足60%，不满意的原因主要集中在交通拥挤、游园人数过多、基础设施不足等方面。而其他季节游客就相对较少，可能造成资源的闲置浪费。森林文化价值资源有待进一步整合。森林文化价值的感知是一个综合感受，层次越多、内涵越丰富越有助于满足人的精神需求。香山公园拥有丰富的森林文化价值资源，但是目前香山主要发挥功能是美学、游憩休闲及历史文化价值，而对其他文化价值内容感知度相对较低，森林文化价值资源的整合度不够，整体优势没有得到充分发挥。

森林文化价值的宣传力度需要进一步加强。香山公园对外宣传相对滞后，宣传手段和内容创新性不足。虽然已经开通了微博、微信公众号等自媒体，但是尚停留在信息发布平台的作用，没有形成良好的互动，关注度比较低，例如香山公园的官方微博粉丝量仅10 000多，公众号的大部分文章点击量不超过2 000人次。在调查中显示，只有不足3%的人知道香山的微信公众号和微博，15.1%的人浏览过香山的官网，28.5%的人在电视报刊上看到过香山介绍，48.1%的人从未看到过香山的宣传，主要是朋友家人介绍，所以导致人们对香山认知存在片面性，对森林文化价值的认识不全面。

三、香山公园森林文化价值建设的对策或建议

差异化管理。针对游客量季节性的差异，采取不同的运营模式，在每年的游览旺季尤其是红叶观赏季，公园管理方要考虑到公园的环境容量，实行限流措施，采取网上预约制，超过环境承载量停售当天门票，利用自媒体和官网，实时发布游客数量，提示游客错峰游览。游览淡季，通过增加森林音乐会、森林运动会等各种文化主题活动，推出优惠月卡等形式鼓励人们来香山健身、游憩休闲；同时加大和科研机构、学校的合作力度，将香山作为重要的科研基地和第二课堂，扩大香山森林文化资源的利用率。

提供更多元化的森林文化产品。按照不同群体需求创造形式多样的森林文化产品，为老年人、亚健康人群提供森林疗养基地，按照国际化标准建立森林浴场，结合园艺疗法、音乐疗法等方式提升康养价值内容；为儿童和青少年开辟专门的森林教室提供专门科普教育，同时通过VR等先进技术开展三维解说和交互解说，寓教于乐，扩大科教覆盖人群；大力发展文创产业，依托香山森林文化价值资源研发更具市场亲和力和时尚感的文创产品，不仅能够抓住人们的眼球，也通过产品传播香山的森林文化。

加大宣传力度。不仅要依靠传统的媒体效用，更应重视新媒体的运用。随着移动互联的快速发展，当前网民呈现年轻化、时间碎片化、喜好娱乐化的特点，要充分依托香山丰富的森林文化资源，有效整合微信、微博、官网、游记网站等各大宣传平台，增强宣传活动的互动性。以更网络化的语言，结合热点事件，借鉴故宫“网红”成功的案例，以更有创意的方式将香山的森林文化展现给观众。

深挖森林文化价值资源潜力。整理香山公园宗教历史故事传说，通过漫画、动画等让人喜闻乐见的形式，借助互联网等多种渠道，扩大传播范围，使受众更好的感受香山的宗教氛围和历史厚度。优化解说系统，使解说牌和展板更具趣味性，设置电子解说二维码，将香山相关文艺作品和森林景观及音乐有机结合，在游览过程中文景交汇，加深对香山森林文化的理解。

（原文载《区域治理》，2019年第28期）

天目山自然保护区景观尺度美学质量时空变化特征探析

俞　飞　李智勇

当前的森林景观主要研究内容包括：森林景观空间格局分析及影响因素，森林景观生态评价、规划及改造研究，森林边际效应及动态，森林景观水平上的生物多样性保护，森林景观动态模型的构建等内容，而这些内容必须以森林景观格局研究为基础。Raposo等分析了景观异质性对低密度环境中生物非定向运动和随机扩散的效率的影响，揭示了景观结构与最大扩散的耦合机制，并预测扩散的增强有利于各生物在异质景观中的相遇①。Jesse等利用植被和火灾的历史数据构建了环境干扰和变化的模型，分析了美国犹他州中部亚高山带的云杉林景观变化情况②。Guirado等人为了弄清邻接土地利用方式、距森林边缘距离、森林缀块大小以及由此产生的交互作用对于城市森林植物物种丰度和构成的影响，以西班牙的巴塞罗那为研究对象，选用多维尺度排序方法来探测物种聚类变化的模型，并研究这些模型与物种丰富度和人为因子的关系③。从目前的总体趋势可以发现，越来越多的森林景观格局研究考虑了森林和人类的相互关系，这正是当代景观生态学研究的重要方向之一：将人类和人类活动整合到景观生态学研究之中，最终实现人类与自然

①Raposo E P, Bartumeus F, Da Luz M G E, et al. How landscape heterogeneity frames optimal diffusivity in searching processed[J]. Plos Computational Biology, 2011, 7(11): e1002233.

②Morris J L, Derose R J, Brunelle A R. Long-term landscape changes in a subalpine spruce-fir forest in central Utah, USA[J]. Forest Ecosystems. 2015, 2(1): 83-94.

③GuiradoM, Pino J, Roda F. Understorey plantspeciesrichnessandcompositioninmetropolitanforestarchipelagos: effectsof forestsize, adjacentlanduseanddistancetotheedge[J]. Global EcologyandBiogeography, 2006, 15(1): 50-62.

的和谐共处[①②]。这一观点在2017年的美国景观生态学年会中作为会议主题得到了重点关注[③]。森林景观不仅具有独立的完整结构及相应的生态学、经济学和社会学功能，又有明显的视觉特征和美学价值[④]。目前的人类与森林景观的研究还是以生态价值和经济价值为主导，但是随着人们森林文化价值意识的觉醒，以美学为目的的森林景观研究也越来越多。

目前国际上公认的景观美学评价有四大学派：专家学派、认知学派、心理物理学派和经验学派[⑤]。其中，心理物理学派的美景度评价法（scenicbeauty estimation，SBE）应用最广。国外学者通过分析美景度与斑块数量、异质性指数等指数之间的相关性，发现景观格局指数对美学质量有较高的影响[⑥]。国内学者利用SBE法对北京山区黄栌针叶树混交林秋季景观[⑦]，长白山地区金沟岭林场森林景观质量[⑧]等相关研究，但是大多研究的是林内景观（群落结构）尺度的美学质量，对于景观格局尺度的研究相对缺乏。

天目山国家级自然保护区拥有大面积典型的中亚热带森林生态系统和森林景观，以“高、大、古、稀、美”的特点成为了长三角地区重要的旅游景点。纵观天目山森林景观相关研究，主要集中在景观格局分析[⑨]、种群空间分布格局[⑩]、种群空间结构[⑪]等生态学内容的研究，尚无森林景观格局与美学质量关系的研究，因此本论文从美学角度出发，对天目山自然保护区30年来的森林景观结构动态变

①Fu B J, Li Y. Bidirectional coupling between the Earth and human systems is essential for modeling sustainability[J]. National Science Review, 2016, 3(4): 397-398.

②Fu B J, Forsius M. Ecosystem services modeling in contrasting landscapes[J]. Landscape Ecology, 2015, 30(3): 375-379.

③范昊，赵文武，丁婧祎. 连接景观异质性与社会环境系统：2017 年美国景观生态学年会 The US-IALE 2017 Annual Meeting）会议述评[J]. 生态学报，2017, 37(14): 4919-4922.

④张会儒. 天然林资源动态时空分析评价技术[M]. 北京：中国林业出版社，2006.

⑤王娜，钟永德，黎森. 基于SBE法的城郊森林公园森林林内景观美学质量评价[J]. 西北林学院学报，2017, 32(1): 308-314.

⑥Dramstad WE, Tveit MS, Fjellsta WJ, et al. Relationships between visual landscape preferences and map-based indicators of landscape structure[J]. Landscape & Urban Planning, 2006, 78(4): 465-474.

⑦李效文，等. 黄栌针叶树混交林的景观评价和经营管理模式[J]. 林业科学，2013, 49(6): 154-159.

⑧杨鑫霞，等. 基于SBE法的长白山森林景观美学评价[J]. 西北农林科技大学学报（自然科学版），2012(6): 86-90.

⑨吴兆艳，等. 浙江天目山自然保护区森林景观格局分析[J]. 西南林业大学学报，2011, 31(5): 62-66.

⑩申明亮，等. 天目山自然保护区常绿落叶阔叶林优势种群空间分布格局[J]. 浙江大学学报（理学版），2014, 41(6): 715-724.

⑪汤孟平，等. 天目山近自然毛竹林空间结构与生物量的关系[J]. 林业科学，2011, 47(8): 1-6.

化特征进行了定量和定性分析，初步探讨了保护区景观格局与美学质量的关系及动态变化特征，为森林景观美学资源的有效保护、管理及生态旅游规划等提供依据。

一、研究区概况

天目山国家级自然保护区位于浙江省杭州市临安区境内，具有中亚热带向北亚热带过渡的气候特征，并深受海洋暖湿气流的影响，季风强盛、四季分明、雨水充沛，自海拔200~1 500 m区域中，根据气候分布规律和森林植被垂直带谱、地形等差异，可分为丘陵温和层、山地温凉层、山地温冷层和山地温寒层4个森林生态垂直气候层，在4 284 hm^2面积的区域中，汇集了2 160种高等植物，4 716种野生动物，常绿阔叶林、常绿落叶阔叶混交林、落叶阔叶林、落叶矮林等6个植被型和30个群系组。天目山水系属于钱塘江流域，是长江和钱塘江的分水岭。保护区内有东关溪、西关溪、双清溪、正清溪等溪流。除了丰富的森林资源，天目山还拥有悠久的宗教文化，是集儒、道、佛等文化于一体的名山。地理区位上邻近上海、苏州、南京、宁波等城市，是长三角地区著名的旅游和避暑胜地。

二、研究方法

（一）数据来源与处理

数据来源于《天目山植被格局、过程和动态》①。该文献利用landsat遥感影像提取1984、1994、2004和2015年4个时段的森林信息。并根据野外调查与遥感影像的目视解释，将天目山保护区的土地类型划分为常绿阔叶林、落叶阔叶林、针叶林、竹林、水域和其他6种景观类型（表1），然后利用fragstats软件进行景观空间格局定量分析。

表1　　天目山自然保护区景观类型植被组成

Table 1　Vegetation composition of landscape patterns in Tianmu Mountain Nature Reserve

景观类型	植被组成
常绿阔叶林	分布在海拔400 m以下，沟谷地段可达海拔870 m，主要由青冈、苦槠林，甜槠、青冈林，青冈、木荷林，青栲、苦槠林，紫楠林，青冈、小叶青冈林，交让木、青冈林，石栎、紫楠林8个群系组成

①江洪，等. 天目山植被：格局、过程和动态[M]. 上海：上海交通大学出版社，2016.

（续表）

景观类型	植被组成
落叶阔叶林	分布在禅源寺附近和海拔850 m以上，主要由白栎、锥栗林，茅栗、灯台树林，四照花、榛林，短柄枹林，领春木林5个群系组成。植物种类丰富，群落结构复杂，呈多层复杂林相
针叶林	是保护区的特色植被，由柳杉林、金钱松林、马尾松林、黄山松林、杉木林、柏木林6个群系组成，其中柳杉分列道路两旁，以胸径巨大著称，金钱松以高大著称
竹林	主要由分布在海拔350~900 m处的毛竹林，和分布在海拔1 200~1 500处的箬竹林组成
水域	主要溪流有东关溪、西关溪、双清溪、正清溪等溪流组成
其他	包括裸地、建筑物和道路

（二）景观格局指标选择

本研究从类型水平和景观水平两个层次选取指标进行分析，以全面反映保护区森林景观的结构特征与美学质量的时空变化特征[①②③]。选取了斑块面积、斑块面积比例、斑块数量和最大斑块指数用于研究景观类型组成情况和优势景观类型，确定形成保护区优美景观的主要元素。选取了平均斑块面积、景观破碎度、斑块形状指数、边界密度、斑块结合度和聚集度指数用于研究各景观类型的破碎状况和连接状况，确定各景观体现的美学类型。选取了景观多样性指数、景观均匀度指数、散布与并列指数、蔓延度和斑块结合度，从景观水平研究保护区景观空间结构的丰富度、景观类型比例之间的均衡度，确定保护区景观的整体美学质量。景观格局指标及公式描述见表2。

表2　　景观格局指标及公式描述

Table 2　　The pattern indices and its formulas

指标名称	指标缩写	公式描述	单位
斑块面积	CA	某斑块类型的总面积	hm^2
斑块面积比例	PLAND	某斑块类型的总面积占整个景观类型的百分比	%

①欧阳勋志，等．婺源县森林景观空间格局及其与景观美学质量关系探析[J]．江西农业大学学报，2005，27(6)：880–884．

②李若凝．旅游视野下嵩山国家森林公园森林景观结构及其优化[J]．中南林业科技大学学报，2013，33(9)：121–125．

③李波．北京西山风景林中、远景景观质量评价研究[D]．北京：北京林业大学，2011．

（续表）

指标名称	指标缩写	公式描述	单位
斑块数量	NP	景观中某一斑块类型的斑块总个数	个
最大斑块指数	LPI	某一斑块类型中最大斑块占景观面积的比例	%
平均斑块面积	MPS	某一斑块类型的总面积除以该类型的斑块数目	hm^2
景观破碎度	C	某一景观的斑块数除以该景观类型的总面积	个/hm^2
斑块形状指数	LSI	某斑块形状与相同面积的圆之间的偏离程度	/
边界密度	ED	某一斑块类型所有斑块周长之和除以该斑块类型的总面积	m/hm^2
斑块结合度	COHESION	某一斑块类型的物理连通性	%
聚集度指数	AI	同一斑块类型的邻近程度	%
景观多样性指数	SHDI	各斑块类型的面积比乘以其值的自然对数之后的和的负值	/
景观均匀度指数	SHEI	景观多样性指数除以给定景观丰度下的最大可能多样性	/
散布与并列指数	IJI	某斑块类型相邻的各斑块类型的邻接边长除以该斑块的总边长再乘以该值的自然对数之后的和的负值，除以斑块类型减1的自然对数，最后乘以100转化为百分比形式	%
蔓延度	CONTAG	景观中各斑块类型所占景观面积比例乘以各斑块类型之间相邻的网格单元数目占总相邻的格网单元数目的比例，乘以该值的自然对数之后的各斑块类型之和，除以2倍的斑块类型总数的自然对数，其值加1后再转化为百分比形式	%

三、结果与分析

（一）景观总体结构特征的时空变化

由表3可知，近30年间常绿阔叶林和落叶阔叶林景观面积比例在80%以上，竹林为3.36%~9.32%，针叶林为0.54%~2.35%，裸地和其他为3.15%~7.25%，水域为0.3%~1.56%。结合图1还可以发现，阔叶林的斑块数量和平均斑块面积也是最大的，说明阔叶林景观是当地气候条件下的典型森林景观类型，是构成保护区优美景观的最重要因素，对游客的视觉冲击力最强。另一方面，虽然阔叶林景观在整体景观中具有优势地位，但是植物种类丰富，而且斑块数量多，具有较高的色彩多样性和明显的厚度对比度①，所以并不会造成枯燥单一的视觉效果。

表3　天目山自然保护区斑块类型面积和比例变化

Table 3　Changes of classarea and percent of landscape in Tianmu Mountain Nature Reserve

年份	类型	常绿阔叶林	落叶阔叶林	针叶林	竹林	水域	其它
1984	面积（hm^2）	2 359.8	1 582.2	23.4	145.8	12.9	214.3
	比例（%）	54.39	36.47	0.54	3.36	0.30	4.94
1994	面积（hm^2）	2 447.6	1 381.6	47.7	223.7	24.6	214.9
	比例（%）	56.40	31.83	1.10	5.15	0.57	4.95
2004	面积（hm^2）	1 649.1	1 913.0	88.9	483.6	67.5	136.8
	比例（%）	38.01	44.09	2.05	11.15	1.56	3.15
2015	面积（hm^2）	1 553.40	2 040.6	55.7	414.0	57.7	322.3
	比例（%）	34.96	45.92	1.25	9.32	1.30	7.25

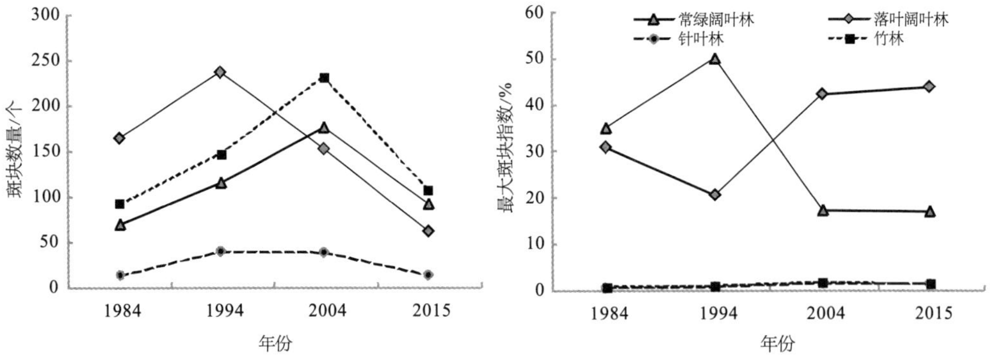

图1　天目山自然保护区斑块数量和最大斑块指数变化特征

①郑宇，等. 陕西金丝大峡谷国家森林公园秋季景观林色彩量化研究[J]. 西北林学院学报，2016，31(3)：275-280.

从1984—2004年，常绿阔叶林景观面积比例减少了19.43%，平均斑块面积下降；而落叶阔叶林景观面积比例增加了9.45%，平均斑块面积上升，至2015年已显著超过常绿阔叶林。而且最大斑块指数变化也显示常绿阔叶林整体呈现下降趋势，落叶阔叶整体呈现上升趋势，并与2004年起显著高于常绿落叶。可见经过30年的演替，落叶阔叶林面积已显著高于常绿阔叶林，成为了保护区森林景观的主导类型。前人研究表明落叶林面积比例高的森林景观秋季美景度高①，因此落叶阔叶林面积的提升有助于提升保护区秋季美学质量。

但是近30年景观格局变化显示，阔叶林景观面积比例从1984年的90.86%下降到了2015年的80.88%，虽然仍旧占据优势地位，但是保护区景观整体的相似程度有所下降，这主要是因为道路和建筑物用地、竹林面积扩张导致的。竹林主要由分布在海拔350~900 m的毛竹林和1 200~1 500 m的箬竹林组成。其中毛竹林扩散能力非常强，面积逐年增加，并对阔叶林和针叶林群落造成了入侵。竹林景观的外观特征与阔叶林存在显著差异，入侵后会造成保护区的典型景观类型欣赏价值的下降。因此，2004年后对毛竹林进行了砍伐以控制其自然扩张，2015年竹林面积、斑块数量和最大斑块指数的下降就是人为控制毛竹林扩张的效果。

针叶林虽然面积比例非常小，却是天目山自然保护区的特色植被，构成壮观的林海，有着极其重要的地位。主要有柳杉林、金钱松林、马尾松林、黄山松林、杉木林、柏树林共6个群系组。从表3可知，针叶林的面积逐年增长，至2004年达到了最大值，而且平均面积不断增大，这可以进一步提高针叶林景观的壮观度。有研究指出，森林景观中针阔面积比小于30%时美景度最高②，保护区内针阔面积比在30年间一直维持在2%以下，因此美学质量较高。

有研究发现景观美景度与水域面积成正比，与建筑物面积成反比③。天目山自然保护区近20年间水域面积逐年扩大，可以在一定程度上提升保护区的美景度。裸地和建筑物的面积也基本呈现逐年增加趋势，2015年所占面积比1982年增加了50.39%，主要是由于景区旅游道路、旅游基础设施、景区内农家乐面积扩张等因素导致的。这些建筑采用的基本都是现代设计风格，缺少地方特色，而且农家乐建设

①杨鑫霞，等. 基于SBE法的长白山森林景观美学评价[J]. 西北农林科技大学学报（自然科学版），2012(6)：86-90.

②杨鑫霞，等. 基于SBE法的长白山森林景观美学评价[J]. 西北农林科技大学学报（自然科学版），2012(6)：86-90.

③周年兴，等. 庐山森林景观美学质量与景观格局指数的关系[J]. 地理研究，2012, 31(7)：1224-1232.

没有统一规划，从美学角度来看，建筑物景观与当地的森林景观类型没有形成很好的融合。

（二）景观美学类型的时空变化

常绿阔叶林在面积逐年减小的情况下，平均斑块面积不断缩小，斑块破碎度不断增大，到2004年到达顶点，说明这20年间该景观类型受到干扰较大，产生了一定的破碎化和空间异质性，这对维持生物多样性和生态系统功能有一定负面影响。而且斑块边界密度显著小于竹林和针叶林景观类型，可见常绿阔叶林的斑块融合性偏低。同时期的斑块结合度和聚集度也有所下降，说明斑块之间的连片程度降低，导致常绿阔叶林景观的规模美和宏观美亦有所下降①②。不过在2004年以后，各景观格局指数趋于良性发展，表明常绿阔叶林受到的干扰减少，这有助于维持保护区的区域景观特色。落叶阔叶林的状况与常绿阔叶林正好相反。自1994年开始，在面积逐年增加的基础上，平均斑块面积逐年扩大、景观破碎度逐年降低，可见落叶阔林的破碎化和空间异质性程度非常低。而且斑块结合度和聚集度在1994年后也逐步上升，说明落叶阔叶林斑块之间逐年连片，形成的斑块越来越大，这在秋季可以形成大片的彩叶景观。相对于针叶林和竹林，阔叶林的破碎度非常低，近30年的斑块破碎度不超过0.2，可见虽然受到了一定程度的干扰，阔叶林景观总体保持原貌的程度较高，典型区域景观类型并未发生变化。总体而言阔叶林的斑块形状指数则较高，说明其斑块形状较复杂，多为曲线形状，给人以活力、动感、富有变化的感觉③。

竹林的斑块破碎度远高于阔叶林，说明竹林景观破碎度较高，这是因为毛竹林是南方的重要经济树种，受到人为经营影响较大的缘故。而且竹林的边界密度远高于阔叶林，可见竹林的边界形状更复杂，与别的斑块融合的非常好，这是因为毛竹极易入侵到别的斑块中导致的，但是会造成阔叶和针叶林美景度的下降，另一方面也体现了竹林的扩张非常分散。而且斑块结合度和聚集度较低，表明竹林斑块之间连接性较差，尚未形成壮阔的林海景观。不过1994年以来，竹林的平均斑块面积、斑块结合度和聚集度逐年上升，而且破碎度和斑块边界密度逐年下降，可见

①欧阳勋志，等. 婺源县森林景观空间格局及其与景观美学质量关系探析[J]. 江西农业大学学报，2005, 27(6)：880-884.

②李若凝. 旅游视野下嵩山国家森林公园森林景观结构及其优化[J]. 中南林业科技大学学报，2013, 33(9)：121-125.

③李波. 北京西山风景林中、远景景观质量评价研究[D]. 北京：北京林业大学，2011.

其有连接成片的趋势。

针叶林的平均斑块面积远低于阔叶林，但是斑块破碎度远高于阔叶林，可见其斑块小而分散，景观破碎度高。而且针叶林的斑块边界密度远高于阔叶林，表明该景观类型与别的斑块融合的非常好，这可能是因为保护区很大一部分针叶林由人工更新的，与阔叶林和竹林形成了混交状态。同时，针叶林的斑块结合度和聚集度较低，斑块之间连接性较差。不过从整体趋势看来，近30年来，针叶林的平均斑块面积、斑块结合度和聚集度呈现上升趋势，而且破碎度和斑块边界密度整体下降，与竹林一样出现了连接成片的趋势。

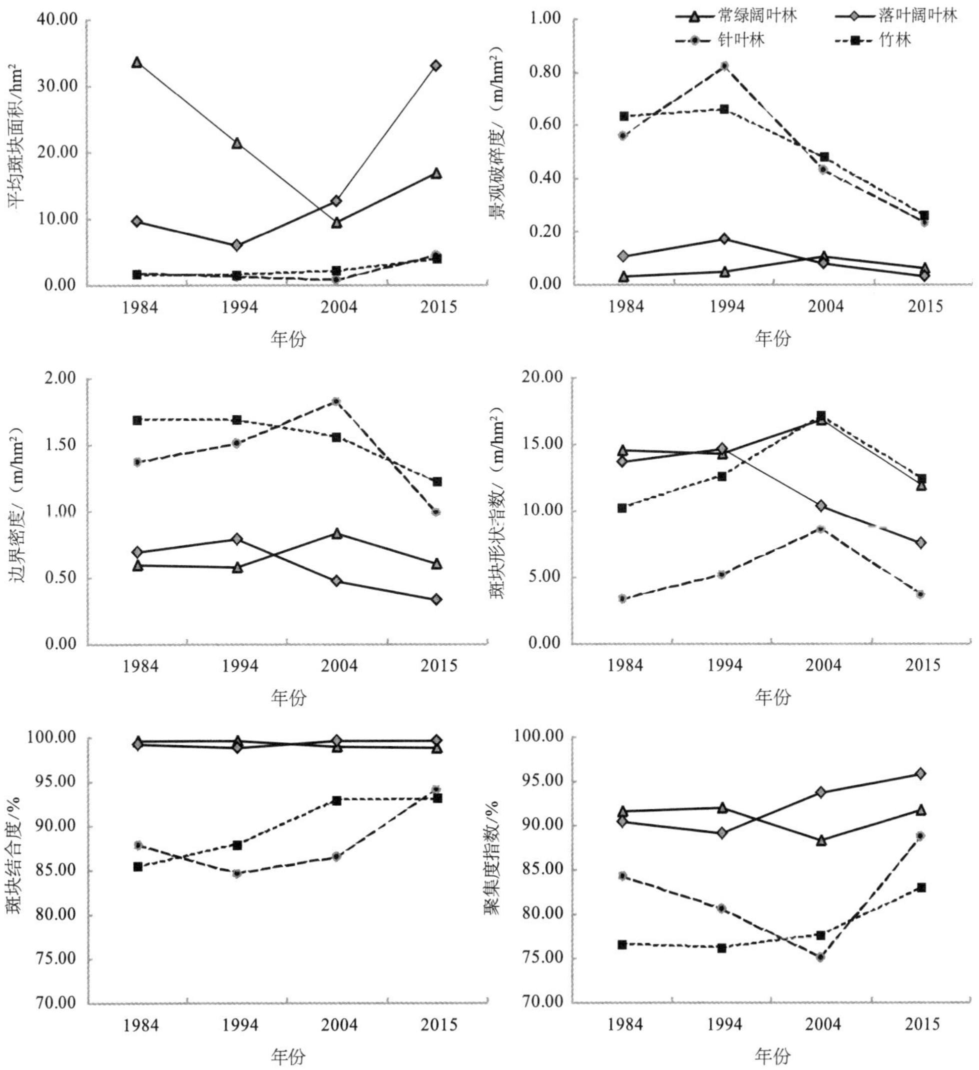

图2 天目山自然保护区景观结构复杂性变化特征

（三）景观整体美学质量的时空变化

从表4可知，香农多样性指数自1984年以来逐步升高，表明保护区森林景观异质性逐步增加，这不仅有利于区域生态系统的稳定性，还增加了景观的整体美学质量。不过多样性指数仅为1.2左右，属于偏低水平，还有待进一步提高。香农均匀度指数经过30年的发展，由0.6上升到了0.7，表明阔叶林景观类型一直占据优势地位，展现了区域景观特色，但是在2004年之后其主导性有所减弱，表明保护区内景观类型多样性增加，散布毗邻指数的变化也得到了相似结论。而且斑块结合度和蔓延度的逐年下降，可见阔叶组成的优势斑块类型的连续性逐年减弱。这些变化都说明竹林的扩展、建筑物面积的增加对保护区的阔叶林景观类型的景观格局和美学特征产生了一定的影响。

表4　天目山自然保护区森林景观多样性变化

Table 4　The change of forest landscape diversity in Tianmu Mountain Nature Reserve

年份	香农多样性指数	香农均匀度指数	蔓延度	斑块结合度	散布毗邻指数
1984	1.0	0.6	61.0	99.1	47.1
1994	1.1	0.6	58.0	99.0	59.3
2004	1.2	0.7	51.8	98.5	77.7
2015	1.2	0.7	54.2	98.4	74.3

四、结论

随着人们对森林美学价值认识的不断提高，森林美学质量相关的科学研究也逐渐增多，并通过一定的技术手段从定性研究往定量研究方面发展，其中应用最广的为心理物理学派的美景度评价法①。但是这些研究的对象是林内景观，如树种组成、灌木高度、林下层盖度等内容，这其实是群落角度的森林美学质量评价，而真正从景观格局角度出发的森林美学质量研究仅有欧阳勋志开展的婺源县森林景观空间格局与景观美学质量关系探析②，角媛梅开展的哈尼梯田景观空间格局与美学

①王娜，钟永德，黎森. 基于SBE法的城郊森林公园森林林内景观美学质量评价[J]. 西北林学院学报2017, 32(1): 308-314.

②欧阳勋志，等. 婺源县森林景观空间格局及其与景观美学质量关系探析[J]. 江西农业大学学报，2005, 27(6): 880-884.

特征分析[①]，周年兴开展的庐山森林景观美学质量与景观格局指数的关系等少量研究[②]，由此可见景观尺度的森林美学质量研究尚处在探索阶段。

前人研究表明，在空间格局上占主导的景观类型对研究区域景观视觉美学质量的高低具有决定作用[③]。本研究中天目山自然保护区以阔叶林景观类型为主，占景观总面积80%以上，具有绝对优势。由于不同树种叶片色彩或绿度不尽相同，树种组成变化会导致景观斑块色彩发生显著变化，从而影响人们对森林景观的审美接受程度[④]。保护区内树种丰富，随着常绿和落叶景观比例的变化，亦会引起观赏者产生不同的视觉效果。可见阔叶林景观类型不仅对维持整个区域生态系统稳定具有重要作用，而且是构成区域优美景色的基础。30年来阔叶林景观类型面积比例从90.86%下降至80.88%，保护区Shannon多样性指数和均匀度指数亦有升高，表明阔叶林的优势景观类型的地位有所下降。不过阔叶林的破碎度始终维持在0.2以下，而斑块结合度和聚集度一直保持较高水平，所以阔叶林景观总体保持原貌的程度较高，区域典型景观特色并未发生明显变化。阔叶林景观由常绿阔叶林和落叶阔叶林组成。1984—2004年，常绿阔叶林的面积比例、最大斑块指数、斑块结合度逐年下降，破碎度和斑块数量上升，而落叶阔叶林变化相反。周年兴等的研究表明美学质量与斑块密度存在显著的负相关，与边界密度、多样性指数存在显著的正相关[⑤]，可见常绿阔叶林的美学质量总体呈现下降趋势，而落叶阔叶林连接成片，这有利于形成大面积的秋季彩叶景观，提高保护区的秋季美景度。

竹林和针叶林景观斑块破碎度高，且斑块结合度和聚集度较低，壮观度不够。但是边界密度较高，与其它类型斑块融合较好，从景观角度整体来看，形成了宏观美与错落美的统一性与多样性的有机组合，可以提升保护区的整体美学质量。不过竹林面积扩张迅速，有连接成片的趋势，这不仅会对保护区的生态系统稳定和区域生态安全造成危害，还将导致区域景观特色发生改变，所以保护区管理局对其进行了人为砍伐，以控制其自然扩张。

①角媛梅，等. 哈尼梯田景观空间格局与美学特征分析[J]. 地理研究，2006, 25(4)：624-632.

②周年兴，等. 庐山森林景观美学质量与景观格局指数的关系[J]. 地理研究，2012, 31(7)：1224-1232.

③王天问. 旅游公路景观空间格局与景观美学关系研究[D]. 西安：长安大学，2008.

④蔡丽丽，徐程扬. 遥感技术在风景林景观质量评价中的应用研究进展[J]. 2014, 50(9)：145-151.

⑤周年兴，等. 庐山森林景观美学质量与景观格局指数的关系[J]. 地理研究，2012, 31(7)：1224-1232.

一定比例的人工景观类型可以增加整体景观的生动性[①]，但是超过一定比例后道路等人工景观的面积与美学质量呈反比。天目山自然保护区旅游道路、旅游基础设施和停车场修建、景区内农家乐等面积在30年间增长了50%，但是缺少合理的设计和统一规划，建筑物景观与当地的森林景观类型没有形成很好的融合，美学质量不高。

综上所述，阔叶林景观在1984—2015年一直形成是天目山自然保护区优美景观的最主要元素，但是在这20年间的景观优势度整体下降趋势。这主要是因为森林生态系统的自然演替和人类活动引起的竹林和建筑用地面积增加导致的，虽然增加了景观的多样性，但是美学质量并不高，在今后经营管理过程中还需要从美学角度加以考虑。

（原文《中南林业科技大学学报》，2019年第2期）

①王天问. 旅游公路景观空间格局与景观美学关系研究[D]. 西安：长安大学，2008.

天目山林区景观格局时空变化及驱动因素分析

俞　飞　李智勇

南方集体林区是中国重要林区之一。2000年以来，是中国经济高速发展的时期，也是退耕还林和集体林权改革等政策开始推行和实施的阶段。在经济和政策的双重作用下，南方集体林区的土地利用产生了较为明显的变化，并引起了学界的关注。鲁亚楠等①研究了1980—2015年南方10省1市集体林的土地利用动态特征，发现耕地、草地面积减少，城乡建设用地显著增加，林地面积少量增加，而且2000年后土地利用类型变化速率明显加快。李明诗等②对浙江余杭地区的集体林进行研究后发现：虽然该地区的森林面积总体变化不大，但是森林破碎化程度一直加剧，可能造成近交衰败、能量传递和物质流动失衡、外来物种入侵加剧等生态后果③。可见对于南方集体林，不仅需要关注其森林面积的变化，还需要重视其景观格局的变化，以及这些变化引起的生态功能变化。浙江天目山地区森林覆盖率在80%以上，以集体林为主。随着市场需求的变化，树种类型发生了较大的变化，因此本研究以天目山保护区的国有林为对照，对集体林区近20 a的景观格局变化特征进行研究，以期为集体林社区的经济发展和生态环境建设提供思路。

一、研究区概况

研究区为浙江省杭州市临安区天目山镇境内的保护区国有林区（面积约984 hm^2）和周边社区的集体林区（面积约7 801 hm^2），该区属中亚热带季风气候，

①鲁亚楠，姚顺波．基于经济和政策双重作用的南方集体林区土地利用时空变化[J]．南京林业大学学报（自然科学版），2018，42（5）：163-171.

②李明诗，等．南方集体林区森林破碎化模式及趋势遥感刻画：以浙江余杭为例[J]．南京林业大学学报（自然科学版），2010，34（4）：135-139.

③刘建锋，等．景观破碎化对生物多样性的影响[J]．林业科学研究，2005，18（2）：222-226.

年均降水量为1 822 mm，年平均气温为8.9~15.8℃。保护区内拥有常绿阔叶林和落叶阔叶林等6个保护良好的原生植被类型；社区森林以常绿阔叶林、常绿落叶阔叶混交林、杉木*Cunninghamialanceolata*林、竹林、山核桃*Caryacathayensis*林等次生林和人工林为主①。

二、研究方法

（一）数据来源

航空和遥感影像数据分别来源于SPOT5.0（2000年2月，分辨率2.5 m×2.5 m）、QuickBird（2010年12月，分辨率0.6 m×0.6 m）和WorldView（2017年11月，分辨率0.5 m×0.5 m）。森林资源二类调查数据来源于临安区林业局。行政界线及道路分布图来源于杭州市规划和自然资源局临安分局。2018年5~6月通过研究区居民走访和实地考察，对解译结果进行实地验证，并获取其他研究相关资料。

（二）数据处理

1.景观分类和遥感影像解译

根据天目山的实际状况以及研究目的，并参照土地利用现状分类国家标准（GB/T2010—2017），将研究区划分为10种景观类型（表1）。使用ArcGIS10.1软件将遥感影像、森林资源二类调查数据及行政边界统一投影到CGCS2000坐标系，再根据遥感影像进行人工目视解译，最后根据实地调查数据对解译结果进行修正。

表1　景观类型划分

类型	描述与说明
生态林	经济林以外的，以发挥生态效益为主的各类天然或人工起源的乔木林
竹林	毛竹*Phyllostachysedulis*、早竹*Phyllostachys praecox*等
山核桃林	以山核桃*Caryacathayensis*为主的经济林
香榧林	以香榧*Torreyagrandis*‘Merrillii’为主的经济林
茶园	以茶树*Camellia sinensis*为主的经济林
建筑用地	居民房屋、生活基础设施、保护区和景区相关用地等
道路	宽度在3 m以上可以行车的道路

①重修西天目山山志编撰委员会. 西天目山志[M]. 北京：方志出版社，2009.

（续表）

类型	描述与说明
耕地	农业用地
水域	河流、湖泊、水库、坑塘、沟渠等
裸地	没有植被或者建筑覆盖的土地

2.景观类型面积转移矩阵和景观格局指数计算

在ArcGIS10.1软件中将相邻时段的遥感解译结果进行空间叠加和统计分析，即可得到2000—2010年和2010—2017年这2个时段研究区景观类型面积转移状况①。

景观格局分析选取景观边缘密度、景观形状指数、蔓延度、香农多样性指数、香浓均匀性指数、斑块密度、最大斑块指数、平均边缘面积比和斑块结合度等指标，使用Fragstats 4.0软件进行计算。

3.景观格局变化驱动力分析

在景观的形成过程中，人类活动具有很大的影响。本研究主要从政策、市场和道路3方面对研究区的土地利用和景观格局的变化进行分析。

三、结果与分析

（一）景观总体动态变化特征

1.时间动态变化特征

生态林是保护区的主体景观，竹林次之，山核桃林是面积最小的森林类型。其他景观类型面积占比均非常低。2000—2010年，保护区生态林面积减少了10.95 hm^2，道路面积增加了5.12 hm^2，建筑面积增长了3.44 hm^2。2010—2017年，生态林面积增加了83.36 hm^2，竹林和山核桃林面积分别减少了34.87 hm^2和50.35 hm^2，建筑用地等面积变化较小（图1，表2）。

社区生态林面积比例比保护区面积低12%~20%；竹林面积比例约20%；山核桃林排名第3位，但是面积逐年增加。2000—2010年，生态林面积减少了242.98 hm^2，竹林、山核桃林面积分别增加了47.37 hm^2和275.67 hm^2，建筑用地和道路面积分别增加了24.86 hm^2和36.50 hm^2。2010—2017年，生态林面积减少了127.89 hm^2，

①林柳璇，尤添革，刘金福，等.1985—2015年厦门市土地利用变化及驱动力[J].福建农林大学学报（自然科学版），2019，48（1）：103-110.

竹林和茶园面积分别减少了125.74 hm²和38.05 hm²，山核桃林和香榧林面积分别增加了189.88 hm²和16.63 hm²，建筑用地和道路面积分别增加了50.55 hm²和9.03 hm²。

2. 空间动态变化特征

生态林占据了保护区的绝大部分区域，竹林主要集中在海拔350~900 m的游步道附近，建筑等主要分布在低海拔的景区服务中心一带。社区中竹林等经济林以各种形状和组合方式镶嵌在生态林中。竹林大部分集中分布于研究区的南部，呈块状分布，结合度非常高。山核桃林也主要分布于道路两侧。建筑和耕地主要沿着道路呈线状分布。

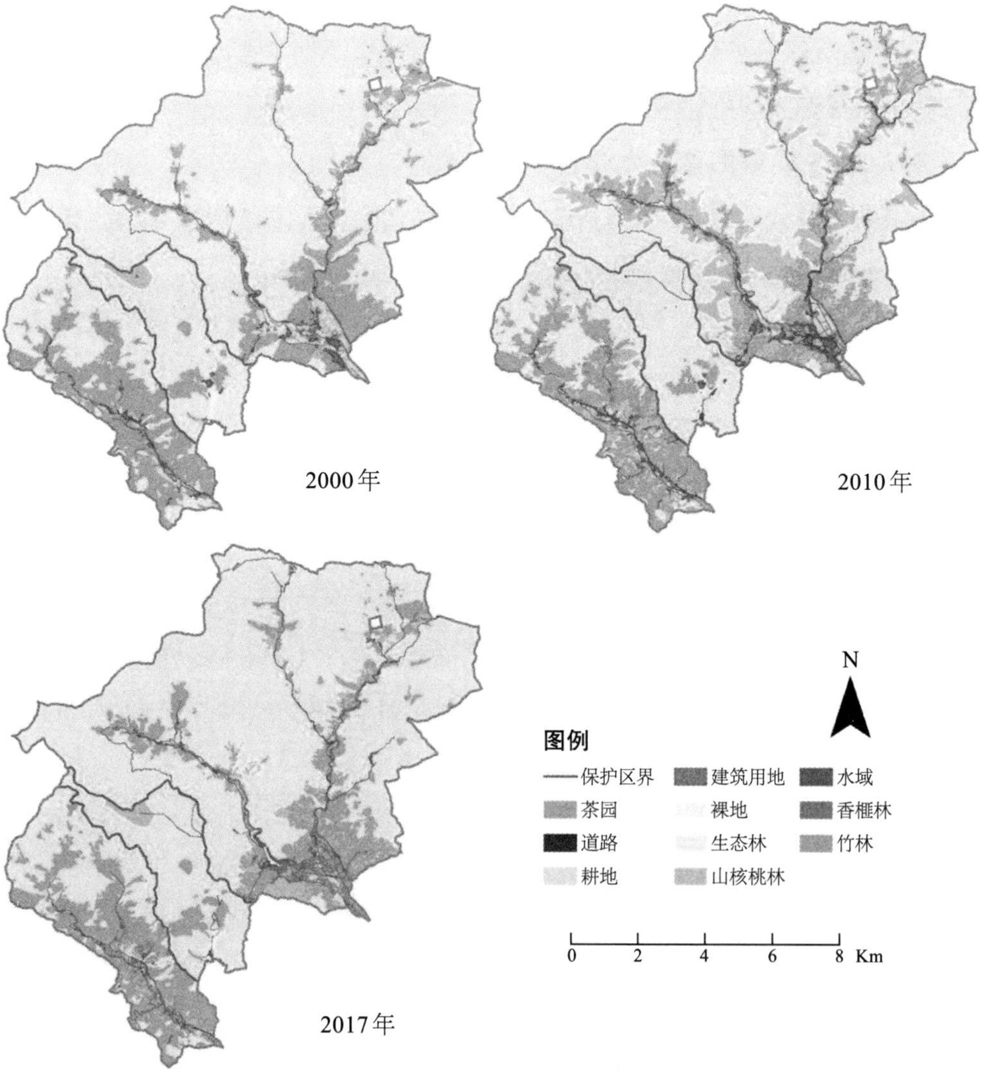

图1　2000—2017年研究区景观格局时空变化

表2　保护区和社区景观类型面积比例变化

景观类型	保护区面积比例/%			社区面积比例/%		
	2000年	2010年	2017年	2000年	2010年	2017年
生态林	85.42	84.31	92.77	73.00	69.88	68.24
竹林	8.83	9.02	5.48	20.39	21.00	19.39
山核桃林	5.09	5.11	0.00	1.60	5.14	7.57
香榧林	—	—	—	0.04	0.10	0.31
茶园	—	—	—	0.54	0.57	0.08
建筑用地	0.50	0.85	0.78	0.87	1.08	1.73
道路	0.03	0.55	0.52	0.44	0.60	0.71
耕地	0.11	0.14	0.42	2.16	0.70	1.05
水域	0.03	0.02	0.03	0.82	0.83	0.82
裸地	—	—	—	0.14	0.12	0.10

说明："—"表示研究区域没有该景观类型

（二）景观类型面积转移

由表3可知：2000—2010年，保护区的景观类型变化特征为生态林向竹林、建筑用地和道路转化，转化面积分别为1.84 hm^2、3.55 hm^2和4.89 hm^2；竹林向道路转化，转化面积分别为0.23 hm^2。由表4可知：2010—2017年，保护区的景观类型变化特征为竹林、山核桃林、建筑用地向生态林转化，转化面积分别为31.87 hm^2、50.35 hm^2和0.53 hm^2。

表3　2000—2010年保护区景观类型面积转移矩阵

景观类型	转移面积/hm^2							
	生态林	竹林	山核桃林	建筑用地	道路	耕地	水域	2000年
生态林	830.16	1.84	0.21	3.55	4.89			840.65
竹林		86.98			0.23			87.21

（续表）

景观类型	转移面积/hm^2							
	生态林	竹林	山核桃林	建筑用地	道路	耕地	水域	2000年
山核桃林			50.13					50.13
建筑用地				4.94				4.94
道路					0.26			0.26
耕地						1.04		1.04
水域						0.03	0.24	0.27
2010年	830.16	88.82	50.34	8.49	5.38	1.07	0.24	984.71

表4　2010—2017年保护区景观类型面积转移矩阵

景观类型	转移面积/hm^2							
	生态林	竹林	山核桃林	建筑用地	道路	耕地	水域	2010年
生态林	830.16							830.16
竹林	31.87	53.95				3.01		88.83
山核桃林	50.35							50.35
建筑用地	0.53			7.69				8.22
道路	0.23				5.15			5.38
耕地						1.10	0.03	1.13
水域							0.24	0.24
2017年	913.14	53.95	0.00	7.69	5.15	4.11	0.27	984.71

2000—2010年社区的景观类型变化特征为生态林向竹林、山核桃林、建筑用地和道路转化；竹林景观向山核桃林、香榧林、茶园、建筑用地和道路转化；耕地向竹林、山核桃、建筑用地和道路转化（表5）。2010—2017年的景观类型变化特征为生态林向竹林、山核桃林、香榧林和道路转化；竹林景观向山核桃林、香榧林、建筑用地、道路和耕地转化；茶园向竹林、山核桃林和道路转化；一部分耕地向建筑用地转化（表6）。

表5　　　　2000—2010年社区景观类型面积转移矩阵

景观类型	转移面积/hm²										
	生态林	竹林	山核桃林	香榧林	茶园	建筑用地	道路	耕地	水域	裸地	2000年
生态林	5 452.09	112.36	121.32			3.53	5.77				5 695.07
竹林		1 452.15	129.2	1.21	2.29	4.41	2.19				1 591.44
山核桃林			122.2	2.8							125.00
香榧林				2.77							2.77
茶园					41.97						41.97
建筑用地						67.73					67.73
道路							34.22				34.22
耕地		73.67	27.95			7.69	4.72	54.73			168.76
水域									63.97		63.97
裸地				0.71		1.21				9.06	10.98
2010年	5 452.09	1 638.18	400.67	7.49	44.26	84.57	46.9	54.73	63.97	9.06	7 801.92

表6　　　　2010—2017年社区景观类型面积转移矩阵

景观类型	转移面积/hm²										
	生态林	竹林	山核桃林	香榧林	茶园	建筑用地	道路	耕地	水域	裸地	2010年
生态林	5 324.19	79.45	38.47	6.36			3.61				5 452.08
竹林		1 416.02	131.98	10.27		34.20	3.44	42.29			1638.2
山核桃林			400.67								400.67
香榧林				7.49							7.49
茶园		16.97	19.10		6.11		1.98				44.16
建筑用地						84.57					84.57
道路							46.71				46.71

（续表）

景观类型	转移面积/hm²										
	生态林	竹林	山核桃林	香榧林	茶园	建筑用地	道路	耕地	水域	裸地	2010年
耕地						15.23		39.49			54.72
水域									63.68		63.68
裸地						1.12				7.94	9.06
2017年	5 324.19	1 512.44	590.22	24.12	6.11	135.12	55.74	81.78	63.68	7.94	7 801.92

（三）景观格局变化

1.类型斑块水平的演化

保护区近20 a的景观格局整体变化不大，社区的景观破碎化程度则一直加剧（表7）。社区生态林的优势地位一直在下降，与保护区的演化趋势相反。社区各景观类型斑块密度均显著高于保护区，而且生态林、竹林、山核桃、香榧的斑块密度逐步增长。生态林、竹林的最大斑块指数逐步下降，山核桃林、香榧的最大斑块指数逐步上升。除了茶园以外，几乎所有景观类型的平均边缘面积比都呈上升趋势。生态林和竹林的斑块结合度呈下降趋势、山核桃和建筑呈上升趋势。

表7　　2000—2017年研究区类型水平景观格局特征

年份	景观类型	斑块密度/（个·hm⁻²）		最大斑块指数/%		平均边缘面积比		斑块结合度/%	
		保护区	社区	保护区	社区	保护区	社区	保护区	社区
2000	生态林	0.20	0.55	4.35	90.82	465	1 269	99.99	99.69
	竹林	1.02	3.86	0.10	51.35	1 005	1 392	99.48	99.44
	山核桃林	0.30	1.54	1.98	5.57	591	968	96.22	97.22
	香榧林	—	0.02	—	0.22	—	568	—	97.30
	茶园	—	0.59	—	3.01	—	1 107	—	96.69
	建筑用地	0.61	1.38	0.33	11.54	1 178	1 727	97.34	96.15
	耕地	0.10	1.45	0.11	12.13	734	1 935	97.15	97.79
	水域	0.10	0.59	0.03	1.88	866	2 771	94.32	98.12
	裸地	—	0.42	—	0.42	—	1 476	—	94.20

（续表）

年份	景观类型	斑块密度/（个·hm^{-2}）		最大斑块指数/%		平均边缘面积比		斑块结合度/%	
		保护区	社区	保护区	社区	保护区	社区	保护区	社区
2010	生态林	0.61	0.99	4.86	80.00	923	1 995	99.99	99.55
	竹林	0.81	4.87	0.10	46.73	1 149	2 186	95.55	99.40
	山核桃林	1.02	3.94	2.05	14.31	1 968	1 442	99.51	97.72
	香榧林	—	0.09	—	0.34	—	660	—	97.34
	茶园	—	1.72	—	3.44	—	1 231	—	96.71
	建筑用地	1.02	3.26	0.32	8.70	1 245	2 484	96.66	96.47
	耕地	0.10	3.24	0.14	2.57	786	2 176	97.52	95.87
	水域	0.10	0.81	0.02	1.82	995	3 013	93.98	97.78
	裸地	—	0.12	—	2.74	—	1 409	—	96.32
2017	生态林	0.41	4.22	5.06	59.13	996	2 119	99.99	99.51
	竹林	0.51	7.86	0.10	41.83	1 492	4 872	92.84	99.18
	山核桃林	—	6.32	—	15.57	—	2 906	—	97.96
	香榧林	—	0.27	—	3.03	—	2 744	—	96.37
	茶园	—	0.06		1.68	—	830	—	96.12
	建筑用地	0.91	3.15	0.32	14.11	995	3 030	96.89	97.42
	耕地	0.30	2.56	0.14	8.95	707	3 928	97.68	97.24
	水域	0.10	1.19	0.02	1.90	961	3 635	94.36	97.42
	裸地	—	0.35	—	0.44	—	1 600	—	95.33

说明：“—”表示研究区域没有该景观类型

2.景观水平的变化

近20 a保护区整体呈现生态林优势地位上升的趋势，而社区则整体呈现形状趋于复杂，景观异质性程度升高，生态林聚集度和优势度下降，各景观类型的分布趋于匀质化的趋势，具体表现为社区景观边缘密度、景观形状指数、香农多样性指数和均匀性指数均逐渐上升，而蔓延度逐渐下降（表8）。

表8　　2000—2017年研究区景观水平景观格局特征

年份	景观边缘密度/(m·hm⁻²)		景观形状指数		蔓延度/%		香农多样性指数		香浓均匀性指数	
	保护区	社区	保护区	社区	保护区	社区	保护区	社区	保护区	社区
2000	24.72	120.86	4.05	6.93	87.45	73.96	0.50	0.96	0.24	0.47
2010	40.66	162.71	5.30	8.85	86.02	71.00	0.54	1.03	0.26	0.52
2017	35.34	176.12	4.88	9.67	87.32	68.26	0.49	1.15	0.24	0.56

（四）驱动力分析

1.政策因素的影响

保护区内的生态林受到严格保护，基础设施建设也有严格的限制，这是其景观格局变化远低于社区的政策因素。而且2010年以来保护区对毛竹林进行了有规划的采伐和抚育，竹林面积显著下降，采伐迹地逐渐演替为生态林。而社区因为没有严格的保护政策，景观格局受到较强的人为影响。

2.市场因素的影响

社区的景观格局变化主要由经济林的扩张和经济林树种的变化引起。竹林、山核桃林、香榧林的扩张导致了生态林面积的逐年下降，竹林向山核桃林和香榧林转化导致了景观破碎度和异质性的增加。根据统计年鉴资料和实地走访信息可知，竹产品笋干价格走低，销售困难，山核桃和香榧干果的需求上升且收益可观，是引起了经济林树种和面积变化的重要原因。

3.道路因素的影响

生态林与经济林之间的转化主要发生在道路两侧（图2）。这是因为研究区地形多为丘陵地带，没有便利的交通就难以运输生产物资和林产品，所以道路也是社区经济林面积扩张的重要因素之一。

四、讨论

随着社会经济水平的提高，人们对森林的生态和社会文化功能的需求不断增加。但是在实际的生产和实践过程中，森林的生态、经济和社会价值之间往往存在着此消彼长的权衡关系。人为活动引起的土地利用变化是生态系统服务功能变化的最主要因素。城镇和道路的建设有助于经济效益的提升，但是这两者的扩张会导致生态效益的降低。已有研究表明：土地利用强度的提升会通过增加景观破碎度导致水土和养分的过量流失，提高生态系统的敏感性和脆弱性[①②③]。例如柳冬青[④]对陇中黄土丘陵区的研究表明，随着土地利用强度的增加，该区域生态系统供给服务比例升高，但是调节和支持服务比例逐步降低。有研究也均表明：生态完整性好、景观破碎度的区域生态效益更高[⑤⑥]。

本研究发现：近20 a来天目山集体林区的生态林不断向经济林转移，同时经济林种类也因为市场需求的变化而变化，从毛竹转向山核桃再转向香榧，因此土地利用的强度也较高。同时社区的建筑和道路面积占比虽然较低，但也在不断升高。土地利用的变化引起了社区生态林景观优势地位的不断下降，整个林区的景观破碎度、多样性和均匀性逐步升高。当地居民的经济需求是导致这一现象产生的主要原因，道路的扩张是促进这一现象的重要因素。社区土地利用的转变以及景观格局的变化很有可能会导致水土流失、生物多样性下降等一系列的生态问题[⑦⑧⑨]，这不利于社区长期的经济发展和生态安全，为此有必要探索生态效益与社会经济效益协同发展的集体林经营机制和措施。

依据森林生态系统经营理念，结合本研究的结果，初步提出以下对策：首先需要明确森林经营的目的是实现人与自然的和谐共处，既满足当代人的需求又不损

①XU Ying, TANGHaiping, WANGBojie, et al. Effects of land-use intensity on ecosystem services and human well-being: a case study in Huailai County, China[J]. Environ Earth Sci, 2016, 75(5): 416-425.

②韩蕾，等. 西南山区生态敏感区土地生态安全评价：以秀山县为例[J]. 水土保持研究，2015, 22(1): 229-234.

③刘亚香，等. 贵州典型坝子土地利用强度空间演变及景观格局响应[J]. 应用生态学报，2017, 28(11): 3691-3702.

④柳冬青，等. 陇中黄土丘陵区土地利用强度-生态系统服务-人类福祉时空关系研究：以安定区为例[J]. 生态学报，2019, 39(2): 637-648.

⑤欧阳志云，王效科，苗鸿. 中国陆地生态系统服务功能及其生态经济价值的初步研究[J]. 生态学报，1999, 19(5): 607-613.

⑥胡和兵，等. 城市化流域生态系统服务价值时空分异特征及其对土地利用程度的响应[J]. 生态学报，2013, 33(8): 2565-2576.

⑦ZIMMERMANN P, TASSE E, LEITINGER G, et al. Effects of land-use and land-cover pattern on landscape-scale biodiversity in the European Alps[J]. AgricEcosystEnviron, 2010, 139(1/2): 13-22.

⑧TRISURAT Y Y, SHIRAKAWA H, JOHNSTON J M. Land-use/land-cover change from socio-economic drivers and their impact on biodiversity in Nan Province, Thailand[J]. Sustainability, 2019, 11(3): 1-22.

⑨王航，等. 土地利用及景观格局演变对生态系统服务价值的影响[J]. 生态学报，2017, 37(4): 1286-1296.

害后代人的利益[①]；其次将经营水平从林分尺度转变为景观水平，将社区的居民区、农田、道路和森林作为一个整体进行经营，优化利用景观资源、权衡和协同多种生态系统的服务功能，这可以减少森林生态系统及其与之紧密相连的社区环境和经济的风险，提升自然资源供给、食物安全和社会发展的长期稳定性，同时还可以提高景观的文化价值[②③]。在明确了这2个前提的基础上，通过政策限制经济林面积、提高经济林单位面积效益、退竹换阔等措施实现森林的可持续经营目标。对比保护区可以发现：严格的保护政策是保护区景观格局破碎度远低于社区的重要原因。因此，在社区也可以出台相应制度以控制经济林面积的扩张，避免生态林继续转化为经济林。需要注意的是由于集体林土地权属的问题，政策制定时还应考虑其特殊性和可行性。其次，政府通过技术支持和引导等手段提高经济林单位面积效益，例如开展林下经济、或结合当地的旅游产业开展森林采摘等体验式旅游形式，以缓解居民为追求经济收入一味扩大经济林面积的现象。再次，研究还发现由于竹林自身较强的扩张能力，其在人为干扰较少区域仍在继续自行扩张侵占生态林，因此还需要对这些区域的竹林进行监测，必要时可进行人为砍伐。最后，道路是促进经济林扩张的重要条件，但也是人们享受森林生态系统服务的廊道，因此在研究区道路建设过程中，生态系统影响较大的大型公路修建需要谨慎考虑，可以考虑修建一些特色绿道。

（原文载《浙江农林大学学报》，2020年第3期）

①蒋有绪. 森林可持续经营与林业的可持续发展[J]. 世界林业研究，2001，14（2）：1–8.

②刘世荣，等. 面向生态系统服务的森林生态系统经营：现状、挑战与展望[J]. 生态学报，2015，35（1）：1–9.

③张冉，等. 基于水资源分区的黄河流域土地利用变化对人类活动的响应[J]. 自然资源学报，2019，34（2）：274–287.

福建省林业遗产认定管理建议

樊宝敏　马国洲　杨文娟

森林文化是中华传统文化的源头，是华夏文明的重要组成部分。林业遗产是森林文化的精华，是自然界和前人留给我们的无价瑰宝，是历史的见证。通过深入了解福建省林业遗产的现状，学习借鉴农业文化遗产保护管理经验，结合前期曾到福建省武夷山市、建瓯市、顺昌县、延平区、福州市实地察看林业遗产遗迹，与林业工作者座谈交流，听取林业部门工作汇报，并查阅相关文献资料，对福建林业遗产保护管理有了进一步认识。研究认为，率先启动并强化福建林业遗产认定、保护和管理，可作为福建省实施乡村文化繁荣兴盛战略的一项重要举措。

一、林业遗产资源丰富的巨大优势

（一）遗产资源丰富

素有“八山一水一分田”之称的福建省，是我国南方重点林区之一，地处亚热带，气候条件优越，雨量充沛，森林覆盖率66.8%，居全国首位。珍贵野生动植物资源、林产品资源极为丰富。境内群山叠翠，溪流纵横，风光秀丽，民俗古雅，是古越族文化的发源地，儒风兴盛，文教发达，历史上人才辈出。厚实的森林资源与丰富的林业生产实践孕育了多姿多彩的森林文化。调查组通过察看走访，了解到武夷山的岩茶文化，建瓯的万木林文化、竹文化，顺昌的建西林场遗址，延平的杉木文化，以及福州的榕树文化、古柳杉文化、茉莉花茶文化等，这仅是福建林业文化的一部分，表明福建省拥有丰富而各具特色的林业遗产资源。

（二）文化底蕴深厚

武夷山保存了世界同纬度带最完整、最典型、面积最大的中亚热带原生性森林生态系统，1999年被评定为世界文化与自然双重遗产。其古树名木具有古、大、珍、多的特点，如武夷宫880年树龄的古桂等，具有极高的科研和保存价值。武夷山茶文化历史悠久，武夷岩茶是中国乌龙茶中之极品，最著名的是大红袍茶。大红袍茶生长在九龙窠谷底靠北面的悬崖峭壁上，已有340余年的历史。在谷底还种植了白鸡冠、水金龟、半天腰等上百个茶的品种。

建瓯万木林人文历史厚重。自1334年造林至1399年封禁以来，迄今已有600多年历史。植被类型为中亚热带常绿阔叶林。据调查，内有各种树木340多种，有猕猴、穿山甲、白鹇等属国家保护的珍稀动物。由于长期封禁保护和自然演替发展，现今的“万木林”林木组成复杂，林龄不一，古木参天，巨藤盘错，其独特的自然景观深受人们赞赏。万木林是杨氏家族的风水林，为元朝末年乡贤杨达卿所营造。杨达卿家境富有，当时民不聊生，他以“种植一棵树、付之一斗米”为名，救济灾民，万木林由此形成。造林后不久，杨达卿之孙杨荣中举，于是杨氏家族便认为这片林给他们带来了福气，从此立下“此山之木，誓不售人”的家训，世代保护。杨荣仕于明朝，官至谨身殿大学士、工部尚书、又封太师。杨荣承袭祖父之风，立下传承至今的《杨荣家训》。由此让我们认识到先人保护森林的意识。

顺昌县建西林场遗址，属于设施类林业遗产。20世纪50年代至90年代，在福建省顺昌县建西林区建有一条中国南方最长的森林铁路。线路总长142.66 km，几十年间，森铁长龙喷吐着滚滚浓烟，穿山越岭，景象蔚为壮观。直到1993年，森铁全线拆除。虽然目前只留下200 m长的小火车铁轨，及火车站、礼堂等少量1960年代的建筑，但是它见证了新中国成立以来林业从“大木头主义”向生态建设为主转变的一段林业发展史。

南平市延平区王台镇溪后村的杉木王和杉木丰产林名震中外。溪后村安曹下的杉木丰产林是在20世纪初，由几位青年农民采用扦插的方式种植而成，如今此片杉木林长势旺盛，可对当地的适生树种选择以及林木种植与管理提供重要的依据。这些林木具有重要的人文和科学价值。

省会福州，古称“榕城”，榕树文化发达。福州有榕树16万株以上，其中上百年的约600株，上千年的有6株。福州森林公园的大榕树以其树冠广大、姿态端庄、气根长垂而独树一帜，居福州十大古榕树之首。在福州市晋安区的鼓岭柳杉王公园，不仅有1 300多年的古柳杉树，还保存了外国人设计的别墅和栽植的100多年的柳杉，福州茉莉花种植与茶文化系统，是两千年东西方文化交流的见证，具有重要的历史和文化价值。其2013年入选“中国重要农业文化遗产”，2014年被认定为“全球重要农业文化遗产”。

（三）研究基础良好

福建省重视自然保护区、森林公园、森林博物馆等森林文化载体建设，开展名木古树调查摸底工作，为弘扬森林文化保存了大量历史资源。福建对森林文化的探索和研究起步也相对较早。福建林学院叶文铠教授早在1989年就提出，森林文化是人类凭借着森林资源而创造出来的一种价值体系。福建还有许多专家学者在进行林业文化的探索和研究。近年来，福建林业文化研究的部门、科研单位、大专院校逐渐增多，各级领导也对林业遗产开发与保护工作给予高度重视。

二、林业遗产保护面临的突出问题

（一）有些林业遗产处于濒危状态

自然和人为因素对林业遗产产生侵害。一方面，气候变化、环境污染、城镇化及农药化肥使用等不良影响，许多古老的森林和树木生长的自然环境出现恶化趋势，福建省一定数量的古树名木已成空心树，形势岌岌可危。另一方面，由于对林业传统文化的价值认知偏差，保护意识淡薄，及近年来旅游业不断发展，林业遗产面临多方面的人为威胁。如建西林场遗址未得到有效保护，其价值未得到开发利用。

（二）林业遗产普查尚未全面展开

福建省林业遗产的挖掘和认定工作尚未全面展开，林业遗产数量、质量等情况尚未全面彻底掌握，对于林业遗产的概念和具体内容各方存在认识偏差，不利于对其进行合理的保护与利用。

（三）林业遗产保护机制尚未健全

福建省林业遗产保护工作尚缺乏完备有效的法律法规体系与保护协调机制，缺乏长效的资金投入机制。林业遗产由谁来管和由谁出钱的问题亟待解决。在当前经济发展大潮冲击下，林业文化建设容易被忽视，地方的积极性较难调动，容易存在形式上重视但无法摆上实际工作日程的情况。林业遗产保护的宣传工作有待加强。当前，公众对林业遗产的内涵和意义了解不够，宣传教育的对象如何拓宽，宣传形式和内容如何丰富多彩都有待深入研究。

（四）严重滞后于农业文化遗产保护工作

福建省是林业大省，林业文化底蕴深厚、形式多样。然而林业部门对林业遗产的认定与保护工作，严重滞后于农业部门对农业文化遗产的认定和管理工作。如福州茉莉花茶、安溪铁观音茶、福鼎白茶等林业文化资源已列为我国重要农业文化遗产，莆田桂圆、建瓯锥栗、武夷岩茶、龙门场古银杏群、泰宁长叶榧群、霞浦古榕树林等已见于王思明等2016年编写的《中国农业文化遗产名录》一书，而林业遗产的全面普查和认定工作尚未开展。

三、林业遗产保护管理的政策建议

（一）建立林业遗产保护机制

建议由国家林业和草原局负责林业遗产发掘认定工作，并进行宏观指导；完善规章制度，制定林业遗产管理办法。福建省林业行政部门负责本省林业遗产管理工作。遗产地人民政府应承担林业遗产保护与管理的主体责任，依照有关规定，制定管理制度，编制保护与发展规划，并纳入当地的国民经济和社会发展规划，按规划要求组织落实。

（二）率先启动林业遗产的普查、挖掘和认定

林业遗产的普查、发现和挖掘工作，是林业遗产保护的前提。这项工作应以县域调查为基础自下而上地展开。对于一些林业物质文化遗产，如古树群、林业遗址、木雕、木建筑等，应及时进行认定保护；对于一些林业非物质文化遗产，如林业传统技艺、传统习俗等，应组织人员深入民间开展访问采集，确定传承人并给予重点支持。

（三）加大林业遗产研究力度

要加大对林业遗产的研究，为林业遗产保护传承提供科技支撑。尽快组建研究团队，由省林业部门成立领导小组，由省林科院专家牵头、各地相关专家组成的专家组，组织编写“全省林业遗产名录”，深入研究认定标准、遗产类型、价值评估、保护机制、传承模式和利用政策。在研究的基础上，加大宣传和普及力度。

（四）打造一批示范性林业遗产品牌

历史悠久的树文化、竹文化、木文化、茶文化、野生动物文化等，这些颇具特色的森林文化形态经过挖掘、提升与创新，都会成为林业遗产的精品，重要的是将其打造成文化品牌。应借鉴国内外农业文化遗产保护和管理经验，加强国际交流和国内各部门之间的合作，通过多途径、多手段保护和利用好林业遗产。建议将建瓯万木林等列为全国首批“国家林业遗产”，但是不建议对其进行旅游开发，以减少人为干扰。将建西林场森林火车列为国家林业遗产，对其进行有效的保护，如有

可能，可恢复一段铁路进行旅游开发，同时对林场内的主要建筑，如礼堂等进行修缮。可考虑将福州市的鼓岭古柳杉、城区古榕树分别列为国家林业遗产。

（五）加大林业遗产的宣传教育

建议规划建设省级林业遗产博物馆，作为开展林业遗产保护传承和研究教育的基地。面向全社会、尤其是中小学生广泛开办林业遗产教育活动，组织专家编写林业科普图书；在林业院校开设林业文化课程，提高大学生的林业文化素养，培养更多的林业遗产保护传承人才。

四、国家级或省级林业遗产建议名单

根据本项目研究，笔者团队拟出国家级或省级林业遗产建议名单，但相关部门借鉴。具体名单如下。

1.建瓯万木林

万木林原为元末（1354）乡绅杨达卿逢灾年募民“植杉一株”“偿粟一斗”营造的人工林，并于明初元末（1399）封禁保护，迄今600年。经长期的自然演替成为现今富有特色的中亚热带常绿阔叶林。位于武夷山脉东南坡，福建建瓯县房道乡北。面积107.2 hm^2，森林蓄积量4万余m^2。系有600多年人工经营历史、保存较好的森林群落。区内树种有58科260种，约为全省的1/4。维管束植物有161科581属1 271种。

2.福州茉莉花茶

茉莉花源于中亚细亚，茶源于中国，它们的结合是两千年东西方文化交流的见证。福州茉莉花茶源于汉、成于宋、盛于清，是两千年来劳动人民利用花香和茶保健作用的产物。目前福州辖区茉莉花种植面积0.1万hm^2，辐射周边面积0.12万hm^2；茶叶面积0.9万hm^2，茉莉花茶产量1.5万t，产值达20亿元。

3.顺昌建西林场

20世纪50年代至90年代，在顺昌县建西林区有一条中国南方最长的森林铁路，线路总长达142.66 km。几十年间，森铁长龙喷吐着滚滚浓烟，穿山越岭，景象蔚为壮观。这里是中国杉木中心产区的核心区。“高阳杉”就是顺昌的著名品牌。

4.福州鼓岭

鼓岭是位于福州晋安区宦溪镇的避暑胜地，1886年由西方传教士开辟。其地有柳杉王公园，它因一株高30 m、径围约10 m、直径3.2 m的“柳杉王”而得名。

5.福州古榕树

榕树，是福州市的市树，1985年由福州市人民政府正式命名，1997年被福建省人大常委会定为“省树”。

6.延平杉木

南平市延平区云台溪后村的杉木丰产林最早种植于100年前，据2008年再次进行测量，面积达到2.85 hm^2，平均树高35.2 m，平均胸径30.1 cm，现有保存株数2 876株，亩蓄积量达到70.57 m^3。“杉木王”位于云台溪后村东北1 km，植于1850年。

7.武夷岩茶

武夷山茶文化历史悠久，武夷岩茶是中国乌龙茶中之极品，最著名的是大红袍茶。大红袍茶生长在九龙窠谷底靠北面的悬崖峭壁上，已有340余年的历史。在谷底还种植了白鸡冠、水金龟、半天腰等上百个茶的品种。

8.尤溪古银杏

中仙龙门场古银杏群是福建省最大的古银杏群，有近300棵古银杏树，拥有700多年树龄。1206年（南宋开禧二年）龙门场就已采矿炼银，古时候炼银需加入以银杏为主原料的配方，这样炼出的银既纯又好。因此银杏在此地遍种成林。至今，龙门场一带还留有古代采硐及炉渣遗迹，矿渣更是遍布全村，堆积最厚处达3 m以上，足见当时采矿规模之大，产量之多。

9.安溪铁观音茶

福建安溪铁观音茶文化系统，位于福建省东南部晋江西溪上游的安溪县西坪镇，居山而近海。核心区位于安溪县西坪镇，包括松岩、尧山、尧阳、上尧、南阳5个村。该区春末夏初，雨热同步；秋冬两季，光湿互补，十分适宜茶树生长。安溪产茶始于唐末。宋元时期，铁观音产地安溪不论是寺观或农家均已产茶。

10.福鼎白茶

福鼎市位于福建省东北部，大部分的土壤适合茶树生长。唐代陆羽著的《茶经》引用隋代的《永嘉图经》：载“永嘉县东三百里有白茶山”。据专家考证，白茶山就是太姥山。这说明早在隋唐，白茶就已出现。

11.建瓯锥栗

福建省建瓯市是锥栗的原产地和主产区。锥栗种植在建瓯市海拔300~1 000 m山地范围。系中国南方栗子之主要品种，有10多个品种载入《中国树木志——栗树志》。人工栽培始于汉代，栽培历史悠久。

12.莆田荔枝

莆田历来以“荔城”为别名。位于莆田市中心交通枢纽处，并栽种于唐朝天宝年间的古荔枝树“宋家香”，是莆田大地上现存最古老的一株荔枝，树龄1 300多年！

13.霞浦古榕树

霞浦是闽东最古老的县，建县史有1 700多年，曾是闽东的政治、经济、文化中心。杨家溪村头有丛古榕树群，树群中有棵榕树王，树龄800多年，树干周长12.6 m，冠幅直径51 m，树干中空，有7个洞。

14.泰宁长叶榧

泰宁发现的长叶榧是中国目前分布数量最多，范围最广的区域。这里至少生存着1 000株以上的长叶榧，整个群落长势旺盛，充满生机。这一发现，不仅是难得的景观资源，而且对植物分类学、植物地理学的研究都具有重大意义。

15.众多最美古树

福建省树木种类资源丰富，其中保留下来很多历史悠久、文化厚重、极具审美价值的古树。众多古树入选由全国绿化委员会办公室和中国林学会共同评定并编辑出版的《中国最美古》(2018)。这些代表性的古树有：①马尾松，屏南县岭下乡葛畲村；②水松，漳平市永福镇李庄村；③杉木，宁德市蕉城区虎贝乡彭家村；④长苞铁杉，宁化县治平乡邓屋村；⑤油杉，永泰县同安镇芹草村；⑥樟树，德化县美湖乡小湖村；⑦观光木，建瓯市小桥镇大丘村；⑧南紫薇，将乐县万全乡陇源村；⑨闽楠，三明市永安市洪田镇生卿村；⑩桂花，浦城县临江镇水东村；⑪檫木，沙县高砂镇上坪村；⑫荔枝，漳州市台商投资区角美镇福井村。

山东省森林文化价值评估与提升路径

樊宝敏

森林的文化价值是森林价值的重要内容，得到学术界的广泛认同。通常认为是指森林对人类的身体健康、生活质量和精神发展所产生的积极影响，包括审美、历史、科学、教育、康养、游憩等价值①②③④。提升森林的文化价值，对于增进人民的生态福祉，建设生态文明和美丽中国具有重要意义。

山东省地处黄河下游，东临渤海、黄海，土地面积15.79万km^2。中部山地，东南部丘陵，北部西部为华北平原。最高是中部的泰山，海拔1 500 m。暖温带季风气候，气候温和，雨量集中，四季分明。2016年，常住人口9 946.64万人，比德国的人口还多，城镇化率59.02%。全省生产总值（GDP）67 008.2亿元，人均生产总值67 706元。全省林地面积396万hm^2，林木绿化率为25.1%。活立木总蓄积量14 832万$m^3$⑤（山东省统计局，2017），森林厚度1.10 mm。然而在总体上山东省森林数量和质量都较低，难以满足人们日益高涨的森林生态、经济和社会服务需求⑥。山东省属于人文汇萃之区，自然地理优越，经济社会发达，发展森林文化有基础、有优势、有潜力、有需求，尽快提升山东省森林文化价值是时代的迫切需要和重要课题。

一、山东省森林文化价值评估分析

森林文化价值的量化评估，作为价值提升的认知前提，长期被认为是科学上的

①MA（Millennium Ecosystem Assessment）. 2005. Ecosystems and human well-being: synthesis. Washington DC: Island Press.

②李文华，等. 生态系统服务功能价值评估的理论、方法与应用[M]. 北京：中国人民大学出版社，2008.

③中国森林资源核算研究项目组. 生态文明制度构建中的中国森林资源核算研究[M]. 北京：中国林业出版社，2015.

④南海龙，等. 森林疗养漫谈[M]. 北京：中国林业出版社，2016.

⑤山东省统计局. 山东省2016年国民经济和社会发展统计公报. 中国统计信息网http://www.tjcn.org.

⑥王凯. 山东省森林资源变化及驱动力分析[D]. 泰安：山东农业大学硕士论文，2016.

难题[1]。通过研究，我们认为森林的文化价值可用“人与森林共生时间”的长短来衡量。它有两种表达形式：一是从森林角度，森林文化价值可用一年之中在某片森林旅游休闲康养的人们所停留的时间总和来体现；二是从人的角度，用一年当中人们平均在森林中休闲康养生活的时间来反映。由此提出以人与森林共生时间为核心、以“文年”为计量单位的森林文化价值评估方法。

（一）森林文化价值量化评估方法

在森林公园尺度，森林的文化价值用游人在森林公园中逗留的时间来反映。对于免费的森林公园而言，其森林文化价值的计算公式为：

$$V_{FC}=\frac{\sum_1^n T_t}{8760}=\frac{n\overline{T}}{8760} \tag{1}$$

式中，V_{FC}为免费公园的森林文化价值，n为参与到森林公园中的人数T_i，为第i位游人的逗留时间，$\overline{T}$为人均停留时间，8 760是1年的小时数。森林文化价值的计量单位为：文年。即1人年，或8 760人小时，作为一个森林文化价值计量单位（英文：Culture-year，简称：c.y.）。

在省域尺度，森林文化价值计算公式为：

$$V_{FC}=P\overline{T_F}+N\overline{T_t} \tag{2}$$

式中，V_{FC}为省域森林文化价值，P为省域人口数量，$\overline{T_F}$为人均基本森林共生时间，N为森林文化活动人次数，$\overline{T_t}$为平均每次活动的时间，按3 hr，即0.000 342 47a计。其中，

$$\overline{T_F}=\frac{V_{LT}}{s_L}\times 0.06=FT\times 0.06 \tag{3}$$

式中，V_{LT}为区域活立木总蓄积量，s_L为区域土地面积，0.06为单位森林厚度条件下的标准化的人与森林共生时间（a），FT为森林厚度指标（单位：mm）。

依据区域森林文化价值计算结果，及土地面积、人口、森林面积，可以相应地计算出地均、人均、林均森林文化价值等3个平均指标数据。

（二）山东省森林文化价值评估

基于全国第八次森林资源清查（2009—2013）数据，以及2015年的森林面积、人口、旅游人次数据，通过计算，得到山东省和其他几个省份及全国的森林文化价值（表1）。

[1] 南海龙，等. 森林疗养漫谈[M]. 北京：中国林业出版社，2016.

表 1　山东省2015年森林文化价值及若干比较

地区	土地面积 /万 km²	无湿地土地面积/万 km²	活立木蓄积量 /万 m³	森林覆盖率/%	森林厚度/mm	人口/万人	森林面积 /万 hm²	森林旅游人次/万人	森林文化价值/万文年	地均森林文化价值/文年·km⁻²	人均森林文化价值/文年	林均森林文化价值/文年·ha⁻¹
山东	15.22	13.44	12 360.7	16.7	0.92	9 847	254.60	11 677.9	547.37	35.96	0.056	2.15
台湾	3.58	—	35 874.4	58.79	10.02	2 349	210.47	500.0	1 412.39	394.52	0.601	6.71
吉林	18.89	17.69	96 534.9	40.4	5.46	2 753	763.87	2 049.0	902.09	47.76	0.328	1.18
福建	12.15	11.71	66 674.6	66	5.69	3 839	801.27	3 596.5	1 312.75	108.04	0.342	1.64
广东	17.79	16.39	37 774.6	51.3	2.30	10 849	906.13	24 316.7	1 508.57	84.80	0.139	1.66
全国	960.27	921.78	1 643 281	21.6	1.78	137 462	22 879.17	231 060.2	14 760.07	15.37	0.107	0.71

注：本表相关数据依据国家林业局（2014）《中国森林资源报告（2009—2013）》。森林面积、人口、旅游人次为2015年数据。

由表1可知，山东省2015年森林文化价值总量为547.37万文年，低于广东、台湾、福建、吉林。山东省地均森林文化价值为35.96文年/km^2，也低于其他四省，高于全国平均水平，说明山东省森林空间配置不足。山东省人均森林文化价值为0.056文年/人，即相当于一年中有20天森林生活时间，而全国平均为39天，广东为51天，吉林为120天，福建为125天，台湾为219天。说明山东省人民的森林生活福利不足。山东省林均森林文化价值为2.15文年/公顷，高于吉林、福建、广东，说明山东省人民的森林文化需求旺盛。

二、山东省森林文化价值提升路径

为了拓展人与森林共生时间，以更好地发挥森林的美学功能、历史功能、游憩功能、教育功能、健康功能，结合山东省省情、民情和林情实际，从国家公园、森林步道、森林城镇、杨林改造、退耕还林角度提出五条森林文化价值发展提升的途径。

（一）筹划建设国家公园、森林公园，服务当代、惠及子孙

国家公园是指国家为了保护一个或多个典型生态系统的完整性，为生态旅游、科学研究和环境教育提供场所，而划定的需要特殊保护、管理和利用的自然区域。经过两年多试点，我国的国家公园体制2017年9月26日正式公布。根据《建立国家公园体制总体方案》，到2020年，中国建立国家公园体制试点基本完成，整合设立一批国家公园，分级统一的管理体制基本建立，国家公园总体布局初步形成。到目前，我国已设立三江源、大熊猫、东北虎豹、湖北神农架、浙江钱江源、湖南南山、祁连山、北京长城、云南普达措、福建武夷山10个国家公园体制试点。

虽然山东省目前还没有被国家纳入国家公园体制试点范围，但是明天也许能成为国家公园团体中的一员。山东省在国家公园建设方面已有较好的基础，2016年已建成国家级森林公园51处，省级森林公园65处，市级森林公园130处；国家级湿地公园65处，省级湿地公园126处，湿地类型自然保护区23处①。山东省作为人口和经济大省，今天可以围绕国家公园目标、参照国家通行作法，在许多方面有所作为、积极准备。比如，山东泰山是著名的世界自然和文化遗产地。然而，目前的规模还比较小，大约只有120 hm^2。可以考虑扩大范围，从西往东沿泰

①山东省统计局．山东省2016年国民经济和社会发展统计公报．中国统计信息网，http://www.tjcn.org．

沂山系，将所在区域的泰山、药乡、柳埠、徂徕山、莱芜华山、新泰莲花山、原山、鲁山、沂山、蒙山、五莲山国家森林公园等自然保护地连为一体，使之横亘齐鲁大地。暂且命名为“山东海岱国家公园”。把这一区域建设成山东省乃至国家的自然精华之地，将其培育成著名的森林文化高地。

森林公园不仅为市民提供休闲场所，还可以保护生物多样性，为城市提供各种生态服务。除了现有的森林公园、湿地公园之外，山东省还应在适宜地区加强建设各种类型、不同等级的森林公园、湿地公园，提高公园覆盖率。同时，增加投入，完善基础设施和服务设施，提升服务水平。

（二）建设国家级和省级森林步道，提升省域森林旅游水平

在2017年9月25日上海举办的全国森林旅游产品推介会上，国家林业局对外发布5条国家森林步道。它们分别是：秦岭国家森林步道、太行山国家森林步道、大兴安岭国家森林步道、罗霄山国家森林步道、武夷山国家森林步道。这5条线路位于我国东北、华北、中部、华东和中南地区，总长度上万公里，途经森林公园、自然保护区、湿地公园、国家公园、风景名胜区等自然和文化遗产地，是中华民族的地理地标、生态地标和文化地标。

加快国家或省级森林步道建设，有利于满足城乡居民在森林中开展徒步、骑行、拓展、登山等健身活动的需要，提升森林旅游质量。建议山东省今后注重规划和建设贯通性的绿廊绿道，并在其中布设步道，形成完备的森林游憩体系，扩充其承载力和容纳的游人量，整体提升服务功能。山东省国家森林步道，可经过黄河之滨、大明湖畔、泰山之巅、曲阜孔庙、齐长城、沂山飞瀑、青岛栈桥、黄海边、崂山顶、蓬莱阁等地理和人文地标。可以规划纵横多条，让游人感受迷人的齐鲁风光，深厚的人文底蕴。

（三）建设森林城市、森林小镇，打造和谐宜居环境

城市是目前地球上人口最集聚的地区，根据预测，在未来还将有更多的人在城市中生活。如何提高城市的生态环境质量越来越被国际社会所关注。世界各国都把发展城市森林作为改善城市生态环境、增强城市综合实力的重要手段。在2050年之前，中国的城市化率将由2016年的57.35%提高到70%左右。我国的森林城市建设已经取得很大的成绩。2004年，贵阳市第一个获得“国家森林城市”称号。到2016年，全国已有137个城市获得国家森林城市称号，110多个城市开展国家森林城市创建活动。森林城市建设成为国家生态文明建设的重要载体。从长远

来看，我国森林城市建设仍然任重道远，而且其建设的内涵也将随时代的进步而不断丰富。

中华人民共和国成立后，山东省实施平原绿化、济南保泉绿化、沂蒙山区防护林、沿海防护林、淮太流域防护林、沿黄防护林、治沙造林、京九绿色长廊、沿海防护林、退耕还果还林、鲁冀边界防护林带等林业重点工程。森林资源不断增长，林木绿化率从建国初期的1.9%，提高到1987年的10.47%，再到2016年的25.1%。到2017年，山东省共有11个城市（威海、临沂、淄博、枣庄、青岛、济南、泰安、烟台、潍坊、莱芜、日照）获得“国家森林城市”称号。

今后，山东省需要加强城市之间有关森林城市建设的合作，分享建设经验，提高认识水平。科学开展森林城市规划，并纳入城市建设总体规划。在城市内部，将一切适宜植树的地方都植上树，见缝插绿，开展工业遗弃地森林植被恢复，实施屋顶绿化。在城市外围，建设郊野森林公园、森林教育、森林体验、森林疗养、森林康养等基地。创建森林城市建设机制，促进社会力量参与，提高公众的生态意识。让更多城市加入到森林城市建设行列，争取将山东省地级市和县城全部建成森林城市。将山东省的乡镇和村庄，打造成森林文化乡镇和森林村庄，让全省人民生活更宜居、更有品质。

（四）加快杨树林改造升级，形成高价值优美森林

山东省平原地区杨树栽种面积占据绝对优势，据2007年调查在全省有林地面积中杨树占37.4%。树种单一、纯林面积过大，造成以美国白蛾为主的病虫灾害频发，年均受害面积33.3万hm^2。甚至在2011年山东一些地方道路两侧、农田林网、丰产林发生树叶被吃残吃光的现象①。而且杨树纯林春天飞絮严重，影响群众生活；景观单调、审美、游憩、教育价值不高。因此，有必要对过多的文化价值低的杨树林、柳树林等人工纯林进行科学经营改造。

杨树林改造和质量的精准提升，应采取采伐、保护、补植、筑山、理水、修路、标识等综合方法。改造不一定一次性完成，也可以分阶段地逐步完成。一是在林内分2~3次伐去70%~80%的杨树。采伐时注意保留生长旺盛的大树、树形奇特的怪树。二是保护林下可能野生的其他树种，注意保护和吸引鸟类和野生动物。三是补植本地其他乡土树种。如松、柏、银杏、槐、榆、臭椿、白蜡、卫矛、枣树，以及丁香、海棠、紫薇、紫藤、爬山虎等灌木和藤本树种，使之成为多树种的高价

①吴南，鹿永华，王萍萍. 山东省林业产业发展现状与对策研究[J]. 林业经济，2014(6)：85-88.

值森林。选择树种时要考虑四季物候变化和观赏特性，速生与慢生，针叶与阔叶，常绿与落叶，乔木与灌木、藤本树种相结合，使树木种类≥50种/hm^2。将来使林分蓄积量≥300 m^3/hm^2；森林年蓄积生长量≥10 m^3/hm^2。四是，改造小地形，形成土丘、洼地，使洼地季节性积水，生长湿生植物，同时改善森林生长环境。五是，修建林间小路。在林缘路边配置彩色树种、花卉、布置山石。六是，设置路标、林分说明、树牌等各类标识。总之，按照自然生态、景观和谐、服务人民的原则进行改造提升，形成物种多样、林水相依、景色优美的多功能高价值森林。

（五）开展退耕还林，优化农林复合生态系统

在中国东部地区退耕还林，不仅惠及当地而且有益于西部。笔者通过研究中国历史上森林破坏对水旱灾害的影响以及中国森林变迁对沙漠演替的影响，揭示了"人口·森林·蒸散·气候·沙漠·灾害"之间的关系①。提出了"东伐西旱、南伐北旱"的"云根林"理论观点，认为治理西北地区土地沙漠化的根本措施是在我国"东南半壁"培育森林，扩大面积、提升质量，尤其是需重点加大北方10省市（京津冀晋苏皖鲁豫陕辽）人多林少地区发展森林的力度，将该区域的森林覆盖率提高到50%左右。通过东南育林，增进西北降水，为沙漠治理创造有利条件。为此，国家应该对这些地区的森林建设给予一定的生态补偿和资金支持。

山东省应该结合新型城镇化，通过农村退耕还林还果，进一步扩大森林面积，促进乡村旅游综合体建设。选择农业生产力低、靠近城市受到一定污染的土地进行退耕还林。对于退耕地的森林价值开发方向，是建成森林公园，还是经济林果园，还是经济和观光复合型的？都要提前对每块土地因地制宜地精心做好科学规划。选择栽植多样化、适合当地生长、价值高的树种和优良品种。例如，退耕还果有很多可选树种，鲁中山区的杏、核桃、山楂、柿、中熟苹果；鲁西北平原的冬枣、小枣、梨、苹果、枣、桃；鲁南山区的银杏、板栗、石榴、杞柳、金银花、茶叶、桃；胶东半岛的梨、苹果、樱桃、葡萄，等等②。作为油料的核桃、油用牡丹近年发展也较多。在此基础上，还应大力发展林下种植、养殖、复合经营等林下经济，带动更多的人走上绿色就业，发挥农林复合系统的增产增收潜力。

① 樊宝敏，李智勇．森林·蒸散·气候·沙漠：试论中国森林变迁对沙漠演替的影响[J]．林业科学，2005，41（2）：154-159.

② 吴南，鹿永华，王萍萍．山东省林业产业发展现状与对策研究[J]．林业经济，2014（6）：85-88.

三、结论和建议

森林的文化价值及其重要性已逐渐被社会广泛认识。随着经济社会的发展，人们对森林的价值需求正发生急剧变化，从重经济产品、生态产品，向追求审美、教育、康养等精神文化综合服务转变。提升森林的文化价值，无疑成为未来林业现代化发展的重要方向。时代的进步，迫切要求我们加快林业供给侧结构性改革，提高森林的数量质量、系统布局、健康度、美景度、亲和力，让森林更好地保护生态、服务人民。价值培育的核心是践行“绿水青山就是金山银山”绿色发展理念，走人与森林共生之路。

优先在人口多、经济强的省份提升森林文化价值意义重大。山东省目前虽然是一个森林小省，文化价值不高，但由于人口密集、经济发达、历史文化丰厚，其森林文化价值发展的需求旺盛、特色鲜明、潜力巨大、前景广阔。在生态文明时代，山东省不应该满足于当前森林的现状，而应抓紧确立建设森林文化强省的目标，力争在2050年使林木绿化率达到50%左右，森林厚度达到5 mm。同时加强森林文化建设，让森林为人的全面发展服务。尤其是着力加快国家公园、森林步道、森林城镇、杨林改造、退耕还林、森林教育、森林康养等方面的规划和建设，促进森林总量的增加和森林质量的提高，改善城乡居民的绿色生产生活、学习工作条件，增加景观优美、文化魅力的游憩场所，不断地满足人民群众对森林的多样化高品位需求。

森林美学是森林文化价值培育的核心理念。山东省在今后开展植树造林、森林经营、多功能利用过程中，始终要以森林美学理论为指导，围绕“美”字花心思、做文章、出实招，既要注重发挥森林的自然力，采取世界上先进的近自然、多功能、健康经营原理和技术，又要融入文化元素，使森林景观更加优美，文化内涵更加丰富。山东是中华文化的重要起源地，这里有丰富的文化遗存。山东森林文化建设应该千方百计地挖掘、保护并利用这种优势，使历史与现代交相辉映、生态与人文相得益彰。

加强森林文化价值建设的顶层设计、政策改革和制度保障。要将森林文化价值提升放在突出位置，加强组织领导和部门协调，促进林业与体育、教育、科研、医疗、文化等相互融合，实现森林文化的多样化发展和城乡一体化发展。成立森林文化价值工作领导小组，科学编制和实施森林文化价值提升规划，将森林文化价值提升纳入政绩考核体系。森林文化事业具有很强的公益性，应该以公共财政投入为主，探索建立公共财政为主多渠道融资的分类投入机制。创新森林文化建设政策，结合新型城镇化，组织生态移民，协调农林关系，斑块式建设森林文化村镇。增加投入，高标准建设一批森林教育、森林休闲、森林医疗、森林养老等“森林文化服务基地”，完善森林文化服务硬件和软件体系。加强森林文化人才队伍和科技支撑，开辟更多的绿色就业岗位，推进森林文化可持续发展。健全制度建设，运用法制手段严格保护和管理森林文化资源资产、历史遗产和基础设施，形成森林文化传承培育的长效机制。出台和完善森林教育、森林疗养、森林公园、自然保护区、古树名木、森林文化基地等相关法规，制定实施森林文化载体建设和服务的标准，促进森林文化朝着规范化、精细化、高水平方向发展。

（原文载《山东林业科技》，2018年第3期）

加快建设森林山东的设想

樊宝敏　宋　超

“海岱惟青州”“齐鲁青未了”，核心是个“青”字。“绿水青山就是金山银山”，核心也是个“青”字。

山东是块宝地，宝贵就宝贵在它在中国所处的独特地理位置和最适合长树的性质，应该让它绝大部分土地都长上树。如果土地大都种成庄稼、布满村庄，也就是今天森林覆盖率仅有18.24%的状态①，就真的太浪费了。因为它只有粮食生产的功能，而缺乏森林强大的生态功能和文化功能。黄河流域能否实现生态保护和高质量发展，关键在森林②，尤其是山东的森林。

从破解“胡焕庸线”和建设森林中国③的角度看，国家要科学地做一规划，在未来10年间（2020—2030年），对山东省的土地利用做一次大调整（表1）。用山东省土地的10%左右作城乡建设用地，10%左右作河湖水面，10%作菜地，其余70%的土地应该都是树和高价值森林，有果树，有木本粮油，也有其他树木，而且是参天大树。粮食可以全部靠外调。只有这样，山东省才能对全中国发挥“云根林”的作用，也就是森林蒸发水分形成云，然后在其西北方地区增加降水这样一种作用④。那时，陕北、晋北和内蒙古中西部的降水量将由现在的130~500 mm，提高到350~700 mm，荒山秃岭和沙地沙漠将变成森林和草原，成为美丽富饶的大片沃土，

①今天是世界森林日，山东森林覆盖率达到18.24%.《齐鲁晚报》齐鲁壹点官方帐号.2020-03-21. https://baijiahao.baidu.com/s?id=1661747014237766009&wfr=spider&for=pc.

②樊宝敏.黄河流域加快森林建设的思考[J].中国国情国力，2020（5）：48-50.

③樊宝敏.打破“胡焕庸线”的设想[J].中国国情国力，2018（1）：40-42.

④樊宝敏.治理沙漠化须建“云根林”：“东伐西旱”的历史启示[C]//胡伟.中国生态建设理论与实践（下）.北京：中国大地出版社，2003：227-229；樊宝敏、李智勇.森林·蒸散·气候·沙漠：试论中国森林变迁对沙漠演替的影响[J].林业科学，2005，41（2）：154-159；樊宝敏，李智勇.过去4000年中国降水与森林变化的数量关系[J].生态学报，2010，30（20）：566-567；樊宝敏.我国东南半壁优先实现森林化的战略构思[J].北京林业大学学报（社会科学版），2019，18（3）：1-6.

相当于再造出一个绿色山东。

建设森林山东，不是山东的战略，而是一项重大的国家战略，而且是比建设三峡大坝还更重要、更艰巨的国家战略。仅靠山东一省，是不能够有效完成此项战略任务的。这既是山东省为全国做出的重要贡献，也是为本省的绿色发展探索出的正确道路。山东将变成全国人民开展森林康养、文明创造和中华历史文化教育及旅游的胜地。

因此，中国应该举全国之力支持山东，山东应该举全省之力凝聚力量，千方百计，实施退耕还林和生态补偿，加快建设“森林山东”，开启“森林中国”建设新篇章，让山东早日实现绿水青山、林海茫茫的美丽景象，成为全国生态文明建设的标兵。

作为国家生态文明建设的重大举措，政策改革不可避免。在国家层面，需要调整山东省的基本农田政策，减少基本农田配额；增强宁夏、内蒙古河套平原、新疆地区等粮食生产和市场供给能力，综合保障“森林山东”建设的粮食安全。山东省也要抓住森林省建设的历史机遇，科学规划、精心组织，克服困难和挑战，高质量地完成好重整山河的艰巨任务，服务祖国、造福人民。

表1　　未来10年山东省土地利用大调整设想

土地类型	现状·（2016年底）/万 hm^2，%	2030年目标 /万 hm^2，%	说　明
农用地	1 151.43, 72.92%;	1 263.29, 80%	
耕地	760.70, 48.17%	0	转为林地和园地
园地	71.75, 4.54%	157.91, 10%	主要为菜地
林地	148.41, 9.40%	1 105.38, 70%	大幅增加
草地	0.58, 0.04%	0	转为林地
其他	169.99, 10.76%。	0	转为林地
建设用地	284.44, 18.01%;	157.91, 10%	
居民点和工矿用地	239.60, 15.17 %	126.33, 8%	通过合村并居大幅压缩，转为林地和水域
交通运输用地	21.60, 1.37%	15.79, 1%	适度压缩，转为林地
水利设施用地	23.24, 1.47%	15.79, 1%	适度压缩

（续表）

土地类型	现状·（2016年底）/万 hm^2, %	2030年目标 /万 hm^2, %	说　明
未利用地	143.24, 9.07%。	157.91, 10%	
河湖海滩等水域	69.78, 4.42 %;	126.33, 8%	大幅增加
盐碱沼泽沙裸地	73.46,　4.65%。	31.58, 2%	部分转为水域
土地总面积	1 579.11, 100%	1 579.11, 100%	假设不变

*注：数据来自山东省人民政府网，http://www.shandong.gov.cn/art/2019/10/15/art 98093 206404.html。

以生态文化引领美丽乡村景观规划研究
——以临沂市费县许家崖流域连片村庄规划建设为例

党东雨　余广超　王清萍　樊宝敏

党的十九大报告指出，文化是一个国家、一个民族的灵魂。习近平总书记强调，中华民族向来尊重自然、热爱自然，绵延5 000多年的中华文明孕育着丰富的生态文化。要加快构建生态文明体系，加快建立健全以生态价值观念为准则的生态文化体系。中国文化丰富多彩，在历史上一直是一个以农业为主导的社会，在长期的发展中，不同居住地的村民建成了适合当地自然环境的村落，形成了独特的乡村生态文化。本文以乡村生态文化为魂，根据风景园林理论，以许家崖流域连片村落为例，提炼分析村乡村生态文化，研究美丽乡村景观规划的方法，促进乡村振兴战略的实施。

一、乡村生态文化的概念和内涵

（一）乡村生态文化的概念

生态文化是人与自然和谐的生存方式[①]，是人类历史实践中创造的关于人与自然关系的物质财富和精神财富的总和，是旨在促进人与自然和谐发展、人类经济社会可持续发展的文化[②]。生态文化建设的目的，就是从人统治自然的工业文明时代的主流文化，过渡到人与自然和谐的生态文明新时代的主流文化，是实现人对自身生态价值心行塑造与对自然生态化创造的统一。生态文化在客观上表现为由诸多生态文化要素有机构成的具有特定功能的生态文化体系。

所谓乡村生态文化是与城市生态文化相对应的一个概念，主要是指乡村社会

①陈寿朋. 生态文化建设论[M]. 北京：中央文献出版社，2007.

②北京生态文化建设理论与实践编委会. 北京生态文化建设理论与实践[M]. 北京：中国林业出版社，2015.

中人与自然和谐共生的精神与物质文化成果，其核心生态价值观念是符合自然规律的生态科学，及符合人的需求的生态美学，并力求两者的高度统一。这种文化成果既包含长期历史时期形成和传承下来的传统文化，又包含当代乡村社会对现代人类文明成果的吸收，以及结合本地要求创造和发展的新文化。

（二）乡村生态文化的内涵

中国乡村是一个个村庄或村落组成。村庄或村落是乡村社会的基本单元。村民以血缘关系和家庭关系聚村而居，共同分享着村域范围内的资源。聚居的人们，既有地域的共同性，也有社会经济与文化心理的共同性。村庄或村落作为一个聚居的地点，村落几乎承载了乡村社会生活的所有内容，从生产到消费，从物质生活到精神生活。它不仅是农民繁衍发展的生存空间，还是其语言文化、价值观念、风俗习惯、社会心理等共同意识形成和发展的人文环境①。

分析乡村生态文化体系的基本结构，可以从纵向和横向两个维度来理解（表1）。在纵向上，可分为精神、行为、制度、物质四个层面。在横向上可包含森林、湿地、环境、农业、民居等文化类别。针对乡村生态文化，《“全国生态文化村”遴选命名管理办法》的遴选条件之一就是生态文化繁荣。要求“具有深厚的生态文化积淀，重视乡村文化遗产保护，特别是古村落生态人文价值的保护与传承，注重现代文明与历史传统有机融合，形成独具民族特色或区域特色的生态文化传统，并具有创新发展、与时俱进的生命力。在村落布局、建筑风格、文物古迹、自然景观、历史典故、民歌民谣、文史资料、口碑传说等方面得到充分体现”。

表1 乡村生态文化体系的基本结构

生态文化层面 生态文化类别	森林文化	湿地文化	环境文化	农耕文化	村落民居文化
精神层面	森林审美、价值意识	水和湿地价值观	环境保护意识	农耕知识	风水意识、天人合一
行为层面	植树造林、保护活动	湿地保护、节水	垃圾分类、环境保护	种植、养殖、加工	村落生产与消费
制度层面	护林民约、习俗	湿地保护村约	环境保护村约	农耕习俗	村落布局、风水堪舆
物质层面	古树，森林	河流、湖泊、汪塘、湿地	垃圾箱、厕所	田野、农场、企业	村落、民宅、街巷、广场、祠堂

①陆益龙. 后乡土性：理解乡村社会变迁的一个理论框架[J]. 人文杂志，2016(11)：10-114.

二、许家崖流域乡村生态文化资源及存在问题

（一）许家崖流域概况

许家崖流域位于山东省临沂市费县西南10 km，面积约49 km^2。流域两侧为两条南北走向的山脉围合而成，形成了山峦跌宕起伏，蜿蜒曲折、群山环绕、气势磅礴、地形独特的山地景观。流域上游为库容2.9亿 m^3 的大型水库——许家崖水库，下游为温凉河冲击的河床地形。温凉河两侧分布着许家崖、八里庄、北石岗等19个村落组成的连片村落，人口约1.5万人。整片村落秀山丽水，风景旖旎，东南有玉环山仙人洞和宗教遗址丛柏庵，既有丰富的历史、神话、古遗址等人文景观，又有石、洞、水、泉、花、木等奇特的自然景观，村落以奇石异岩、梨园风光、山体森林覆盖茂盛、佛教文化远近闻名，形成了著名的石林梨乡旅游区。

（二）乡村生态文化资源

深入挖掘中华优秀传统文化蕴含的思想观念、人文精神、道德规范，结合时代要求继承创新，让中华文化展现出永久魅力和时代风采。临沂费县许家崖流域19个连片村落拥有丰富的生态文化资源，通过提炼分析，主要有以下几种。

1.农耕文化历史悠久

流域村落分布在山地丘陵之上，建村最早的有1 000多年历史，村民世代在此居住。河流两侧的层层梯田（图1）依山而建。千百年来，面对山多地少的生存空

图1　流域梯田种植体现农耕文化

间，流域村落人民创造总结出了一套适合本地垦种的梯田。村民在冬春农闲季节，就地攫取石材修堤筑埂，顺山坡沿等高线修筑的横向成长条形阶梯状农田。村民对梯田的管理及养护工作形成一套成熟的经验，一到冬闲季节，村民就开始检修梯田，发现有漏洞、滑塌、沉陷、冲口等问题便立即修补，做到治理与养护并重，保证梯田长期使用。这里还有万亩梨园，是山东省五大黄梨产区之一，始于明代，距今已有五六百年历史，梨树100多万棵。村民耕种的农作物不仅有地瓜、小麦、玉米、高粱、花生、大豆等农作物，还有桃、莲藕、花椒、核桃、栗子、黄烟等经济作物。这些农作物的播种、管理、收获以及相关技术，均形成了传统习惯。

2. 民俗文化底蕴深厚

流域处于著名的革命老区沂蒙山区腹地，村民淳厚朴实、勤劳善良。这里既有丰富的历史神话传说，又有耍龙灯、秧歌、剪纸、木雕、泥塑、彩印花布、刺绣、门笺等民间文艺及手工艺等底蕴深厚的民俗文化、节庆文化等（图2）。丛柏庵，始建于隋唐时期，是临沂市唯一的尼姑庵。庵内有千年银杏、响水泉、连理柏与古藤、碑廊、三圣殿等景点。丛柏庵北侧紧临一山洞，可容千人，入内小憩，气爽神清，犹如仙境，名曰仙人洞。

图2 手绣工艺（卞成飞摄影）

3. 村落民居文化风格独特

流域民居多为石木结构，乱石干插墙，草屋面。农闲时，村民就地取材，上山自采或拣石头用来砌墙，多为毛石或乱石；屋架由横梁、叉手、檩棒结构而成；房顶由高粱秸作笆，苫以黄草、麦桔等，用薄石板压脊和屋头、屋角；安木棂窗、木板门。流域民居堂屋配房组合搭配，拥有独立院落，别具一格的特色，是流域文化传承的物质载体，具有极高的文化价值（图3）。

图3　干插石结构的传统民居

4.水文化资源丰富

许家崖境内有温凉河和许家崖水库。温凉河是常流河，为祊河在费县的最大支流、沂河水系二级支流。许家崖水库建成于1959年，坝体在流域官山和鳌子山之间，长1 209 m，库容2.9亿m^3，控制流域面积580 m^2，是一座以防洪、灌溉、发电、供水、水产养殖为主的大（Ⅱ）型水库，著名书法家舒同题写“许家崖水库”。流域村民世代临水而居，开展捕鱼、划船、龙舟、亲水、养殖、灌溉等临水活动，上千年来逐渐积淀了丰富的水文化。

5.森林文化生生不息

流域山峦起伏，千百年来一直林深树密、森林覆盖率高，植物资源丰富。建国之后，为更好的保护流域的森林资源，在1959年成立了许家崖林场，林场地处费县南部，外与马庄镇、朱田镇、费城街道交界。周边山体森林划归林场统一管理，设立了龙门、泉山庙、官山、杨树沟等四个林区，林场面积1 013 hm^2（参见费县林业局《费县林业志》），绝大部分为侧柏，1998年被列为生态公益性林场，为国家级生态公益林。林场动植物资源丰富既有乡土品种，又有国内外引进的优良品种，还有大量的野生植物和一定数量的古、稀、珍品种，有各种木本植物、草本植物、苔藓类，同时分布着众多的森林食用资源和中草药资源。林场成立以来，当地政府积极组织村民荒山造林，长年累积形成了“山顶侧柏盖帽，山间果树缠腰，山下梯田环绕”的生态景观。

6.红色文化催人奋进

流域处于著名的革命老区沂蒙山区，在革命战争年代，流域村庄村民抵御日寇，抗击国民党反动军队，立场坚定，踊跃参军、支前，每个村庄都有可歌可泣的英雄人物故事。从抗日战争到新中国成立、再到改革开放，流域人民发扬爱党敬业、努力进取的沂蒙精神，成为了流域村民发展的强大动力。

（三）流域村庄景观存在问题

流域地处沂蒙山区腹地。“四塞之固，舟车不通，土货不出，外货不入”是流域村落过去真实写照。通过实地踏勘和资料收集，流域村落景观存在以下问题：

1.景观资源开发利用不足

流域内有许家崖水库、丛柏庵，八卦连环洞、饮虎泉、南天门、万亩梨园等众多原生态景点，由于缺乏统一规划，布局混乱，资源利用不足，再加上交通不便，藏在深山之中无人识，景观资源未得到充分开发利用。

2.民俗文化保护不足

流域千百年形成的原汁原味的乡土民俗文化，由于社会经济的发展，部分村民拆传统民居、盖新砖瓦房，传统手工艺术无人传承等问题，造成村落民俗文化正逐步丧失。

3.人居环境差

流域村落布局分散，风貌杂乱；交通不便，道路大多是土路，坑洼不平；巷道弯曲狭窄；村内基础设施差，排水不畅；部分民居低矮、陈旧，年久失修；没有游客服务和停车场等设施；公共活动空间少；绿化量不足；村落环境相对封闭。

4.村庄经济落后

流域村落环境相对封闭，土地贫瘠，村民手工劳动，自给自足，收入主要来源于外出打工、传统种植和养殖业，村民收入低，经济发展落后。

三、流域美丽乡村景观规划

（一）规划理念

生态文化是风景园林建设灵魂[①②]。通过流域村落景观资源的分析，坚持以乡

①林坚.生态文化哲学智慧：真善美智圣的统一[J].中国城市林业，2014，12（1）：55-58.

②程绪珂.生态文化是风景园林建设灵魂[N].中国建设报，2016-01-29.

村生态文化为魂，尊重村落自然和地域文化，以“看得见山，望得见水，记得住乡愁”为规划理念，以许家崖水库为中心，依托现有的山体地形、村容村貌、田园风光、民居院落、乡间小路、河流水库等景观资源，着力统筹规划流域原生态的山地景观、水景观、农耕景观、森林景观和文化景观，打造具有地域特色和民俗文化的原生态美丽乡村景区①。

（二）规划方法

①现状分析。实地考察流域现状，对流域各村落地理位置、地形地貌、人文历史、发展状况、自然风景、村落形态、建筑形态、民俗文化等进行调查分析。

②规划与布局。根据原生态景观资源现状、存在问题，对地域景观优势进行提炼分析，进行景观规划理念构思，科学合理地确定规划的原则、理念、定位、总体布局、建设重点等，将流域原生态景观资源运用到规划中去，确定流域生态景观规划布局，发挥流域景观资源自身的功能作用。

③民俗文化保护和活化。将传统民俗文化融入到原生态景观规划中去，要做好活化民俗的文章，对突出地域文化的景观氛围，创造出富有生命力和吸引力的文化景观。

（三）规划布局

通过对流域得生态景观资源分析②，立足流域原生态景观特色，坚持原真性保护、原特色利用、原居式开发、原村庄提升的理念，规划将流域景观资源、生态功能、民俗文化统筹考虑，规划以许家崖水库为中心，综合流域的山地景观、水文景观、农耕景观、森林景观、文化景观，形成布局合理、功能齐全、生态文化充分体现的许家崖流域生态景区。

1. 特色小镇规划

流域内的许家崖村落曾是乡政府驻地。该村位于流域核心位置，紧靠许家崖水库，交通便利，人口较多，是人流物流的集散地。村落依山傍水，地势起伏，旅游资源丰富，民俗人情独特，特产商贸发达，风景优美。规划从生态文化环境入手，把许家崖村作为连结城市和流域其它村庄的支点与平台。许家崖水库西部的

①党东雨，余广超.“记得住乡愁”理念下的传统村落景观保护与改造研究：以临沂市竹泉村为例[J].中国城市林业，2015，13（6）：55-59.

②曾慧子，鲍梦涵，赵鸣.湖南沅水流域传统村落选址及村落景观研究[J].中国城市林业，2019，17（5）：48-51.

风山山体，峭壁高耸，山脚下的水库岸边的滩涂地地势平坦，空间开阔，视野清晰，适合空间立体开发，规划建设航空运动飞行营地，打造集山地滑翔、陆上飞行、水上翱翔为一体的航空飞行乐园（图4）。

图4　许家崖飞行营地建设规划

2.森林景观规划

森林景观是流域生态景观规划的重要组成部分。流域内的山体为石灰岩山区，多年来人工造林形成了以侧柏林为主的森林景观。由于品种单一，森林景观季相变化不够丰富，景观度低。根据地势现状将森林规划为景观区和保护区。主要规划内容：一是建设游步山道；二是对破损的山体进行修复。由于流域每个村庄都有采石盖房子的习惯，造成部分山体破损，并且破损点较多。规划采用垒砌阶梯覆土法、爆破燕窝法、喷播复绿法、建设挡土墙等方法，进行植被修复；三是对山体侧柏林进行改造。通过补植、抚育间伐促进立木均匀分布，生长旺盛；通过开林窗[①]，在山腰上下，规划一定形状增补彩色阔叶树种，增加林相色彩；四是恢复地带性植被。采取用混交模式，群落配置、复层结构等方式，通过改造种源配置，规划增补植被，提高林地植被覆盖度，构建乔、灌、草不同层次结合的生态绿地[②③④]（图5）。

①李勇，等. 生态园林城市建设实践与探索徐州篇[M]. 北京：中国建筑出版社，2016.

②剧楚凝，张永进，姚朋. 退耕还林区森林景观优化策略研究：以云南盐津县为例[J]. 中国城市林业，2019, 17(1)：95-99.

③李志华，等. 深圳市森林景观格局分析与发展对策[J]. 中国城市林业，2017, 15(6)：23-28.

④陈步峰，等. 广州市小尺度森林景观群落的生态特征及其关系[J]. 中国城市林业，2017, 15(2)：6-12.

图5　许家崖流域森林景观

3.水景观区规划

规划流域的许家崖水库和温凉河为水景观区。以水资源和生态保护为主，不开发或少开发，主要规划为水生态保护和修复、湿地景观、游憩和水景观欣赏等功能区。一是做好水库坝体景观区规划。保护好书法家舒同为水库的题字，对题字的亭廊进行修缮美化；对坝体观景台进行改造，修建休息亭廊，进行绿化提升，提高观景台景观效果；在水库展览馆内收集资料，对反映大坝建设时期人民群众的精神力量和动人故事进行展览，展现水库建设发展历史和灌溉滋养流域村民的巨大贡献；二是组织开展龙舟、划船、游泳、钓鱼、滑翔等水上活动；三是对水库内的岛屿——“仙人岛”进行合理规划，作为水库的重要栖息地和欣赏点。四是对温凉河段沿线进行景观改造。挖掘沿河村落历史文化和传说，按照“景观设计的叙事性表达”的规划手法，打造集旅游、观光、亲水为一体的沿河景观带。

4.农耕景观区规划

流域依托现有万亩梨树和梯田耕作优势，打造农耕景观区。规划完善万亩梨园；规划在北石岗村和毛草湾村原有湿地沼泽地建设千亩荷花园，设计水生花卉展览区、荷花文化展示区；在南峪村、上杨湾村、下杨湾村、道沟村原有耕地上打造千亩油菜园和千亩葵花园，用大面积的农作物打造“大地景观艺术”，营造农耕景观区强烈的视觉感受。在区内引进优质蔬菜、绿色食品、高产瓜果、观赏花卉，发展无公害农业种植，建设具有多姿多趣的农业观光园、采摘水果园、农俗园、农产品生产加工基地等，形成别具特色的农业产业园，打造三产融合的田园综合体，使流域变成春季有油菜花和梨花，夏季有荷花，秋季有葵花的村民家园、市民公园和游客乐园。

5. 村落特色景观规划

通过查阅资料，现场踏勘，根据流域各村特点和资源优势，把19个村落分为民宿、农业、水资源、森林、休闲娱乐等特色景观类型村（表2）。

表2　流域村落景观特色规划类型

特色类型	原村落景观特点	规划要点	规划所在村落
民俗民居	村落内石材丰富。民居院落利用当地石材干插垒砌而成，其他设施大多由石材打造，如石坝、石路、石碾、石磨等，石材景观特色鲜明	对民居进行修葺，体现石材干插特色，对院墙进行雕琢修饰，路面用石板铺装，将村落规划成以石头屋、干插墙为特色的民宿景观	小南峪、石屋、毛草湾、杨树沟
水景观	村落有湿地、河流、池塘、地形、丘陵等景观要素。村落植被好，环境优美	将村内园林植物辅以亭台楼榭、花架藤廊等景观小品作为点缀元素，打造园林景观特色村落	北石岗、红山湾、红山头、王家宅子、八里庄、上杨湾、下杨湾
农耕景观	村落地理相对平坦，土壤肥沃，上游为许家崖水库及山涧河流，水源充足，耕作历史悠久，农业景观丰富	规划建设荷花园、葵花园、油菜花园、核桃园、临沂市产业扶贫休闲农业示范园等特色农业园，夯实农业景观特色	南峪、长涧、凉山头、觉知湾、道沟
休闲娱乐景观	村落背靠大山，面朝水库，民居沿山而建，高低错落，周边环境优美，山水景观格局完整	规划充分利用背山近水资源，将这里打造成休闲养生、水上游憩、游泳垂钓，景色欣赏、旅游居住的好去处	许家崖、西安田、大湾
森林景观	万亩梨园，景色优美，梨花盛开，浩瀚如海	在适合栽植的地块，对梨园空闲地段进行补植，增加梨树新品种，规划梨文化展示中心	南峪、上杨湾、下杨湾、道沟、南峪、许家崖、梨花湾、红山头
佛教文化	位于丛柏庵附近，游客较多	规划农家乐、民宿为主；规划乡土植物园	小南峪

四、乡村景观重点项目建设

（一）绿道建设

根据流域内地形和村落分布情况，规划旅游景观主干道。在河流东岸从八里庄、北石岗、南天门、丛柏庵到许家崖水库，在河流西岸从风情小镇到大湾、西安田、南石岗、朱田方向，规划为两条7 m宽的二级村落景观旅游绿道。同时，规划村落5 m宽主干道和2 m宽次道路，构成景区旅游道路规划系统。通过绿道把流域的水库、河流、村落等各景点串联起来。

（二）自然景点建设

将流域内的丛柏庵、仙人洞、八卦连环洞、饮虎泉、南天门、玉环山、沂蒙石林、金凤泉、龟山庵、齐眉岗、无影碑等自然景观（图6，图7），作为景区的骨干景点重点打造；在丛柏庵上部新建无量寿塔，重修丛柏庵禅修中心；在景区的玉环山，规划建设”沂蒙石林展示”项目；规划丛柏庵—仙人洞—八卦连环洞—南天门—饮虎泉—沂蒙石林—许家崖水库人文景观旅游线路，沿途增设指示牌、停车场、游客服务设施等，提高流域景观服务能力。

图6　丛柏庵

图7　仙人洞

（三）公共基础设施建设

加强流域内文化、教育、行政管理、医疗卫生、体育健身及集贸市场、超市、理发店、娱乐场所等公共设施规划；加强村落道路交通、给水、排水、供电、电信、广电、燃气、环境卫生等基础设施建设。对景区的垃圾进行定期清理、分类处理，增强游客和村落生活的方便感和舒适感。

（四）民宿景观建设

当地传统民居主要依山势而建，坐北朝南，向阳近水、高低错落，历史悠久。对于流域内传统民居的规划：一是保护。对年岁久远，结构完整，墙体、屋面完善的老房子加以保护，原汁原味的保留传统民居；二是修缮，对结构比较完整的民居加以修缮，完善原民居院落。三是改造创新。运用现代技术手法，体现传统民居特征元素，服务当前人们需求的新的功能；四是装饰。主要是以整治民居外表风貌和完善室内设施为主，对室内进行现代化改装，增添现代化设施。

（五）民俗文化景观建设

要做好活化民俗的文章。对活化民俗文化景观进行以下规划：一是开展民俗游、开发民俗手工艺术品。二是建设民俗博物馆。对流域内千百年来积淀的民俗进行民俗文化保护。如耍龙灯、秧歌、皮影、剪纸、刺绣、门笺等传统手艺和竹柳编工艺、瓷器制作、梯田耕作工艺等农作工艺（图8，图9），以及寺庙文化、风土习俗、神话传说、民间文艺等进行信息搜集、整理和再现；三是开展节庆活动。利用传统节庆和国家节假日等特定时段，兴办民俗文化表演活动①。

图8　瓷器制作民间工艺

图9　柳编手工艺

五、总结

通过以生态文化为魂的美丽乡村景观规划与建设，将生态文化融入乡村振兴战略发展中去，许家崖流域连片村落发生了翻天覆地的变化：19个村落连片形成了许家崖乡村风情休闲区，流域村民转变为景区工作人员，流域农产品转变为旅游商品。整个流域村落成为当地村民的家园、城市市民的公园和游客的乐园，形成保护自然和保护环境的空间格局、产业结构、生产方式、生活方式，真正印证了”绿水青山就是金山银山”的发展理念，乡村振兴战略实施更加深入人心，真正实现“看得见山、望得见水、记得住乡愁”。

（原文载《中国城市林业》，2020年第2期）

①樊宝敏，李智勇．中国古代的城市森林与人居生态建设[J]．中国城市林业，2005，3（1）：57-61．

沂山祭祀文化研究

于松北　樊宝敏

祭祀是中国古代的重要活动，上至帝王，下至百姓，风俗各异，形式繁多，是人们对美好愿望的寄托。而皇家的祭祀活动又是历朝历代的重要典礼之一。《礼记·祭统》云："凡治人之道，莫集于礼；礼有五经，莫重于祭。"历代王朝每年定期举行祭祀活动，以此强化国家的政治观念，强调君权神授的思想。沂山，位于山东省临朐县，又名东泰山，为五大镇山之一，是古代皇帝祭祀的重要场所。此地森林茂密，风景优美，现为国家森林公园。本文通过实地调研并查阅相关资料，整理了沂山祭祀文化的发展历史，初步分析了其文化内涵。

一、历代帝王沂山祭祀活动

据史料记载，历史上曾有十九位皇帝亲临沂山进行祭祀活动（表1），为了进行封禅，或是祈雨消灾等，留下很多历史文献、碑刻、古树和遗迹。祭祀在不同朝代的发展情形从一个侧面反映了当时的历史状况和社会意识。

表1　历代帝王沂山祭祀活动

朝代帝王	封祭时间	封祭形式	遗址、遗物
黄帝	约前26世纪	封东泰山禅凡山	
尧帝	约前22世纪	封东泰山	朱虚故城尧王祠
舜帝	约前21世纪	封东泰山禅丸山	五帝祠
周穆王	公元前11世纪	封禅	穆陵关、穆妃盛姬陵
汉武帝	太初三年（前102）四月	祭封沂山	御碑、泰山祠、汉柏
西魏文帝	大统元年（535）三月	祭封沂山	御碑、建朝阳寺
隋文帝	开皇十四年（594）闰十月	祭封沂山	御碑、立东镇祠

（续表）

朝代帝王	封祭时间	封祭形式	遗址、遗物
唐太宗	贞观十年（636）正月	诏封沂山东安公	御碑、建凤阳寺
唐玄宗	天宝十年（751）二月	加封沂山东安公	御碑、唐槐
后周太祖	广顺二年（952）五月	祭告沂山	御碑、郭雀寨
宋太祖	建隆三年（962）三月	诏封沂山	御碑、重修庙建宋行宫
宋仁宗	景祐三年（1036）九月	祭告沂山	御碑、宋银杏
宋徽宗	政和三年（1113）八月	封沂山东安王	御碑
元成宗	大德二年（1298）二月	加封元德东安王	御碑、建钟鼓楼、植蟠龙松
明太祖	洪武三年（1370）六月	诏封东镇沂山之神	御碑、建洪武楼
明世宗	嘉靖二十四年（1545）三月	祭告沂山	御碑、植迎客松
清圣祖	康熙五十二年（1713）四月	祭告沂山	御碑
清世宗	雍正二年（1724）四月	诏封沂山佑民捍御之神	御碑
清高宗	乾隆二十年（1755）三月	祭告沂山	御碑

黄帝。夏以前，黄帝封东泰山、禅凡山。《史记·封禅书》记载，汉武帝时，“上亲礼祠上帝焉。公王带曰：‘黄帝时虽封泰山，然風后、封巨、岐伯令帝封东泰山，禅凡山，合符，然后不死焉。’天子既令设祠具，至东泰山”。以黄帝为首领的华夏族部落联盟，在征服强大的东夷部族后，以征服者的姿态，通过对山进行封禅的方式，实现了对其“疆域”归属的“确认”，并由此开启了华夏历代帝王对岳镇海渎封祭的先河。

尧帝。据传尧帝也曾到沂山祭祀，如明嘉靖《青州府志．礼典》载曰：“东镇庙西庑下有松，偃蹇剥蚀，相传为尧时所植。”[①]在临朐县境内的朱虚故城遗址曾建有尧王祠，1976年曾经有尧山公社，便由此得名。尧的不肖子朱，因“不足授天下”，被封在丹山地区，称为丹朱。这个丹山地区就在现在的县城附近，有两个村名叫东朱封和西朱封。

舜帝。舜作为五帝之一，建立虞朝，在位时的德行一直备受称赞。传说舜也曾

①临朐县沂山风景区管委会．沂山民间故事[M]．济南：山东文化出版社，2007：309．

到沂山祭祀过，旧志中皆有“虞夏有望秩之典，至周有沉埋之祭，秦祀加车乘骝驹”的记载。

周穆王。西周时期穆王曾到过沂山。元代于钦编修的《齐乘》曰：“山顶有二冢，相传周穆王葬宫嫔于此，故大岘关因号穆陵云。”① 历史遗迹穆陵关，为战国时齐国人在穆陵筑关，称为齐长城第一雄关。

汉武帝。汉武帝在位期间数次封东岳泰山和东镇沂山，至蓬莱琅琊“寻神仙之属”以“颂功德、扬国威”和寻仙问道，求“长生”。史载汉武帝在元光（前134—前129）、元封（前110—前105）间，几次诏在沂山修道的著名道长李少君赴长安，以询黄老之术和长生妙方。《资治通鉴·孝武皇帝》载：“（太初）三年（前102年）春正月……上东巡海上，考神仙之属，皆无验，令礼官（指公玉带）祠（设祠造庙）东泰山，夏四月还。”《汉书·郊祀志》亦载：“天子即令设祠，具至东泰山……其后令带（指公玉带）奉祠候神物，夏还泰山。”《资治通鉴》和《汉书》记载的汉武帝太初间封沂山，就是听了李少君、公玉带关于黄帝封禅沂山的事迹后而东封的，汉武帝从“春正月”到“夏四月”在沂山约住3个多月，他先命公玉带在沂山玉皇顶督造神祠（即泰山祠），祠就，武帝亲自祭封沂山，又令公玉带在祠内候神物。封山礼毕，汉武帝遍游沂山秀丽的风光。汉武帝的东封沂山，留下了汉武御碑、泰山祠（见《汉书·地理志》《魏书·地形志》）、五帝祠（见《汉书·地理志》《资治通鉴》）、玉带溪（因公玉带陪武帝封沂山武帝赐名）、公喜亭、观景台（见明《东镇沂山志》）等著名的人文景观。汉武帝祭封沂山，留下汉柏，距今已有2100多年，又称为“吼柏”，有碑记载，遇到自然灾害、战乱等不祥之兆时，能发出一种吼叫声，故而得名。唐代诗人杜甫诗赞此树道：“半枯龙骨欲摩天，得地蟠根岁几千。高节自来擎日月，赤心终不变桑田。”②

魏文帝。西魏时期文帝曾于大统元年（535）三月祭封沂山，并留下御碑、建朝阳寺。历史上对此记载不多，最早见诸《嘉靖青州府志·地理志》和《嘉靖临朐县志》。文字简约之至，“魏文帝瘗沉圭璋”③。

隋文帝。隋文帝于开皇十四年（594）闰十月祭封沂山，立御碑、建东镇祠。“诏东镇沂山，南镇会稽山，北镇医巫闾山，冀州镇霍山，并就山立祠。”正式把沂山排在了首位。同时受诏封的还有东海、南海、四渎、吴山等，皆“并取侧近巫一人，

①临朐县沂山风景区管委会. 沂山十记[M]. 济南：山东文化出版社，2007：240.

②王成德. 沂山诗文[M]. 济南：山东友谊出版社，2012：278.

③临朐县沂山风景区管委会. 东镇碑林[M]. 济南：山东文化出版社，2007：283.

主知洒扫，并命多莳松柏。”①

唐太宗。唐太宗于贞观十年（636）正月诏封沂山东安公，立御碑、建凤阳寺。在《光绪临朐县志》“建置”条目曰：“东镇沂山神庙·谨案：……唐贞观十年封东安公。”

唐玄宗。唐玄宗于天宝十年（751）二月加封沂山东安公，并留下御碑、唐槐。《新唐书》中的载曰：“其五岳、四镇，岁一祭，各以五郊迎气日祭之。东岳岱山于兖州，东镇沂山于沂州……”沂山被诏封为东安公，由当时的太子李亨率更令嗣道王錬致祭。据《临朐县志》，东镇庙内原有唐槐三株，现唯存此一株。②

后周太祖。后周太祖于广顺二年（952）五月祭告沂山，并留下御碑、郭雀寨。在1991年版《东镇沂山》一书中，是这样描述的：“相传五代后周太祖郭威曾屯兵于此，并亲临布防。因郭威微贱时，绰号郭雀，故后人名为郭雀寨。”③

宋太祖。宋太祖于建隆三年（962）三月诏封沂山御碑、重修庙建宋行宫。宋太祖赵匡胤最先钦封沂山，有宋乾德三年（公元965）御碑为据。相传宋太祖赵匡胤与穆陵关后周守将神臂韩通交战，数日不胜。幸得东镇神爷相助方将其生擒。赵登基后，不忘沂山山神助战之恩，封其为东镇武侯。次年四月初八，亲往御祭，并降旨按皇宫金銮殿的款式建造庙宇。④竣工后又在庙堂前立了一座三丈多高的青石龟驼碑，铭文纪念。此后每年四月初八钦差至东镇庙御祭地方臣民陪从，自此初八东镇庙会便相相延成习。

宋仁宗。宋仁宗景持三年（1036）九月祭告沂山，并留下御碑、银杏。法云寺内的圣水泉是全国七十二大名泉之一，是汶河的源头。北宋年间，宋仁宗前往沂山祭告，得知此泉能报旱涝晴雨，而且可以治疗眼疾，于是赐名“圣水泉”，从此历代朝廷凡遇旱涝，皇帝都会派遣钦差大臣赴沂山取圣水泉水，祈神除灾。列于山门内的银杏，高18 m，胸围4 m，原为雌雄两株，西雄东雌。相传为宋仁宗景佑三年（1036）祭告沂山所植，南宋末年遭雷击毁，元初补植。距今已有700余年。西边的雄树于1968年被伐，打造成县城剧院整个礼堂的坐椅。此后雌树只花不果。然奇事巧成，雌树于干顶端自生雄树，复果，成为名闻遐迩的“母子连体树”。

宋徽宗。宋徽宗是宋神宗第十一子，是宋朝的第八位皇帝。从政治上来看，宋

①吕文涛. 沂山风景名胜区文化旅游开发个案研究[D]. 济南：山东大学[硕士论文]，2008：59.

②冯恩昌. 沂山下的“望乡槐”[J]. 国土绿化，2004(12)：19-19.

③潘心德. 东镇沂山[M]. 济南：济南出版社，1998：536.

④马广田，马广海. 沂山东镇庙和东镇庙会[J]. 民俗研究，1990(3)：61-62.

徽宗并不是一位贤明君王，但他在文学方面颇有建树，自创一种书法字体，被后人称为“瘦金体”。宋徽宗共在位25年，曾于政和三年（1113）八月封沂山为东安王，有御碑为证。

元成宗。元成宗，名字叫铁穆尔，是元世祖忽必烈的孙子，1295年即位。元成宗于大德二年（1298）二月加封元德东安王，并留下御碑、建钟鼓楼、植蟠龙松。元大德碑碑高1.86 m，宽96 cm，厚26 cm，有龙纹浮雕，刻蒙汉两文，矗立在东镇庙正殿的西南角，与明洪武碑遥遥相对，成为东镇庙中历经浩劫而毫毛无损的两块御碑之一。据史料记载，皇帝派遣使臣致祭沂山，当时青州境内大旱。使臣到达青州时：油云迁兴，与随车之雷雨大作。黄童白叟熙熙然，以为“德者之降至诚之神所致也”。据史料记载，植树三棵，后来两棵枯死，仅剩一棵，距今已有700余年的树龄，又称“御松”。树高6.5 m，呈现老态龙钟的风韵，颇像蟠龙之姿，为国家级重点保护名木。

明太祖。明太祖洪武三年（1370）六月诏封东镇沂山之神去王号御碑。御制祝文御碑、建洪武楼。洪武三年，诏定岳镇海渎神号。这一举措虽非前无古人，却是一改前朝加封名号的习气。这一点朱元璋说得很明白，如在“明太祖诏定岳镇海渎神号碑”的诏书中就有这样一段话：“夫岳镇海渎，皆高山广水。自天地开辟，以至于今，英灵之气，萃而为神。必皆受命于上帝，幽微莫测，岂国家封号之所可加？”他认为这样做是“渎礼不经，莫此为甚”，所以要“依古定制，凡岳镇海渎，并去前代所封名号，止于山水本名称其神”。于是沂山也不再称东安王或东安公了，叫“东镇沂山之神”。朱元璋躬署名于祝文后，“遣官以更定神号告祭”。所立御碑，就是今天仍存于东镇庙中的“明太祖诏定岳镇海渎神号碑”①《明太祖御制祭文碑》道：“屹立沂山，作镇东方，生同天地，形势巍然。古先帝王，察地利以安生民，故祀之曰东镇。”

明世宗。明世宗于嘉靖二十四年（1545）三月祭告沂山，并留下御碑、植迎客松。明世宗朱厚熜嘉靖年间，灾荒频仍，嘉靖皇帝派遣大臣祭祀沂山多达11次。嘉靖十二年的碑文，再现了当年的大灾情景：“去冬无雪，今春无雨，蝗蝻复生，二麦几于不登，三秋将失所望，民不堪命”，“迩者沂水迤南，飞蝗蔽天而来，逼近境土，老幼悲惶，远迩惊怖”。君临万邦的帝王，为了他的下民，降尊纡贵，向沂山之神祈愿：“惟神矜悯下民，斡旋大造，早霈甘泽，以滋禾稼，以济民艰。庶民有丰稔

①政协山东省临朐县委员会. 东镇沂山碑拓集锦[M]. 济南：齐鲁书社，2013：300.

之休，则神亦享无穷之报。”沂山的迎客松，位于沂山法云寺内，圣水泉旁，相传为明朝嘉靖皇帝朱厚熜祭告沂山时所植，树高16 m，胸围近3 m，古朴苍劲，气势盎然，其一枝外探，犹如巨人倾身迎客，由此得名迎客松。

清圣祖。清圣祖康熙于五十二年（1713）四月祭告沂山，题“灵气所钟”御碑。根据《临朐编年录》的记载，康熙派大臣致祭沂山共6次；根据吉星田先生所整理的“东镇庙存碑碑目”，是9次。其中尤以康熙四十八年满臣内阁侍读学士瓦尔大致祭影响深远。因为当时康熙帝已经56岁了，亦可谓内外交困。宫外，天下大旱，按照《临朐编年录》的记载，自康熙四十五年春就有旱情，到四十七年夏，更是大旱成灾。四十八年，天呈异象，日左右有数黑日散落于四方；宫内，奸党构祸，诸子争储，致使圣体忧伤成疾。这一点在瓦尔大代祀东镇沂山碑的碑文中记得很明白，说“历三十余载，不意忽见暴戾，狂易之疾，深维祖宗洪业及万邦民生，实系至重，不得已而有退废之举。”因此而许下宏愿，致祭于东镇沂山之神。而康熙帝在祭祀产生了效果，年景风调雨顺，圣体平复如初之后，更要好好地致谢于东镇沂山之神了，所以御笔亲书了“灵气所钟”四个大字赐给了东镇庙。关于题字民间流传了这样一个故事：康熙老师陈廷敬奉命到沂山祭祀祈福，晚上睡觉时梦见一位白胡子仙人，白胡子仙人在梦里向陈廷敬讲述了收复台湾的计策，陈廷敬回去后告诉了康熙，康熙按照白胡子仙人的计策，果真收复了台湾。20年后，陈廷敬去世，为了缅怀老师和纪念顺利收复台湾，康熙到沂山手书“灵气所钟”，以表沂山的“灵验”。

清世宗。清雍正二年（1724）四月，诏封沂山“佑民捍御之神”，留下御碑，并诏定每岁春秋仲月，由所在专祭，以守土正官主之，凡遇国家大典，或“天时不顺，地道欠宁”“兴师征战”，皇帝还亲自或遣重臣赴东镇祭告。

清高宗。清乾隆二十年（1755）三月，祭告沂山，题“大东陪岳”御碑。碧霞祠内有一株白蜡树，相传是乾隆皇帝祭游东镇沂山时亲手所植。至今已有二百多年的历史，树干枯空，外皮大半脱落，有枯萎迹象。然近些年，枯树又发新芽，靠着仅有的一点树皮吸收养分，却也十分的茂盛。而且枝繁叶茂之时，从一侧看上去，酷似孔雀开屏，人们喜称为“枯木逢春”，俱言是“吉祥征兆”。

二、沂山祭祀的文化意蕴

通过整理历代帝王沂山祭祀的活动与文献史料，结合碑文的内容和今天生态道德方面的认识，可以从以下三个方面对其中所蕴含的精神要义做出解读。

（一）对“天”的崇拜

沂山祭祀，只是古代天地、山川等自然崇拜的一个缩影。远古时代，由于生产力和科学水平相对低下，人们对自然界的认识和改造能力都是比较有限的。面对五彩缤纷的大千世界，在人们的头脑中产生了对自然现象和超自然力量的崇拜，以及对征服自然的幻想，认为万物皆有神灵主宰。所以，一切自然现象都被人们奉为神灵，原始自然宗教十分盛行。天地日月山川都成为崇拜和祭祀的对象。大山是人类赖以生存的重要环境，蕴藏着取之不尽的可再生资源，是诸多河流的发源地。中国名山大川风景壮观，再加上各种自然现象的奇异变化，更加深了山川的神秘感，人们习惯把山川神化。为了祈求国泰民安，风调雨顺，人民生活和谐安定，历代帝王都会对名山大川进行加封。①

山，以其雄伟壮观，拔地通天，成为沟通天人之际的理想场所。从黄帝开始，开创了祭天祀地的“封禅”活动。封为“祭天”，禅为“祭地”。封禅为古代帝王在太平盛世或天降祥瑞之时的祭祀天地的大型典礼，其实质是将政治与信仰融为一体用以沟通天人之际的国家祭祀大典②。当国家强大富足，百姓衣食无忧，即国家达到一定的繁荣程度时，帝王就会告之天地，以感谢天佑地助，历史上举行过封禅大典的帝王并不多，而且大多数选择在泰山举行。沂山，作为东泰山，在秦代之前也在这里举行过。后来从隋代开始，沂山成为镇山之首，受到帝王们的青睐，多次被封为东安公、东安王、沂山之神等。所谓镇山，东汉学者郑玄解释为：“山镇，名山安地德者也”，也就是镇守华夏四方的大山。我国的五大镇山包括东镇沂山、西镇吴山、中镇霍山、南镇会稽山、北镇医巫闾山。

这些祭祀沂山的活动从一个侧面表明，中国文化更崇尚一种尊重自然、天人合一为核心的价值观。儒家认为，万物源自天地，人源自父母。天子把天地作为父母，祭祀天地，祭祀祖先，报答天地、祖先的生养之恩，表达对于父母的孝与敬，这叫“报本反始”（《礼记·郊特牲》：“万物本乎天，人本乎祖，此所以配上帝也。郊之祭也，大报本反始也。”）此外，无论是儒家的“仁者乐山”，还是道家的“道法自然”都充分反映了敬畏自然的价值取向。现代社会倡导的生态文明观念，主张尊重自然、顺应自然、保护自然，其基本要义无疑与我国传统的生态思想是一致的，对此需要更好地传承和发展。

①杜希宙. 祭祀文化概观[J]. 衡水师专学报, 1999(1): 18-21.

②周郢, 仝晰纲. 泰山封禅[J]. 文化齐鲁, 2001(1): 58-62.

(二)对“生”的敬畏

沂山祭祀，还表达了中国文化对东方、生命、春天的敬畏和礼赞。将东镇沂山，封为五镇之首，从中国传统文化的视角看来，并不奇怪。

首先，沂山位居中国东方，为古代青州、齐国的腹地。而东方是太阳升起的地方。按中国传统的五行说，东方属五行之木，木则旺于春，春为一岁之首始。所以“東”字从木，日居其中。昼夜交替，由此为始。[①]中国人向来以东为尊，有“紫气东来”之说。所以，沂山以其得天独厚的地理位置，海拔高度虽然仅为 1 031 m，在国内算不上高山，但受到历朝历代帝王的青睐，名列“五镇之首”，被历代尊为“神灵之躯，紫气之源”，是历朝历代祭祀的主要选择，象泰山一样成为一座人文之山。

其次，在五行之中，“木”主生、属东方、属春季。木色为青，所以这里古称青州。因此，东方的沂山代表的是生命之神、青春之神。祭祀沂山，也就是表达对天地好生之德的赞美、对人生青春长驻的祈求。所以，汉武帝到沂山求仙问道，寻长生不老之术。康熙皇帝题“灵气所钟”御碑，赞美天地钟灵毓秀之德。并且历代帝王都用植树的方式表达美好的愿望。

再次，在传统思想中，沂山为生命之神，具有兴云致雨的神奇功能。《周易》载：“山泽通气。”孔子说：“天降时雨，山川出云”。(《礼记·孔子闲居》)儒家用祭祀的方式表示对山川的敬意，说：“山川有能润于百里者，天子秩而祭之”(《公羊传·僖公三十一年》)。意思是说，名山大川是众河的源头，能够兴起云雨的，都要祭祀。所以，除了每年当地礼官正常的祭祀外，每当国家遭受自然灾害时，如大旱、洪水、蝗灾等，帝王或臣民为了祈福减灾也来沂山祭祀。更为神奇的是，祭祀通常相当灵验。明嘉靖十一年旱蝗大灾，皇帝派大臣致祭之后，临朐知县褚宝再祭沂山：“是岁春旱，麦将槁死，夏后飞蝗，民不堪命，余窃惧焉。匍匐往告于神，神乃大澍甘雨，随祷而至，蝗乃退飞，如受约束然，遂不为灾。麦黍有秋，民皆忻忻然有更生之乐。”据《李木致祭碑》，明宪宗登基时遣尚宝司司丞李木致祭沂山之神，那时地方久旱不雨，庄稼不能播种。方祈未祭，阴云四布，雨气蒸人。迨其已祭，遍邑霑足。他作诗刻于碑阴，记下“三更礼罢下坛台，谁料大明雨脚来”的奇遇。

现代森林生态学研究表明，大面积茂密森林由于强大的蒸散水汽功能，确实对

①祝洪霞. 沂山景区旅游业发展研究[D]. 泰安：山东农业大学[硕士论文], 2015: 40.

于促进水循环、增加区域降水具有显著的作用。尤其是中国东部地区受春夏东南季风的影响，华东地区良好的森林植被对于增加华北地区降水、缓解气候干旱状况发挥着重要作用。中国历史上森林变迁，导致了“东伐西旱”的产生①。古代在沂山祭祀形式下所蕴含的重视东方森林的思想，与现代研究结论不谋而合，值得重视。

（三）对“礼”的倚重

沂山祭祀，表明祭祀之礼在中国文化中的重要性。有学者认为，中国文化是礼乐文化，儒家是礼治主义者，礼是中国文化的核心②。祭祀是儒家礼仪的重要部分，“礼有五经，莫重于祭。”（《礼记·祭统》）。而帝王祭祀更是重中之重，所谓“国之大事，在祀与戎”（《左传》成公十三年）。帝王的沂山祭祀，是国家以沂山为载体对于东方自然生命之神的重要礼仪，不全是宗教活动，也可视为一种现代意义上的生态礼仪。

从保护生态的角度，祭祀自然，对于国家治理至少有两方面的重要性。一是提升统治者敬畏自然的内心修养。帝王与沂山神的沟通，也是与自然的对话、与自已内心的对话。自然是人类的父母，对于生养万物的天地，人应该存有感激之情，报答自然。儒家文化通过祭祀表达对于自然的敬畏和报答。祭祀之礼的生态意义在于它把人从属于自然，从属于天道，使人和天地万物联系在一起，促使人们对于自然保持敬畏的情感。这是一种在宗教掩盖之下的生态循环观念，是天人合一的一种表现。③因此鬼神是否存在并不重要，重要的是对自然怀有感激与敬畏之心。二是发挥祭祀的群体教化功能。《礼记·祭统》说：“祭者，教之本也已。”祭祀天地，意在教育百姓顺应天地，珍惜自然万物。儒家思想强调祭祀就是“慎终追远”，可以使“民德归厚”。祭祀活动强化神灵观念，重申权力神授。④“因物之精，制为之极，明命鬼神，以为黔首则。百众以畏，万民以服。”（《礼记·祭义》）祭祀礼仪是古代帝王治理国家的策略之一，要求当权者以德为政，以德化民，以达到社会安定。

探索生态礼仪的与时俱进，是生态文明时代的重要课题。在农业文明时代，儒

①樊宝敏，李智勇. 森林·蒸散·气候·沙漠. 林业科学，2005, 41（2）：154-159.

②彭林. 礼与中国人文精神 [J]. 孔子研究，2011（6），4-13.

③乔清举. 论儒家的祭祀文化及其生态意义 [J]. 现代哲学，2012（4）：93-98.

④周于飞. 浅论南岳衡山的祭祀文化 [J]. 南华大学学报，2008, 9（3）：120-122.

家祭祀曾是一种利用宗教形式而实现人文教化的礼仪体系[①]。在生态文明已上升国家战略的新形势下，传承和借鉴优秀传统文化，建设新的生态文化和生态礼仪已成为现实的迫切需要。鉴于泰沂山系生态区位重要，且古代海岱文化、中华传统文化积淀深厚，故建议将山东省东岳泰山、东镇沂山以及蒙山、鲁山等鲁中山地丘陵地区，规划为“海岱国家公园”重点打造和建设，传承儒家生态文化，为生态文明建设提供支撑。

在调研中得到青州市王府街道裴守政、临朐县林业局郎益钦、沂山风景区管委会张新民、吴瑞雪等同志给予大力支持，谨此表示衷心感谢！

① 曹建墩. 先秦儒家对祭礼的理论阐释及其现代意义 [J] 浙江学刊，2014（1）：5-10.

蒙古族森林文化初探

杨文娟　樊宝敏　张德成

人类很早就认识到一切生命有赖于森林和树木，于是对森林产生了好奇和敬畏，这是人类自然崇拜的最初萌芽①。森林文化指的是在长期社会实践中，人与森林、人与自然之间建立起了相互依存、相互作用、相互融合的关系，并由此而创造了物质文化与精神文化的综合②。蒙古高原的原始森林为北方游猎部族（蒙古民族的祖先）提供了孕育生命的摇篮，他们在这片土地上繁衍后代，发展壮大后又走出森林，开始在草原上游牧。尽管如此，在其传统文化当中仍渗透着有关树木、森林崇拜及禁忌的原始文化气息。生活环境的变迁并没有造成蒙古族人民对树木崇拜的消失，而是变得更加丰富，呈现出多层性。森林是他们最初的栖息地，这里不仅仅供给他们物质财富，也赋予他们精神财富①，因此，其宗教、风俗、习惯，以及生产、生活方式等各方面都保留了独特的森林文化形态。对蒙古高原的森林文化进行探寻，挖掘传统民族文化中的宝贵成分，不仅有助于保存和发痒传统文化，同时有助于丰富当代的森林文化，而且对森林资源的保护和利用等方面具有重大意义。

一、蒙古族的历史沿革

蒙古族是主要分布于东亚地区的一个传统游牧民族，是我国的少数民族之一，主要分布于我国内蒙古自治区，同时也是蒙古国的主体民族。根据内蒙古海拉尔地区古人类遗骸的考古发现，早在1万年前人类足迹就出现在蒙古高原，这些早期人类足迹应该是北方诸民族先民的足迹。他们最初的发源地，即从原始社会走向文明之前所处的自然环境，是中国东北大兴安岭以东的额尔古纳河（黑龙江上游）

①策·斯琴巴特尔. 北方少数名族树木崇拜及木制器具的禁忌习俗[J]. 满语研究，2008(2)：111-116.

②屈中正，张艳红，范适. 中国森林文化基础[M]. 北京：中国林业出版社，2016.

流域，贝加尔湖、西伯利亚原始森林。关于北方森林部落的描述在拉施特的《史集》中有这样的一些记载："森林部落的蒙古人很多"，"在迁徙时，他们用山牛驮载，而且从不走出森林。在停留之处，他们用白桦树和其他树皮筑成敞棚和茅屋，并以此为满足"①。

司马迁《史记》记载，蒙古部落最初只包括涅古斯和乞颜两个氏族。唐朝时期，蒙古为室韦（分布在今黑龙江至鄂嫩河、克鲁伦河流域地带）中的一部分，称为蒙兀室韦或蒙瓦部，后由于人口的不断增长而向外迁徙，并分成了70个分支，称为"迭儿勒勤蒙古"。1206年（南宋宁宗开禧二年），铁木真统一了北方草原的蒙古各部落，形成了一个新的民族共同体。1271年（南宋度宗咸淳七年），忽必烈按照中华民族的文化传统，把蒙古帝国改称元朝，并把唐朝末年以来分裂的中华各民族全部重新统一②。1368年元朝灭亡后，蒙古长期处于分裂割据状态（15世纪曾被达延汗重新统一），1924年蒙古人民共和国成立，1947年内蒙古自治区成立。

二、蒙古高原的森林资源现状

蒙古高原地处亚洲大陆中部，主要包括中国境内的内蒙古和蒙古国。两个区域均属于温带大陆性气候，冬季严寒漫长，夏季炎热短暂，降水稀少。除高原东部、东南部以及北部少数地区外，蒙古高原绝大部分地区年降水量均少于400 mm，整个区域年均降水量约200 mm，植被类型以荒漠植被、草地植被、森林群落为主③。

蒙古国的森林由北方森林和南部梭梭林两部分组成，占国土面积的11.8%（面积约为17 911 123 hm^3），其中68.56%的面积为北部北方森林，它们是北部西伯利亚针叶林和南部草原之间过渡带的一部分，以落叶松等针叶树种为主，伴生一些桦树等阔叶树，通常生长在海拔800~2 500 m的山坡上；31.44%的面积为生长在南部沙漠带和沙漠草原带的南部梭梭林。根据森林研发中心的森林税收清单，落叶松、桦树和梭梭树分别占蒙古国森林面积的60%、10%和15%。蒙古国的北方森林由于位于北半球寒冷森林区的南部边界，气候条件为恶劣的大陆性气候，因此森林受到干扰后很容易失去生态平衡，且向非森林地区的扩展能力相对较低④。

①拉施特. 史集[M]. 北京：商务印书馆，1983.

②尤中. 中华民族发展史概说[J]. 思想战线，1988（5）：74-83.

③缪丽娟，等. 近10年来蒙古高原植被覆盖变化对气候的响应[J]. 生态学报，2014, 34（5）：1295-1301.

④亚太森林恢复与可持续管理组织. 蒙古国林业发展报告[M]. 北京：中国林业出版社，2017.

根据2018年内蒙古自治区第八次森林资源清查的调查结果，内蒙古自治区的森林覆盖率为22.10%（面积约为26 148 500 hm^2），分为乔木林地（67.16%）和特殊灌木林地（32.84%）。其中，乔木林地主要分布于大兴安岭山地，包括大兴安岭山脉中段次生林区（岭南八局）及南段的罕山、宝格达山、克什克腾和迪彦庙林区，阴山山脉、燕山山脉和贺兰山林区，落叶松、白桦、栎类等是乔木林地中的主要优势种；特殊灌木林地多分布在内蒙古自治区中西部丘陵和平原地区，在林区山地也有少量分布，其中白刺、锦鸡儿、柳灌等灌木树种多分布在中西部，山杏、锦鸡儿、绣线菊、虎榛子等灌木树种多分布在东部①。

三、蒙古高原森林文化的主要表现形式

（一）蒙古族的精神信仰与森林

蒙古族人的居住环境决定了他们的生活方式，也决定了他们的信仰。树木崇拜成为他们原始崇拜当中的一种。

1. 关于森林的生命起源信仰

关于蒙古族人先祖起源的不同传说版本中，很多都与树木有关。

在蒙古族萨满教的信仰中，存在着丰富的植物图腾崇拜文化，尤其是在关于宇宙起源与人类诞生方面，这种独特的世界观、生命观与蒙古族爱惜树木的泛伦理情怀是密不可分的。

2. 宗教活动中的木器崇拜及禁忌

蒙古萨满教仪式中所使用的神杖、神鞭、神鼓都是木制的，其形状为飞奔马形。它们是神圣的器物，一般人不能随便触摸或动用，更不能用神杖和神鞭等法事用具去打人或打牲畜，那样会伤及人或牲畜的生命②。在宗教仪式中使用木制器皿，也非常注意其洁净，尤其是挤奶木桶、酥油桶、木盆和木碗绝对不能接触污物。木制法器不能随处放置，更不能扔到地上踩踏。蒙古族人将宗教活动中的木制器皿赋予强大的神力，从一定角度促进了人与自然的和谐发展。

①关瑞峰，等. 内蒙古森林资源状况及评价[J]. 内蒙古林业调查设计，2020, 43(3)：17-20.

②策·斯琴巴特尔. 北方少数名族树木崇拜及木制器具的禁忌习俗[J]. 满语研究，2008(2)：111-116.

（二）蒙古族的民俗文化与森林

1.祭祀活动中的树木崇拜

由于是从森林中走出的民族，蒙古族人会对一些"独树""奇树"赋予祖先的含义，将其拟人化，认为它们具有人类的思想和智慧，以及相似的生理构造，也会感到饥渴和困倦。例如，在蒙古国的SelengAimag（位于蒙古国苏赫巴托尔市北部20分钟车程的地方），有一棵名为"Eej-Mod"（意为母亲树）的针叶树（图1），每年蒙古国内的萨满教都会在这棵树下举行最重大的节日。人们从四面八方赶来，为"母亲树"带来蒙古蛋糕、牛奶、豆子、巧克力等，并将蓝色的布条绑在树上，之后开始围着"母亲树"祈祷，并往树上泼洒牛奶或伏特加酒。在树旁还有一张摆着蜡烛的小桌子，每个人都会走进蜡烛，从蜡烛的烟雾中得到一些"祝福"。"母亲树"上有一个人头大小的洞，人们排着队等待将头埋进洞中去做特别的祈祷①。

图1　位于SelengAimag的Eej-Mod母亲树

在布里亚特蒙古人的萨满中也有"祈纳日"的仪式，举行祈纳日仪式时从树林中挑选81棵小树，"请来"这些小树之后，以8棵为一列插在地上，然后将连根拔起的两棵大树立于其两侧上位，称为"父母树"②。

① Travels: Darkhan, Russia-Mongolia Border and Shamanism[J/OL] https://japanesemythology.wordpress.com/eej-mod-the-mother-tree-of-the-mongolians/.

②策·斯琴巴特尔.北方少数名族树木崇拜及木制器具的禁忌习俗[J].满语研究，2008(2)：111-116.

在鄂尔多斯蒙古族萨满祭祀中有一种祭祀叫“齐纳尔祭祀”或“齐纳尔树祭”。举行仪式时，将从森林中砍来枝叶茂密的白桦树，按一定的规则立于家门口，每棵树都要用动物毛皮和丝绸布条进行装饰，分为母亲齐纳尔树和父亲齐纳尔树。

蒙古族人这种将树木拟人化的朴素的生态伦理观对于当地的森林资源保护起到了非常重要的作用。

2. 丧葬活动中的木器崇拜

丧葬文化中的木器崇拜是蒙古族森林文化的一个重要组成部分，与有些民族动用大量人力、物力为逝者大兴土木修建坟墓不同，蒙古族的丧葬习俗更加注重对于环境的保护，就地取材，不对环境进行破坏。

虽然用材节俭，但是关于丧葬过程中的所用树木却有严格的禁忌要求，比如需要从森林中挑选特定的树枝或树干，其名称、含义、数量和用途都是特定的，参与安葬的人们须在冷蒿或亚洲百里香的火烟中穿过表示净身。

3. 生产活动中的木器应用与禁忌

在草原上过着游牧生活的蒙古族，其日常生产生活中所使用的工具及器皿大部分均为木制品，且多年的积累，使得蒙古族善于依据不同树木的木材属性而对其加以不同的利用方式。例如，蒙古族的敖包主架一般用胡杨的原木搭成，周围用石块垒成，敖包上面往往插树枝以表示复活敖包，最常见的是插柳属植物的枝条，如旱柳、黄柳等；祭火时火盆内放西伯利亚杏、家榆、芦苇等，萨满教法师的法具一般由白桦和家榆木材制成。

由于草原上木材的稀少与珍贵，蒙古族在日常生活中对车辕（勒勒车）、马鞍、木棒木槌、木盆木碗、木板木条、木箱木盒等人工木制器具，都会特别敬重和敬畏，有着各种各样的禁忌习俗。搬迁或搭建蒙古包时，天窗（套纳）必须从门框右侧上下拿，椽杆不能随地扔，必须把尖头朝上立于哈纳之上，收拢的哈纳（立墙）不能倒置。进出蒙古包门时，严禁踩踏门槛及门框门板等[①]。诸多的禁忌背后，反映的是蒙古族对于木制工具及器皿的珍视，以及爱护自然、取之有度的环保观念。

（三）蒙古族的饮食文化与森林

蒙古民族在其漫长的游牧狩猎生活发展过程中，积累了非常丰富的利用（食用、药用、茶用、饲用等）植物资源的宝贵经验，发展了蒙古民族植物学，这是人

① 策·斯琴巴特尔. 北方少数名族树木崇拜及木制器具的禁忌习俗[J]. 满语研究，2008（2）：111–116

类文化宝库中的一个重要组成部分。

1.饮食文化

多年的草原游牧生活方式，使得蒙古族人在野生植物的食用品种、食用部位、食用方法方面积累了丰富的知识。首先是可食用的植物品种较多，其中最常被用来制作风味菜肴的首推蒙古韭（蒙名为“胡穆勒”）和沙芥（蒙名为“额乐孙萝帮”），如今，沙芥已经成为旅游区特别品尝的风味特产①。根据对于食材的不同需求，野生植物的食用部位有所差别，例如，野菜用植物一般食用茎叶或嫩株；调味植物一般用花序和叶；粮用植物一般用果实、种子；水果用植物一般用成熟果实。在蒙古族人的饮食习惯中，对于野生植物的食用方式一般为简单的蘸酱、凉拌、做汤、做馅、腌制等；由于蒙古族人的日常饮食以肉、奶食品为主，生活中需要的维生素、氨基酸等需要依靠野生植物来补充，因此就形成了“奶+植物”这种具有独特游牧民族特色的饮食文化②。

2.蒙药文化

蒙医药被称为“草原上的神奇之花”，是蒙古族人民在漫长的历史进程中与人畜疾病作斗争所积累和创造的智慧结晶，是蒙古族宝贵的文化遗产。蒙古族人民常居住在气候寒冷的草原上，以游牧生活为主，多食用牛羊肉及乳汁，因此创造了适合北方地区自然环境、生活习俗特点的医疗方法。在长期的生活实践中，人们不断发现治疗疾病的药材，总结药物知识，丰富用药经验，逐步形成完整的蒙医药基本理论。

蒙药来源广泛，种类繁多，包括以蒙古族传统医药理论和实践为指导的植物、动物及矿物类药材，且以植物药为主。据文献记载，目前我国蒙药品种有2 230种，经调查考证的蒙药材共计1 342中，其中植物类926种。国家重点保护并具有药用价值的植物有蒙古扁桃、沙冬青、水曲柳、羽叶丁香、黄柏、胡桃楸、胡杨、樟子松等③。

同时随着蒙古族畜牧业的发展，蒙古族牧民积累了较为丰富的兽药用植物传统知识，该知识对畜牧业的发展起到了保障作用。其最显著的特点就是为牲畜提供药食同源植物，例如葱属植物既是一种营养丰富的饲用植物，同时还具有养血和驱虫等药用功能，因此牧民在夏秋季常选择放牧在长有葱属植物的草场。

---

①陈山，包颖，满良. 蒙古文化与自然保护[J]. 内蒙古环境保护，1996, 8(2)：16-19.

②马志杰，杨京彪，薛达元. 内蒙古地区蒙古族常用野生植物相关传统知识研究[J]. 中央民族大学学报（自然科学版），2018, 27(04)：41-45.

③王宝丽，马志强，林瑞超. 蒙药的研究进展及思考[J]. 中国医药导报，2017, 14(10)：123-126.

3.饮茶文化

饮茶是蒙古族的最大嗜好之一，茶叶是他们日常生活的必需品。在蒙古族民间广泛流传着“宁可一日无餐，不可一日无茶”的俗语，表现了饮茶对蒙古族，尤其是蒙古牧民是至为重要的。但是蒙古族聚居区不产茶，在其长期的生活实践中积累了利用一些植物作为茶叶的代用品的经验。元朝蒙古族饮膳大臣忽思慧编著的《饮膳正要》(1330)记载了近20个类型的茶及其制作、饮用方法，其中也有枸杞、五倍子、梅花片等药材的茶用记载。罗布桑却丹《蒙古风俗鉴》(1918)中记载了地榆、榛、秋子梨等植物的茶用，并记载了蒙古族饮用砖茶、红茶和花茶的传统习惯。综上所述，蒙古族不仅有饮用茶树所产的各种茶叶的传统，而且还有把其他植物用作茶叶的传统①。

出于饮茶的需要，蒙古牧民从周围环境植物中选择了一些植物，用作茶叶的代用品或添加品，蒙古族民间叫作野茶。通过漫长的历史过程，形成了对茶用植物种类的选择、茶用部位的选择、采集、加工和饮用方法的传统文化。据分类鉴定，内蒙古地区蒙古族民间传统利用的茶用植物，共有11科的20种植物。其中较为常见的几种茶用植物分别为山荆子(蒙名为“乌日勒”)，地榆(蒙名为“苏都—额布斯”)，达乌里胡枝子(蒙名为“呼日布格”)，罗布麻(蒙名为“老布—奥鲁苏”)，黄岑(蒙名为“混岑”)，这些植物茶除含有营养成分外，大部分都具有一定的药理功能②。

四、结语

蒙古族的远祖起源于蒙古高原的原始森林，他们在这片土地上繁衍后代，发展壮大后又走出森林，开始在草原上游牧。尽管如此，在其传统文化当中仍渗透着有关树木、森林崇拜及禁忌的原始文化气息。有关树木的崇拜及习俗方面他们仍然保留了自己业已形成的传统，这表现在对森林和树木的崇拜上。除此之外，还表现在对祭祀用的树枝、神杆和木器的崇拜以及相关禁忌上。对某棵树木或树杆的崇拜取代了森林崇拜，如神树、祖先(图腾)树和神杆等，甚至有很多的已被物化，把树木崇拜的信念转移到了木制器具上，把那些器具加以神化。生活环境的变迁并没有造成他们对树木崇拜的消失，而是变得更加丰富，呈现出多层性。森林是他们最初的栖息地，这里不仅仅供给他们物质财富，也赋予他们精神财富。

①哈斯巴根. 蒙古族传统茶用植物的初步调查研究[J]. 云南植物研究，1990(01)：43-48.

②哈斯巴根. 蒙古族民间茶用植物[J]. 植物杂志，1989(2)：22-23.

陕西省森林文化建设的思考

樊宝敏　张德成　谢和生

文化是民族的血脉和精神家园。在漫长的生产劳动和社会实践中，人类不断地认识、保护和利用森林资源，形成了与之相关的一系列思想与智慧的结晶，由此构成了森林文化，极大地丰富了中华文化的博大内容。在建设美丽中国、实现生态文明社会的过程中，加强森林文化建设具有重要意义。

陕西位居华夏之中，秦岭山脉横贯东西，纵跨黄河、长江两大水系，是“新欧亚大陆桥”亚洲段的中心，也是由中原地区进入中国大西北的门户，具有承东启西、联接南北的区位便利。国土总面积20.56万km^2，总人口3 740多万，辖11个市（区）、107个县。近年来，陕西经济社会快速发展，林业建设成效显著。尤其是陕西省林业厅高瞻远瞩、审时度势，加大了对森林文化建设的重视力度，不仅取得了引人瞩目的成绩，也昭示出未来森林文化在三秦大地蓬勃发展的巨大活力和广阔前景。

一、发展现状

近年来，省林业厅高度重视森林文化建设，健全组织机构①，健全政策制度②，加大投入力度，创造性开展各项工作，陕西森林文化建设呈现出勃勃生机。主要体现在以下几个方面。

（一）森林文化基础更加坚实

森林资源是森林文化的物质基础和生命载体。陕西持续开展植树造林，不断加强资源管护，稳步推进林业改革，大力发展林业产业，林业建设取得了显著成

①2013年3月28日，陕西省森林文化协会成立大会在西安召开。会议通过了森林文化协会章程（草案）、选举办法和会费收取标准及管理办法（草案），选举产生第一届理事会、常务理事会成员和领导机构。

②陕西省林业厅2012年9月下发《加强森林文化建设的意见》。

效。据全国第八次全国森林资源清查表明，陕西林地面积约为0.12亿hm^2、森林面积约为0.08亿hm^2、森林覆盖率41.42%、活立木蓄积量4.24亿m^2，森林面积列全国第10位，森林覆盖率和活立木总蓄积列全国第11位。森林面积、森林覆盖率、活立木蓄积比上一次清查结果分别增加了1 300万亩、4.16个百分点和6 300万m^2，特别是通过“十五”“十一五”的持续治理，陕西绿色版图向北推进400多km^2，生态状况实现了由“整体恶化、局部好转”向“总体好转、局部良性循环”的历史性转变，绿色成为三秦大地的主色调。据中国林科院测算，陕西省森林生态服务功能价值每年超过2 680亿元，排在全国第14位。

（二）森林文化氛围日益浓厚

陕西省林业厅围绕林业中心工作，扎实开展森林文化宣传，为陕西生态建设营造了良好的社会舆论氛围。五年来，举办了“秦岭四宝”入住世园会现场直播、朱鹮野化放飞现场直播、穿越秦岭、首届全国绿色生态动漫大赛、陕西飞机播种造林实地采访等10多项大型宣传活动，每年全国有50多家省级以上媒体积极参与陕西省林业宣传，并在关键时段和重要版面，密集报道陕西省林业工作，播发稿件3 000多条，其中在人民日报、经济日报、中央电视台、陕西日报、陕西电视台等媒体的头版和新闻联播平均每年刊发重要报道200多篇（条），例如，在陕西新闻联播每年发稿50条以上，平均1周1条，居省级各部门前3位；在中央电视台发稿10条，其中两年争取专线直播1个多小时，在人民日报、经济日报、新华每日电讯等媒体每年在头版都要刊发陕西林业的稿件。这些报道密集的宣传了陕西林业建设取得的新成就、新经验、新典型，把森林文化的理念渗透到了社会的方方面面，既为陕西林业建设营造了良好的社会舆论氛围，也增强了公民参与生态建设意识。去年，以华商报为主，多家媒体参与，全社会共同投票举办的，有着“陕西经济第一榜”美誉的陕西推动力总评榜，将“陕西绿色版图不断扩大山水越发秀美”被评为2011陕西社会发展七大推动力之一。

（三）森林文化创建成果丰硕

在陕西范围内积极开展了国家森林城市、生态文明教育基地、森林文化村、绿化模范市（县）和模范单位的创建活动，创建活动覆盖了城市、县城、乡村和机关单位。目前，宝鸡市已成功创建国家森林城市，延安市申报并启动了创建工作，安康、西安、渭南、咸阳等市也在积极筹备。定边县石光银英雄庄园荣获首批国家级生态文明教育基地称号，牛背梁国家级自然保护区管理局、延安劳山国家森林公园、陕西省自然博物馆、西安亚森生态旅游有限公司等六家单位成功创建省级生态文明教育基地。省林业厅、洛南县林业局被关注森林组委会授予关注森林组织奖，先后有10多名同志分别获得了森林奖、关注森林新闻奖和文化艺术等奖项。“十一五”期间，陕西有35个市、县（区）成功创建国家绿化模范城市、模范县和模范单位，108个市、县成功创建省级绿化模范城市、模范县和先进单位，771个村开展了以村庄、道路、河渠、家庭院落绿化为主要内容的“三化一片林”绿色家园创建活动，凤翔县城关镇六营村、岚皋县溢河乡宏大村被国家林业局授予全国森林文化村。4位民营企业家被中国光彩促进会、国家林业局授予全国光彩事业国土绿化贡献奖。通过开展各项森林文化的创建工作，全民爱绿、护绿、植绿的生态意识普遍增强，平均每年参加义务植树达1 000万人次、植树达到8 000多万株。

（四）森林文化产业规模扩大

按照“严格保护、科学规划、统一管理、合理利用、协调发展”原则，省林业厅充分利用丰富的森林资源，在林区建成森林公园77处，规划面积30.31万hm^2，累计接待游客1.52多亿人次，实现直接收入46亿多元、社会综合收入1 900亿元，森林公园数量、接待游客人数、经济收入位居全国前列；在城市森林公园建设中，宝鸡、咸阳、安康、汉中、商洛等市都充分利用绿化成果，注重营造森林文化氛围，建成了各种各样的森林文化基础设施，为市民提供了休闲健身、享受绿色的好场所。陕西林业系统自然保护区数量达到47个，其中国家级自然保护区15个，自然保护区总面积约106.1万hm^2，占陕西国土总面积的比例由“十五”末的4.50%提高到了5.16%，佛坪、长青两个保护区被列为全国示范保护区。各个自然保护区也积极开发森林文化产业，佛坪、太白山、周至、牛背梁、长青国家级自然保护区都建立了生态文明教育展室，华阳古镇、秦楚古道等生态旅游区相继建成，省自然博物馆年接待参观人数达到10万人次。尝试开展了古树名木扩繁保护工作①。

（五）森林文化产品不断丰富

近年来，省林业厅多方筹措资金，不断加大对森林文化产品的创作力度，策划制作了《大秦岭》《陕北启示录》《舞动陕西》三部大型纪录片，并在中央电视台、陕西电视台隆重播出，还出版了《陕西古树名木》《陕西古树神韵》《陕西大熊》《陕西鸟类图鉴》等高质量画册。邀请著名作家在林区采风创作，出版了《老县城》

①2012年10月30日，陕西省在黄陵县举行“陕西古树名木扩繁保护工程启动暨黄帝手植柏繁殖材料采集庆典仪式”。

《青木川》《秦岭无闲草》《绿色奏鸣曲》等文学作品。编辑出版发行《陕西林业》《秦岭》等林业杂志，基层林业单位还创办了《牛背梁》《长青》《太白山》《绿色风采》等刊物。配合国家林业局完成了《森林之歌》《大漠长河》等电视片在陕西的摄制工作，承办了"首届全国绿色生态动漫大赛"，征集到980件作品，评选出了5大项38件反应林业建设、引导人们崇尚自然的的好作品，并隆重举办了颁奖典礼。2012年，省林业厅与省教育厅联合，出版了中小学生《生态文明教育读本》，让生态文明教育走进了课堂。11月份，举办了陕西生态文明建设研讨会，在全国引起良好反响。

每年积极开展书画、摄影、征文比赛活动，陕西林业系统1万多名林业职工积极参加。组织举办了陕西林业系统秦腔比赛、迎新年戏曲晚会、慰问林区职工文艺节目巡演、《大秦岭》首播文艺晚会等各类森林文化演出活动，宣传林业建设成效，活跃职工文化生活。开展"森林旅游宣传月""森林防火宣传月""爱鸟周""紫荆花节"等宣传活动，将林业政策、生态知识编排成通俗易懂的文艺节目进行演出，在寓教于乐中广泛传播森林文化理念。

二、突出问题

近年来，陕西省森林文化建设取得较快发展。但是，森林文化建设的任务还十分艰巨，还面临着不少困难和问题。这些问题，都需要省林业厅在今后的工作中逐步加以解决。

（一）队伍素质有待提高

归根结底，生态文明是人的文明，森林文化是人的文化。森林文化建设作为建设生态文明的重要举措，首要任务是人自身的建设。近年来，陕西省林业部门人员队伍素质得到明显提高，但是从发展的眼光看，与生态文明建设的时代要求、与森林文化建设的崇高任务还有较大的差距。在森林文化建设中需要各类高素质创新型人才。因此，今后必须加强处理森林与人类关系的理论和业务学习，在实践中提高综合素质和服务能力，通过机制创新吸引和利用天下人才资源，努力形成一支与时代要求相适应的组织、专业队伍。

（二）工作经费比较短缺

近年来，国家和陕西省加大了对陕西林业建设的投入，但是这些投入主要用于生态建设上，而用于森林文化建设的投入明显不足。陕西省确立了建设"生态美"

陕西的宏伟目标，提出要使三秦大地天更蓝、山更绿、水更清。森林文化建设是实现“生态美”的重要途径，也是建设现代林业的重要内容。为了把更多、更好的林业建设成果呈现给社会，满足人民群众日益增长的生态和文化需求，使“生态美”的建设内容更加丰富多彩，就必须不断地加大森林资源优化升级、基础设施完善、人员培训等投入力度。

（三）发展特色不够鲜明

陕西省在历史文化、自然地理、社会经济等方面都有许多当地特色。然而，在森林文化建设方面，由于时间短，以往重视不够等原因，在特色挖掘和塑造方面还不到位，在今后工作中急需研究解决。

（四）理论研究相对滞后

森林文化建设要求高、难度大、无止境，所以需要探索研究的东西很多。即使从全国层面来看，理论不成熟也是制约森林文化发展的重要问题。如何结合陕西实际，在实际工作各方面矛盾不断摸索和深入的过程中，形成一套相对完善的理论体系，指导实际工作，是陕西林业人面临的一项重要课题。

（五）社会效益尚需提升

随着社会的不断进步，人们对于优美生态环境的向往日益强烈，良好生态共建共享成为人们自觉行动。以陕西省安康市为例，年生态旅游游客人数由2004年100万人次增加到2011年的1 500万人次，表现出人民对森林公园和生态旅游景区的需求日益旺盛。然而在这方面，城乡居民生态休闲产品供需矛盾仍然突出。森林公园的数量、质量、服务水平都有待提高，森林文化的服务空间依然巨大，其社会功能亟待充分发挥。

三、建设思路

（一）总体设想

以邓小平理论和“三个代表”重要思想为指导，深入贯彻落实科学发展观，践行中国梦的总要求，认真贯彻省第十二次党代会精神，以“国土增绿、经济增强、人民增收、文化增荣”为总要求，以树立生态文明观念、增强森林文化素质、建设森林文化强省为总目标，以加强森林文化研究、产业发展、宣传教育、传承创新为主要内容，突出重点，精心研究，体现特色，务求实效，全面提升森林文化服务林业工作大局的能力和水平，为实现“关中大地园林化、陕北高原大绿化、陕南山地森林化”的陕西“生态美”宏伟目标提供有力的文化支撑。

（二）基本原则

以人为本，切合实际；

科学规划，分类指导；

百花齐放，体现特色；

示范引路，共建共享；

循序渐进，创造精品；

古为今用，传承创新；

形式多样，全民参与。

（三）战略目标

在陕西省党委和政府的领导下，经过全省人民若干年的不懈努力和艰苦奋斗，到2030年，实现“森林强省，文化一流”的美好发展前景。

道德引领能力大幅提升。森林文化宣传力度不断加大，绿色创建活动蓬勃开展，生态文明核心价值体系建设深入推进，引导全社会牢固树立尊重自然、热爱自然、善待自然的生态价值观、生态道德观和生态消费观，行业文明素质显著提高，生态文明理念深入人心。

森林服务能力大幅提升。森林覆盖率由32.55%（2005年）提高到60%以上。森林厚度（蓄积量/土地面积）①由1.65 mm，提高到5 mm以上，森林美景更加靓丽。

文化惠民能力大幅提升。通过推进一批大型森林公园建设，高质量建成一批标志性重大园林文化设施，推出一批生态文明教育基地和示范基地，努力形成覆盖城乡、结构合理、功能健全、服务高效的森林文化网络，使城乡人民共享森林文化成果。

产业融合能力大幅提升。大力发展现代林业，延伸产业链条，促进功能融合，加快提质增效，深入挖掘文化内涵，高水平策划一批重大节庆活动，创作一批生态文艺精品，大力发展休闲观光、节庆会展等休闲林业，发展壮大森林文化创意产业。

对外传播能力大幅提升。坚持走出去，引进来，大力加强森林文化建设的国际国内合作，使陕西森林文化成为传播中华文明、弘扬民族文化的重要区域，弘扬生

①樊宝敏，李智勇. 衡量现代林业发展水平的新标尺：森林厚度. 林业资源管理，2009（2）：1–5.

态文明、促进绿色增长的重要载体，创作文化精品、满足人民需求的重要阵地。

四、对策措施

（一）以教育培训为抓手，提升组织队伍素质

森林文化建设的一切工作都要由人来完成，因此提高人自身的文明素质和业务水平尤为关键。

加强森林文化组织建设，成立由厅主要领导牵头、有关处室和单位组成的全省森林文化建设领导小组，统一负责研究推进森林文化建设。结合新形势和新任务的实际需要，加快森林文化建设制度化进程，提高管理人员队伍素质。各市、县林业局要成立负责森林文化工作的专门机构，选调事业心强、责任心强、肯吃苦、能干事、干实事的干部从事这项工作。要从实际出发，将文化建设摆上重要日程，纳入工作全局，做到与其他工作同研究、同部署、同考评。结合“十二五”的发展，认真研究谋划本地区、本单位推进文化建设的工作思路和具体措施。

大力加强全行业各级从业人员特别是窗口服务单位的队伍建设，采取开设森林文化大讲堂、举办生态文明论坛、建立网络图书馆和建设森林艺术中心、森林书屋等多种形式，加强森林文化人才的培养，努力建设一支懂理论、明政策、会经营、善策划的高素质森林文化人才队伍。

充分发挥高等智力资源的独特优势，加强与国家和省属大专院校、科研院所的交流合作，建立专家顾问团和基础研究团队，努力形成一批支撑森林文化建设的首席专家和名家大师。加强民间文化人才培养选拔，重视发现和培养扎根基层的乡土文化能人、民间文化传承人，扶持各类文化人才和文化活动积极分子健康成长，鼓励他们充分发挥作用。

完善人才培养开发、评价发现、选拔任用、流动配置、激励保障机制，为优秀人才脱颖而出、施展才干创造有利制度环境。开展“森林文化艺术奖”评选活动，对做出突出贡献的人才给予表彰奖励。

（二）以森林美学为指导，增强森林景观魅力

森林美学是森林文化的核心理念。陕西在今后开展植树造林、森林经营、多功能利用过程中，一定要以森林美学理论为指导，围绕“美”字花心思、做文章、出实招，注重发挥森林的自然力，采取世界上先进的近自然、多功能、健康经营原理和技术，融入文化元素，使森林景观更加优美，文化内涵更加丰富，为人类提供更

全面的服务。

应用园林美学，提升“关中大地园林化”进程。加大森林公园建设力度。重点建设城区和城市周边交通区位条件较好的森林公园。以现有森林公园为试点，加大对森林公园生态文化基础设施建设投入，有效保护森林风景资源，提高森林公园的游客接待服务能力。规划新建设若干森林公园，逐步增加森林公园总数和面积。大力推进关中平原地区森林景观建设。按照“环、带、楔、廊”的空间布局，以大面积森林为基底、大型生态廊道为骨架、楔形绿地为支撑、健康绿道为网络，整体构建点线面、带网片、林园水相结合，大规模、多功能、有特色的森林生态系统，形成林海绵延、绿道纵横、公园镶嵌的森林景观。

运用生态美学，推进“陕北高原大绿化”进程。保护现有森林资源，传承历史上“树榆为塞”的传统，推广当代延安人民造林绿化的成功经验，巩固退耕还林成果，继续向北推进陕西绿色版图，直至全面绿化覆盖，努力将陕北黄土高原建成秀丽的生态景观带。根据功能差异，在生态景观带中分区，各区再由不同的主题园组成，以廊道连接起来。在景观带带来大量人流的基础上，开展休闲旅游配套经济发展带建设，带动旅游业的发展。构成“带、区、园”相结合的景观格局，实现绿色经济、循环经济发展格局。

应用森林美学，优化“陕南山地森林化”进程。大力加强森林健康经营，提高林分质量和景观水平，丰富生物多样性，着力构建彩叶景观林体系，显著提升森林的碳汇功能和观赏价值，丰富文化内涵，使陕南成为森林旅游发展区、森林文化展示区。

（三）以传承弘扬为重点，凸显三秦文化神韵

陕西是中华文化的重要起源地，这里有丰富而深厚的文化遗存，是中华民族不可多得的精神财富。这是陕西的优势所在、特色所在、希望所在。陕西森林文化建设不能离开、忘掉这种优势，而应该千方百计地挖掘、借助这种优势，使历史与现代齐飞、生态与人文共舞。神奇和魅力正是在这种天人相映、古今对话、中西会通、阴阳衬托之中方能熠熠生辉。

重视周秦汉唐生态文化的保护传承。周文王的灵囿、秦汉的上林苑、唐王维的辋川别墅、长安的曲江等等，都是陕西所独有的园林文化。周、秦、汉、唐四个时期的森林文化建设，将来要作规划，要有明确的分区。在各个区要有详细的文化介绍和展示。这都是国内外游客所感兴趣的。

古树名木文化保护传承。陕西省共有古树名木60万余株，占全国古树名木总

量的21%，其中4万余株重点古树名木列入保护名录。通过繁育古树名木的二代、三代，挖掘、保存和繁育古树名木优良遗传资源，让古树名木成为陕西历史文化标识，实现传统文明与现代科技融合，为国之瑰宝和民族文化传承赋予新的活力。

司马迁故居的森林文化应该加强建设。司马迁的影响，甚至比古代一些帝王还要高。在重视文化建设的今天，加强司马迁故里的植树、公园文化建设，对于教育后人具有深远意义。

其他如，秦岭森林文化、汉中文化、陕北红色文化、黄河湿地文化、渭河文化、汉江流域文化等，都可以与森林文化融合建设。

（四）以园区带动为方略，壮大森林文化产业

实施文化园区带动战略。积极推进以森林公园为主的森林文化产业发展，整合资源、打造品牌，建设精品森林文化旅游景区。吸引社会资本大力发展园林设计、园林展演、生态影视、网络动漫等森林文化创意产业，努力建设一批以园林文化创意为主、其他森林文化融于其中的产业示范园区。依托林业产业资源，延伸产业链条，丰富产业文化内涵，拓展文化功能。发展森林旅游文化品牌，打造一批以森林、湿地、城市绿地为主体的森林文化旅游黄金线路和精品品牌。加快秦岭国家植物园建设步伐，早日建成全国一流的植物园，形成陕西省森林文化产业新的增长点。到“十二五”末再新建森林公园10处，森林旅游收入达到60亿元，以森林旅游为主的森林文化产业直接吸纳农民就业达到15万人。

创建森林文化休闲旅游园区。按照森林城市建设理念，每个大中城市新建1个面积不少于66.7 hm^2的城市森林文化主题公园，让全社会共享林业建设成果。在城市环线绿化带、郊区森林绿地等适宜的地方，要改善林分树种结构，不断补植珍贵树种。在道路两侧的树木，要挂标示牌，说明树种的名称和主要特性，完善解说系统，使人们在自由出入、轻松郊游的同时受到森林文化的熏陶。对于以农家乐的形式开发的近郊生态休闲服务项目，要采取各种扶持政策，完善乡村森林文化基础设施，让游客从中感受到大自然的乐趣，学习森林文化知识，同时促进林农增收致富。

构建产业化的森林文化。坚持保护优先，从各地实际出发，充分利用独特的森林文化资源和丰厚的地域文化底蕴，依靠各种现代技术和手段，创新产业运营模式，突出森林文化特色、功能定位和产业布局，大力发展与山水文化、树文化、茶文化、花文化、竹文化、药文化、野生动物文化、木制品文化等紧密联系的产业，实现森林文化产业化。以国有苗圃为依托，重点在汉中、安康、西安咸阳等地，建设观赏苗木花卉生产基地，在杨凌建设盆景、花卉研发中心，力争到2015年使此项产业的总产值达到30亿元以上。

扶持培育重点企业。探索建立以政府扶持为导向、社会投入为主体、园区自我积累发展为基础的多元化市场投入机制，整合资源，鼓励资产重组和强强联合，积极培育一批大型森林文化骨干企业，引领和促进生态建设。

（五）以深化研究为路径，丰富文化产品创作

针对不同内容，有计划、分阶段地开展森林文化研究，从研究中取其精华，古为今用、推陈出新。发挥陕西森林文化协会及下设各专业委员会的作用，开展理论和专题研究，为陕西森林文化建设提供科研储备和精神成果。深化对陕西森林文化理论、林业特色产品、名人、文学艺术、森林美食、园林、森林旅游、珍稀动植物及古树名木保护、茶叶文化、木本油料研发、花卉文化、木器文化等方面研究。加强森林文化国际国内交流。

开展文化资源普查和相关典籍整理。由各级林业主管部门牵头，以县域为单位，制定方案，组织有关专家，成立课题组，对全省森林文化资源进行全面摸底普查，建立档案，为森林文化建设提供科学详实依据。传统森林文化大多包含在儒家、道家等典籍和璀璨的文学作品之中，要加强森林文化典籍整理、解读和出版工作，并努力推进森林文化典籍资源实现数字化。

选准创作主题，精心组织策划，突出时代强音，制作具有陕西特色的电视、文学等森林文化产品。通过举办林业建设成果展览、生态摄影比赛、书画展、生态笔会等活动，广泛征集筛选，采取市场运作的方式，出版一批高质量的、图文并茂的、具有林业特色的图书作品，提高社会公众对生态文化的关注度，让生态文化走近百姓融入生活，为推进生态文明建设积攒正能量。

（六）以愉悦身心为根本，拓展森林教育体验

本着增进健康、愉悦身心、寓教于乐的原则，集中力量打造全民森林健身线路和基地。陕西省应该积极申报国际或国内职业或业余自行车比赛，也可以举办省级全民自行车比赛和健身运动。以此为契机，运用超前思维，精心规划建设高规格、成体系的自行车森林景观大道和线路。同时，与此线路相联接，建设森林浴、森林健身基地。

建设森林文化教育实践基地，深入开展森林文化教育。面向中小学生，编辑出版一批森林文化科普书籍和视频，使森林文化知识进教材、进课堂、进户外、进头脑。面向全社会广大读者，编写知识性、趣味性、民族性和时代性强的森林文化科

普作品，不断强化森林文化对人们潜移默化的价值引导、行为熏陶作用。面向广大领导干部加强宣传生态美学、森林美学知识，树立正确的生态政绩观。

建设森林文化博物馆。坚持统筹规划，合理布局，建设精品，逐渐形成完善的全省森林文化博物馆体系。省、市林业部门要根据不同地域、不同森林文化特色，高起点、高水平、高科技，全力打造1处集中展示森林文化、林业建设成就的森林文化博物馆。各级林业部门可依托森林公园、自然保护区等资源，建设一批规模适当、独具特色的动植物标本馆、林业科技馆、森林文化馆等，完善经营机制，充分发挥其服务社会的文化效益。

多途径广泛传播森林文化。利用植树节、爱鸟周、竹文化节、花卉文化节、森林旅游文化节等，组织开展“陕西生态美建设”系列森林文化宣传教育和科学普及。利用报刊、电台、电影、电视、网络、手机等各种新闻和信息媒体，传播森林文化。推动各地象征性动植物的评选活动，开展优秀森林文化科普作品评选与表彰。森林文化宣传。组织以森林文化为题材的文艺演出、书画展览。有条件的森林公园要结合自身优势，将森林文化和影视文化元素充分结合起来，打造精品森林文化节目，促进森林旅游业发展。整合节会活动，筹备首届陕西省森林文化博览及旅游节。

（七）以争创品牌为导向，开展文明创建活动

以巩固好现有创建成果为基础，在全省继续深入开展创建国家森林城市、全国绿化模范城市和园林小城镇、花园式单位、绿色社区、绿色村庄等活动，使绿色发展成为各级政府的自觉行动。联合开展“生态文明教育基地”“生态文化示范企业”“生态文化村”创建活动，让森林文化进城镇、进乡村、进学校、进企业、进社区。开展营造劳模林、纪念林等活动，动员全社会参与林业建设，自觉履行植树义务，践行绿色理念，共建绿色家园。

在充分借鉴国际国内经验的基础上，积极创建森林体验基地、森林教育基地、森林艺术（音乐、表演、影视等）基地、森林审美基地、森林健身基地、森林疗养基地、森林养老基地、树木花卉专题文化园等森林文化新业态和新生长点。经过一段时间的尝试运营之后，研究出台针对上述基地建设的陕西省创建标准和管理办法。在实践探索中不断总结经验、渐进提高，为陕西生态美建设做贡献，引领全国森林文化发展新潮流。

本文参考了陕西省林业厅范民康总工程师《关于陕西省生态文化建设情况的汇报》（2012年5月26日）的部分观点和数据，谨致谢意。

银杏文化历史变迁述评

陈凤洁 樊宝敏

银杏作为中国特有的第四纪冰川时代孑遗树种，享有活化石、国宝、国树之美誉，银杏及其文化在当今中国林业经济和文化中占有重要地位。发展银杏、研究银杏、赞美银杏已经成为当代中国重要的文化现象。在这种背景下，探讨银杏文化的历史发展，了解其文化脉络和特征，对于繁荣银杏文化具有重要意义。关于银杏文化，赵仁东曾作过研究，他认为银杏文化是指银杏的沧桑历史、树种特征与精神寄托、象征相结合、交融而产生的特定的文化现象，包括银杏文学、艺术、美学、饮食、生态等内容[①]。银杏文化是人类在认识和利用银杏的过程中所形成的与银杏有关的意识形态、行为方式、产业发展和林木资源的总和。不同时期、不同地域人们对银杏的认识存在差异，因而会赋予银杏以不同的文化内涵。本文所探讨的正是中国历史上银杏文化产生、传承与发展的过程。目前关于银杏文化历史发展的研究，主要集中在对银杏的名称、栽培及传播历史的考察。有学者根据现有银杏古树的树龄，按照朝代先后做过简要论述，如认为“我国的银杏栽培，据史籍记载，始于秦汉，盛行于三国，扩展于唐，普及于宋”[②]。但很少有人对银杏文化进行详细的历史分期。本文运用历史学研究方法，立足前人研究成果，对银杏文化的历史分期、文化特征和未来走向进行了研究和评述。

一、商周至南北朝：神学的时代

南北朝之前，史料中对银杏缺乏明确的记载，银杏在这段时期的名称尚难确定。宋代梅尧臣曾经在《宣州杂诗二十首》中感慨道：“神农本草阙，夏禹贡书无。”郭沫若在《银杏》中说：“我在中国的经典中找不出你的名字，我没有读过中国的诗人咏赞过你的诗。我没有看见过中国的画家描写过你的画。”从目前的研究成果

①赵仁东. 银杏文化学[M]. 北京：中国文联出版社，2006.

②张清吉. 邳县银杏志[M]. 北京：海潮出版社，1989.

来看，由于在浙江天目山、湖北大洪山及神农架等偏僻山区发现有自然繁衍的古银杏群，研究者倾向于把这些地区作为银杏的中心发源地。但是没有人的参与，就没有银杏文化。从现有银杏古树树龄来推测，银杏栽培的历史始于商周之间，而银杏文化的开端至少可以追溯至商周时期。

从人类栽培银杏的历史来看，虽然留存下来的古老银杏树较少，且为零星分布，但是从各地古银杏树的树龄推测，商、周之间即有银杏栽植，以后历代银杏的栽植逐渐增多，范围也逐渐扩展。汉末三国时，银杏在长江流域一带已有大量栽植，黄河流域也有零星分布。西晋和南北朝时期黄河中下游地区银杏栽植的数量进一步增多①。直到今天，这些地区仍然是银杏的主产区。

学界一般认为，西汉司马相如《上林赋》中“沙棠栎槠，华枫枰栌”，以及晋代左思《吴都赋》“平仲桾櫏，松梓古度”中的“枰”“平仲”即指银杏②。是否确凿，有无其他名称，均尚待考证。

民俗学以及考古学的发展，给银杏文化历史的研究提供了新的资料。人类有森林和树木崇拜的传统，例如欧洲有五朔节，日本有神木祭，中国也有祭祀社木、神木的传统。江苏北部、山东南部地区是盛行太阳崇拜的古代东夷的活动区域，由于银杏扇形的叶片形状，仿佛初升的太阳，故有学者认为山东莒县一带的社木可能是银杏树，自远古以来这一地区就流行银杏崇拜③。社木是人类古老自然崇拜的表现形式之一，目前山东莒县浮来山上古老银杏树的存在，以及鲁南苏北作为银杏栽植中心区之一也进一步认证了银杏在这些地区文化中的特殊地位。从考古资料来看，在苏北徐州和鲁南临沂、枣庄地区出土的汉代画像石中有一部分是表现植物的，这些植物中有相当部分为银杏。例如，《徐州汉画像石》一书收录的汉画像石中表现树木的22幅中，表现银杏的有16幅④。邳州汉画像有一幅以银杏树为题材，画面上刻有两株遥相对应的银杏树，树形酷似一片银杏树叶。画面的两棵树之间刻有4人，面部表情极为虔诚恭敬，似在拜树，画面的右端还刻有1只体态丰腴的瑞鸟和4只娇弱的小鸟。这种画面的设计可能与银杏树在汉代作为多子多福的吉祥树的寓意有关⑤。直到目前，中国的银杏崇拜仍然形式多样⑥。关于银杏文化的

①赵仁东. 银杏文化学[M]. 北京：中国文联出版社，2006.
②郭善基. 中国果树志·银杏卷[M]. 北京：中国林业出版社，1993.
③靳之林. 生命之树与中国民间民俗艺术[M]. 桂林：广西师范大学出版社，2002：12, 78, 170.
④陈永清. 从汉画像石刻看银杏树的历史意义和现实价值[J]. 农业考古，1997(1)：192-194.
⑤贾庆华. 邳州汉画像石概述[J]. 淮海工学院学报（社会科学版·人文纵横），2010, 8(3)：71-73.
⑥关传友. 论中国的银杏崇拜文化[J]. 农业考古，2007(1)：169-173, 280.

另一重要考古发现是，1960年4月在南京西善桥南朝墓室中出土了“竹林七贤与荣启期”砖刻壁画。据研究，这幅壁画创作于东晋中期或末期。画面中嵇康、阮籍、山涛、王戎、向秀、刘伶、阮咸、荣启期8人神态各异，席地而坐，各人之间以树木分隔，10株树中有5株银杏、2株垂柳、1株松树、1株槐树和1株阔叶树，这表明银杏与魏晋风度有一定关系。另外，一些魏晋南北朝时期的书画作品中也有银杏的形象，例如东晋顾恺之的《洛神赋图》，就是以银杏为主调进行取景构图的①。

这段时期银杏为产区的民众所认识、栽培与关注，他们逐渐认识到银杏的长寿、挺拔，以及它独特的叶形和雌雄异株的特性，开始崇拜银杏，将其作为精神的寄托。汉代出土的那些银杏形象的画像石，反映着人们对银杏的崇拜。詹姆斯·乔治·弗雷泽在其著作《金枝》中说，古代巫术建立在相似律和接触律两种思想基础上②。按照这个理论，银杏因其特性而被崇拜，古人希望通过在画像石中描绘银杏形象，能够将银杏的特性转移给人们，寄托着古人期望多子多福长寿富贵的渴望。魏晋时代书画作品中的银杏形象所表达的精神寓意还没有完全弄清楚，不过有一点可以肯定，这与魏晋玄学以及竹林七贤的人格精神有着一定的联系。值得注意的还有，古银杏多被种植在寺观庙宇，并且这个传统一直延续到后世，例如北京的古银杏大多与寺庙有着很密切的关系③。这种传统让我们有理由认为，银杏与中国传统文化尤其是宗教文化有着很深的渊源。但是，就目前的研究成果来看，我们对银杏文化与中国传统文化的关系的研究还远远不足。

二、隋唐到清前期：文学的时代

隋朝时间短暂，也很少有当时的诗文提到银杏，但是，隋朝时的银杏种植已经很多。宋代晁补之曾经写过3首诗描写龙兴寺隋朝栽植的银杏树（时称鸭脚树）。其中《陪关彦远曾彦和集龙兴寺咏隋时双鸭脚次关韵》全文是：“风起雷塘陵上尘，雨荒苔院两株春。楼台有迹皆余烬，草木无知尚见珍。博士独能名玉桊，使君还许寿灵椿。宣城此物常充贡，谁与连艘送万囷。”这是一次文士相聚时吟咏隋朝银杏树的生活写照，可惜只留下来这一首诗。

唐代，“银杏”一名开始出现，元稹《奉和浙西大夫李德裕述梦四十韵》有“借

①曹福亮. 银杏[M]. 北京：中国林业出版社，2007：3.

②詹姆斯·乔治·弗雷泽. 金枝：巫术与宗教之研究[M]. 徐育新等译. 北京：中国民间文艺出版社，1987.

③莫容，胡洪涛. 说说咱北京的银杏树[J]. 中国花卉园艺，2003(17)：46-47.

骑银杏叶，横赐锦垂萄”，是否与今日的银杏有关还不能完全确定。目前学者普遍认可唐朝时银杏名称为“平仲”。沈佺期《夜宿七盘岭》诗说“芳春平仲绿，清夜子规啼”中就提到“平仲”，因此他被认为是我国最早用诗歌歌颂银杏的诗人。

宋代，银杏成为贡品，始称“银杏”。宋代阮阅的《诗话总龟》载：“京师旧无鸭脚，驸马都尉李文和自南方来，植于私第，因而著子，自后稍稍蕃多，不复以南方为贵。”欧阳修也曾在《和圣俞李侯家鸭脚子》中说了类似的话，他写道：“鸭脚生江南，名实未相浮。绛囊因入贡，银杏贵中州。致远有余力，好奇自贤侯。因令江上根，结实夷门秋。始摘才三四，金奁献凝旒。公卿不及识，天子百金酬。”明代李时珍在《本草纲目·果部》说：“白果，鸭脚子。原生江南，叶似鸭掌，因名鸭脚。宋初始入贡，改呼银杏，因其形似小杏而核色白也。今名白果。”可以看出，到宋代银杏成了贡品，而且宣州地区似乎成为皇帝指定的供奉地区。此后银杏备受推崇，以京师为中心，逐渐为人们所广泛种植。

皇帝与贵族的喜爱，对银杏文化的发展有着重要的影响，在上行下效的过程中，文人墨客对其记载逐渐增多。文学家们赞誉银杏，赋予银杏以表达情谊的象征性意义。例如，北宋欧阳修《梅圣俞寄银杏》曾写道：“鹅毛赠千里，所重以其人。鸭脚虽百个，得之诚可珍。”梅尧臣《代书寄鸭脚子于都下亲友》中说：“后园有嘉果，远赠当鲤鱼。中虽闻尺素，加餐意何如。”《依韵酬永叔示予银杏》中也说：“去年我何有，鸭脚赠远人。人将比鹅毛，贵多不贵珍。”我国传统文化中，鹅毛有“礼轻情意重”的意义，鲤鱼也有传递信息、关心亲友的情谊[①]。在这些诗文互答中，银杏被当作鹅毛和鲤鱼，表达对亲朋好友的良好祝愿。南宋时，甚至出现文人集会做诗歌咏银杏的事情，银杏逐渐成为一种文学意象。南宋词人李清照赋予银杏更多的是爱情的意义，她的《瑞鹧鸪·双银杏》中有“风韵雍容未甚都，尊前甘橘可为奴。谁怜流落江湖上，玉骨冰肌未肯枯。谁叫并蒂连枝摘，醉后明皇倚太真。居士擘开真有意，要吟风味两家新”。词人托物言志，借物抒情，赋予银杏以人的品格，以双银杏自比和丈夫赵明诚，赋予了银杏以高尚的节操。上文提到的宋代晁补之三首所描写的龙兴寺隋朝栽植银杏树的情景，也显示出银杏一度成为文人集会共同歌颂的对象。

南宋王继先著《绍兴本草校注》，新添药中有“银杏”一条，说明至少在南宋，银杏已被列入药典，成为一味中药。原文为“世之果实。味苦、甘，平，无毒。唯

①汉代无名氏所作古诗《饮马长城窟行》其中有文曰：“客从远方来，遗我双鲤鱼。呼儿烹鲤鱼，中有尺素书。长跪读素书，书中竟何如。上言加餐食，下言长相忆。”或许从此鲤鱼成为问候书信的代言。

炒或煮食之，生食戟人。诸处皆产之，唯宜州形大者佳。七月八月采实暴干。以其色如银，形似小杏，故以名之。乃叶如鸭脚而又谓之鸭脚子。生采取皮上肉涂皯黑曾，世用颇验。详本草不载，今附果部”①。可见，在南宋时，银杏果成为民间的一种食品，这在当时的诗文中也有体现，银杏也成为与木瓜、枣、栗等同的珍馐果品。例如，陈师道《寄潭州张芸叟二首》中有“秋盘堆鸭脚，春味荐猫头”，冯时行《和食笋二首》中有“麠牙鸭脚色相鲜”，张镃《珍林》中有“李枣栗银杏，橙梨柿木瓜”，方回《送郑君举宣城教谕》中有“红花木瓜银杏园，年年包贡入中原”。对银杏作用的认识，提高了银杏的价值，农民也因其巨大的经济收益而大力引种。在南宋统治区内银杏得到普遍种植，尤其广西宜州的银杏品种最优。在挖掘出土的宋代商船中，发现有准备运往北方进行贸易的银杏，也验证了宋朝银杏的贸易情况。

元代李杲的《食物本草》中首次出现“白果”一名。当时银杏药用盛行，更因银杏结实落地，果肉烂没，只留种仁，色白如银而得名。至明朝白果之名大盛，被李时珍收入《本草纲目》。至今，我们大多都知道银杏俗称“白果”，而“鸭脚”一名反而不那么普遍了。

明清时期提到银杏的诗文也有很多，元末明初的刘基在《次韵和新罗严上人秋日见寄（二首）》中写道：“银杏子成边雁到，木犀花发野莺飞。”孙作《送人往宣城》中有“送客宣城郡，吟诗忆土风。雪肤银杏白，火口木瓜红”。吴宽《谢济之送银杏》中说：“错落朱提数百枚，洞庭秋色满盘堆。霜余乱摘连柑子，雪里同煨有芋魁。不用盛囊书复写，料非钻核意无猜。却愁佳惠终难继，乞与山中几树栽。”清朝乾隆皇帝曾经题诗赞颂北京西山大觉寺之“银杏王”，“古柯不计数人围，叶茂枝孙绿荫肥。世外沧桑阅如幻，开山大定记依稀”。

总之，这一时期，人们对银杏的认识和栽植的范围都比上一时期大大增加，人们对于银杏的美学价值、经济价值和药用价值有了更深的认识，银杏逐渐走进中国传统的医书药典、农书、谱录、方志②，有学者开始探讨其历史的渊

① 王继先，等撰. 绍兴本草校注 [M]. 尚志钧，校注. 北京：中医古籍出版社，2007.

② 南宋吴怿的《种艺必用》、陈景沂的《全芳备祖》、元代官方颁行的《农桑辑要》都有记载。明代戴羲著《养余月令》一书有“银杏有雌雄，雌者有二棱，雄者有三棱，须合种之（配植授粉树）”的记载。明代王象晋《群芳谱》称：“银杏，一名白果，一名鸭脚子，处处皆有，以宣城为盛。”《全州县志》《浙江通志》《杭州府志》《安陆县志》《郯城县志》《昆山县志》《长兴县志》《遵化县志》《邳州县志》《邳志补》等许多地方志都有关于银杏的记载。

源[①]。在文人笔下，银杏成为表达感情的载体和一种文学意象，并且内涵逐渐丰富。银杏成为文人之间馈赠的佳品，作为传递和表达友情、爱情等的媒介，甚至堪比鹅毛和鲤鱼。银杏主产区的人们，接触银杏比较多，与银杏有关的民风、民俗也日渐丰富，银杏被视为神树、树王。很多现存的古银杏树，根据年龄推测，大都栽植于这一时期，而关于银杏的很多传说也都可以追溯到这段时期，例如，《安陆银杏》中所收集的神话、传说、故事、俗语[②]，又如，《郯文化研究》讲到的很多与银杏有关的当地民俗[③]。在这些神话传说、民风民俗中，着重描述银杏的经济价值和医药价值，表达了人们对银杏的赞美和热爱。

三、近代以来：科学的时代

近代以来，人们对知识的渴求和对价值的开发，使得这段时期银杏得到人们更加深入的认识。清代后期，银杏种植更为普遍。光绪年间，鲁南及苏北之沂河、武河两岸，"出门无所见，满目白果园，屈指难尽数，何止株万千"（清代邳州庠生张敬葳"中秋既望观园"）。当年银杏收获后，"舟船填塞，帆桅错动，舶载特产，下而远售"[④]。昔时钱塘江上游各县银杏多汇集于杭州南星桥，用民船大宗运之，与北方胡桃仁相匹[⑤]。

民国时期开始出现专门介绍银杏的文章。1934年，周建人写过一篇文章《银杏树》，从卖白果的担子讲到了白果树，白果的名称和历史，以及关于野生白果是否存在的争论。还讲到了银杏的一些植物学特征，伴随着关于银杏"大年夜"后半夜开花的传说，颇为有趣。作者说自己爱白果树，白果树木材很好，而且叶子不生虫，作为"马路树"很适合。可以说，这是很有先见之明的，现在很多校园都栽植银杏树，北京一些道路的"马路树"也的确变成了银杏。辽宁丹东市以银杏树作为行道树则从20世纪30年代就开始了。1935年，曾勉发表研究论文《浙江诸暨之银杏》，根据银杏的种实与种核特征，将银杏划分为佛手、梅核和马铃3大类，

①例如，从宋代的梅尧臣就开始了，他考察后在《宣州杂诗二十首》中得出的结论是"神农本草阙，夏禹贡书无"。欧阳修的《和圣俞李侯家鸭脚子》也说"物性久难在，人情逐时流。惟当记甚始，后世知来由"，就是为了让人们了解银杏栽植的由来，算是一段简史。明代李时珍在《本草纲目》中也进行了一些相关阐述。

②陈有金. 安陆银杏[M]. 北京：中国林业出版社，2009：11.

③杨玉金. 山东省历史学会郯文化专业委员会. 郯文化研究[M]. 济南：山东海天国际文化传播有限公司，2002：12.

④庄思缄纂. 邳志补[M]. 台北：成文出版社，1975.

⑤赵仁东. 银杏文化学[M]. 北京：中国文联出版社，2006.

并描述、记载了10个品种。这是我国首次对银杏的分类和品种资源进行科学的研究[①②]。郭沫若于1942年写下《银杏》一文，其中对于银杏的赞美更是随处可见，作者以“银杏，我思念你”开头，全篇几乎都是对银杏的赞美，而这句“你是真应该称为中国的国树呀，我是喜欢你，我特别的喜欢你”更是不同凡响。现在很多有识之士不是正在为让银杏变成我国的国树而努力吗？

新中国成立后，银杏文化从科学研究的角度不断深化和繁荣，科研论文和学术专著大量涌现。代表性的银杏著作有1988年何凤仁撰著的《银杏的栽培》，1993年郭善基主编的《中国果树志·银杏卷》，2002年曹福亮编撰的《中国银杏》和2007年出版的《中国银杏志》，以及2006年赵仁东编著的《银杏文化学》等。1991年9月，全国首次银杏学术研讨会暨中国银杏协会筹备会在湖北省安陆市召开。1992年12月，中国林学会经济林分会批准成立银杏学组。1993年11月，银杏学组更名为中国林学会经济林分会银杏研究会（简称中国银杏研究会）。2005年9月22日，中国林学会银杏分会被批准成立。1991年以来，已连续组织了19次全国银杏学术研讨会，每次会议的论文都结集出版，极大地推进了银杏研究。截至2005年底，仅历次全国银杏学术研讨会论文集即收录论文达850余篇。近20年来，我国各地公开出版的关于银杏的出版物多达百部，而且有关银杏的学术著作呈现出越来越多的趋势。

有关银杏的文学艺术作品也大量涌现，艺术家们创作了大量的优秀歌曲和剧目歌颂银杏风采，讴歌银杏精神。江苏省“文化工作先进市”泰兴市创作了大量吟咏银杏的音乐作品，其中《银杏之歌》以其优美的旋律，引起人们的共鸣。温州市乐清中学一位教师怀着对银杏和母校的浓浓情意，精心创作了组歌《银杏情》，制成录音带和光盘，其主打歌《银杏》（独唱）和《江海鹏飞银杏情》（合唱），就是以银杏精神和乐清中学精神为象征创作的。河南优秀戏曲节目《银杏情》连续演出近百场次，深受群众喜爱，被国家新闻出版总署列入全国迎接党的十六大重点音像电子出版选题目录。2005年，上海市艺术家协会与上海市群众艺术馆报送的沪剧小戏《银杏树下》，在中国滨州博兴（国际）小戏艺术节中获得一致赞誉。山东省高密市文化工作者魏修良、施立记等创作的歌舞小品《千里姻缘银杏牵》，被选为庆祝建国50周年大型演出节目[③]。其他的有关银杏的文艺作品还有很多，不再

① 曾勉. 浙江诸暨之银杏[J]. 园艺，1935，1(5)：157-165.

② 曹福亮. 中国银杏志[M]. 北京：中国林业出版社，2007：6.

③ 赵仁东. 银杏文化学[M]. 北京：中国文联出版社，2006.

一一详述。

随着中国改革开放的步伐，商品经济迅速发展，银杏有了广泛的市场，银杏逐渐发展成为一大林业产业，成为我国部分地区林业经济重要树种。近年来，江苏泰兴市的银杏果叶的深加工、开发利用渐入佳境，在食用、药用、美容价值开发上取得全面突破，目前，泰兴市已有银杏果、叶加工企业12家，生产银杏汁、银杏晶、银杏茶、银杏胶囊、银杏饼干等系列产品20多个品种，年加工产值达3亿多元。

政府和社会各界对银杏事业越来越重视，在国树、省树、市树评选中，银杏也成为佼佼者。2005年9月，中国林学会公布，在国树网上推选活动中，全民对银杏、水杉、珙桐、杜仲、国槐、侧柏、樟树7个国树候选树种的投票结果显示，此次国树评选活动共收到信函与网络投票179万张，其中银杏得票177万张，占总票数的98.91%，其他树种共得票19 575张，占1.09%，有近99%的选民主张选择银杏为中国国树。2007年江苏省第十届人大常委会确定银杏树为“省树”。很多城市把银杏作为市树，如成都市、连云港市、丹东市、锦州市、徐州市、湖州市、扬州市、泰州市、莱州市、临沂市、达州市。银杏也被誉为摇钱树、养老树、公益树、友谊树、纪念树、传承树等，在全国范围内逐渐掀起栽种银杏树的热潮。

当代，银杏文化在物质和科技层面逐渐得到最为深入的发展，但是，相比较而言，银杏文化的精神、行为和制度方面的研究却不尽如人意。幸运的是，很多有识之士已经认识到研究和发展综合全面的银杏文化的重要性，很多关于银杏文化的研究也就随之展开并且逐渐深入，更重要的是逐渐赋予了银杏在新时代的精神文化价值①。

四、未来银杏文化展望：和谐的时代

我们看到了各个时代银杏文化的不同特点，可以说银杏有一个逐渐被人们认识的过程，相应的银杏文化也有一个逐渐发展的过程。银杏文化在不同时期各具特色，从南北朝之前的神学时代，到隋唐至清前期的文学时代，再发展到近代以来的科学时代。展望未来，银杏文化必将进入繁荣、和谐发展的新时代。

第一，随着银杏产业的推广和提高，未来银杏文化将更加繁荣。历史上，银杏分布和种植地区相对比较狭窄。直到今天，银杏成片大规模种植的地区总体上仍然比较少，主要有江苏泰兴、邳州，山东郯城，浙江长兴、诸暨，湖北安陆、巴东，

①邵刚．银杏的文化意蕴及其在城市绿化中的应用[J]．中国城市林业，2010，8（1）：60-62；杨光．银杏树的文化和推广价值[J]．首都医药，2001，8（10）：65．

河南新县、嵩县，安徽金寨、宣州，广西灵川、兴安等地。人民群众是历史的主人，也是文化的主人。只有银杏更多地为大众所利用、所观赏，它的文化意义才能更多地为人们所发掘和创新，这一点可以在邳州银杏文化中得到深刻的印证。邳州种植银杏的历史悠久，至今仍有很多古银杏树存留。据张清吉考证，邳州银杏的种植可以追溯至南北朝时期。官竹寺（原名广福寺）遗址古银杏树可以追溯至北朝元魏正光年间（520—524）。此后历代所植银杏树比比皆是，邳州人民也从银杏中获益匪浅。相应地，邳州地区银杏文化相当丰富，不但有成片的银杏树林（包括古银杏树林，如港上银杏姊妹园）、传说故事（如凤凰化银杏的凤鸣朝阳）、文化习俗，还有大量有关银杏的古典文化（包括《邳志补》、出土的银杏形象画像石）。这可以说是一个以银杏产业促生态，以生态促文化，以文化促生态经济的良性循环。所以，未来银杏文化将与银杏产业一荣俱荣，相得益彰。立足现在，我们首要的任务就是要让银杏更广泛更深入地为人们所认识和喜爱，深刻挖掘银杏文化的各个层面。

第二，从学术研究角度看，未来银杏文化具有很大的挖掘和拓展空间。由于我们对银杏的历史没有完全搞清楚，甚至对宋代以前银杏的名称都还没有彻底搞清楚，加之历史上对银杏经济学、生物学、医药、生态、美学等各方面的认识、开发和利用有一个逐步发展的过程，导致银杏文化的传承会有断层。在古代，人们对银杏的认识相对粗浅。古银杏多生长在寺观庙宇，我们有理由认为它与中国寺庙文化有着很深的渊源。然而受条件的限制，目前对银杏文化与中国传统文化方方面面关系的研究还远远不足。随着科技的进步，将会对银杏科技及其文化做更深入的研究，银杏各方面价值将得到更大规模的认识和应用。

第三，未来银杏文化将具有强大的影响力和生命力，但是需要科学引导。就现有研究成果来看，银杏文化至少出现过两次高潮：一次是宋代，银杏子成为贡品，银杏树成为广泛的情感介质；另一次是近年的国树、省树、市树的评选活动及科研。因为拥有高大挺拔的树干、优美的姿态、特殊的扇形叶片、黄叶舞秋风的意境、满身是宝的经济价值、顽强的生命力、长寿的生态特征、广泛的分布范围、强大的适应性、累累的硕果、独立的精神……所以一旦银杏走上前台，走进人们的视野中，它就会召唤起人们对它的普遍关注和赞扬。近年来，银杏栽植在全国已经比较普遍了，甚至发展成为一种潮流，但是也引发了一些问题，是否只是多栽几棵银杏就是银杏文化的发展？加强生态文化建设，呼唤综合全面的银杏文化，成为时代的需要。研究银杏文化的发展历史，探讨银杏文化的精神内核和未来走向，对于今天银杏精神乃至银杏文化的挖掘与建设，有着非常重要的意义。

一个时代有一个时代的需求、使命和局限，通过以上对银杏文化历史的考察，我们看到银杏文化是不断深化扩展的，各个时代对银杏文化的发展也各有侧重。银杏文化并不是凭空而来的，是建立在全面深入的科学认识和强大的银杏经济产业的基础上的，并且与时代的思想潮流相一致。将银杏文化与我国的时代需求和民族特色相融合，才能使银杏文化有根基有个性，才能使银杏文化不沦落为孤鸿哀鸣，才能使银杏文化长盛不衰。虽然目前银杏文化具有强大的生命力，但是对银杏以及银杏文化的推广和研究还远远不足，尤其当代对银杏文化精神内涵的强烈呼唤，使得银杏精神建设迫在眉睫。整体看来，银杏文化逐渐向生态、经济、社会、伦理、美学、艺术等全面的综合文化方向发展。所以，发展银杏文化，我们应该继承历史，进一步发展银杏文化的各个层面，使其协调发展；面对现实，我们将进一步挖掘新时代的银杏文化，将其与我国目前的时代精神相融合；开创未来，我们将秉承可持续的科学发展理念，打造一个开放的有弹性的银杏文化体系。未来的银杏文化也将进入人与自然、科技与人文和谐发展的新时代。

［原文载《北京林业大学学报》（社会科学版），2012年第2期］

银杏古树更新复壮技术探索

郭善基　樊宝敏　张太岩　黄迎山

古树，是指在自然界中那些历经沧桑岁月至今仍存活于世的古老树木。一般来说，这些古树的树龄应在百年、数百年，甚至千年以上。其中个别古树因形态特异、或遗存有民间传说、或具科学研究价值以及含有纪念意义的古树，更称之谓“古树名木”。古树之所以受人敬爱，在于它是树木中的老寿星、植物界的活化石、地方文明发展历史的活见证和生态环境中不可再生的生物资源。所以古树的树龄越大，文物价值也就越高，树木文化研究日益引起学术界的高度关注[①]。但值得注意的是，随着古树年龄的增长，其生理活性特别是适应性能和抗逆性能却在不断减退，当生存环境稍有变化，或遭遇意想不到的自然灾害以及人为损伤时，都会引起古树的不良反应，如果问题严重则呈现濒危状态。因此，对于古树除加强日常管护防患于未然外，万一出现濒危状态应采取何种技术措施，才能有效抢救古树生命，并在较短时间内恢复古树的正常生长发育，是多年来林业、园林、植物学各专业领域急待解决的一个重大课题。2005年，我们探讨性地采用对古树的多点靠接法救活了山东省莱芜市寨里镇的一株千年银杏[②]；2006年，救活了山东省章丘市白云湖区的一株千年古槐[③]；2008年，救活了北京国家体育总局训练局院内的两株银杏移植大树；2013年，再次救活了泰安市岱庙内编号为A0058号的银杏濒危古树。为有利于积极开展古树保护工作，现将岱庙内银杏濒危古树的抢救过程、技术要点和复壮效果简介如下。

一、濒危古树概况

编号为A0058号的银杏濒危古树座落于山东省泰安市岱庙天贶殿东侧的平

①冯广平，等. 北京皇家园林树木文化图考[M]. 北京：科学出版社，2012.

②郭善基，等. 抢救濒危古老银杏大树的经验总结[J]. 山东园林，2005(4)：36-37.

③郭善基，等. 严重受伤的千年古槐是如何迅速恢复原貌的[J]. 山东园林，2007(1)：44-45.

地之中，树龄不详，但与天贶殿北面的两株银杏古树并称为岱庙三大银杏。经测定，该树全高约22 m，胸径1.27 m（胸围4.0 m），干高6.1 m，树干通直，冠幅近10 × 10 m^2，冠顶多处枝条枯萎死亡。树干基部周长6.0 m，干周凹凸不平，干基北面留有早年伤疤一处。该树为雌性植株，年年结果，系“小龙眼”品种。该树树体周围没有青石护栏，栏内面积仅约2 × 2 m，土壤常年裸露，基本无肥水管理，护栏之外全为大方砖铺地。该树近年来生长发育逐年衰弱，到2011年8月下旬，曾在树冠的西北和正南方向上有两大主枝出现叶片提前（8月下旬）变黄的问题，并有部分叶片呈现水晕花斑。至2012年情况更趋严重，不仅全树所有叶片提前变黄，且异乎寻常地超量结果，但所结种实不仅种粒极小（重不足1 g，径不足0.8 cm）且均无胚芽，所有小果均紧贴枝上。由于种粒不大，又夹混于黄叶之中，直至深冬季节果粒与黄叶依然留存于树冠之上，形成罕见的奇异景观。经一个冬天，直到2013年3月7日叶和果依然未落（图1）。

图1　泰安岱庙A0058号银杏濒危古树
（2013年3月7日叶果依然未落的情况，郭善基摄影）

二、濒危主因分析

由于何种原因造成A0058号的银杏古树处于濒危状态，是采取救治措施之前首先要弄清的一个问题。从该树的地上部分看，树干虽有极少部分皮层出现轻度损伤，而大部树皮完好，输导组织基本没有问题，近年来也未发生过严重的病虫或其它自然灾害，但其树冠的梢部枝条却不断枯萎并呈向下蔓延的趋势，而且个别主枝叶片提前变黄，更为严重的是出现了超量地结出不正常种实，已呈现生命垂危预兆。种种迹象表明，古树问题已十分严重，且关键问题不在地上躯干而在地下根系。又经访问得知，在历次岱庙的建筑修缮中，有相当数量的建筑垃圾埋于地下，这些垃圾极有可能改变着地下的土壤环境状况。目前虽有方砖铺地，但因常年游人众多，砖下土壤的透气性能必然也差。因此，反复的讨论和分析后认为，岱庙A0058号银杏濒危古树的救治应着重于从改变根系的生长发育入手，采取器官更新的措施，可能是解决古树客观实际问题的有效途径。

三、抢救技术措施

抢救方案确定之后又经一段时间的酝酿和人员、材料的准备，对岱庙A0058号银杏濒危古树进行了复壮技术处理。其主要技术要点为：

①由于银杏古树的根系较浅，为有利于嫁接苗的根系保护，提前于古树护栏内添加了约25 cm厚的优质土壤。

②嫁接时间为2013年4月12日（农历三月初三日）上午，天气晴朗，正值春暖花开。

③为求嫁接后不影响古树美观，确定嫁接部位于古树树干基部，培土之后的高度10 cm左右处。

④嫁接材料。选用三年生银杏盆栽壮苗，且苗干具有一定弯度、根系发育良好的植株。为使古树取得充分的水肥供应，保证快速复壮，本次共沿古树基部共靠接15株壮苗，株距约20 cm。

⑤嫁接技术。采用镶嵌式多点靠接法。此方法的优点是借助银杏幼苗的强愈合能力，缩短接口的愈合时间。由于树干基部凹凸不平，嫁接选择生长势强的凸出部位。先刮除外层老皮，露出鲜活形成层，用电手锯挖槽，然后将盆栽银杏壮苗先打碎瓦盆立即埋入土中，并快速选定适当部位靠接钉固，再覆以弹性胶合膜。为防雨水侵袭，又用油毡纸加以覆盖钉牢，并在油毡纸外涂刷接蜡二遍。全过程选用嫁接技术熟练的人员，严格嫁接技术，以缩短缓苗时间，提高苗木成活率。

⑥接后管理。对靠接后的银杏幼苗并不剪除梢部，下部也不修枝，只随时剪除新发萌蘖。同时，不断进行古树和嫁接苗的生长发育状况观察，并加强幼苗的根际培土，灌水施肥等日常的抚育管理和安全保护。

四、复壮效果

经多点靠接之后的A0058号银杏濒危古树其复壮效果极为理想，不仅有效且立竿见影。根据接后第11天（4月23日）的检查结果表明，所接15株苗木全部成活，成活率100%，原来在古树上宿存的小果和黄叶开始下落。接后两个月（6月13日）的检查表明，不仅嫁接苗的长势十分良好，且古树树冠上的枝叶基本恢复正常，仅有两个主枝的叶片叶形稍小，但色泽碧绿。宿存于树上的小果和黄叶已全部落净。另外，2013年当年，古树未再开花结果。入秋之后的复壮效果更为明显，直至当年的11月25日A0058号银杏古树的叶片才开始变色，12月2日叶片接近落光，较之天贶殿北的两株古银杏，其叶片变色时间向后推迟了半个多月，叶片落光时间向后推迟了一个星期。2014年情况更加好转，根据4月29日的检查结果表明，A0058号银杏古树的生长发育正在逐步恢复元气，冠梢枯枝向下蔓延的势头已完全停止，个别接近枯萎的枝条发出了新枝绿叶，树干上也发出了较多的萌蘖，树杈上还长出了一株小构树。全树开始结出正常的种实。据2014年5月4日和6月1日观察，小苗的生长发育状况和大树的恢复状况都表现良好（图2、图3、图4）。种种迹象表明，经过救治的A0058号银杏在短时间内已基本恢复了旺盛的生机活力，复壮效果十分明显。

图2　泰安岱庙A0058号银杏濒危古树(2013年4月12日经用盆栽苗木多点靠接之后在2014年5月4日小苗的生长发育状况，郭善基摄影）

图3　泰安岱庙A0058号银杏（2013年4月12日经多点靠接更新根系之后，在2014年5月4日的生长发育恢复状况，郭善基摄影）

图4　岱庙银杏古树树干基部嫁接后小苗生长情况（2014年，樊宝敏摄影）

五、结论与建议

采取幼苗与古树多点靠接法是对古树更新复壮技术的积极探索。这次对岱庙银杏古树的拯救实践，又一次证实了该项技术方法在古树抢救中的应用效果和价值，值得在今后更大范围、更多树种的古树抢救实践中推广应用。

古树之美，作为森林植物的个体美，是森林美的具体表现，它们不仅给人们以美感，而且让人们感叹历史的久远、人世的沧桑[①]。保护古树，对于建设美丽中国和文化强国都具有重要意义。建议我国相关部门积极开展古树健康状况全面普查，对于处于濒危状态的古树及时采取更新复壮措施，包括选择采取本文所总结的有效技术措施，维护古树健康，传承和保护好中华民族宝贵的森林文化遗产。

在古树救治过程中，得到泰安岱庙工作人员徐庆军、韩翠英、范勇、张爱菊同志的协助，在此特表感谢。

（原文载《中国城市林业》，2015 年第 1 期）

①赵绍鸿. 森林美学 [M]. 北京：北京大学出版社，2009.

日本绿道建设的概况及启示

刘　畅　陈小芳　孙欣欣　邓送求　刘　丹　谭艳萍

近年来，绿道的理论研究及实践已受到广泛重视，绿道建设已在我国各大城市相继展开①。总体来说，中国都市区绿道规划是在掌握都市区自然生态元素的分布演变规律、找出城市建设与自然生态体的生态关系的基础之上，所进行的与都市空间和功能相融合的规划。在实践中，也取得了一定的成果，但由于绿道网络思想在中国引入相对较晚，所以仍存在诸如综合性、系统性不足，重量而轻质等问题②。文章以日本绿道的建设为例，概述其建设概况及特点，以期为中国绿道的建设提供一定的启示。

一、日本绿道的定义及建设背景

（一）定义

在日本，绿道被称之为绿色廊道（Green Corridor），日本名为“緑の回廊”。它是一个关于自然生态系统保护的生态学术语，主要是为了连接那些被人类生活圈分隔开的野生生物生息地、能使野生动物在不同的生息地间进行正常迁徙，以确保生物多样性的植物群落和水域。

①戴菲，胡剑双. 绿道研究与规划设计[M]. 北京：中国建筑工业出版社，2013；李团胜，王萍. 绿道及其生态意义[J]. 生态学杂志，2001，20(6)：59-61；李静，张浪，李敬. 城市生态廊道及其分类[J]. 中国城市林业，2006，4(5)：46-47；吴国强，余思澄，王振健. 上海城市环城绿带规划开发理念初探[J]. 城市规划，2001，25(4)：74-75；付劲英. 城市绿色景观廊道的生态化建设：以成都为例[D]. 成都：西南交通大学，2002；李敬. 生态园林城市建设中的生态廊道研究[D]. 合肥安徽农业大学，2006.

②官卫华，等. 城市生态廊道规划思路与策略研究：以南京为例[J]. 现代城市研究. 2007，1(1)：51-58；达良俊，余倩，蔡北溟. 城市生态廊道构建理念及关键技术[J]. 城镇绿化. 2010，8(3)：11-14；蔡蝉静. 城市绿色廊道的结构与功能及景观生态规划方法研究：以武汉为例[D]. 武汉：华中农业大学，2005；肖化顺. 城市生态廊道及其规划设计的理论探讨[J]. 中南林业调主规划，2005，24(2)：15-18.

（二）建设背景

由于日本特殊的地理环境，其绿道建设可以分为两个方面进行总结，一是基于保护林制度的生态型绿道建设，二是基于城市绿地系统规划的城市绿道建设。

1.基于保护林制度的生态型绿道建设。

从1915年开始实施保护林制度以来，日本国有林野事业在保全和管理包含有原生森林生态系统和贵重动植物的森林方面做了很多工作。陆续在全国各地国有林中设有很多不同类型保护林。截止到2012年4月1日，保护林的总数为843个，总面积达915 hm^2。此外，随着保护林制度的连续实施，为了确保野生生物移动路线的连贯性和能发挥出大尺度上保全森林生态系统的效果，日本林野厅规划并建成了从国家尺度上以全国各保护林为中心、以连接各保护林为目标的绿色通道网络，即绿道网络。

2.基于城市绿地系统规划的城市绿道网络建设。

日本作为当今亚洲城镇化率较高的国家之一，城市建设经历了大规模的城市拓展时期。近代城市建设思想是在借鉴欧美等国家的基础上，结合自身的实践不断完善的。与欧美等国类似，日本绿道网络理论的产生背景也是源于城市化快速发展所带来的环境影响，日本新城绿道的建设思想主要产生于二战后城市住宅建设高速发展时期。因此，本研究认为日本城市绿道网络建设主要经历了四个历程：①游憩型公园节点建设期（1866—1923）；②廊道思想萌发期（1923—1945）；③廊道建设繁盛期（1945—1977）；④城市绿地系统建设完善期（1977至今）[①]。

本文主要针对基于保护林制度的生态型绿道建设加以概括。

二、基于保护林制度的生态型绿道建设

（一）概况

在日本，绿道以森林管理局为单元进行统一规划和管理。建设时，又具体细分到各个行政市镇村。日本绿道建设可以追朔到1996年的“奥羽山脉纵断自然树林带构想”。2000年具体指定并建成第1处生态型绿道开始（东北森林管理局管辖），截止到2003年4月1日（在日本，新的工作年度都以每年的4月1日开始计算），日本全国范围内共建成17条生态型绿道，总面积和总长度分

①戴菲，胡剑双．绿道研究与规划设计[M]．北京：中国建筑工业出版社，2013．

别达31万hm^2和1 290 km。到2012年4月1日，共建成24处生态型绿道，总面积和总长度分别达59.2万hm^2和1 965 km（表1）。

表1　截止到2012年4月1日日本生态型绿道分布状况

编号	名称	森林管理局	设定年度	面积（千hm^2）	总长（km）
1	知床半島緑の回廊	北海道	2001	12	36
2	大雪・日高緑の回廊	北海道	2000	17	57
3	支笏・無意根緑の回廊	北海道	2001	7	30
4	北上高地緑の回廊	東北	2001	27	150
5	白神八甲田緑の回廊	東北	2001	22	50
6	八幡平太平山緑の回廊	東北	2005	11	60
7	奥羽山脈緑の回廊	東北	2000	73	400
8	鳥海朝日・飯豊吾妻緑の回廊	東北・関東	2003	64	260
9	会津山地緑の回廊	関東	2006	105	100
10	緑の回廊越後線	関東	2001	16	70
11	日光・吾妻山地緑の回廊	関東	2009	97	180
12	緑の回廊日光線	関東	2001	11	38
13	緑の回廊三国線	関東	2001	13	52
14	秩父山地緑の回廊	関東	2000	6	44
15	丹沢緑の回廊	関東	2002	4	43
16	富士山緑の回廊	関東	2002	2	24
17	緑の回廊雨飾・戸隠	中部	2000	4	17
18	緑の回廊八ヶ岳	中部	2002	6	21
19	白山山系緑の回廊	中部・近畿中国	2002	43	70
20	越美山地緑の回廊	中部・近畿中国	2004	24	66
21	東中国山地緑の回廊	近畿中国	2007	6	42
22	四国山地緑の回廊	四国	2002	18	128
23	綾川上流緑の回廊	九州	2005	2	5
24	大隅半島緑の回廊	九州	2000	1	22

二、不同的森林管理局对绿道建设情况

北海道森林管理局内管辖着3处绿道，总面积约36 000 hm^2，总长度123 km，相当于北海道南北总长度的一半，平均宽度2.9 km。。

东北森林管理局管辖的奥羽山脉生态廊道是日本的第一条生态型绿道，其前身“奥羽山脉纵断自然树林带构想”被视为日本生态型绿道的起源。截止到2012年4月1日，东北森林管理局管辖着5处生态型绿道，其中有一处与关东森林管理局共管。总面积约17.9万hm^2，总长度920 km，平均宽度1.95 km。

关东森林管理局内管辖着9处生态型绿道，是管辖生态廊道最多的森林管理局。由于数目多、面积大，单独对每条生态型绿道进行介绍。

会津山地生态型绿道，面积达10.5万hm^2，是日本规模最大的生态型绿道。从奥羽山脉开始，途经越后山脉到达三国山脉。将吾妻山周边森林生态系保护地域、饭丰山周边森林生态系保护地域、奥会津森林生态系保护地域等各种保护林连接起来。

秩父山地生态型绿道以千曲川、笛吹侧和荒川的分水岭甲武信山岳为中心，北到小三国，南抵云取山。总长44 km，面积约6 500 hm^2。

越后线生态型绿道，主要沿越后山脉走向建成。是连接森林生物遗传资源保存林、笠堀羚羊特定动物栖息地保护林、守门山毛榉植物群落保护林和守门岳山毛榉植物群落保护林的绿色廊道。总长约70 km，宽约3.8 km，总面积为2.68万hm^2。

富士山生态型绿道绕富士山山腰一周而建，海拔主要分布于1 500~2 500 m范围内。把浅木塚日本扁柏群落林木遗传资源保存林、富士山东臼塚低山带植物群落保护林、富士山亚高山带植物群落保护林、富士山大沢落叶松冷杉群落林木遗传资源保存林、富士山塴塚亚高山带植物群落保护林等连接起来，总长约24 km，面积5 735 hm^2。

三国线生态型绿道沿着位于群马县、新泻县和长野县境内的三国山脉而建成。把利根川的源头、燧岳周边森林生态系保护地域、佐武流山周边森林生态系保护地域连接起来。廊道总长52 km，平均宽约2.5 km，总面积约1.31万hm^2。

日光线生态型绿道沿着包围枥木县境内中禅寺湖的奥日光地区的一些山脉建成。将尾濑植物群落保护林、奥鬼怒植物群落保护林等连接起来。廊道总长38 km，平均宽约3.4 km，总面积约1.3万hm^2。

日光·那须盐原生态型绿道主要是把栃木县西部相邻的三座火山（那须、高原、日光）区域相连，这里是主要的野生动物活动场所。它把流石山·大卡风冲地植物群落保护林、大佐飞山地植物群落保护林、尚仁沢山毛榉水青冈等植物群落保护林等连接起来，为野生动物提供更广阔的活动范围。廊道总长75 km，总面积约1.8万hm^2。

丹沢生态型绿道以丹沢山为中心，在神奈川县有林、横浜市有林、小山町有林、国有林中制定建成。把丹沢山地森林生物遗传资源保存林、西丹沢山毛榉植物群落保护林等连接起来。廊道总长43 km，总面积约8 339 hm^2。

鸟海朝日·饭丰吾妻生态型绿道主要沿着山形县和新泻县相邻区域，从朝日山地开始到飯豊山、再从山形和福岛县境的飯豊山开始到吾妻山、并一直延伸到宫城県境内而做成。将朝日山地森林生态系保护地域、飯豊山周边森林生态系保护地域、茂庭山毛榉植物群落保护林、吾妻山森林生态系保护地域等连接起来。总长达102 km，面积约为1.7万hm^2。

中部森林管理局管辖内有4条生态型绿道，包括越美山地、白山山系、雨饰·户隐和八岳绿色廊道。其中白山山系和雨饰·户隐2条廊道的部分区域位于近畿中国森林管理局管辖内。

越美山地生态型绿道。位于福井县和岐阜县县境的越美山地是九头竜川、揖斐川和长良川的发源地。通过越美山地生态型绿道，把三周岳山毛榉植物群落保护林、能乡白山山毛榉植物群落保护林、名古屋山毛榉林木遗传资源保存林、岩之子山毛榉植物群落保护林、楢俣山毛榉植物群落保护林、夜叉池水生昆虫生息地保护林和上谷山植物群落保护林连成一片。廊道总长66 km，总面积24 496 hm^2，其中中部森林管理局管辖内7 260 hm^2，近畿中国森林管理局管辖内1.72万hm^2。

白山山系生态型绿道。白山一带是日本少数几个降雪强度很多的地区之一。海拔和地形变化幅度非常大。分布有从山地带山毛榉林开始到亚高山带桦林、高山带松林以及高山草原等丰富的自然植被类型。为了给珍贵的野生动物提供更广阔的栖息地、以及更好的保护珍稀物种和森林生态系统、白山山系于2002年4月被指定为生态型绿道。主要用来连接白山森林生态系保护地域、犀川源流森林生物遗传资源保存林、释迦岳林木遗传资源保存林、千丈平山毛榉植物群落保护林、风谷天然日本杉木植物群落保护林、经岳大型鸟类特定动物栖息地保护林等。它横跨福井、石川、富山、岐阜4个县，总长约70 km，总面积4.29万hm^2，其中中部森林管理局管辖内2.35万hm^2，近畿中国森林管理局管辖内1.94万hm^2。

雨饰·户隐生态型绿道。长野县最北部的雨饰山、天狗原山、户隐山等山岳地带是冬季多雪型的典型日本海洋气候。这里的林分主要以山毛榉为优势树种，是黑熊等大型哺乳动物的栖息地，并分布着很多贵重的珍稀植物物种。雨饰·户隐生态型绿道是介于雨饰山和户隐山之间的通道，被用于连接雨饰·天狗原山植物群落保护林、户隐山特定地理等保护林、户隐日本榆树等林木遗传资源保存林和户隐野鸟栖息地保护林。廊道总长约17 km，总面积3 792 hm^2。

八岳生态型绿道。在长野县中部，从蓼科山（海拔2 530 m）开始，将山梨县境内的赤岳（2 899 m）、编笠山（2 524 m）等连接起来的山脉通称为八岳，属于年温差较大的内陆性气候。林分类型以日本铁杉为主的亚高山常绿针叶林为主，分布着睡鼠等珍稀动物。根据国有林的分布状况指定的八岳生态型绿道位于山梨县有林和长野县民有林之间，为原生森林生态系统的保护保全、野生动物的移动路线提供了保证。它主要用于连接八岳缟枯山植物群落保护林、白驹日本铁杉植物群落保护林、八岳高山植物群落保护林、西岳落叶松植物群落保护林和西岳云杉等林木遗传资源保存林。总长21 km，总面积约5 833 hm^2。

近畿中国森林管理局管辖内有3条生态型绿道，包括白山山系、越美山地和东中国山地生态型绿道。其中白山山系和越美山地生态型绿道已经在前文介绍过，因此此处着重介绍东中国山地生态型绿道。

在东中国山地区域内，有一半是日本杉木人工林，天然林以孤立零散的状态分布。近畿中国森林管理局内东中国山地的国有林内有5处保护林，东中国山地生态型绿道被指定用来连接这5处保护林，主要为国有林（6 791 hm^2），包括部分民有林（873 hm^2），廊道约总长42 km。

四国森林管理局管辖着四国山地生态型绿道。四国山地生态型绿道又包含两处绿色通道：石锤山系和剑山系。石锤山系生态型绿道被设置在有四国脊梁之称的石锤山和白发山之间，总长约70 km，平均宽约2 km。连接着石锤山系森林生态系统保护地域、白发山林木遗传资源保存林和竜王山乡土林等。以剑山为中心而设置的剑山系生态型绿道则连接着西熊山植物群落保护林、石立山植物群落保护林、千本山林木遗传资源保存林、枪户林木遗传资源保存林、横荒山林木遗传资源保存林和鱼梁濑林木遗传资源保存林，总长约58 km，平均宽约2 km。

九州森林管理局管辖着大隅半岛和绫川上流2条生态型绿道。大隅半岛绿色通道将稻尾岳周边森林生态系统保护地域、山添林木遗传资源保存林和神野林木遗传资源保存林连接在一起。廊道总长22 km，宽度约500 m。为了给野生动物提供更好的栖息场所和移动环境，通过适当的森林经营措施，建立具有多样化森林类型、林龄和林层的森林环境。绫川上游生态型绿道以连接绫川森林生态系统保护地域、扫部岳植物群落保护林和大森岳植物群落保护林为目的，总长度约5 km，总面积约2 000 hm^2。此地域内以山毛榉和樟科自然植被为主体、具有多样而复杂的森林结构。

（三）日本生态型绿道建成跟踪调查研究

为了调查研究生态型绿道设置的效果，日本林野厅与2003年1月出台了《关于国有林绿色通道监测的跟踪调查手册》。该手册有两大部分组成：总则和各领域具体调查手法。在总则部分，明确了跟踪调查的方针、目的以及调查内容。分领域调查手法中划分为森林调查、野生鸟兽的生息实态调查、种子生产量调查、果实利用调查以及森林性大型猛兽的行动方向调查等诸多方面。而野生鸟兽的生息实态调查又划分为鸟类和哺乳类两个亚类①。对于每个领域都有非常详尽而具体的调查项目和内容，制作成格式统一的调查表。调查人员只需要带着GPS等相关仪器，按一定的行走速度在调查区内观察，把相应的结果填入调查表内即可。所有调查结果最终都输入到的生态型绿道监测数据库中统一管理。数据库里不仅包含跟踪调查结果，还包括日本全国范围的航空写真、植被分布、土壤类型、气温降水等各种数据，能非常方便地进行各种相关性分析并生成各种专题图。此外，在一些重点区域，通过设置录音设备、红外线感应照相机等方式，对其进行全年365天、全天24小时的实时监控，所有记录下的结果都以无线传输的方式传送到终端设备中。对于大型野生动物，还采取捕获的方式对其进行身高、体宽、体重等的测量。

三、日本生态型绿道建设实践

前文总体上介绍了24条生态型绿道的基本情况，从中可以发现其建设的基本目标是通过廊道把分布在日本全国各地的各种保护林连接起来，为野生生物在不同生境间的移动和迁徙提供必要的通道。他们充分利用现有的多山优势，建设的廊道规模大，林分结构复杂。

（一）日本生态型绿道设置流程

日本生态型绿道设定一般流程是：首先由森林管理局发起，在正式开始做提案

①由井正敏，石井信夫. 林と野生鸟との共存に向けて [M]. 東京：日本林業調査会，1994.

之前，会成立一个由林业专家组成的调查检讨委员会，对对象地区做2~3年的详细调查，完成后讨论绿色廊道以及森林保护地域设定的可能性和必要性。在可能的基础上，由森林管理局召集设置一个新的廊道设定委员会，主要由森林学及森林经营方面的专家、林业工作者、自然保护者、地区自治委员会成员、国家机关（比如当地的市镇村委员会成员）以及新闻报道机构成员组成。设置提案书，主要由森林管理局委托的林业专家、县自然保护协会以及当地的自然保护志愿者协会等完成。然后以设定委员会会议的形式，由森林管理局、调查检讨委员会成员、提案作者等回答来自各方面的疑问，通过多次充分讨论，最后形成议案，提交给日本林野厅、森林管理局以及社团法人日本森林技术协会审核和备案①。

日本是一个森林覆盖率非常高的国家。此外，由于日本是一个岛国，山地面积非常大，导致了很高的人口密度。而且日本是一个土地私有制国家，在征地、规划等方面会受到各方面的制约。所以总体来说，日本城市内的人工绿地面积比例并不高，因为很多城市都是依山而建，或者说很多城市就属于山与山之间的峡谷。另一方面，在一个有限面积的岛屿上，很高的山地面积比例导致了山山相连的局面，这为生态型绿道的建设提供了得天独厚的便利条件。因此，日本的生态型绿道建设只需在少数人类生活区域建造绿地，就能打通山与山之间的隔离，迅速建成成千上万公顷的绿色通道。日本生态型绿道建设可以分为两种方式：一是对指定廊道范围内现有森林的改造和新建山与山之间的咽喉绿地的建设；二是对现有森林的改造，主要目的是为野生生物提供更丰富的食物和更好的移动环境，主要手段为诱导人工纯林为混交林等。

（二）北九州市若松区响滩地区生态型绿道建设实例

北九州市是连接日本南北列岛的咽喉之处，同时也是野生动物迁徙的必经之地，地理位置非常特殊。而响滩地区又处于北九州市的最北边，是北九州市重要的工业基地，总面积约2 000 hm^2，三面环海，东侧是以建造北九州生态工业重镇为目标的临海工业区，工业区内分布着许多大型企业，西侧是响滩环黄海圈国际物流特区。区内湿地化的草本群落是很多野生生物的栖息地以及候鸟迁徙时的落脚点。

响滩地区的发展是以环黄海圈枢纽港的构想为核心，由于各种产业的加入，正在形成一个先进的产业都市空间。现阶段响滩地区的自然环境特征从生物种类以

① 会津森林計画における森林生態系保護地域及び緑の回廊設定委員会[R/OL].[2016-01-09]http://www15.plala.or.jp/adumatakayama/topic/topic56/topic56.htm.

及生态系的分布状况来看，有以下几点：1）从地理特征来看，这里是横断日本列岛的野鸟迁徙的途径；2）有一部分填海地，由于出现了各种各样大大小小的水域，除生长着芦苇和宽叶香蒲等这样的湿性植物以外，也生长着沉水植物，随着时间的推移，这里也成了蜻蜓、青蛙等的繁殖地，鸭类等的过冬地以及鸟类迁徙途中的中转地。因此，这里又是一个正在逐渐形成的自然地区。今后在考虑响滩地区未来的发展时，以产业都市空间的形成为基础，将逐渐形成“自然”活用化。所以，响滩地区的发展关键是产业和自然的调和。

在鸟类迁徙的途径上，即在石峰山连接响滩安濑绿地的这条线上，道路沿线要设有一定宽度的绿带，连续的树林将成为“绿色走廊”。这样，产业用地被绿廊所包围，融入于自然当中。道路沿线的用地是居民用地的情况下，由市环境局向拥有土地所有权的企业借用土地，以市民、非盈利团体等为中心来实现造林。

具体来说，从响滩南侧的石峰山开始，连接区内的湿地化草本群落，延伸到响滩东北侧的安濑绿地，沿着道路两侧大约10 m的范围，建立以树木栽植为主要方式、能为野生生物提供多样化食物供应和迁徙途径的连贯绿化通道。规划总长度约13 km，分三期进行。

由于规划地区处于海岸处，恶劣的海洋气候和贫瘠的土壤条件导致了几乎没有植物分布的荒地的形成。因此，首先需要进行土壤培育和改良，同时有必要在当地培育出能耐贫瘠土壤和强风的苗木。从苗木种子的收集、苗木的育成到绿色通道规划区内苗木的栽植，都充分利用了学生、市民、当地企业等社会力量。从2005年开始，由北九州市各种公益社团协会成员组成的“鸟鸣绿色通道”植树会实行委员会主办的植树会每年都举行。10月份组织当地的小学生去林下收集植物种子，11月份对小学生进行自然环境教育，包括植物生长发芽的基本原理、播种和苗木栽植技术，12月份到次年1月份把种子播种于苗木培育容器，完成后将容器运送到育苗协力企业的空置区域等待苗木的育成，同时公示植树会举行的具体时间和地点，并向社会募集参加人员，3月份举行植树会栽植苗木，完成栽植后对树木进行定期养护。2005年参加植树的人数约为250名，到2011年增加到了1 500人。苗木栽植的最终目标为30万株①。

①緑の回廊創成基本構想[R/OL].[2016-01-09]http://www.city.kitakyushu.lg.jp/kurashi/menu01_0485.html.

四、日本绿道建设对我国的启示与借鉴

（一）统一规划管理、部门运作协调

在日本，绿道以森林管理局为单元进行统一规划和管理。建设时，又具体细分到各个行政市镇村，进行统一的规划管理。绿道建设管理牵涉城市交通、规划建设、水道管理、环境保护等多项政策，涉及交通事业管理局、水道局、住宅都市局、环境局等多个部门。在廊道建设中，各部门配合默契，各项政策配合度高。主要表现在其部门职责分明，协调充分。通过统一的规划及管理，提高绿道网络的系统性及协调性，有利于地方特色的自然景观的打造。此外，通过全国范围绿道网络的建设，串联起沿线的名山大川、风景胜地，实现了真正点线面的协同规划与整合。

（二）注重长远目标的实现

日本从单一绿道的建立到廊道网络的形成，离不开长期的规划引导与支持。从其总体规划编制的制定，包括总体目标、现状调查、分析评价、布局方针、实施政策等的确立，可以在几十年间坚持不懈，正是因为长期目标的一贯稳定，廊道建设得以由表及里地促进城市化质量提高及生态环境的改善①。

（三）严格控制建设成本，高效集约利用土地

与中国不同的是因为日本很多城市都是依山而建，或者说很多城市就属于山与山之间的峡谷。在这样一个有限面积的岛屿上，很高的山地面积比例导致了山山相连的局面，这也为绿道的建设提供了得天独厚的便利条件。因此，日本的绿道建设只需在少数人类生活区域建造绿地，就能打通山与山之间的隔离，迅速建成成千上万公顷的绿色通道。

但是另一方面，由于日本是一个岛国，山地面积非常大，导致了很高的城市人口密度。而且日本是一个土地私有制国家，在征地、规划等方面会受到各方面的制约。所以，日本城市内的人工绿地面积比例并不高。因此，其城市绿道的设计建造简洁实用，注重绿地的质量的提高，大多重在体现环保理念、彰显城市美学品味。且在绿道设计中，充分体现全民共享的人文关怀。

（四）注重本底调查及生物多样性的保护

日本的绿道建设非常重视对生态环境的保护，对湿地的保护和绿道的建设等

①刘畅，石铁矛，赤崎弘平，等. 日本城市绿地政策发展的回顾及现行控制性绿地政策对我国的启示[J]. 城市规划学刊，2008（2）：70-76.

针对生境恢复的研究也处在世界的领先水平。日本注重对规划的本底调查，特别是规划地原生植物及动物的调查，重视栖息地复育与再生、栖息地的创造、栖息地条件的提升、栖息地碎裂的连结、目标物种的繁殖或移植及其他对策等，努力保护动物的栖息地，以最大限度地保护原有生境。为了保护动物的多样性，在道路型绿道的建设中会专门设置“动物专用通道”以避免动物与行驶车辆之间的碰撞事故，同时也预留一些可供小动物逃生的边坡和侧沟，以减少对生态的干扰。

（原文载《世界林业研究》，2016年第3期）

社区参与森林可持续经营与管理研究

——以肯尼亚社区森林协会为例

谢和生　宋　超　何亚婷　王　鹏　何友均

森林可持续经营是实现林业乃至社会可持续发展的前提条件①。但是由于我国是人口大国，多数林区分布有众多的农村社区，开展森林资源的可持续经营与管理一直面临着当地社区发展的压力。如随着天然林保护工程的全面开展，林区经济发展和林农生计问题日渐突出，但我国天然林保护工程设计的基本指导思想还大多局限于传统林学，尚未把天保工程纳入到当地社区发展中去，以促进当地群众参与天然林保护这一浩大的生态工程项目。而且现有天然林管护人员管护压力大，大约25%的管护人员人均管护面积超过了国家标准②。在自然保护区建设与发展过程中，由于我国作为一个处于经济体制转轨时期的发展中国家，自然保护区周边社区经济发展诉求强烈③，两者之间存在广泛冲突。有研究表明周边居民的敌对态度是造成自然保护区失败的重要原因④。此外，随着全面保护天然林，国家公园建设，精准扶贫，重大生态系统保护等国家重大战略与工程的实施，也都将面临当地社区的问题。因此如何通过社区的有效参与，考虑当地人口的生计发展，以保障森林的可持续经营，缓解管护压力，已经成为我国林业可持续发展和生态文明建设的重要课题。

为应对这些问题，国内一些学者在上个世纪九十年代引入了参与式和社区共管等社区林业的理念，做了一些探索、培训和试点示范项目，也提出了建立以森林资源为基础的基层社区合作组织⑤。但未能发挥广泛作用，因为项目一旦结束，由

①张守攻，朱春全，肖文发．森林可持续经营导论[M]．北京：中国林业出版社，2001．

②杜磊，曲志滨．森林管护中存在的问题与对策[J]．农民致富之友，2016(1)：252．

③谢屹，等．构建我国自然保护区区域共管体系的思考：以太白山自然保护区为例[J]．林业科学，2007，43(6)：111-116．

④冯达，温亚利．我国自然保护区管理研究综述[J]．林业调查规划，2009，34(6)：62-65．

⑤吴宪．社区组织建设与森林资源管理研究[D]．昆明：西南林业大学，2007．

于缺乏外部支持，社区林业活动难以继续[①]。有研究认为，客观原因主要是参与式林业还没有纳入中国林业发展的主流[②]。国外很多发展中国家也开展了大量实践，不断有证据表明，社区参与是森林资源管理中的一个有效策略[③]，并在促进森林可持续经营管理、减少农村社区贫困并创造就业和收入等领域中的已显示出巨大的作用，甚至有些国家将社区林业制度化纳入国家发展规划[④]。其中肯尼亚在上个世纪九十年代起开展了很多实践，通过发展社区森林协会来促进社区参与森林可持续经营与管理，并改善社区生计等方面取得了一定的成绩。肯尼亚全国已有40个林区有当地社区参与其森林的经营与管理[⑤]，社区森林协会的发展已经超过了100个[⑥]。

本研究通过文献调查，收集肯尼亚林务局最新相关官方文件和数据，以及肯尼亚林业研究院等单位的最新报告等，归纳分析了肯尼亚森林协会的产生与成立，参与森林可持续经营管理的权利与责任，及其所发挥的作用等内容，从中挖掘肯尼亚社区森林协会成功发展，有效参与森林可持续经营并发挥良好作用的主要原因。这对改进我国一些林区的森林可持续经营与管理，促进当地社区发展，推进扶贫和防返贫，并为全面保护天然林，国家公园建设，以及重大生态系统保护等国家重大战略与工程有效化解当地社区的问题都具有重大意义。

一、社区森林协会的产生与成立

肯尼亚2015年森林面积441.3万hm^2，森林覆盖率7.8%，20世纪90年代毁林严重，森林面积年减少2.8%[⑦]。后来政府意识到必须减少毁林和森林退化，增加森林面积，提高森林覆盖率[⑧]。同时政府也认可森林覆盖率要从当时的2%提高到

①Colchester M. Community forestry in Yunnan: the challenge for networks(Chinese)[M]. Bogor, Indonesia: CIFOR, 2004.

②刘金龙. 中国参与式林业理论和实践的回顾和展望[J]. 林业经济评论，2012(2)：188-193.

③Ageve H, Wabusya M, Tsingalia M. Community Forest Associations and Community Based Organizations: Redesigning their Roles in Forest Management and Conservation in Kenya[J]. IJSR, 2014, 3(9): 1916-1922.

④Gilmour D. Forty Years of Community-based Forestry: A review of its extent and effectiveness[R]. Rome: FAO, 2016.

⑤Thenya T, Wandago B, Nahama E. T. Participatory Forest Management Experience in Kenya (1996-2006)[C]. The 1st national participatory forest management conference. Nairobi, Kenya, 2007.

⑥Koech C.K, Ongugo P.O, Mbuvi M.T.E, et al. Community Forest Associations in Kenya: challenges and opportunities[R]. Nairobi, Kenya: Kenya Forestry Research Institute, 2009.

⑦联合国粮食及农业组织. 2015年全球森林资源评估报告[R]. 罗马：联合国粮食及农业组织，2015.

⑧DRSRS, KFWG. Changes in Forest Cover in Kenya's Five Water Towers, 2003-2005.[M]. Nairobi, Kenya: DRSRS and KFWG, 2006.

10%的目标，需要发挥周边社区的作用，并能保证增加其中3个百分点[①]。但是当时肯尼亚实施多年的森林管理系统严重打击了当地社区的积极性，国家的森林和树木资源遭到了破坏[②]。

在森林周边社区与社会组织的压力下，肯尼亚引入了参与式森林管理来作为保证森林可持续经营管理的一种途径[③]。直到2005年颁布了新的森林法，鼓励当地社区参与国家的森林经营管理。随着新政策和法律的出台，肯尼亚通过建立社区森林协会来推进当地社区参与的进程，目的是与肯尼亚林务局和郡议会共管森林资源。为了让当地社区参与到这些共管制度安排中来，肯尼亚森林行动网和肯尼亚森林工作组两个非政府组织，以及肯尼亚林务局都先后在全国各个林区帮助当地社区成立社区森林协会[④]。目前肯尼亚所有的重要林区至少都有一个社区森林协会，全国的社区森林协会已超过了百家[⑤]，而且在国家层面还组建了由各个地方社区森林协会作为成员的全国社区森林协会联盟。

肯尼亚的森林法和社团法是社区森林协会成立的基本法律依据。按照森林法第46节第1条，社区的成员可以依据社团法第46节第2条，与本社区的其他成员共同注册成立社区森林协会。注册时需要提供以下信息：协会成员名单及其地址，成员共同制定的协会章程，协会财务制度，管护的森林面积，森林资源的利用，生物多样性保护方法，野生动植物种群监测和保护方法等相关内容，以及其他要求的相关信息等[⑥]。注册成立后，协会可以根据森林法的规定，向林务局申请许可，参与一定面积的国有林或当地政府的森林的保护和经营[⑦]。按要求，协会与肯尼亚林务局要共同制定森林经营方案，并签署经营协议。方案要列出社区将开展的森林

①Ongugo P.O, Mbuvi M.T.E, Maua J.O, et al. Emerging Community Institutions for PFM Process Implementation in Kenya[C]. The 3rd International PFM Conference. Addis Ababa, Ethiopia, 2007.

②Nurse M.C, Edwards S.R. Strategies for the Sustainable Conservation of Forests under Threat from Their Adjacent Communities[R]. Kenya: KIFCON Kenya and Birdlife International, 1993.

③Strohmaier R, Oliveira T.D, Lambrechts C, et al. The Role and Contribution of Montane Forests and Related Ecosystem Services to the Kenyan Economy[R]. Nairobi, Kenya: UNEP, 2012.

④Ministry of Environment and Natrual Resources. Participation in Sustainable Forest Management (2007 Draft Rules and Guidelines)[M]. Nairobi, Kenya: Ministry of Environment and Natural Resources, 2007.

⑤Koech C.K, Ongugo P.O, Mbuvi M.T.E, et al. Community Forest Associations in Kenya: challenges and opportunities[R]. Nairobi, Kenya: Kenya Forestry Research Institute, 2009.

⑥Kenya Gazette Supplement. The Forest Conservation and Management Act, 2016 (No.34 of 2016)[M]. Nairobi, Kenya: The Government Printer, 2016.

⑦Ongugo P.O, Mbuvi M.T.E, Maua J.O, et al. Emerging Community Institutions for PFM Process Implementation in Kenya[C]. The 3rd International PFM Conference. Addis Ababa, Ethiopia, 2007.

活动，协议则要明确协会的经营权利和责任[①]。

二、社区森林协会的权利与责任

肯尼亚森林法认可当地社区参与国有林的经营管理，在肯尼亚参与式森林管理制度安排下，政府保留森林的所有权，成立有社区森林协会的周边社区则拥有一定的使用权[②]。根据肯尼亚森林保护与经营管理法，相应的权利通常包括：在林内采集草药和蜂蜜，合法采伐木材或收集薪柴，收割牧草，采集社区工业用的林产品，开展生态休闲活动，进行科学教育活动，实施植树造林，协助执行协议指定的林业业务，发展社区木材和非木材林业产业，社区森林协会其他时候与林务局约定获得的其他利益。但某些权利如果与生物多样性保护有冲突时，相应的活动将被禁止，森林保护负责人与社区森林协会可以具体协商制定这些活动的实施细则[③]。

在享有一定权利的同时，社区森林协会必须履行相应的职责，一般包括：按照批准的经营方案保护、维护和经营森林；规划和实施森林可持续项目，并要求这些项目应与相关社区的传统森林使用权利相一致；保护神林和受保护的树木；协助林务局或者其他任何相关机构执行森林保护与管理法的条款，包括打击非法采伐林木和采集林产品；根据林务局的批准，与其他人合作，确保高效的森林可持续保护与经营；告知林务局森林内对生物多样性保护至关重要的任何情况；帮助森林防火；以及任何其他有利森林保护和经营的活动[④]。

三、社区森林协会的作用

促进了森林资源的可持续经营与管理。森林法规定社区森林协会可以优先在周边营造和管理森林资源。为了开展可持续的经营与管理，更好地进行植树造林，协会通常还可以与具有良好的育苗和人工林管理等技术的私人部门合作，培训协会成员的造林实践、林业业务，并提高他们复杂的林下粮食或经济作物管理知识，

①Mutune J. M, Wahome R. G, Mungai D. N. Local Participation in Community Forest Associations: A Case Study of Sururu and Eburu Forests, Kenya[J]. International Journal of African and Asian Studies, 2015(13): 84-94.

②Government of Kenya. The Forests Act (2005) [M]. Nairobi, Kenya: Government Printer, 2005

③Kenya Gazette Supplement. The Forest Conservation and Management Act, 2016 (No. 34 of 2016) [M]. Nairobi, Kenya: The Government Printer, 2016.

④Kenya Gazette Supplement. The Forest Conservation and Management Act, 2016 (No. 34 of 2016) [M]. Nairobi, Kenya: The Government Printer, 2016.

以及林内薪柴、牲畜草料等森林资源的可持续经营与管理。协会就是通过逐渐营造人工林，增加了森林面积，同时为了满足社区生计需求，不断地促进了森林资源的可持续经营与管理。

促进了妇女参与和年轻人就业。在肯尼亚妇女经营着74%的小农场①。而肯尼亚年轻人多数失业，通常他们就加入社区森林协会，参与森林食物和经济作物的种植，参与生态旅游，通过合约开展营林造林活动，这些都为他们带来了长期的收益。所以肯尼亚许多社区森林协会的成员以妇女为主，并吸纳了许多年轻人，例如“Meru森林环境与森林保护社区协会”共有1 500个成员，其中妇女成员800个，年轻成员200个②。这些意味着妇女和年轻人在社区森林协会获得了实实在在的参与机会和收益，反过来对森林资源和环境也带来好处。

加强了当地社区的能力建设。多数社区森林协都有在农林部门工作的成员，这些成员拥有丰富的植树和经营的知识，因此他们指导协会其他的成员开展林业相关活动。社区森林协会的成员由于长期生活在当地的森林中，通常拥有大量的乡土知识，知道森林中的树种或植物的用途，丰富程度和多样性。这些知识在教育、研究，甚至生态旅游中都发挥了非常重要的作用。社区森林协会能够挖掘和传承这些能力和知识，用于加强森林资源的持续性。

满足了当地社区的生计发展。社区森林协会与林务局通常会根据不同林区的资源特点来签订相应的合约，规定合理的使用权，以及所允许的活动和收益。例如在South Nandi林区，允许协会成员开展苗木培育和养蜂等活动获取收入。在Mau林区由于有丰富的非洲李（*Prunus africana*），则可以采集其树皮制做草药创收。在沿海林区还可以种植芦荟、用印楝（*Azadirachta indica*）制作木雕，饲养蝴蝶等获得收益。在Kakamega林区还可以开展生态旅游等。此外，在一般林区协会成员还可以生产木炭，商业性木炭生产成员还自我组织成立了木炭生产者协会，以促进薪柴的可持续生产和高效利用③。研究已表明社区森林协会获得了实实在在的利益，并分配给当地团结的社区成员④。

①Kabutha C, Humbly H. Gender Concerns in Agroforestry [C]. The First Kenya Agroforestry Conference. Nairobi, Kenya, 1996.

②Koech C. K, Ongugo P. O, Mbuvi M. T. E, et al. Community Forest Associations in Kenya: challenges and opportunities [R]. Nairobi, Kenya: Kenya Forestry Research Institute, 2009.

③黄明东. 肯尼亚林业概况 [J]. 世界林业研究, 2014, 27(4): 83-86.

④Onguao P. O, Mogoi J. N, Obonyo E. An Example of Community Participation in Forest Management [R]. Nairobi, Kenya: IFRI-CRC-K, 2005.

四、结论与讨论

（一）结论

通过文献调查和归纳分析，不难发现肯尼亚社区森林协会得以有效参与国家森林资源的可持续经营与管理，并在长期实践中发挥了积极有效地的作用，主要是以下两个层次的原因。

在微观上，一方面政府转变了观念，政府意识到光靠林业部门来完成森林资源增长的目标有困难，需要发挥当地社区的力量。另一方面，当地社区成员具有良好的参与意愿，而且越来越多的社区成员加入协会，依赖森林资源满足他们的生计，并能不断加强自身能力建设，开展创收活动。

在宏观上，主要得益于社区森林协会在肯尼亚已经作为参与式森林管理的一种正式制度安排。一方面，国家在法律上鼓励和保障了社区森林协会的发展，包括森林法，森林保护与经营管理法。另一方面，社区森林协会具有良好的组织系统。它并不是一种松散型的合作组织，从地方社区森林协会到全国社区森林协会联盟，形成了上下信息传递顺畅，利益表达畅通的组织渠道。

（二）讨论

肯尼亚国有林占比39%①，与我国的比例相近，而且我国这些林区多是“老少边穷”地区，当地农村社区对森林资源的依赖程度依然很高，森林的可持续经营与管理同样面临来自社区的压力。与肯尼亚的情况类似，由于对森林资源的依赖，农民对参与森林资源的经营管理有强烈愿望，希望通过有效的参与来改善生计，增加收入。况且在我国提出森林面积和蓄积“双增”目标的背景下，同样需要发挥农村社区的作用。

虽然我国在集体林区针对商品林开展了林权改革，但依然没有涉及到与很多国有林场、自然保护区、天然林保护工程区等林区具有权属纠纷和利益冲突的森林资源。尽管我国上个世纪九十年代在这些林区也开展了一些参与式森林管理的试点示范，也有学者提出了建立基于森林资源的基层社区合作组织②，但参与式林业并没有纳入中国林业发展的主流③。从制度经济学来看，以往我国开展的社区参与并没有像肯尼亚那样被纳入林业法规体系，形成正式制度而继续执行下来，更没有

① 黄明东. 肯尼亚林业概况[J]. 世界林业研究，2014，27（4）：83-86.

② 吴宪. 社区组织建设与森林资源管理研究[D]. 昆明：西南林业大学，2007.

③ 刘金龙. 中国参与式林业理论和实践的回顾和展望[J]. 林业经济评论，2012（2）：188-193.

形成参与式意识、理念或文化等非正式制度而传承下来。在基层和决策层面，也没有像肯尼亚那样构建了相应的组织系统来服务当地的社区参与。因此，我国若要让社区有效参与森林可持续经营与管理，并促进社区发展，还需要借鉴肯尼亚的经验，做好以下几个方面的工作。

推进参与式森林可持续经营与管理的制度化。建议在我国今后修订森林法和编制天然林保护条例之际，将社区参与作为其中重要内容纳入到林业法规体系中来，强调参与式森林可持续经营与管理的重要作用，同时要考虑相应的监督机制，通过正式制度来鼓励和规范社区参与。主要明确社区参与的申请、审批和监督等程序，规定社区参与的基本要求、参与形式、参与的权利与责任、具体活动边界和内容等。

加强参与式森林可持续经营与管理的组织化。鼓励和帮助当地有参与意愿的社区成员注册成立合作组织，将参与式森林可持续经营与管理活动内化为合作组织的集体行为，以降低参与的交易费用，节约政府的森林管理成本，缓解现有森林管护人员压力。为了能更好的服务当地合作组织，在林业主管部门设置相应服务和监督机构，帮助成员共同制定组织规章，规定组织的成员机制、运行机制、决策机制、利益分配机制、监督机制和财务制度等，并负责与当地合作组织共同制定森林资源管理规划或森林可持续经营方案，做到有序规范地行使参与权利。

实现参与式森林可持续经营与管理的本土化。将参与式理念和方法结合到我国林业改革进程中。随着当前集体林权制度改革的深化，鼓励林农合作组织的发展，目前国内根据当地的实际情况已经形成了专业合作社、家庭股份合作林场、合作协会等多样化的林农合作组织[①]。针对比较成熟的林农合作组织，政府部门可以通过购买服务，签订协议的方式让其参与到林业工程和生态建设的森林可持续经营与管理中来。

（原文载《世界农业》，2017年第7期）

①谢和生，李智勇．林农合作形式多样性选择交易理论分析[J]．林业经济，2011(2)：32-35.

附录一

生态系统的文化服务[①]

千年生态系统评估委员会

《生态系统与人类福祉》(综合报告)

一、提供给决策者的概要

对于因文化服务丧失而造成的影响尤其难以估算，但是对于许多人来讲它又是非常重要的。人类文化、知识系统、宗教以及社会的相互作用都已受到生态系统的强烈影响。MA 的许多亚全球评估发现，不论是在发展中国家(例如印度森林中的宗教林)，还是在发达国家(例如城市公园)，对于许多地方社区来讲，生态系统的精神与文化价值与其他服务同等重要。

二、千年生态系统评估的关键问题

文化服务指通过精神满足、发展认知、思考、消遣和体验美感而使人类从生态系统获得的非物质惠益。这些惠益包括：

文化多元性——生态系统多样性是影响文化多元性的因素之一。

精神与宗教价值——许多宗教把精神与宗教价值寄存于生态系统或者生态系统的组分之中。

知识系统(传统的和正规的)——生态系统可以影响产生于不同文化渊源的知识系统类型。

教育价值——在许多社区，生态系统及其组分和过程为正式的和非正式的教育提供了基本素材。

灵感——生态系统为艺术、民间传说、民族标志、建筑风格和广告创意提供了

①本附录仅摘原文部分内容供研究者了解之用。

丰富的灵感源泉。

美学价值——正如对公园的支持、追逐美景以及房屋选址等所反映的那样，许多人从生态系统的不同方面发现了美的感受或者美学价值。

社会关系——生态系统可以影响建立于特定文化氛围之中的各种社会关系类型。例如：渔业社区的社会关系在许多方面都不同于游牧社区或者农业社区。

地方感——许多人珍惜“地方感”的价值，这种情节是与他们对生活环境的特征认知，以及对生态系统的不同方面的感受密切相连的。

文化遗产价值——许多社区对于维持历史上的重要景观（“人文景观”）或者具有重要文化价值的物种赋予了很高的价值。

消遣与生态旅游——人类对于空闲时间的去处的选择常常部分取决于特定地区的自然或者人工景观的特征。

三、生态系统服务和人类生态系统服务的利用在过去是怎样变化的?

表1 人类利用生态系统服务的变化趋势及2000年左右生态系统服务状况——文化服务

服务	亚类	人类利用	增强或者退化	说明
精神与宗教价值		增强	退化	最近世界上的圣林，以及其他诸如此类的受保护地区的数目已经减少。重要生态系统特征（与宗教有关的物种或森林）的丧失，再加上社会和经济的变化，可能会减弱人类从生态系统中所获得的精神收益。另一方面，在有些情况下（例如生态系统特征在对人类造成显著威胁的地方），某些生态系统特征的丧失可能会提高保留下来的那些特征的精神价值
知识体系		未评估	未评估	
教育价值		未评估	未评估	
灵感		未评估	未评估	
美学价值		增强	退化	随着城市化的不断发展，人类对美感宜人的自然景观的需求也不断增加。但是，可以满足的这种需求的地区在数量或质量上都已经呈现衰退的趋势。可供城市居民使用和接近的自然环境的减少，可能会对公众健康和经济发展产生严重的不利影响
社会关系		未评估	未评估	

（续表）

服务	亚类	人类利用	增强或者退化	说明
地方感		未评估	未评估	
文化遗产价值		未评估	未评估	
消遣与生态旅游		增强	+/−	目前，人类对消遣景观的利用需求在日益增加，同时一些地区也在越来越多地按照这种需求来管理，以便反应文化价值和观念的不断变化。但是，许多景观（例如珊瑚礁）的自然特征由于被作为消遣资源而出现了退化现象

在过去的一个世纪中，尽管人类对生态文化服务的利用持续增长，但是生态类系统提供文化服务的能力却已经显著地降低了（C17）。人类文化受生态系统的强烈影响，生态系统变化能够显著地影响人类的文化特征和社会的稳定。诸如人类文化、知识体系、宗教、传统价值、社会影响及相关的娱乐服务（例如美学享受、消遣、艺术与精神的充实，以及智力的发展），这些文化服务的形成都受生态系统及其状况的影响。目前，许多生态系统的文化服务正在退化，这不是由于生态系统变化（例如最近宗教性树林和诸如此类的受保护性区域的快速减少）造成的，就是由于导致人类对那些文化惠益的认知或评价降低的社会变化（例如语言或者传统知识的丧失）造成的。具有特定文化价值的生态系统和景观的快速丧失可能引发社会分裂和社会排斥。目前，世界上具有宜人美感的自然景观在数量和质量方面已经出现了衰减趋势。

（摘自《千年生态系统评估报告集》中国环境科学出版社，2007）

附录二

苏格兰森林的文化和景观价值①

苏格兰森林中，有记载的古迹为1 418处，遗产树为150棵，古树1 000余棵。

前12个月参观过森林的苏格兰成年人中，3.5%的成年人被森林中那些含有文化特性的东西（例如雕塑、古树或历史遗迹）所吸引。在所有前往森林的游览者中，大约7%的游客被森林中那些具有文化特性的东西所吸引。

过去12个月参观过森林的苏格兰成年人中，大约1.5%的人曾参加过森林中的文化活动。

2006年中期到2007年中期，大约3%的苏格兰林业委员会组织的活动是以“文化活动”为主题。这些活动共吸引了4 900参观人次（即有组织的活动的所有参与人次的4%）。

“视域分析”的初步分析结果显示：在苏格兰，大约557 000人的居住地周围1 km内可以见到森林，大约275 000人在居住地300 m内可以看见森林。基于以前的假设，在苏格兰，从家里或上下班途中可以见到森林的年均经济价值大约在2 100万英镑至9 000万英镑之间（以2007/08年价格为基准）。

大约95%的苏格兰成年人同意或强烈同意，苏格兰森林是国家自然和文化遗产的重要组成部分。

大约57%的苏格兰成年人在家里或森林中欣赏树木时得到了实质性好处，50%的苏格兰成年人在日常活动中或森林中欣赏树木时获得了实质性好处。

68%的苏格兰成年受访者“意识到苏格兰存在森林和树木”的价值。72%的苏格兰成年受访者认为“苏格兰森林可以造福子孙后代”的价值。70%的苏格兰成年受访者认为，苏格兰森林作为野生动植物栖息地具有重要价值。

本项主题主要涉及以下3种价值类型：苏格兰农村和城市景观中森林存在的文

①David Edwards，等著.朱霖，译.本附录仅摘原文部分内容供研究者了解之用。

化和审美价值；认识到森林存在造福当代和后代的非使用价值；生物多样性保护的栖息地。

一、文化价值

由于森林文化价值具有特殊的意义和特性，并且森林文化价值大多是无形的，因而森林文化价值很难准确的定义和评估，试图量化它们通常被认为是不恰当的，或有争议的。森林的非物质文化价值很难与其他价值分开，但森林文化价值无疑是重要的，而且在森林规划和决策的利益相关者磋商中，其重要性甚至比木材效益排名更高。为了满足人们对森林文化价值的兴趣，苏格兰许多与森林相关的组织和林地所有者，积极促进森林环境下的艺术表演、艺术设施（如雕塑）和公共活动，不论这些活动主要还是次要为了文化目的。Pritchard（2008）最近发表评论表示：林业委员会在英国范围内对文化的投入有利于英国的未来。

苏格兰政府文化政策的总体目标是鼓励“充分参与激烈而多样的文化生活中，为社区和个人带来真正的利益”[①]。在以上政策中，苏格兰林业委员会发布了一项“森林中的艺术、森林相关的艺术或森林利用艺术”的政策，将艺术作为“通过森林文化背景和森林中的历史遗迹（包括盖尔语语言和表演艺术等生活文化），帮助社区发展当地特性”的方式。此外，这些通常由其他组织领导的艺术活动和项目能够增强社区参与，增进健康和享受的机会，增加林业旅游的贡献，是实现苏格兰林业战略主要目标的重要手段（FCS，2007f）。该项政策指出森林相关的艺术能够解释历史遗迹以及反映当代艺术。

为进一步量化和描述森林文化价值，本文将森林文化价值大体划分为3类：a）文化遗址和特征，b）文化活动、实践和技能，和c）意义、特点和象征（Edwards，2006）。每个类别可以进一步划分如下：

1）遗址和特征

“遗址和特征”可进一步细分为以下3个类型：

◆森林里的文化遗址和特征。森林本身并不是文化价值的直接部分（尽管森林的存在可能丰富了游客的经历）。通常这一类主要是指被记录在册的古迹。

◆森林的文化遗址和特征。如古树、古老森林或文化景观（该文化景观“曾经以”或者“未来仍然会以”传统方式管理，因而具有特定的文化意义）。

① www.scotland.gov.uk/Topics/ArtsCulture

◆当代基地和特征。比如雕塑、生态敏感性设计解释中心或其他建造物。对公众来说，这些建筑的文化意义是以森林为背景并交互作用，远远超出了它们纯粹的实用功能。

2）活动、实践和技能

◆这里的森林本身并不是文化价值的直接部分（尽管森林的存在可能丰富了游客的经历）。包括森林里的慢跑、散步、山地自行车、汽车集会和在音乐会。

◆森林文化活动、实践和技能包括生存策略和生活方式的文化侧面，其文化价值与森林和树木是分不开的。例如传统工艺品、矮林作业、采集非木制林产品和狩猎等。森林相关的专业传统知识和技能是必需的。森林活动以森林为背景并交互作用，包括音乐或戏剧表演。

3）意义、特点和象征

◆内涵、关联、信仰和规范。这与特定森林所蕴含的自然文化遗址功能有关，通常与森林或树木有关、或者与个人或团体组织的活动有关。

◆精神、情感寄托或认同。这与特定森林所蕴含的自然文化遗址功能有关，通常与森林或树木有关，或者与个人或团体组织的活动有关。

◆艺术、广告或媒体的灵感。这些灵感来源于与森林有关的自然文化遗迹或功能；森林和树木；森林中的活动；树木和森林的意义、特点和象征性（Edwards，2006）。

部分基于上述原因，少量研究寻求评估森林作为文化资产的经济价值，但这类研究相对较少。在英国大多数研究中，大部分受访者（30%~50%）不愿意为参观或恢复历史遗迹支付任何费用，这意味着人们对文化遗产的兴趣并不是普遍的（CJC Consulting，2006：55）。

量化森林文化效益的一个简单方法是：估算苏格兰森林中不同种类文化遗址的数量（即指标22）。但是，必须承认该方法在描述“文化活动及遗址价值”时存在局限性，因为除了少数森林管理者或专家，许多英格兰人可能没有参观甚至不知道这些活动。指标22进一步评估了12个月内的参观人数（和/或）人次。评估文化效益的第二种方法是评估公众对于森林文化价值的认知，指标25显示了最新调查结果，给出了林地和森林对苏格兰农村景观和城市绿地质量贡献的相关认知。

二、美学价值

本报告中的森林美学价值是特指，苏格兰人从居住地或进行日常活动时看到森林所获得的好处，而不是参观森林（例如，“游憩和可访问性”“学习和教育”“健康和福利”等其他主题涵盖下的参观）过程中所获得的好处。从家中欣赏窗外的美景或生活在愉快的环境中，能够给人提供很多好处，产生了一个重要的价值，这个价值包括健康福祉效益（Ulrich, 1991）和提升自我认识价值（Myers等, 2003）。审美价值也体现在房价上。一篇有关伦敦绿地和房价关系的报告发现，绿地的数量是解释房价平均变化的第5大重要指标。前4大因素分别是收入水平、到伦敦市中心旅游的次数、平均空气质量和居住密度（Greater London Authority, 2003）。

基于地理信息系统，使用视域分析法评估苏格兰可以看到森林的住宅比例，据此尝试得到森林景观的非市场价值。该分析思路是来自2006年“林业之于民”综合调查和CJC咨询项目（2006）的研究结果，CJC咨询对现有的尝试评估苏格兰林业景观价值的研究进行了综述。针对本项目的两个案例研究区，使用定性研究分析受访者如何从森林视觉美化中得益，并探索这些审美价值如何作用于居民的生活质量。

三、非使用价值

人们重视森林和林地，不仅仅是因为能够参观或远距离欣赏森林，或是简单地知道森林的存在，或者是为了子孙后代而存在（遗赠价值），或是作为生物多样性保护的栖息地（存在价值）。这些非使用价值难以独立存在，但我们试图通过衡量公众对森林重要性的态度来评估这一价值。2006年“林业之于民”综合调查的数据在指标23中给出。

指标23：森林景观价值

森林景观价值可以通过揭示偏好法（如享乐价格模型）和陈述偏好法（如条件价值评估和选择实验法）来衡量。尤其是因为不同森林和管理类型的价值可能存在极大差异，导致苏格兰森林总体景观价值的分析过程中存在不少问题。揭示性偏好法研究结果表明：在给定的1 hm^2林业委员会管理的森林中，阔叶林比例每增加1%，房地产的预售价就增加42.81英镑，而类似的成熟针叶林（主要是西加云杉）比例增加却会导致房地产的预售价降低141英镑（Willis and Garrod, 1992）。

更加复杂的问题在于，给定的景观总体价值可能由许多不同的土地覆盖类型组成，因此将这些森林增加/减少值与其他景观特征区分出来，将面临着方法学方面的困难。一项关于苏格兰BreadalbaneESA的评估报告中，Hanley等（1996）采用陈述偏好法评估了与其他土地覆盖类型（草地、高沼地、围墙和古迹）相比，原生林地保护的重要性。结果显示，在维持BreadalbaneESA其他景观特性的前提下，为了保护森林景观，受访者愿意每年支付82英镑。Hanley等同时还评估了森林的其他景观特性价值，是评估森林景观价值的一个非常有意义的尝试。然而，由于这项研究只是针对特定的领域，对森林景观类型属性和使用价值及非使用价值缺乏细致的研究，因而该价值评估法在苏格兰没有得到推广。

Garrod（2002）最近的一项研究尝试使用陈述性偏好法评估树木类型（针叶树和阔叶树）和景观环境（针叶树：高原、山地和丘陵/起伏的景观；阔叶树：山地、丘陵/起伏不平的地貌和城市周边）的景观价值。该研究为苏格兰城市周边森林的总体景观价值评估奠定了基础（Willis等，2003）。计算得出，19 875个住户拥有城市森林视野，苏格兰森林和树木由于能够使城市住户拥有森林视野而产生的景观价值所产生的年度支付愿意为268.79英镑。“有视野”与“没有视野”情形相比，城市住户的森林视野每年产生的价值约为530万英镑，资本价值1.53亿英镑（530万英镑/3.5%）。

然而，Garrod（2002）有关具有森林视野的住户数量的研究存在相当大的不确定性。

针对那些位于森林边缘，居民人口规模大于500的城镇[①]，林业研究所运用地理信息系统视域分析方法，精确地评估了居民能够看见的森林面积，以及能够看见森林的居民数量和家庭数量。该研究结果显示，《国家森林和树木数据库清单》中的10 478 hm^2森林是居住地周围方圆1 km可见的。面积从Fort Augustus林区的44 hm^2、因弗内斯（Inverness）的999 hm^2到苏格兰低地的5 543 hm^2不等（表39）。表39也给出了有关城市周边拥有森林和林地视野的住户数量。

视域分析表明，大约有557 000人/242 000户家庭在居住地方圆1 km内可以看到森林，大约有275 000人/120 000户家庭在居住地300 m内可以看到森林。由于苏格兰低地林区居住了70%以上的苏格兰人口，大多数住户周围可见的森林区域也位于该区域。另外，值得注意的是，地理信息系统视域分析方法并不能区分阔叶林和针叶林视野，Garrod的支付价值愿意是针对城市周边阔叶林视野调查所得。

①方圆3 km内可以看到的森林面积是10755, 486 hm^2。

表1　　居民人口规模大于500的城镇周边森林和林地的可视性

苏格兰林业委员会林区	"国家森林和树木数据库清单"中1 km内森林可见面积（hm^2）	1 km内可见森林住户	300 m内可见森林住户
Aberdeenshire	506	13 757	4 262
Ae	265	5 182	1 975
Cowal and Trossachs	817	5 788	3 787
Dornoch	211	2 026	943
Fort Augustus	44	364	198
Galloway	133	2 236	928
Inverness	999	7 758	4 215
Lochaber	197	1 101	559
Lorne	98	923	740
Moray	340	4 157	1 641
Scottish Borders	324	6 048	2 650
Scottish Lowlands 1①	5 543	170 463	89 150
Tay	856	20 082	7 987
West Argyll	147	1 205	659
Total	10 478	242 073	119 695

数据来源：林业研究所地理信息系统视域分析方法。②

假设每个住户的森林视野景观价值是307英镑③，用该值乘以300 m和1 km内森林可视的住户数量（由视域分析得出），以2007/08年价格为基准，每年相应的景观价值是3 700万和7 400万英镑，苏格兰森林视野的景观价值是10.5亿和21.2亿英镑。由于该估值是基于阔叶林景观价值，而其中的一些家庭会看到针叶林，

① 1 km以内具有森林视野的住户数量估计不包括格拉斯哥的具有森林视野的983住户。300 m以内具有森林视野的市区住户比例实际上是更高的，因此包含在分析之中。

② 住户估计值是以CJC咨询（2006）采用的假定为基础的，即每户2.3人。

③ 这是根据CJC咨询（2006：46）采用的方法，用￡296.87代表Garrod（2002）的研究价值，这是基于2006年价格，并按通货膨胀率推算为2007/08价格。

而且也没有考虑距离住处远近不同造成的不同森林视野价值（例如随着距离的增加，价值可能会减少），因而应谨慎对待这些估值①。如果只考虑阔叶林视野，将使所得估值比实际值低得多。例如，《国家森林和树木数据库清单》显示，苏格兰只有14%的森林是阔叶林。假定这个比例也代表了可以看到阔叶林的住户比例，以2007/08年价格为基准，300 m和1 km内每年阔叶林可视价值分别为500万和1 000万英镑，景观价值为1.5亿和3亿英镑。

总之，以2007/08年的价格为基准，苏格兰住户森林视野每年的经济价值在￡500万到￡7 400万之间，进一步精确地估值则需要更多的研究（详见第四部分中列出）。

此外，CJC咨询法基于Garrod（2002）的研究结果讨论了城市边缘阔叶林景观的经济价值。利用1991年人口普查数据，得出了主要农村地区和混合农村地区（是指居民其他地区上班的区域）的人口比例。假定这些住户在市区上班，用上下班途中看到城市边缘阔叶林视野的概率（据林业委员会估计，15.5%的城市和城市边缘地区有树木覆盖）乘以通勤的住户数量。按照3.5%的折现率，住户为上下班途中城市边缘阔叶林视野的平均支付意愿为6 473英镑。该值乘以具有这类森林视野的通勤住户数量，得到经济价值3.91亿英镑（以2002价格为基准）或4.48亿英镑（以2007/08年价格为基准），即每年约1 570万英镑。森林还有许多其他类型的旅途视野价值，人们也会有支付意愿。由于该值只是基于通勤的路上所得，因而可能是路途中森林视野价值的保守估值。确定所有旅行类型的森林视野价值，则需要进一步的研究。

（摘自：David Edwards, Anna Elliott, Max Hislop, etal. A valuation of the economic and social contribution of forestry for people in Scotland.Forestry Commission Scotland: Edinburgh, 2009）

①Garrod（2002）的研究中，受访者看到的森林距离是不精确的，但是平均300 m会是一个合理的估计，1 km对于森林视野的最大距离来说，也是合理的近似（1 km以内视域分析结果反映的森林视野总是在1 km之内的）。这里采用的方法比CJC咨询（2006）采用的方法更加保守，CJC咨询包含了3 km以内的林地，因此价值更高。

附录三

欧洲森林社会和文化价值长效指标①

游憩和旅游

娱乐效益可以来自许多活动，包括非正式的活动，如散步、慢跑、观光、骑自行车、骑马等，以及更多的有组织的活动，如狩猎、油漆球和汽车集会。在欧洲，森林类型和文化之间，活动的范围是不同的。对决策者来说，娱乐活动比其他社会和文化价值更容易认知，因为与森林的一些文化效益相比，它是有形的，并且相对容易监测和评估。特别是有组织的娱乐活动。

Willis将娱乐效益分为3类：休闲效益、健康效益和生活方式效益。他表示："接触（访问）林地显然是娱乐效益最大化的最重要方式"（Willis 2003）。欧洲地区森林保护部长级会议（MCPFE）指标6.10中，访问曾用作娱乐效益的一个代表，尽管林地面积与访问和游客数量之间并没有明确的关系。物理和社会访问之间也值得区别，因为许多可以合法访问的森林所有者，不鼓励游客投资路径和访客中心。娱乐设施的投资水平可能代表一个更加准确的指标，即使它衡量输入而不是输出。Willis还指出了这样一个事实："对于那些很少有其他户外休闲活动机会的居住地，居住地附近的林地提供的效益比对那些有很多其他开放空间和娱乐选择的地区，提供的人均效益大"。因此，居住地到可访问林地的距离是娱乐效益的另一个有用度量。

林地中发生的特定的娱乐活动，经常有独特的、持久的文化背景。社会文化价值模板中需要考虑这些。同样需要申请其他主题，尽管对于娱乐来说，案例可能更加明显。区分这些娱乐文化是有用的，区分森林如何为森林中偶然发生的事件发挥重要作用。因此，在苏格兰国有森林中，山地自行车非常流行，这个活动有一种

①David Edwards，著. 朱霖，译. 本附录仅摘原文部分内容供研究者参考了解之用。

文化背景，有特定的规范和社交网络。尽管显然森林是经验的一部分，但山地自行车的文化特性可能不会明显依赖于森林。这可能与人们在森林中动手制作木质工艺品、善于采集非木木质林产品或进行更多的传统就业相悖。

还有其他形式关注自然环境的娱乐或旅游，在某些情况下森林对这些经验价值作出重大贡献。De Groot和Ramakrishnan（2005）简要回顾了一些，特别是文化旅游、乡村旅游、生态旅游。根据Reisinger（1994）的研究，他们将文化旅游定义为“一种以探索和参与美学、智慧、情感或心理本性的新的、深厚的文化经验为基础的体验旅游方式”。文化景观在这方面是很重要的。他们指出，乡村旅游的定义包括关注农村生计、价值观、风俗和民间传说，以及上面列出的农村娱乐活动（引用Bramwell和Lane 1994, Pedford 1996）。他们使用世界自然保护联盟（IUCN）定义生态旅游：“以享受和欣赏自然（以及任何附带的文化特征——包括过去的和现在的）为目的的、相对安静的自然区域的环保旅行和探访，可以促进保护，具有低的负面游客影响，为当地居民提供了有益的、积极的社会生态-经济参与”。这些类别的旅游中，森林是有些活动经验质量的一个重要的直接原因。正如上面提到的，可以从偶然发生在森林中的活动中区分出这些来，但它们的经验质量更少的依赖于森林。

教育和学习

林地提供了环境及其与人的关系正式教育和非正式终身学习的机会。关于正式教育和研究，De Groot等人认为“自然生态系统提供了近乎无限的自然研究、环境教育（例如，通过远足）和功能的机会，功能诸如‘进行科学研究的现场实验室、每年产生成千上万的出版物’。自然区域也是监测环境变化的重要参考区域”（de Groot 等 2002）。

O’Brien说，她的一些焦点小组（包括母亲和年幼孩子的小组）“显然赋予了儿童教育和学习巨大的价值”的理念（O’Brien 2005a）。她继续说：“农村受访者还认为教育重要，但是较少关注定期使用林地对儿童的影响，而更多关注为所有年龄人群提供终身学习的机会”（同前）。

通过人们所追求的这些活动，森林还可以为促进个人发展的挑战性活动提供环境。De Groot Ramakrishnan（2005）指出，许多教育效益是源于各种各样的绿地，但是野外地区是特别宝贵的机会，可以促进个人成长和提高自信。尽管野外有黑暗的一面，真正的感知与之相关的恐惧和风险。

这些积极的学习经验会出现一定的经济效益和社会效益，虽然案例研究水平以外的评估和估值并非易事。Ramakrishnan和de Groot（2005）引用了Russel等（1998）的研究证据表明，社会的经济效益包括“增强就业能力，减少犯罪行为，降低参与野外项目的弱势青年的药物滥用”。Willis表示：“没有人去研究森林旅游的教育经济价值。然而，英格兰西南部的一项研究，估计了每日旅途和林地教育宜居课程的年度支出。这可以（已经）被视为显示偏好法估计的教育福利的近似价值”（Willis 2003）。有组织教育活动的参与者数量也是一个有用的度量。例如，在许多国家，“森林学校”和类似的机构把教室带到森林里去，以环境为背景，教授学校课程的一些科目。英国森林学校课程参与者报告的评估，表明了社会福利的范围和深度（Murray和O’Brien 2005）。

测量森林基础教育和学习投资效果的一种方法是，通过提问、根据实际的答案测试公众对森林和林业的理解，例如前几十年欧洲森林覆盖的变化方向。理想情况下，可以根据几个问题的答案找出一个指数。Rametsteiner和Kraxner（2003）回顾了欧洲对森林的态度，得出结论：“森林地区的减少（几乎）无处不在”，然而几乎所有欧洲国家，森林面积实际上增加了。

健康和福利

这一主题考虑了身体健康和精神健康。森林体育锻炼的健康效益相对有形的，并且容易理解。评估对个人或对社会的效益，不是直接的，很少有研究去尝试，例如通过估算政府卫生服务节省的开支。围绕估值的一个问题是，如果拒绝访问森林或森林转换为另一种土地利用形式，它将会产生何种程度的效益。在多大程度上，个体将改变他或她的行为？出于实用目的，身体健康效益最好的衡量会使用游客数量作为一个代替，可能会考虑游客参与不同活动时间，如散步或慢跑。据此可以进一步估计消耗的总热量。

……

景观和审美

环境中森林和树木的审美效益可以认为属于“文化”主题的子范畴，但也有充分的理由可以将它当做一个独立的主题。首先，公众、林业政策制定者和管理者不断地将景观列为森林社会和文化效益之间。因此，对于F4P项目，Hislop和Elliott（2005）指出，许多受访者认同，有吸引力的林地环境可以支持当地旅游业，以及直接惠及当地人民，无论是农村还是城市。其次，有评估些效益的特定方法和指标，往往不会适用于其他主题。包括：享乐定价法衡量森林对当地房地产价格的影响（如Costanza等1997, Luttik 2000）、一个地区新企业吸引力影响的经济评估、特定地方休闲旅游次数发生变化的定量评估、图片景观偏好的定性评估。

…………

（摘自《EFI技术报告》，2011）

跋

21世纪以来，随着我国经济社会的高速发展、城市化进程加快和人民生活水平的不断提高，人们对森林的社会文化服务功能的需求日益高涨。在此背景下，森林文化的相关研究逐渐成为林业科学研究的新的重要领域。本书就是编写组人员多年来在此领域大胆探索、辛勤研究的初步成果。

需要向读者朋友特别说明的是，本书倾注了我的恩师李智勇老师的大量心血和智慧。我和本书编写组的许多学者是李老师的学生或者同事，学术思想深受李老师的指导和影响。然而，万分不幸的是，作为本书的主编，我们尊敬的李智勇老师于2020年11月1日因突发心脏病永远地离开了我们，离开了他异常热爱的林业科研事业。噩耗传来，时至今日，我的心情依然无比沉重和悲痛。

我是李老师最疼爱的学生之一。2002年9月我有幸拜到中国林业科学研究院李老师门下从事博士后研究工作，至今有18年多了。这些年来，李老师对我教诲良多、帮助很大，我终生难忘。我为有李老师这样一位品格高尚、学识渊博，为社会做出重大贡献的导师感到无上光荣和自豪。

李老师是一位和蔼可亲、宽严相济、亦师亦友的好导师。从1998年开始，他先后指导硕士、博士研究生，博士后研究人员约50名。对于我们这些弟子，李老师倾注了太多的关爱和期望，努力把我们培养成材。无论学生们什么时候、遇到什么困惑找到他，他总是满面春风、非常热心地全力给予指导和提供支持。他认真的态度、活跃的思维、精深的智慧，给我留下美好而深刻的印象。

李老师是一位富有战略眼光、思维超前且敏锐的林学大师。记得在十几年前，他就指导学生们研究林业战略、森林碳汇、森林文化、森林休闲、城市林业、森林法、竹藤产业等。他在多功能林业研究领域创新性地提出了“主导协同经营”的理论和政策框架，得到学界高度评价。李老师启发我们充分想象，引导我们达理明义，教诲我们德才兼备。李老师以智者的宽广胸襟包容学生们的不足，以学者的敏锐视角点拨学生们的迷津，以长者的善良大爱帮助学生们成长。

李老师乐观向上的人生哲学、奉献社会的坚强信念、不知疲倦的敬业精神，永远值得我们广大学生学习。他基于古今中外研究而来的广阔深邃的学术视野，他重视研究发挥森林多种功能以改善人民生活品质、努力传承发展我国传统生态文化而产生的极富战略眼光的林业学术思想，将长久地启迪和激励后人，并在我们伟大祖国将来的林业建设中发挥重大作用。

李老师永远活在我们心中。

樊宝敏　谨记

2020年11月